Der **Onlineservice InfoClick** bietet unter www.vogel-fachbuch.de/infoclick nach Codeeingabe zusätzliche Informationen und Aktualisierungen zu diesem Buch.

InfoClick **In zwei Schritten zum Onlineservice**

1. Einfach www.vogel-fachbuch.de/infoclick aufrufen.
2. Den unten stehenden Zugangscode und eine E-Mail-Adresse eingeben.

Ihr persönlicher Zugang zum Onlineservice ⇨ 345603740003

Dipl.-Ing. (FH) Karl Schmitt

SPS-Programmierung mit SCL im TIA-Portal

CPU 1500, CPU 1200 und CPU 300

3., aktualisierte und überarbeitete Auflage

Vogel Communications Group

Dipl. Ing. (FH) Karl Schmitt
Ingenieurstudium, Ausbildung zum Berufsschullehrer

Ein «**SIMATIC STEP 7 Update 2 inkl. PLCSIM V15.1 Update 1, TRIAL**» im Totally Integrated Automation Portal (TIA Portal) ist 21 Tage nutzbar und steht als Download zur Verfügung.
https://support.industry.siemens.com/cs/de/de/view/109761045
https://support.industry.siemens.com/cs/de/de/view/109763890
https://support.industry.siemens.com/cs/de/de/view/109764220

Ein «**Startdrive V15.1 Update 2, Trial**» im Totally Integrated Automation Portal (TIA Portal) ist 21 Tage nutzbar und steht als Download zur Verfügung.
https://support.industry.siemens.com/cs/de/de/view/109760845

Weitere Informationen zum TIA Portal finden Sie unter:
http://support.automation.siemens.com/WW/view/de/65601780

Weitere Informationen erhalten Sie im Internet unter
«https://www.siemens.de/sce/S7-1500»
«https://www.siemens.de/sce/promotoren»
«https://www.siemens.de/sce/tp»
«https://www.siemens.de/sce»

Weitere Informationen:
www.vogel-fachbuch.de

http://twitter.com/vogelfachbuch
www.facebook.com/vogelfachbuch

ISBN 978-3-8343-3456-5
3. Auflage. 2019

Vorwort

Die Komplexität heutiger Automatisierungsaufgaben ist enorm gestiegen. Es stellt sich die Frage, ob die klassischen Programmiersprachen FBS (FUP), KOP und AWL ausreichend sind, um übersichtliche, leicht wartbare Programme zu schreiben. Mit der Hochsprache **SCL** für «Structured Control Language» ist dies leichter möglich. Die Programmiersprache STEP 7-SCL ist eine höhere Programmiersprache. SCL basiert auf der Sprache ST (Strukturierter Text) der Norm IEC 61 131-3.

SCL enthält neben Hochsprachenelementen auch typische Elemente der SPS wie Eingänge, Ausgänge, Zeiten, Bausteinaufrufe usw. als Sprachelemente. Das SCL-Programm besteht aus einer Folge von Anweisungen, die mit einem Strichpunkt abschließen. Schleifen, wie FOR... bis REPEAT..., sowie Auswahlanweisungen, wie IF... und CASE..., sind in dieser Sprache möglich.

Bausteine, die in SCL programmiert wurden, können auch in den anderen IEC-Sprachen wie AWL, FBS (FUP) und KOP verwendet werden.

Dieses Buch wendet sich an PLC(SPS)-Programmierer sowie Schüler und Studenten an beruflichen Gymnasien, Technikerschulen und Hochschulen, die das Programmieren mit SCL im TIA-Portal erlernen wollen. Grundkenntnisse vom Aufbau und Funktion einer SPS sind von Vorteil, aber nicht unbedingt notwendig.

In diesem Workshop werden die Grundlagen an einfachen Beispielen aus der Praxis erarbeitet. Das Wiederverwenden der Programmbausteine steht dabei im Vordergrund.

Die Aufgaben und Übungen können Sie mit **STEP7 ab V12 im TIA-Portal** bearbeiten und mit der PLC-Simulation PLCSIM ab V12 Ihr Programm für die CPUs 1500 und 300 oder ab V13 SP1 die CPUs 1200 testen. Die Bilder in diesem Buch können abhängig von der TIA-Portal- und CPU-Version geringfügig von der Darstellung auf dem Monitor abweichen.

Sie können sich nach Registrierung eine kostenlose Trail-Version von STEP7 Professional und PLCSIM im TIA-Portal von der Webseite der Firma Siemens herunterladen.

Vorlagen und Lösungen der Aufgaben und Übungen für das jeweilige TIA-Portal Projekt ab V12 SP1 finden Sie auf der Webseite www.vogel-fachbuch.de unter **InfoClick**. Die Archivdateien der Vorlagen enthalten notwendige Bausteine sowie die Variablendeklarationen. Weiterhin finden Sie in der Vorlage eine Anlagensimulation mit deren Visualisierung, um Ihr erstelltes Programm testen zu können, Animationen und als Lernzielkontrolle Tests zu den einzelnen Kapiteln.

Alle Aufgaben und Übungen wurden ausschließlich aus didaktischer Sicht erstellt und können so nicht als Lösungen für Anlagen verwendet werden.

Abschließend noch ein Tipp: Besitzen Sie ein Smartphone oder Tablet und möchten Sie Ihr erlerntes SCL-Wissen überprüfen? Dann installieren Sie sich doch die kostenlose App zum Buch. Unter dem Titel des Buches finden Sie die App sowohl im App Store als auch bei Googleplay.

Ich wünsche Ihnen viel Freude beim Erlernen der SCL-Programmierung im TIA-Portal und bei der Anwendung Ihres neu erworbenen Wissens.

Soden | Karl Schmitt

Inhaltsverzeichnis

1 Einführung

1.1 Das TIA-Portal

Das TIA-Portal ist ein Engineering-Framework von der Firma Siemens, das STEP7 enthält. Mit STEP 7 können Sie SIMATIC-Steuerungen konfigurieren, programmieren und eine Diagnose des Systems durchführen. Sie können weitere Module im TIA-Portal installieren, z.B. WinCC Advanced, um Bedien- und Beobachtungsgeräte zu projektieren, sowie Startdrive, um Antriebe zu projektieren.

1.2 Speicherprogrammierbare Steuerung (SPS), Programmable Logic Controller (PLC)

Es stehen unterschiedliche Systeme zur Verfügung:

- **Controller**, Hardware-PLCs: Diese arbeiten mit einem eigenen echtzeitfähigen Betriebssystem und sie stellen den Speicher für die Daten zur Verfügung, z.B. CPU 3xx, CPU 4xx, CPU 12xx, CPU 15xx oder ET 200 CPUs. Sie können Ein- und Ausgangsbaugruppen mit digitalen und analogen Ein- bzw. Ausgängen (I/Os), Kommunikations- und Technologiemodule mit der CPU verbinden.
- **HMIs:** *(Human Machine Interface)* Bedien- und Beobachtungsgeräte. *HMI-Steuerungen:* Die Steuerung und das Bedien- und Beobachtungsgerät sind in einem Gehäuse eingebaut.
- **PC-basierte Steuerung**, eine Software-PLC: Eine Software, die auf einen Industrie-PC (IPC) oder auf ein Embedded-PC läuft, z.B. SIMATIC Box PC. Diese Art der Steuerung ist besonders geeignet, wenn verschiedene Aufgaben wie Datenverarbeitung, Kommunikation, Visualisierung und Steuerung auf einem PC integriert werden sollen.

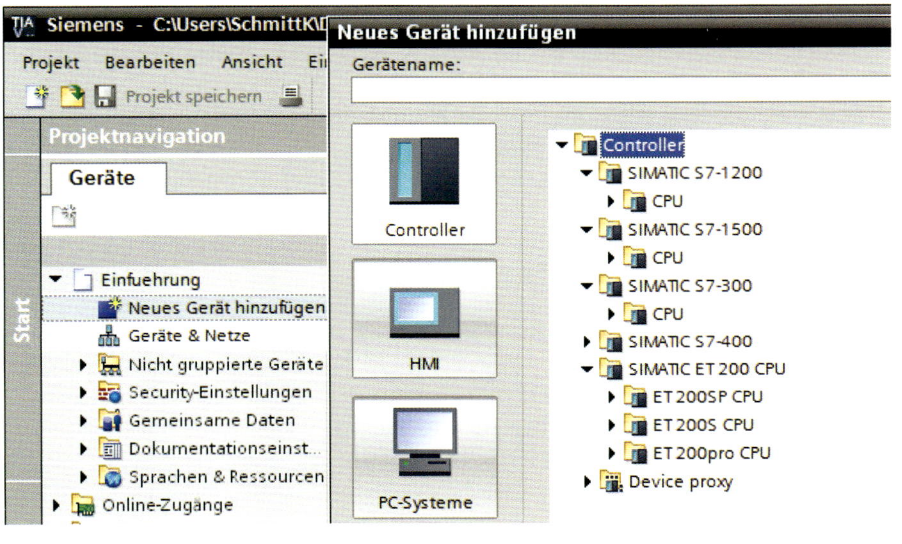

In der Gerätekonfiguration stellen Sie das Automatisierungssystem zusammen.

Anmerkung: Projekte mit einer CPU12xx können Sie ab Firmware Version 4.1 mit PLCSIM ab V13 SP1 testen.

1.3 Sprachen

Sie können bei den CPUs 15xx, CPUs 4xx und CPUs 3xx in den Sprachen FUP, KOP, SCL, AWL und GRAPH- die Ablaufsprache programmieren. Die CPU 12xx ist nicht in AWL und nicht in GRAPH programmierbar. In den folgenden Kapiteln lernen Sie die Hochsprache SCL und Programmentwurfsmethoden kennen.

Beachten Sie: Wenn Sie ein neues Projekt erstellen, entfernen Sie zunächst den Baustein Main[OB1], da dieser standardmäßig nur in den Sprachen FUP und KOP zu programmieren ist. Fügen Sie einen neuen Organisationsbaustein (OB) *Program cycle* in der Sprache SCL ein.

1.4 Programmorganisationseinheiten (POEs)

Nach IEC 61 131-3 gibt es drei Programmorganisationseinheiten: das Programm, die Funktion und den Funktionsblock, um umfangreiche Programme gliedern und strukturieren zu können. Das Programm wird dadurch leichter lesbar, es ist leichter zu testen und es ist leichter zu erweitern. Im TIA-Portal werden die POEs Programmbausteine genannt, wobei die Organisationsbausteine (OBs) die Programme im Sinne der IEC 61 131-3 sind.

Wie das Programm vom Echtzeit-Betriebssystem der Steuerung bearbeitet, d.h. aufgerufen wird, wird nach IEC 61 131-3 in der **Taskkonfiguration** *(task* = Arbeit, Aufgabe*)* festgelegt. Im TIA-Portal konfigurieren Sie die Task, indem Sie den richtigen Organisationsbaustein auswählen. Das Hauptprogramm ist standardmäßig der **Organisationsbaustein Main**[**OB1**]. Dieses wird vom Betriebssystem der PLC freilaufend **zyklisch** aufgerufen, und seine Anweisungen werden der Reihe nach *(sequenziell)* abgearbeitet.

In den **Funktionen** (FCs) und den **Funktionsbausteinen** (FBs) werden Teile der Anlage oder Maschine programmiert. Damit diese öfter im Programm verwendet werden können, werden Sie parametrisierbare FCs und FBs erstellen.

1.5 Variable, Datentypen

Definition

Variable sind Platzhalter für Daten; diese werden im Programm gelesen, beschrieben oder gelesen und beschrieben. Bei deren Deklaration wird ein Name, ein Datentyp und bei PLC-Variablen zusätzlich eine Ein-/Ausgangsadresse oder Merkeradresse zugeordnet.

Variablennamen sollten nur alphanumerische Zeichen und den Unterstrich, keine Umlaute (ä, ö, ü) und andere landesspezifische Sonderzeichen enthalten.

Variable deklarieren (= bekanntgeben) Sie in der PLC-Variablentabelle oder in Bausteinen.

Mit dem Datentyp werden die Codierung, die Darstellung, der Wertebereich, die Größe des notwendigen Speichers sowie gültige Operationen und Funktionen der Variablen festgelegt. Der Datentyp **Bool** kann den Wert TRUE oder FALSE annehmen. Weitere Datentypen lernen Sie in den folgenden Kapiteln kennen.

1.6 Prozessabbild, Merker, Datenbausteine, Remanenz

Damit den Anweisungen in den POEs auch Daten zur Verfügung stehen, ist ein Speicher für deren Werte notwendig.

Definition

In der CPU wird der Speicherbereich, in den die Daten der Eingangsbaugruppen am Anfang jedes Zyklus kopiert werden, **P**rozess**a**bbild der **E**ingänge (**PAE**) genannt. Der Speicherbereich, von dem die Werte am Ende eines Zyklus in die Ausgangsbaugruppe kopiert werden, wird **P**rozess**a**bbild der **A**usgänge (**PAA**) genannt.

Das Prozessabbild ist notwendig, damit im Programm die Daten in einem Zyklus konsistent sind, d.h., am Anfang und am Ende der Programmabarbeitung ist der Wert einer Variablen aus dem PAE gleich.

Definition

Die Zeit, die vergeht, bis das Prozessabbild und alle Anweisungen bearbeitet wurden, wird **Zykluszeit** genannt.

Ihr Wert ist von der Anzahl, dem Typ der Anweisungen und von der verwendeten CPU abhängig; er liegt im Bereich von einigen Millisekunden.

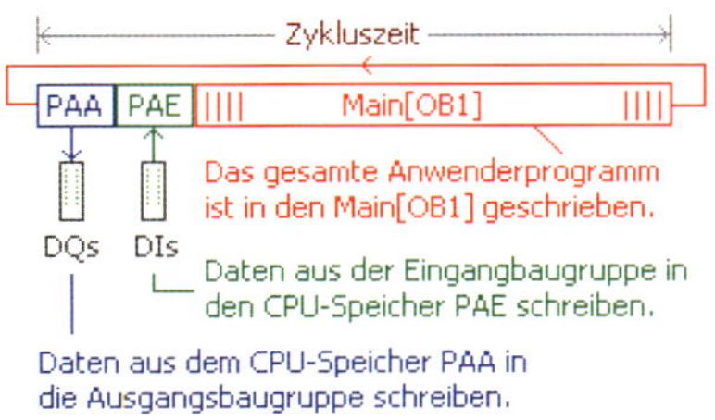

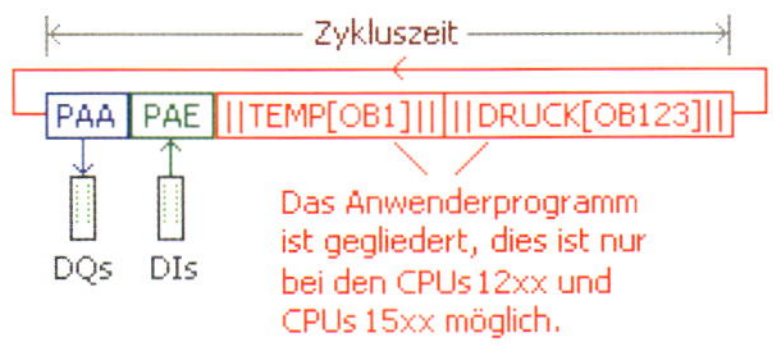

Für die Daten, die nicht im Prozessabbild liegen, stehen in der CPU der Merkerspeicherbereich, die Datenbausteine und der Speicher für die temporären Lokaldaten zur Verfügung.

Die Größe der Speicherbereiche ist vom CPU-Typ abhängig.

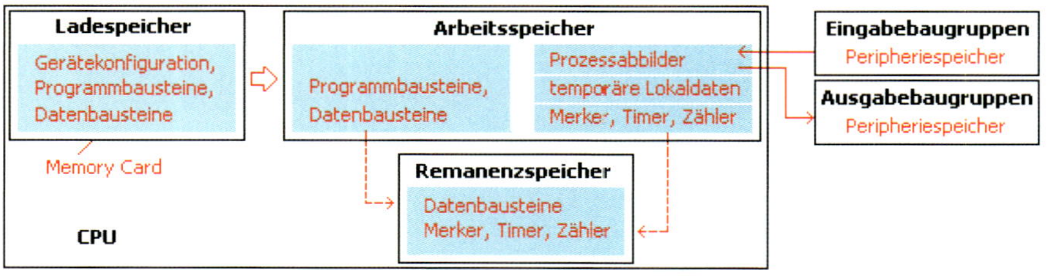

Die Variablen, die auf das Prozessabbild über die Adressen %I..., %Q... und den Merkerspeicherbereich über die Adressen %M... zugreifen sollen, werden in der PLC-Variablentabelle deklariert.

Einen Teil des Merkerbereichs sowie Datenbausteine und SIMATIC-Timer und -Zähler können Sie dem remanenten Speicherbereich zuordnen. Daten, die im **remanenten Speicher** liegen, haben nach einem Neustart, z.B. nach einem **Ausfall der Versorgungsspannung,** den gleichen Wert wie vor dem Spannungsausfall.

1.7 PLC-Simulation (PLCSIM)

Projekte mit einer CPU15xx können ab PLCSIM V12, Projekte mit einer CPU12xx ab PLCSIM V13 SP1 und Projekte mit einer CPU3xx mit PLCSIM V5 getestet werden. Sie benötigen keine echte CPU.

1.8 Visualisierung, HMI

Sie können eine Anlagenvisualisierung erstellen, über die Sie Ihre Anlage an einem HMI bedienen und beobachten können.

1.9 Anlagensimulationen

In den meisten Projektvorlagen für das TIA-Portal finden Sie ab Kapitel 6 Bausteine und Visualisierungen, mit deren Hilfe Sie die Anlage am PC simulieren, bedienen und beobachten können.

2 Verknüpfungssteuerung ohne Speicherverhalten

In diesem Kapitel werden Sie ein Projekt im TIA-Portal analysieren und erweitern. Sie lernen den prinzipiellen Aufbau einer PLC (SPS) am Beispiel der CPU 1513, die Gerätekonfiguration, die PLC-Variablendeklaration und den Programmeditor in der Programmiersprache SCL kennen. Sie erweitern das Projekt.

In einem Behälter, in dem die Temperatur überwacht wird, soll zusätzlich der Druck überwacht werden. Es sind noch drei Druckschalter einzubauen. Sprechen zwei oder alle drei Temperatur- bzw. Druckschalter an, so erfolgt eine Meldung «Übertemperatur» bzw. «Überdruck».

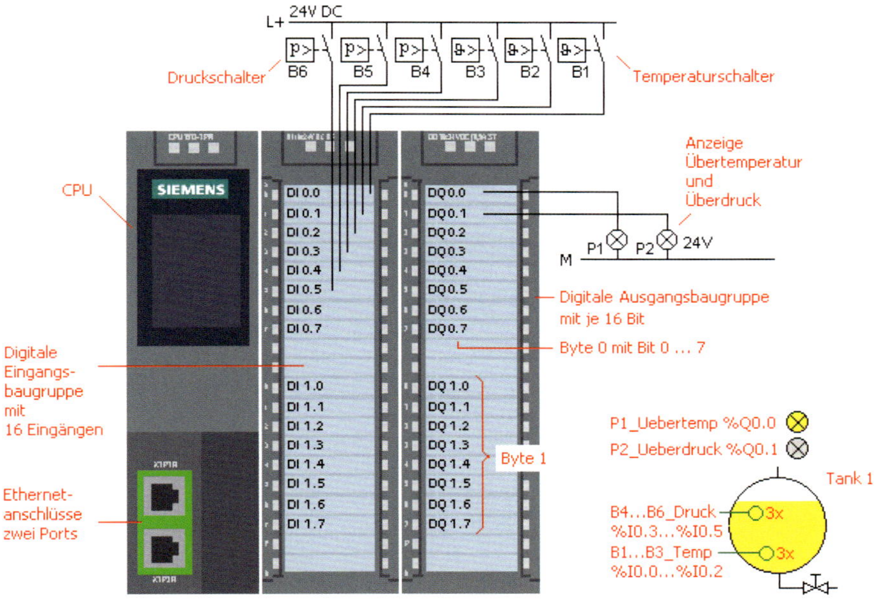

2.1 TIA-Projekt analysieren und testen

Aufgabe 2.1: Funktion 2 aus 3

Analysieren und testen Sie zunächst das bestehende Projekt, um dann das Projekt in der nächsten Aufgabe zu erweitern.

InfoClick www

Laden Sie die Vorlage A2.1 (CPU15xx) «2_2aus3_SCL.zap1x» der TIA- STEP7-Archivdatei von der **InfoClick** Webseite herunter. Sie finden diese unter www.vogel-fachbuch.de.

Vorgehensweise

1. **Projekt im TIA-Portal dearchivieren und öffnen**
   Dearchivieren (extrahieren) Sie die STEP7-**Archivdatei** A2.1 im TIA-Portal über Menü *Projekt Dearchivieren*.
   Sie können jetzt im TIA-Portal das bestehende Projekt analysieren. Schalten Sie das TIA-Portal gegebenenfalls im TIA-Portal-Fenster unten links in die **Projektansicht.**

2. **Gerätekonfiguration analysieren**
   Die tatsächliche Hardware muss mit der Gerätekonfiguration übereinstimmen. **Überprüfen Sie** im Projekt die Gerätekonfiguration. Welche CPU, welches Digitaleingabemodul und Digitalausgabemodul sind eingebaut?
   Doppelklicken Sie die **Gerätekonfiguration.** Im sich öffnenden Fenster *Gerätesicht* finden Sie die CPU mit einer DI- und DQ-Signalbaugruppe. Sie können Informationen abfragen. Markieren Sie dazu die jeweilige Baugruppe und wählen Sie im Kontextmenü (rechte Maustaste) *Eigenschaften…*; Sie finden eine kurze Beschreibung.

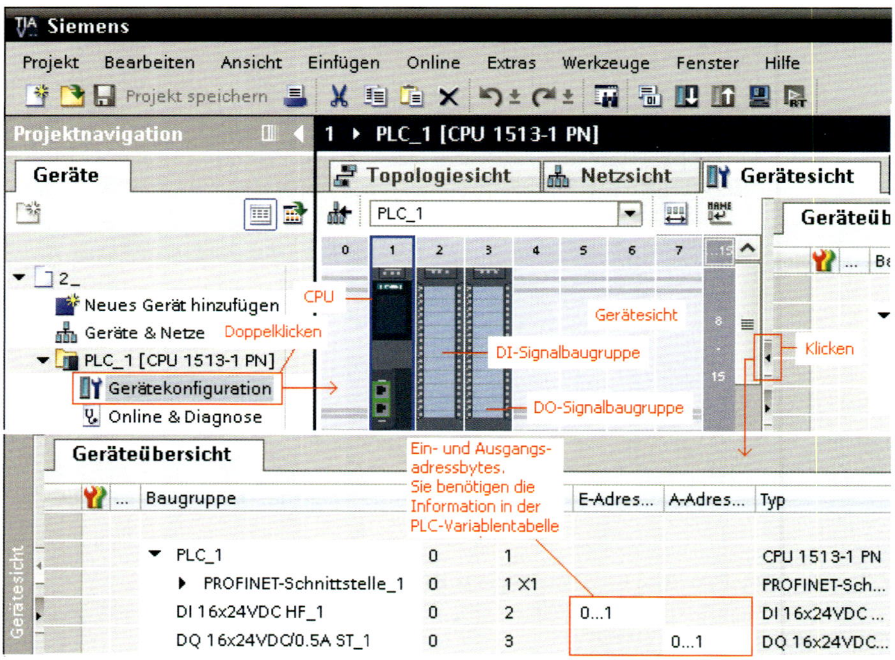

In der Geräteübersicht werden die Speicher-Adressbytes angezeigt. *Beispiel*: E-Adresse 0…1 besagt, die Bytes 0 und 1 stehen zur Verfügung, das sind 16 Inputs %I0.0 … %I0.7 und %I1.0 … %I1.7. Diese Informationen sind für die Programmierung wichtig. Ein **Byte** hat 8 Bits, z.B. %I0.0…0.7. Bei der Auswahl der DI/DO-Baugruppen ist auf die Anzahl der Ein- und Ausgänge, die Spannung, die Stromart sowie die Belastbarkeit eines Ausgangs zu achten.
Liegt bei der vorhandenen DI-Baugruppe am Eingang eine Spannung von

11...30 V an, so wird diese Spannung als logisch 1, bei Spannungen von –30...+5 V als logisch 0 interpretiert. Der Eingangsstrom beträgt typ. 2,5 mA. Bei der DO-Baugruppe darf der Ausgangsstrom 0,5 A betragen. Der Summenstrom je Baugruppe darf bei 40 °C 4 A nicht überschreiten.
Die Adressen der Ein- und Ausgänge werden abhängig vom Steckplatz automatisch vom System vergeben.

3. **Variable in der PLC-Variablentabelle**
Variable sind Platzhalter; einer PLC-Variablen wird ein Name, ein Datentyp, eine Ein-/Ausgangsadresse oder Merkeradresse zugeordnet. Variable mit dem Datentyp **Bool** können den Wert TRUE oder FALSE annehmen. **TRUE** steht für logisch 1, **FALSE** für logisch 0.

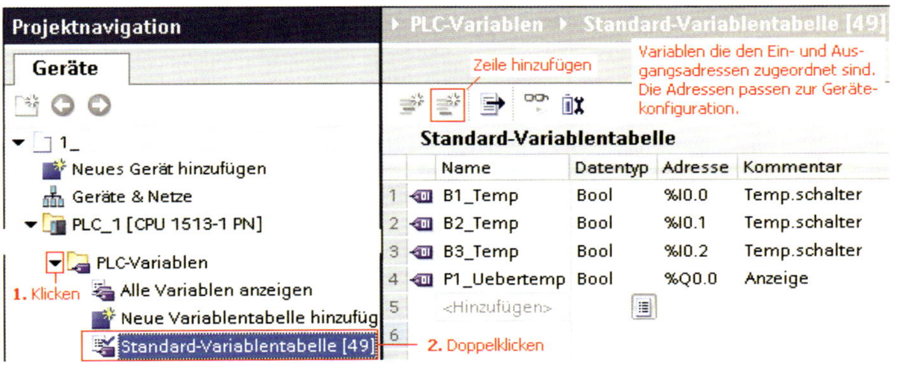

4. **Baustein, Programm in SCL analysieren**
Programmbausteine sind Teile des Anwenderprogramms. Sie können in verschiedenen Programmiersprachen erstellt werden.

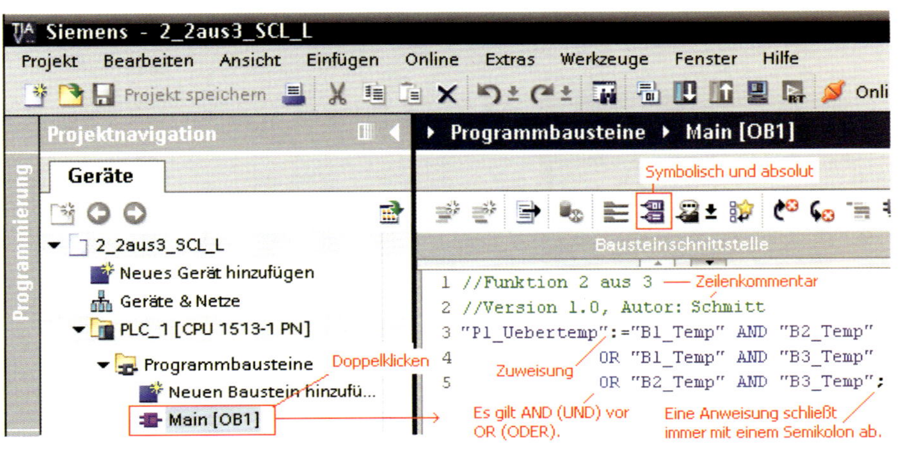

Öffnen Sie den Baustein MAIN[OB1]. Welche Aufgabe hat der Programmbaustein? Betätigen Sie die Funktionstaste F1 (Hilfe), um das Informationssystem zu öffnen. Wählen Sie Index und geben Sie Main ein ... Das Main-Programm wird freilau-

fend zyklisch vom Betriebssystem der PLC aufgerufen und die Anweisungen werden sequenziell abgearbeitet.
Im Menü *Ansicht Anzeigen mit...* können Sie die symbolische Darstellung aktivieren oder deaktivieren. Bei der Darstellung – symbolisch und absolut – werden die Namen und die Adressen der Variablen im Editor dargestellt.

Merksatz

Eine Anweisung im SCL-Programm schließt immer mit einem Semikolon ab.

5. **Das Programm mit der PLC-Simulation PLCSIM testen**
   Haben Sie PLCSIM installiert, so können Sie Ihr Programm ohne Hardware-CPU testen. Markieren Sie den Ordner PLC_1 im TIA-Projektnavigationsfenster und starten Sie die Simulation über Menü *Online – Simulation – Starten*. Es öffnet sich das PLCSIM-Fenster.
   Nach kurzer Zeit können Sie über das Dialogfenster *Vorschau Laden* bzw. *Erweitertes Laden*, eventuell *Suche starten* klicken, ihr TIA-Projekt in die PLC-Simulation laden. Aktivieren Sie eventuell die Kontrollkästchen «Alle überschreiben», «Baugruppe starten» und klicken Sie «Fertigstellen».

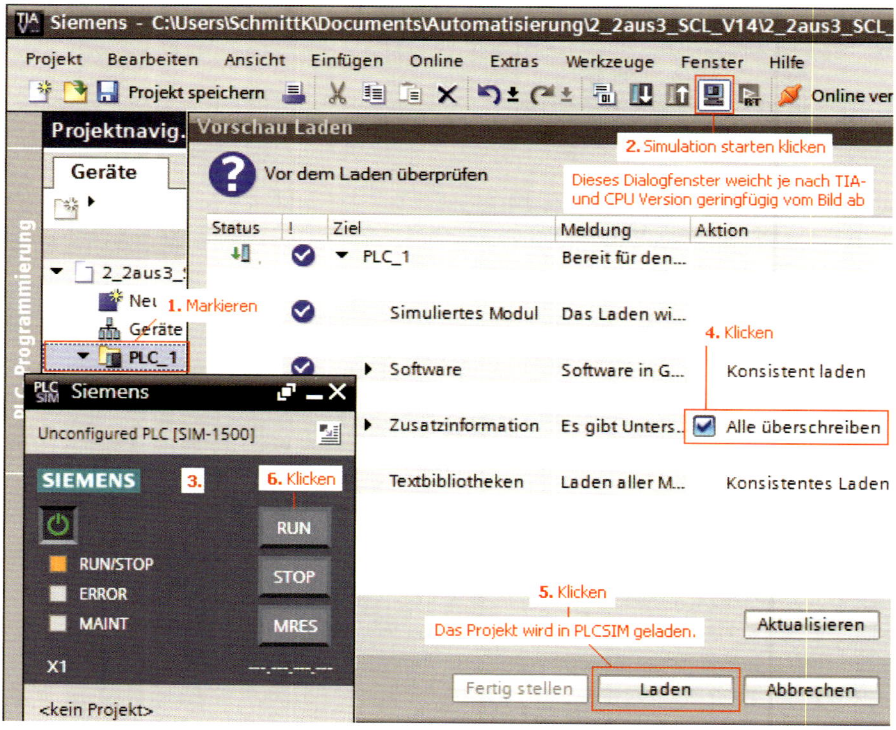

Wenn Sie mit einer TIA-Version älter als V14 arbeiten, so wählen Sie im Dialogfenster *Erweitertes Laden* die Schnittstelle PN/IE und PLCSIM 1200/1500 aus, eventuell «Suche starten» und klicken Sie auf «Laden». Aktivieren Sie auch hier die Kontrollkästchen «Alle überschreiben», «Alle starten» und laden Sie das TIA-Projekt in die Simulation mit «Fertig stellen».

Nachdem das Projekt in PLCSIM geladen wurde, können Sie in einer **Beobachtungstabelle** die Variablen steuern und die Funktion des Programms beurteilen. Fügen Sie im TIA-Portal über die Projektnavigation eine **Beobachtungstabelle** hinzu und wählen Sie in der Spalte Namen die Variablen aus, die Sie steuern und beobachten wollen. Das folgende Bild zeigt die Vorgehensweise.

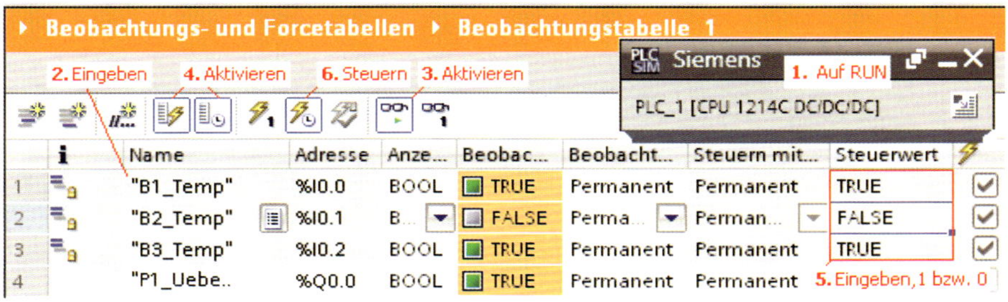

Sie können ab Version 13 Ihr Programm auch im Programmbaustein testen, wenn Sie das automatische Prozessabbild abschalten, wie das folgende Bild zeigt.

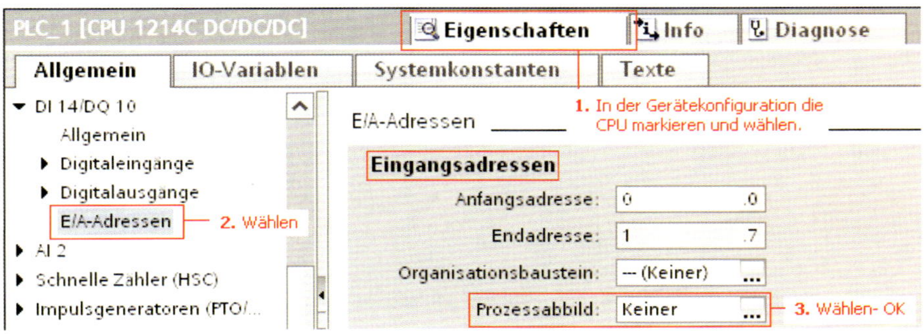

Öffnen Sie den Programmbaustein, den Sie testen wollen – hier Main[OB1] –, und klicken Sie im Bausteinfenster auf das Icon «Beobachten ein», wie das folgende Bild zeigt. Markieren Sie die Variable, die Sie steuern wollen, und wählen Sie im Kontextmenü «Steuern … auf 1 oder 0» und beurteilen Sie das Ergebnis von z.B. «P1_Uebertemp».

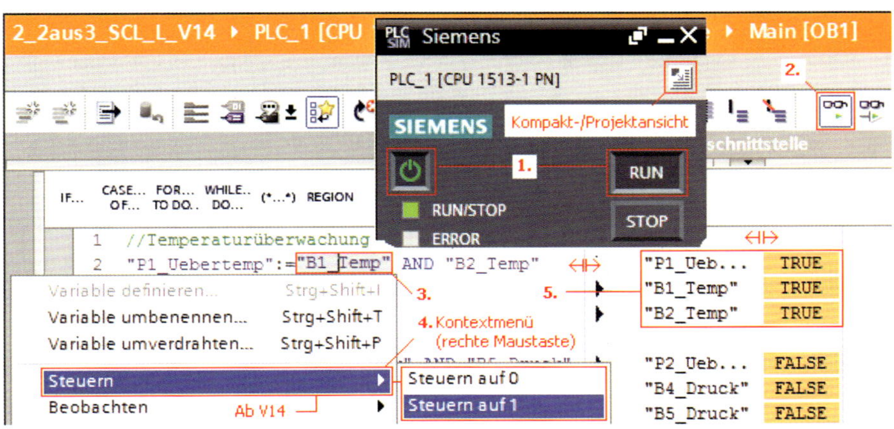

Sie können auch im PLCSIM-Fenster die Funktion des Programms testen. Wechseln Sie dazu nach dem Laden im PLCSIM-Fenster in die Projektansicht (unten rechts), geben Sie in der **SIM-Tabelle** die Adressen oder die Namen der Variablen ein, ändern Sie in der Spalte «Überwachungs-/ Änderungswert» den Variablenwert auf TRUE – Sie können auch 1 eingeben oder klicken Sie das Bit. Starten Sie eventuell die CPU im PLCSIM-Fenster. Beobachten Sie den Überwachungswert der Ausgangsvariablen, hier «P1_Uebertemp».

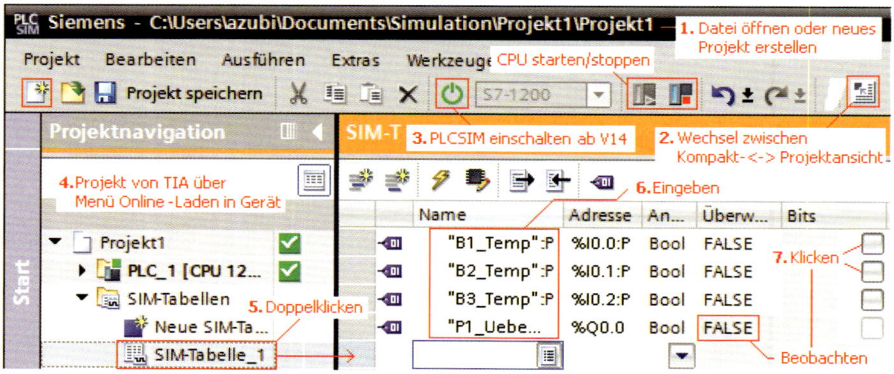

Im Editor des TIA-Portalfensters können Sie auch über Menü *Online Beobachten* den «Signalverlauf» beobachten, wenn Sie die Variablenwerte in PLCSIM ändern.

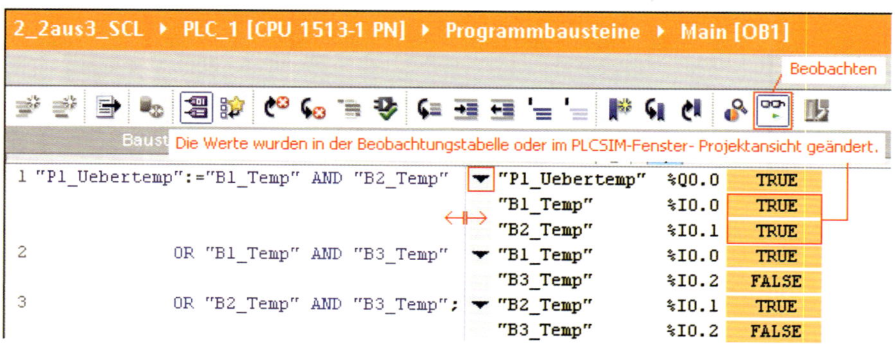

Sie können auch die PLC-Variablentabelle öffnen und Menü *Online Alle beobachten* wählen. Aktivieren Sie eventuell unter Menü *Extras Einstellungen ... SCL Erweiterte Statusinformationen erstellen.*

2.2 TIA-Projekt erweitern

Aufgabe 2.2: Funktion 2 aus 3, Erweiterung

Erweitern Sie das vorhandene Projekt mit drei Druckschaltern.

Sprechen zwei oder alle drei Druckschalter an, so erfolgt eine Meldung «Überdruck».

Vorgehensweise

1. Legen Sie die Eingänge und den Ausgang für die Drucküberwachung fest, deklarieren Sie die notwendigen Variablen.

Beachten Sie: **Variablennamen** dürfen nach IEC 61 131-3
- ❑ nur alphanumerische Zeichen und den Unterstrich, keine Umlaute (ä, ö, ü) und andere landesspezifische Sonderzeichen enthalten;
- ❑ sie müssen mit einem Buchstaben oder einem Unterstrich beginnen.

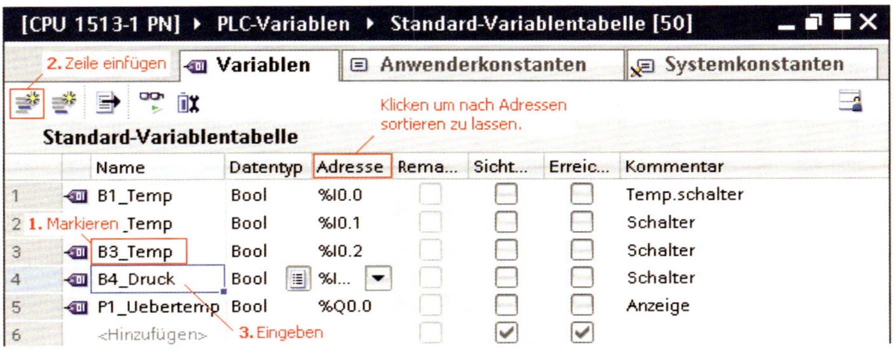

2. Erweitern Sie im Editor den Programmcode. Wenn Sie die Variablen deklariert haben und im Editor die ersten Zeichen des Variablennamens eingeben, so können Sie aus der erscheinenden Tabelle die Variable auswählen. Vergessen Sie nicht am Ende der Anweisung das Semikolon; beachten Sie, dass das **Zuweisungszeichen** der Doppelpunkt und das Gleichheitszeichen ohne Leerzeichen ist. Die Variablen sind in diesem Beispiel mit den **Operatoren** AND und OR verknüpft. Im Ausdruck werden erst die AND- und dann die OR-Verknüpfung durchgeführt. Der Operator AND hat eine höhere Priorität gegenüber OR. Im Glossar finden Sie eine Übersicht der Operatorprioritäten.
   Der Wert des Ausdrucks, der rechts vom Zuweisungszeichen steht, wird in die Variable links vom Zuweisungszeichen geschrieben.
   Nach // können Sie einen Zeilenkommentar schreiben, Sie können Leerzeichen, Returns und Tabs zur Strukturierung Ihres Programmcodes verwenden.

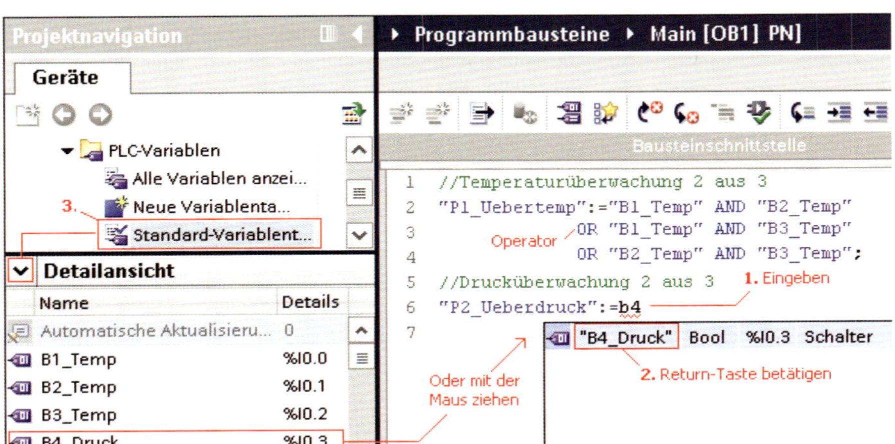

Merksatz

Erst werden die AND- und dann die OR-Verknüpfung durchgeführt, Leerzeichen, Tabs und Returns können Sie zur Strukturierung Ihres Programmcodes benutzen. Die Zuweisung des Wertes erfolgt rechts vom Zuweisungszeichen nach links.

Hinweis: Im Editor hätten Sie auch die Zeilen 1 bis 4 kopieren und in Zeile 5 einfügen können. Sie hätten dann nur noch den Kommentar und die Variablennamen anpassen müssen.
Wenn Sie aus Sicherheitsgründen (Drahtbruch) Öffner für die Temperatur- und Druckschalter verwenden, so erweitern Sie das Programm mit dem Schlüsselwort NOT vor den Variablen B1_Temp...B6_Druck.

3. Testen Sie die Erweiterung.
Falls Sie PLCSIM geschlossen haben, so starten Sie die Simulation und laden Sie Ihr erweitertes Projekt in PLCSIM. Sie können über die Beobachtungstabelle Variablen steuern und das Ergebnis beobachten. Geben Sie die Namen der Variablen in die Beobachtungstabelle ein, aktivieren Sie «Steuerspalten einblenden» sowie «Erweiternden Modus», geben Sie den Steuerwert ein und klicken Sie auf «Beobachten ein» und «Steuern mit Triggerbedingung».

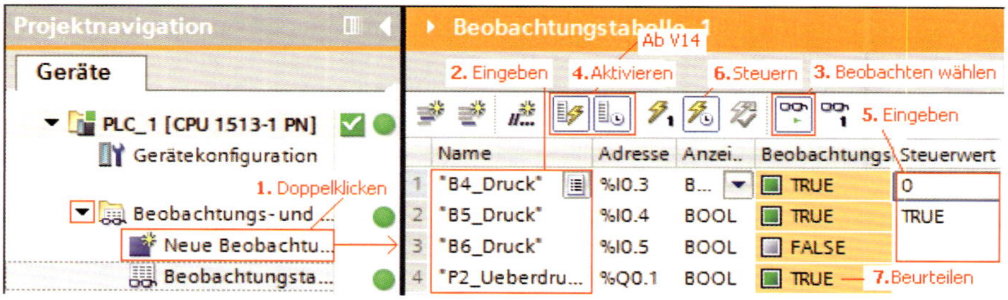

Wenn Sie mit einer älteren TIA-Portalversion als V14 arbeiten, so benutzen Sie die PLCSIM-Tabelle.

Stichpunkte

Nach der Bearbeitung des Kapitels sollten die folgenden Stichpunkte für Sie verständlich sein:

- ❑ Gerätekonfiguration
- ❑ Bool
- ❑ Byte
- ❑ PLC-Variable
- ❑ MAIN[OB1]
- ❑ Zeilenkommentar
- ❑ Anweisung
- ❑ Zuweisung
- ❑ Operator
- ❑ PLCSIM
- ❑ SIM-Tabelle

Selbsttest

Wählen Sie die richtigen Ergänzungen bzw. Aussagen aus.
1. PAE ist ☐ ein Speicherbereich in der DI-Baugruppe. ☐ ein Speicherbereich in der DO-Baugruppe. ☐ ein Speicherbereich im Ladespeicher der CPU. ☐ ein Speicherbereich im Arbeitsspeicher der CPU.
2. Zwischen den Variablennamen und dem Operanden muss im Programmcode ☐ ein Semikolon ☐ ein Leerzeichen ☐ zwei Schrägstriche ☐ ein Doppelpunkt eingefügt werden.
3. Eine SCL-Anweisung schließt immer mit einem ☐ Komma ab. ☐ Doppelpunkt ab. ☐ Semikolon ab. ☐ Return (Zeilenumbruch) ab.
4. Es werden ☐ erst die OR- und dann die AND-Verknüpfungen durchgeführt. ☐ erst die AND- und dann die OR-Verknüpfungen durchgeführt. ☐ die Verknüpfungen in einer Anweisung immer von links nach rechts durchgeführt. ☐ die Verknüpfungen in einer Anweisung immer von rechts nach links durchgeführt.

WWW **InfoClick**

Sie finden diesen Selbsttest auch auf der Webseite www.vogel-fachbuch.de unter **InfoClick**.

3 Programmorganisationseinheiten, Gliederung

Sie gliedern ein Programm.

3.1 Gliederung mit OBs – Program cycle

Wollen Sie ein umfangreiches Programm gliedern und verwenden Sie die CPU 15xx oder die CPU 12xx, so können Sie weitere OBs mit dem Namen Program cycle, die freilaufend zyklisch bearbeitet werden, in den Programmordner hinzufügen. Ihr Programm kann dann sinnvoll aufgeteilt werden, wie die folgende Aufgabe zeigt.

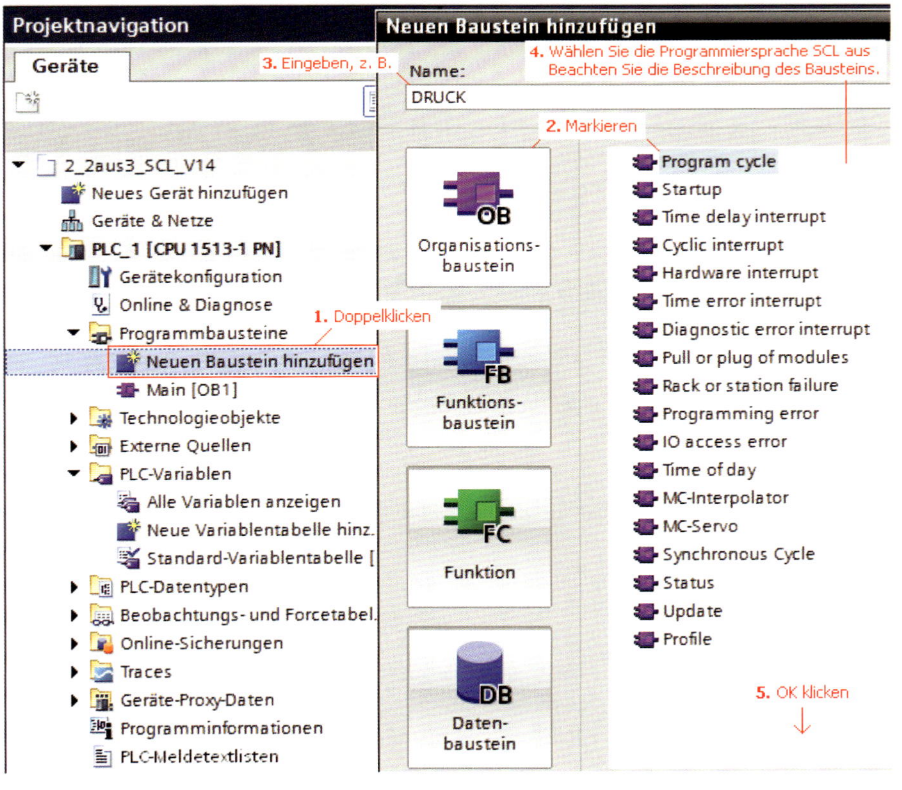

Aufgabe 3.1: Überwachung mit Gliederung

Teilen Sie Ihr Programm aus dem vorhergehenden Kapitel auf, um die Gliederungsmöglichkeit kennen zu lernen. Gliedern Sie in die Einheiten «Temperaturüberwachung» und «Drucküberwachung».

WWW **InfoClick**

Sie können die STEP7-Archivdatei A3.1 (CPU 1500) «2_2aus3_SCL_L.zap1x» oder A3.1-1200 (CPU 1200) von der **InfoClick-Webseite** als Vorlage benutzen.

Vorgehensweise

1. Fügen Sie einen Organisationsbaustein **Program cycle** im Programmbausteinordner hinzu. Vergessen Sie nicht, die Sprache SCL zu wählen. Markieren Sie im Baustein Main[OB1] die Zeilen 5...8, schneiden Sie diese aus und fügen Sie diese im neuen OB-Baustein DRUCK[OB123] ein. Sie können den Baustein Main umbenennen zu TEMP. Markieren Sie dazu diesen Baustein, öffnen Sie das Kontextmenü *Eigenschaften* und geben Sie z.B. den Namen TEMP ein.

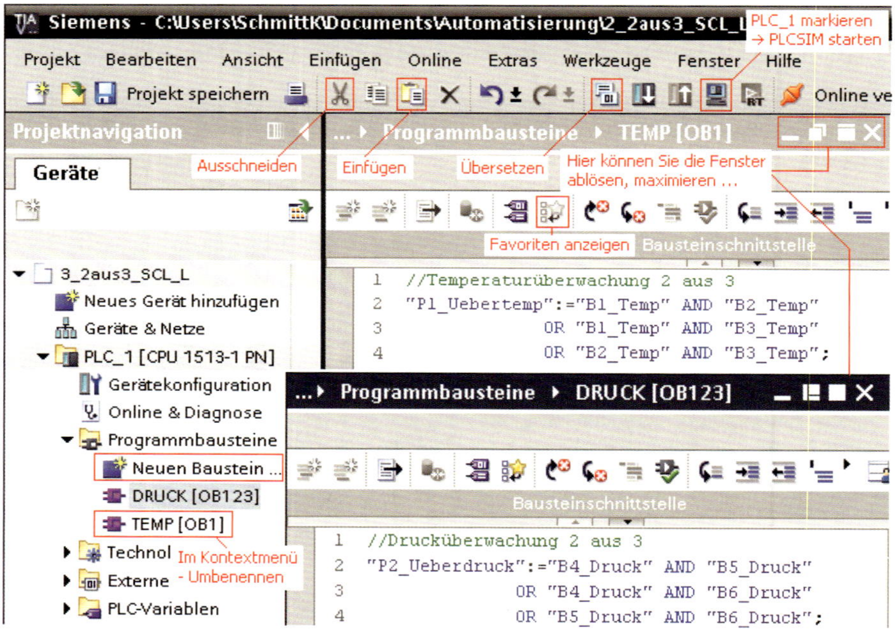

2. Übersetzen Sie die Bausteine. Beim Übersetzen wird der Maschinencode für die CPU erzeugt. Markieren Sie dazu den Programmbausteinordner und wählen Sie im Menü *Bearbeiten Übersetzen*. Bei größeren Programmen ist es sinnvoll, den Programmcode beim Erstellen zwischendurch zu übersetzen, um **Syntax-Fehler** (Abweichungen von der Sprachvereinbarung) leichter zu finden und zu korrigieren.
3. **Testen Sie** die Funktion des Projekts mit PLCSIM.
   Sie können nach der Beschreibung in Kapitel 2 vorgehen, z.B. mit einer Beobachtungstabelle arbeiten oder Sie öffnen PLCSIM, schalten in die Projektansicht (im PLCSIM-Fenster oben rechts), öffnen ein PLCSIM-Projekt oder erstellen ein neues und schalten ab PLCSIM V14 die CPU ein.
   Sie können dann im TIA-Portal über Menü *Online Laden in Gerät...* Ihr erweitertes Projekt in PLCSIM laden. Falls erforderlich, wählen Sie im Dialogfenster

die PG/PC-Schnittstelle, klicken Sie auf «Suche starten», klicken Sie auf «Laden», eventuell «alle überschreiben», «starten» und «Fertigstellen».
Öffnen Sie die SIM-Tabelle, klicken Sie in der SIM-Tabelle auf das Icon *Projektvariablen laden*, in der Spalte *Bits* können Sie dann die Variablenwerte steuern und überwachen.

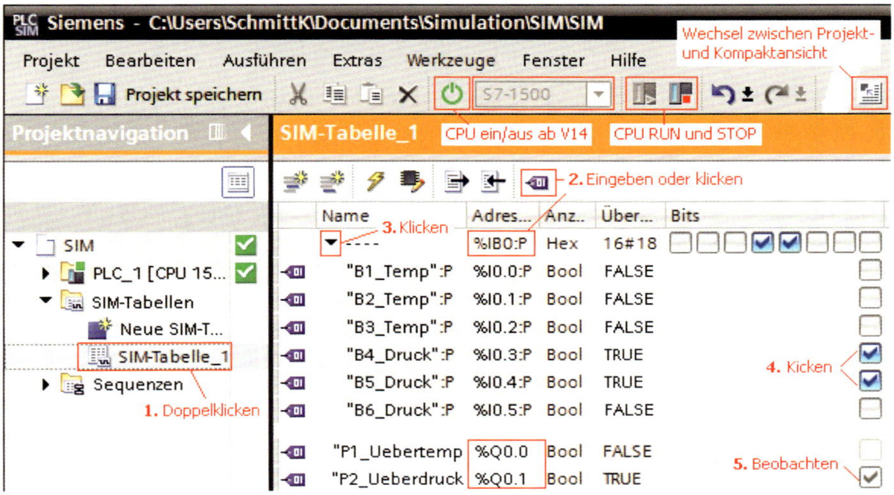

Anmerkung: Wenn Sie ein neues TIA-Projekt erstellen, entfernen Sie zunächst den Baustein Main[OB1], da dieser standardmäßig nur in den Sprachen FUP und KOP zu programmieren ist. Fügen Sie einen neuen Organisationsbaustein (OB) Program cycle in der Sprache SCL ein.

Im SCL-Editor des TIA-Portals ab Version 14 können Sie Ihren Programmcode mit Hilfe des Schlüsselworts REGION xxx ... END_REGION in Bereiche strukturieren. Dies verbessert ebenfalls die Übersichtlichkeit Ihres Programms. Im Anhang unter Lösung der Aufgabe 6.2 finden Sie diese Strukturmöglichkeit erläutert.

3.2 Gliederung mit einem Hauptprogramm und Unterprogramme

Wenn Sie eine **CPU3xx** verwenden, so steht Ihnen nur der OB1 als Programm zur Verfügung, das freilaufend zyklisch bearbeitet wird. Sie können hier gliedern, indem Sie Funktionen als «Container» für Ihre Unterprogramme hinzufügen, das Programm in diesen aufteilen und diese Unterprogramme im Hauptprogramm Main[OB1] aufrufen. Diese Art der Gliederung lernen Sie in Kapitel 5 kennen.

Merksatz

Gliedern Sie Ihr Programm, so können Sie dieses leichter erweitern, leichter Fehler finden und korrigieren, die Unterprogramme nacheinander testen und die Anlage schrittweise in Betrieb nehmen.

Stichpunkte

Nach der Bearbeitung des Kapitels sollten die folgenden Stichpunkte für Sie verständlich sein:

- ❑ mehrere Program-cycle-Bausteine
- ❑ neuer Baustein
- ❑ übersetzen
- ❑ Syntax-Fehler
- ❑ PLCSIM

4 Bibliotheksfähige, parametrisierbare Funktionen erstellen

Sie lernen Programmentwurfsmethoden für Verknüpfungssteuerungen ohne Speicherverhalten kennen. Sie legen ein neues Projekt an, erstellen eine parametrisierbare Funktion in der Sprache SCL, rufen diese auf und testen das Programm. Sie unterscheiden globale und lokale Variable. Sie legen die erstellte Funktion in eine globale Bibliothek ab.

Wird ein Programmteil öfter benötigt, so ist es vorteilhaft, diesen in einer parametrisierbaren Funktion (FC) zu schreiben. Sie können diese FC beliebig oft in Ihrem Programm, auch in anderen Bausteinen, erneut aufrufen. Dadurch wird weniger Speicher für das Anwenderprogramm belegt und eine Änderung des Programmcodes der Funktion ist leichter möglich.

Bibliotheksfähige Funktionen werden in FC-Bausteinen erstellt. In ihnen werden ausschließlich lokale Variable verwendet, um die FC-Bausteine mehrfach verwendbar zu halten. Lokale Variablen werden im Deklarationsteil des Bausteineditors deklariert.

Aufgabe 4.1: Funktion 2 aus 3

Erstellen Sie eine parametrisierbare Funktion «2 aus 3», die für die Temperatur- oder auch für die Drucküberwachung benutzt werden kann, und testen Sie diese.

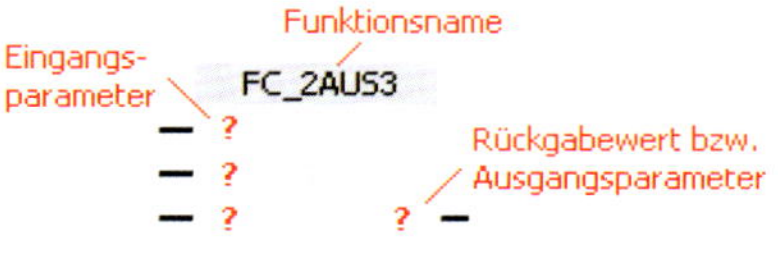

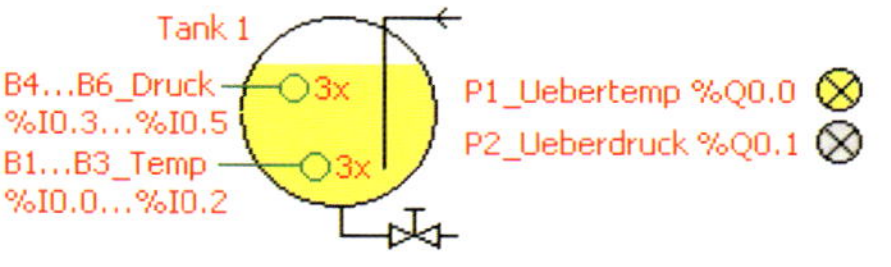

4.1 Programmentwurf

Vorüberlegungen

Überlegen Sie, wie viele Ein- und Ausgangsparameter notwendig sind, wie Sie diese benennen wollen und wie diese logisch verknüpft werden.

Programmentwurf mit der Funktionstabelle

Das Programm einer Verknüpfungssteuerung ohne Speicherverhalten können Sie mit Hilfe einer Funktionstabelle und einer daraus erstellten **Funktionsgleichung** entwerfen. Das folgende Bild zeigt die Tabelle. Suchen Sie die Zeilen in der Tabelle, bei denen OUT den Wert TRUE (1) hat, und verknüpfen Sie die dazugehörigen INs mit AND. Ist der Wert eines IN FALSE (0), so schreiben Sie NOT vor dem IN. Sie finden auf **InfoClick** dazu eine Animation. Hat OUT in mehreren Zeilen den Wert TRUE, so werden die einzelnen Ausdrücke (Minterme) mit OR verknüpft.

Funktionstabelle

IN3	IN2	IN1	OUT
0	0	0	
0	0	1	
0	1	0	
0	1	1	1
1	0	0	
1	0	1	1
1	1	0	1
1	1	1	1

OUT:= NOT IN3 AND IN2 AND IN1 ①
OR IN3 AND NOT IN2 AND IN1 ②
OR IN3 AND IN2 AND NOT IN1 ③
OR IN3 AND IN2 AND IN1; ④

Vereinfacht: Aus ①④→IN3 entfällt, da IN3 "0" oder "1" sein kann,
aus ②④→IN2 entfällt, da IN2 "0" oder "1" sein kann,
aus ③④→IN1 entfällt, da IN1 "0" oder "1" sein kann,
④ entfällt ⇩

OUT:= IN2 AND IN1
OR IN3 AND IN1
OR IN2 AND IN3 ;

Bei der **disjunktiven Normalform** werden

- die Eingänge UND-verknüpft, bei denen der Ausgang «1» ist – es entstehen die Minterme,
- die entstandenen **Minterme** werden ODER-verknüpft,
- die ermittelte Funktionsgleichung können Sie vereinfachen.

Programmentwurf mit dem KV-Diagramm

Wird das **KV-Diagramm** benutzt, entfällt die Vereinfachung, da durch die Zusammenfassung von Feldern mit «1» die Funktionsgleichung in minimierter Form ermittelt wird. Sie finden auf **InfoClick** dazu eine Animation.

KV-Diagramm für die Funktion 2 aus 3

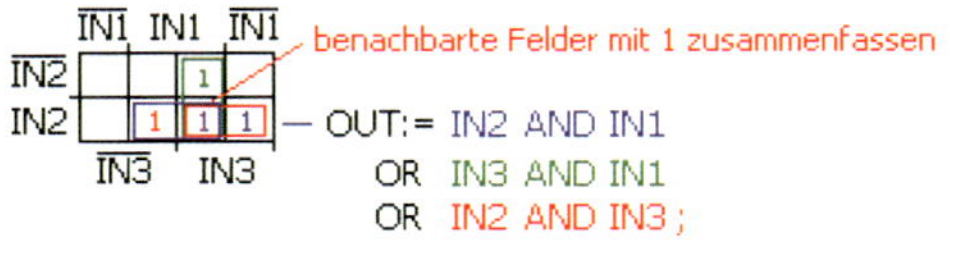

WWW

InfoClick

Eine Animation finden Sie auf **InfoClick**.
Weitere Möglichkeiten, ein Programm zu entwerfen, finden Sie in den folgenden Kapiteln.

4.2 Neues Projekt erstellen

Vorgehensweise

1. Legen Sie ein **neues Projekt** an mit einer CPU, einer Eingangsbaugruppe für die Temperatur- und Druckschalter sowie einer Ausgangsbaugruppe für die Anzeigen.

WWW

InfoClick

Sie können auch die **STEP7-Archivdatei A4.1** «2_2aus3_SCL_L.zap1x» oder A4.1-1200 als Projektvorlage benutzen.

2. **Gerätekonfiguration**
   Fügen Sie einen **Controller** hinzu, den Gerätenamen können Sie ändern. Achten Sie auf die Version der CPU, diese müsste auch mit Ihrer realen CPU überein-

stimmen, wenn Sie eine Inbetriebnahme durchführen wollten. Wenn Sie nur mit PLCSIM testen wollen, so können Sie beliebige CPUs und Baugruppen verwenden. Die CPU 12xx ist ab Firmware-Version 4.1 mit PLCSIM V13 SP1 testbar.

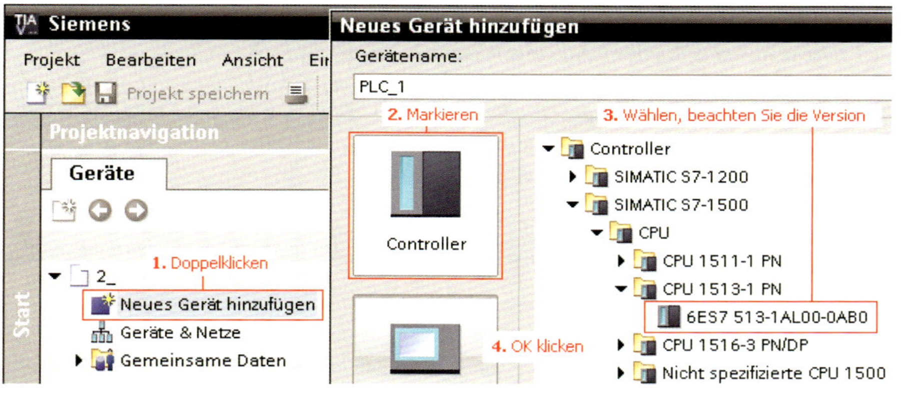

Fügen Sie die **DI/DO-Signalbaugruppen** ein, falls Sie keine Kompakt-CPU, z.B. die CPU 1214C, verwenden. Suchen Sie im Hardware-Katalog Ihre Digital-Input- (DI) und Digital-Output-Baugruppe (DO) und ziehen Sie diese in das Gerätesicht-Fenster, wie das folgende Bild zeigt.
Beachten Sie bei markierter Baugruppe im Optionsfenster Informationen die Beschreibung der Baugruppe. Merken Sie sich den **Adressbereich** der DI- und DO-Baugruppe für die PLC-Variablendeklaration.

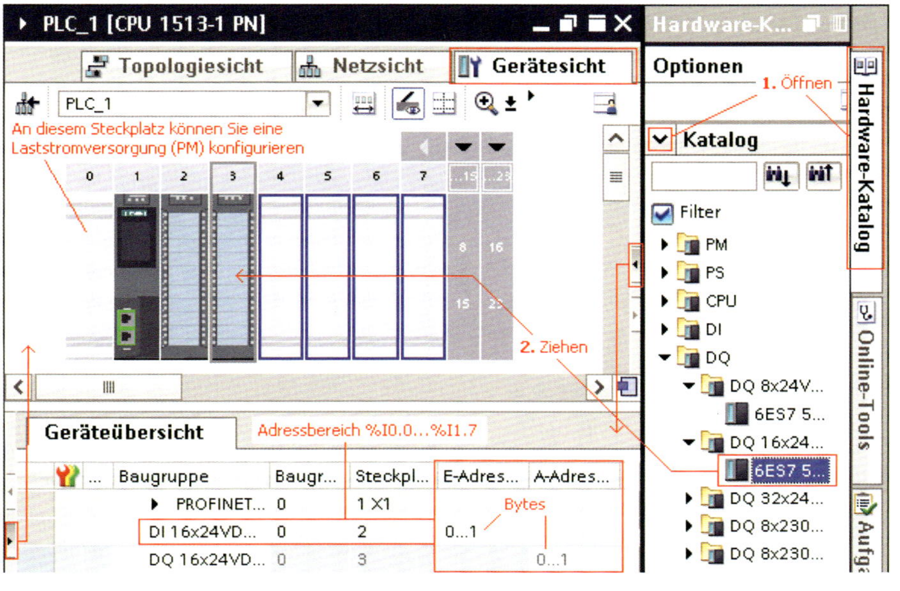

3. **Deklarieren Sie die PLC-Variablen**
PLC-Variable sind **Globalvariable**, da sie von allen Bausteinen gelesen und be-

schrieben werden können. Eine Beschreibung zur Vorgehensweise finden Sie in Kapitel 2. Sie können aber auch in der Gerätesicht bei markierter DI- bzw. DO-Signalbaugruppe unter Eigenschaften – IO-Variablen wählen und die Namen der Variablen eingeben.

4. **Programmieren Sie die Funktion «2 aus 3» in der Sprache SCL**
   Fügen Sie eine Funktion hinzu, geben Sie einen treffenden Namen ein und wählen Sie die Programmiersprache. Vergessen Sie nicht, im Baustein einen Beschreibungskopf als Kommentar einzufügen. Ein Beispiel finden Sie in Anhang A4. In diesem Buch wurde aus Platzgründen auf einen Beschreibungskopf verzichtet.

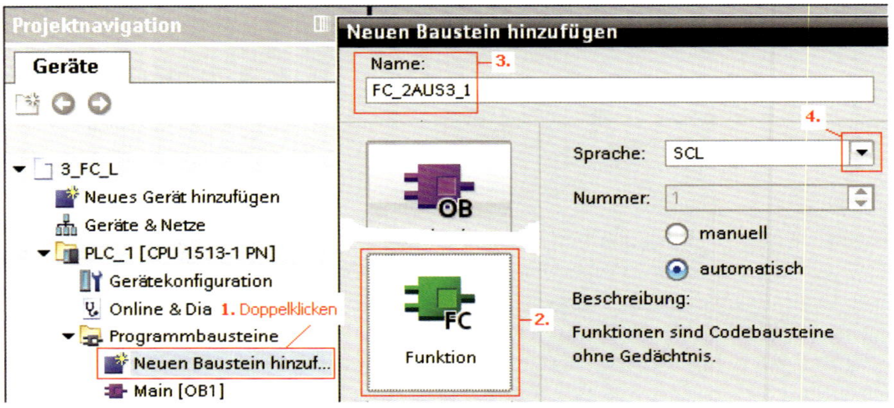

4.2.1 Lösungsvariante 1 der Aufgabe 4.1: Funktion mit Rückgabewert

Definition

Nach IEC 61 131-3 ist eine Funktion ein Baustein ohne Gedächtnis mit einem Rückgabewert.

In einer Funktion werden Eingangsparameter zur Informationsübergabe und der Rückgabewert im Deklarationsteil deklariert. Sie können auch für Zwischenergebnisse temporäre Variablen deklarieren. Der Wert einer **temporären Variablen** ist nur so lange gültig, solange die FC bearbeitet wird.

Doppelklicken Sie die neue Funktion FC_2AUS3_1[FC1] im Programmbausteinordner. Der Editor öffnet sich.

Im **Deklarationsteil** (Vereinbarungsteil) des Editors deklarieren Sie die Variablen, die Schnittstelle des Bausteins, also die Ein(**Input**)parameter und den Datentyp des Rückgabewerts der Funktion. Diese Variablen gelten nur in diesem Baustein, deshalb werden sie **Lokalvariable** genannt. Wählen Sie als Datentyp «**Bool**», da der Wert der Variablen im Beispiel nur «TRUE» (steht für wahr = logisch «1») oder «FALSE» (steht für falsch = logisch «0») sein kann. Mit Variablen dieses Datentyps können nur logische Anweisungen wie `AND`, `OR`, `NOT`, `XOR` durchgeführt werden. Weitere Zeilen im Deklarationsteil können Sie hinzufügen. Die Vorgehensweise zeigt das folgende Bild.

Geben Sie im **Anweisungsteil** die Anweisung ein. Benutzen Sie in der Anweisung nur die lokalen Variablen. Schreiben Sie einen Kommentar nach den //. Geben Sie in die nächste Zeile die Funktionsgleichung ein, die Sie mit Hilfe der Funktionstabelle oder dem KV-Diagramm entworfen haben.

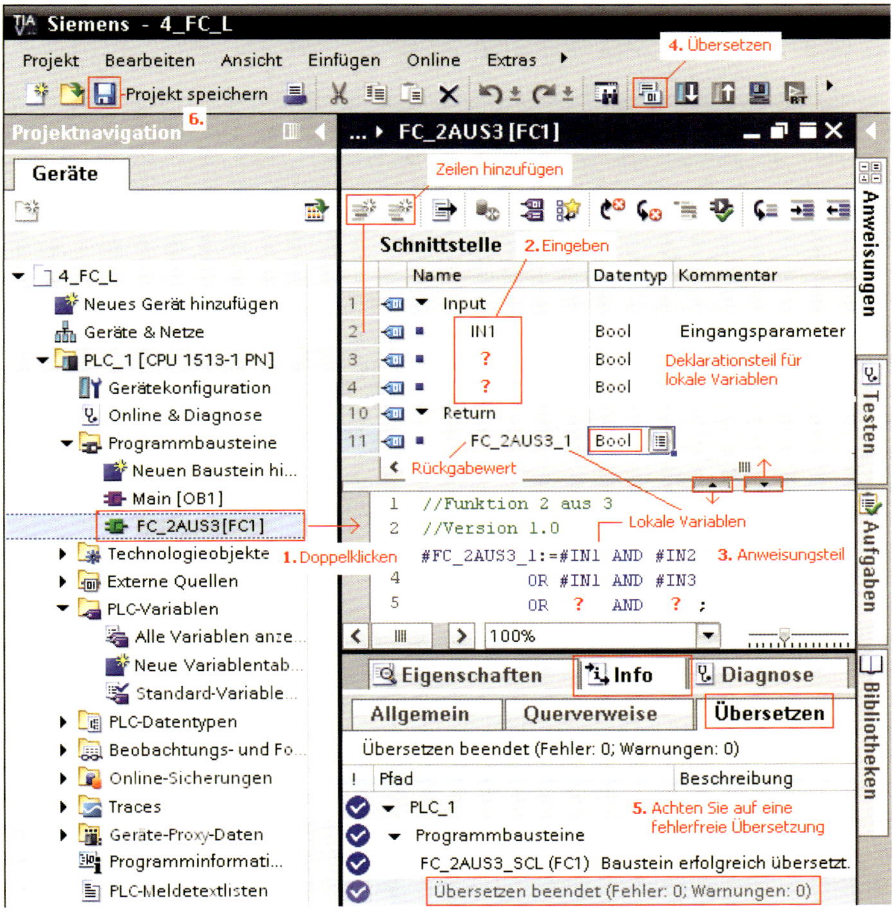

Anmerkung: Ab TIA-Portal V14 können Sie auch in Bausteinen, die in der Sprache FUP oder KOP erstellt wurden, SCL-Netzwerke einfügen. Mit Hilfe des Schlüsselworts REGION ... END_REGION können Sie umfangreiche Programmbausteine gliedern.

Merksatz

Verwenden Sie in einem bibliotheksfähigen und parametrisierbaren Baustein nur lokal deklarierte Variable.

Übersetzen Sie die Funktion über das Menü Bearbeiten- Übersetzen (Strg +B), achten Sie auf eine fehlerfreie Übersetzung.

Speichern Sie Ihr Projekt über das Menü Projekt- Speichern (Strg +S).

Funktionsaufruf einer Funktion mit Rückgabewert

Ziehen Sie aus dem Bausteinordner die erstellte Funktion in den Anweisungsteil des Main-Programms. Übergeben Sie die Aktualparameter, in diesem Beispiel die PLC-Variablen, der Funktion. Übersetzen Sie die Bausteine und **testen Sie** mit PLCSIM die Funktion (siehe Kapitel 2). Wählen Sie *Simulation starten*. Ab PLCSIM V13 können Sie im Programmeditor *Beobachten ein* wählen und die Variablen über das Kontextmenü steuern (siehe Kapitel 2).

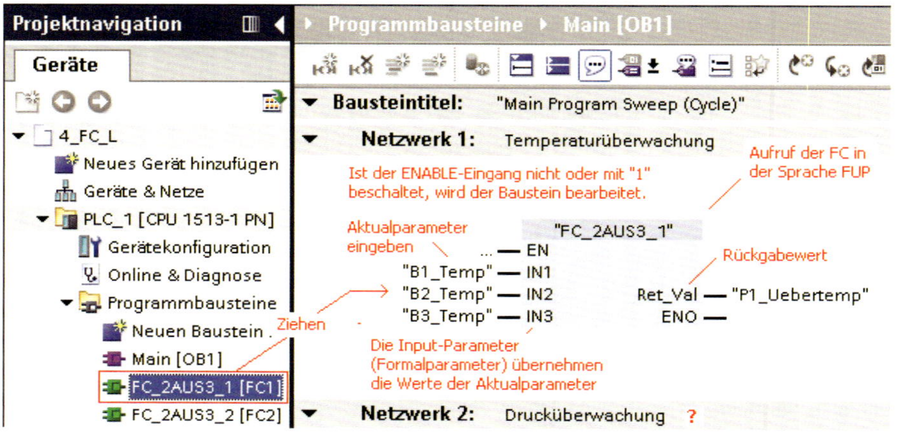

Rufen Sie die Funktion ein zweites Mal auf, übergeben Sie die Aktualparameter für die Drucküberwachung. **Testen Sie** die Funktion mit PLCSIM.

Sie können die erstellte Funktion auch in der Sprache SCL im Main[OB1] aufrufen. Ein Funktionsaufruf besteht aus dem Namen der Funktion, hier «FC_2AUS3_1», und in Klammern der Parameterübergabe, getrennt mit einem Komma. Der Rückgabewert der Funktion wird in die Variable, hier «P1_Uebertemp», geschrieben.

Da das Standardprogramm Main[OB1] nur in den Sprachen FUP und KOP programmierbar ist, löschen Sie den Baustein, fügen Sie einen neuen Organisationsbaustein **Program cycle** ein und wählen Sie die Sprache SCL. Ab Version 14 können Sie im Standardprogramm Main[OB1] über das Kontextmenü (rechte Maustaste) ein SCL-Netzwerk einfügen und das Programm eingeben.

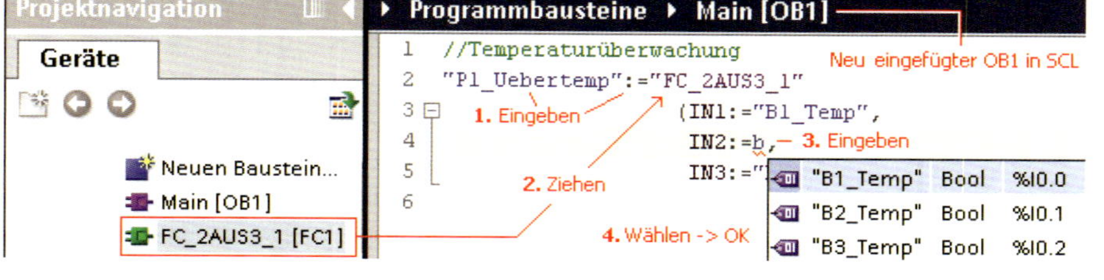

4.2.2 Lösungsvariante 2 der Aufgabe 4.1: Funktion mit Ausgangsparameter

Mit STEP7 ist es auch möglich, Funktionen zu schreiben, die ihr Ergebnis oder Ergebnisse über Ausgangs(**Output**)-parameter zur Verfügung stellen.

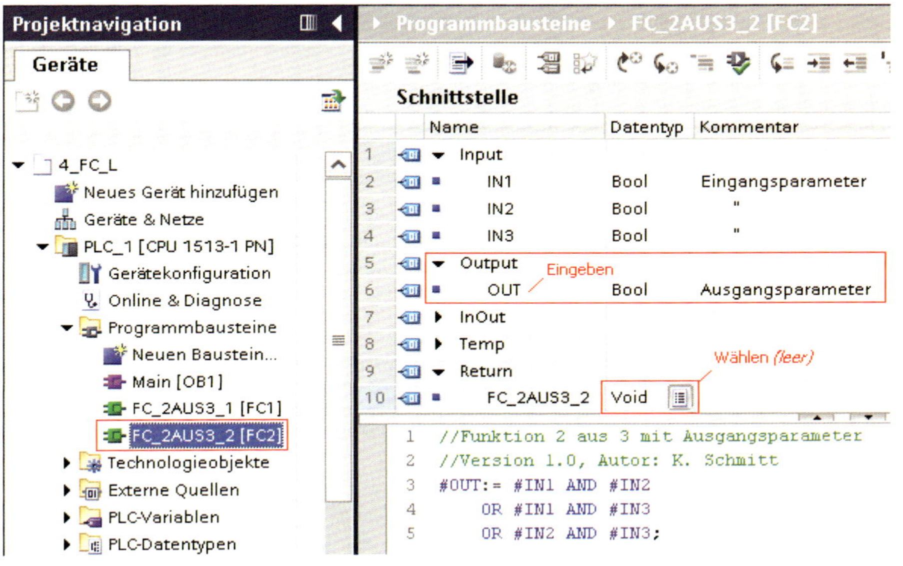

Funktionsaufruf einer Funktion mit Ausgangsparameter
In der Sprache FUP:

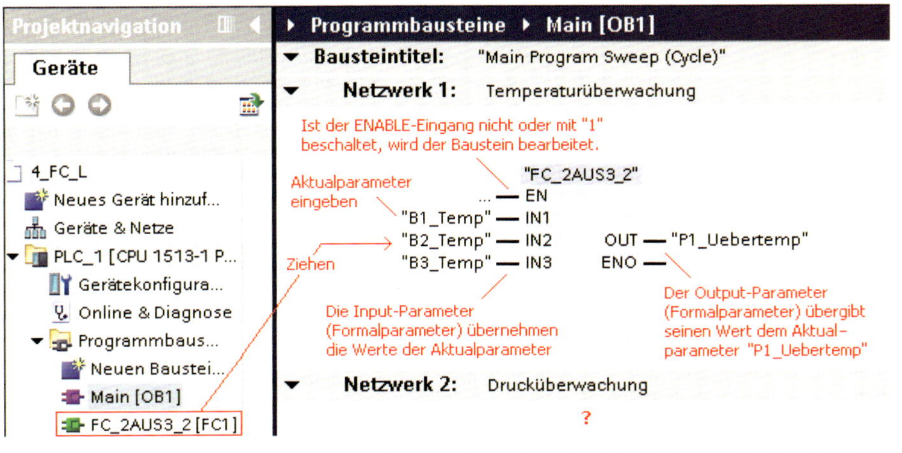

In der Sprache SCL: Ersetzen Sie den vorhergehenden Funktionsaufruf mit Rückgabewert durch die Funktion mit Ausgangsparameter. fügen Sie dazu einen neuen Organisationsbaustein **Program cycle** ein und wählen Sie die Sprache SCL, wie dies oben unter Funktion mit Rückgabewert beschrieben ist.

Ziehen Sie dazu die Funktion aus dem Programmbausteinordner in den SCL-Editor des Main-Bausteins und übergeben Sie den Eingangsparametern und dem Ausgangsparameter die PLC-Variablen.

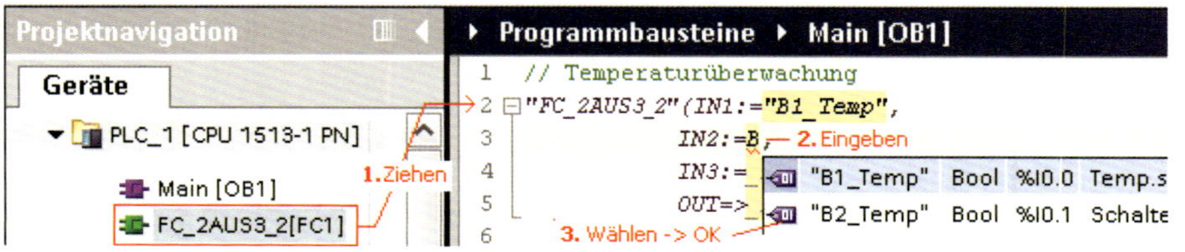

Merksatz

Beim Aufruf einer Funktion werden die Parameter in runde Klammern übergeben und aufgelistet mit Kommas. Bei einer Funktion müssen alle Parameter versorgt werden.

4.3 Bibliotheken

Bibliotheken dienen zur Ablage von wiederverwendbaren Programmkomponenten. Sollen diese in unterschiedlichen Projekten verwendbar sein, so benutzen Sie **globale Bibliotheken.**

Aufgabe 4.2: Neue Bibliothek

Fügen Sie eine neue globale Bibliothek, z.B. mit dem Namen «Logik», ein und legen Sie die erstellte und getestete Funktion in dieser ab, wie das folgende Bild zeigt. Sie können als Präfix für den Namen L (Library) wählen, z. B. LLogik. Speichern und schließen Sie die Bibliothek.

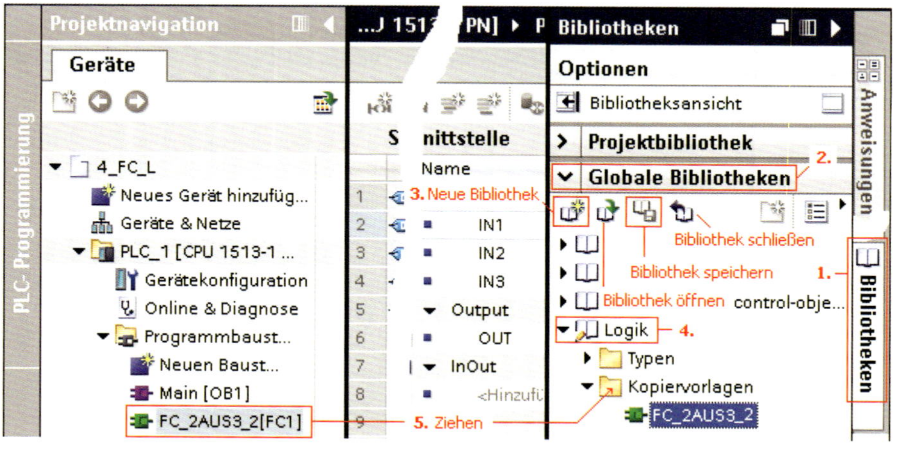

Baustein aus der Bibliothek benutzen

Sie können jederzeit, z.B. in einem neuen Projekt, auf Bausteine oder andere Objekte aus der globalen Bibliothek zugreifen.

1. Wählen Sie das Register Bibliotheken, öffnen Sie Globale Bibliotheken.
2. Öffnen Sie die Bibliotheksdatei. Ziehen Sie den Baustein aus der Bibliothek in den Programmbausteinordner.

3. Wenn Sie mit einer **höheren Version** des TIA-Portals arbeiten und wollen eine Bibliothek benutzen, die in einer Vorgängerversion erstellt wurde, so markieren Sie die geöffnete Bibliothek im TIA-Portal und wählen Sie im Kontextmenü *Bibliothek hochrüsten*.

Übung 4.1: Funktion 2 aus 3, Erweiterung

Funktion mit mehreren Ausgangsparametern

In STEP 7 kann eine Funktion auch mit mehreren Ausgangsparametern programmiert werden.

In dieser Übung soll die Anzeige der Überwachung erweitert werden.

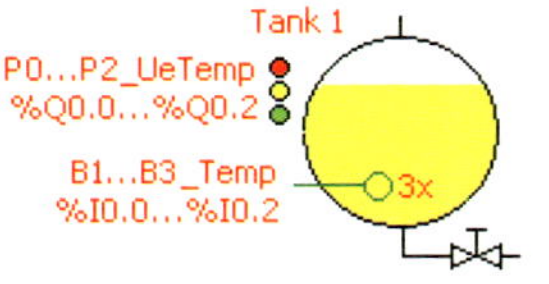

- ❑ Ein grüner Leuchtmelder zeigt an, dass nur ein oder kein Schaltsensor angesprochen hat.
- ❑ Ein gelber Leuchtmelder zeigt an, dass zwei Schaltsensoren angesprochen haben.
- ❑ Ein roter Leuchtmelder zeigt an, dass alle drei Schaltsensoren angesprochen haben.

Vorgehensweise

1. Entwerfen Sie das Programm der Funktion mit Hilfe einer Funktionstabelle.
2. Geben Sie die Anweisungen in eine neu hinzugefügte Funktion ein.

4_FC_Ueb_L ▸ PLC_1 [CPU 1513-1 PN] ▸ Programmbausteine ▸ UEBERWACH [FC1]

Schnittstelle

	Name	Datentyp	Kommentar
1	▼ Input		
2	IN1	Bool	
5	▼ Output		
6	OUT1	Bool	0 oder 1 von 3
7	OUT2	Bool	nur 2 aus 3
8	OUT3	Bool	alle 3

```
//0 oder 1 von 3
#OUT1:= NOT #IN3 AND NOT #IN2 AND NOT #IN1
    OR NOT #IN3 AND NOT #IN2 AND #IN1
    ?;

// nur 2 von 3
#OUT2:= ?;

//alle 3
#OUT3:= ?;
```

Negation

IN3	IN2	IN1	OUT3	OUT2	OUT1
0	0	0			1
0	0	1			1
0	1	0			
0	1	1			
1	0	0			
1	0	1			
1	1	0			
1	1	1			

3. Rufen Sie die Funktion im Main[OB1] auf.

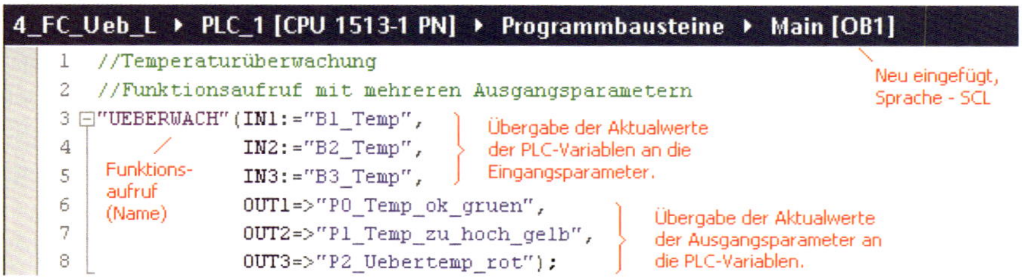

4. **Testen Sie** die Funktion. Schalten Sie zum Testen, ab V13, zunächst in der Gerätekonfiguration das Prozessabbild der Eingänge aus, das folgende Bild zeigt dies.

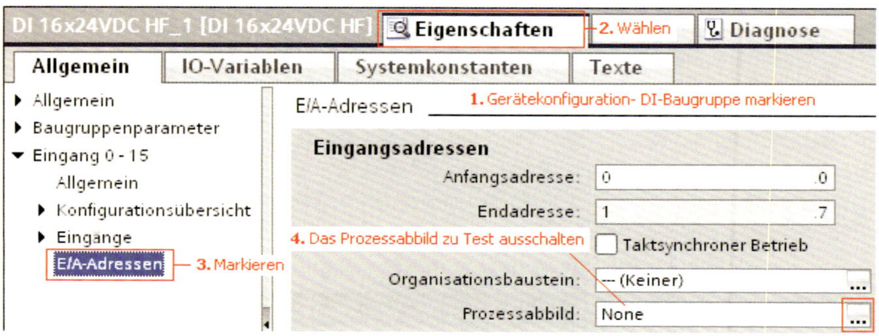

Wählen Sie im TIA-Portal im Menü *Online – Simulation – Starten* und laden Sie Ihr Projekt in die PLCSIM-Kompaktansicht. Sie können dann die Variablenwerte im Programmbaustein über Menü *Online – Beobachten* und über das Kontextmenü, bei markierter Variable, steuern.

Wenn Sie mit einer TIA-Version 12 arbeiten, so können Sie die Variablen im Editor nicht steuern. Wählen Sie im TIA-Portal im Menü *Online – Simulation – Starten* und laden Sie Ihr Projekt in PLCSIM. Schalten Sie PLCSIM in die Projektansicht, öffnen Sie die SIM-Tabelle, wählen Sie in der Spalte Namen die Variablen aus, die Sie steuern und beobachten wollen, und klicken Sie in der Spalte Bits, um die Variable zu steuern. Beurteilen Sie das Ergebnis.

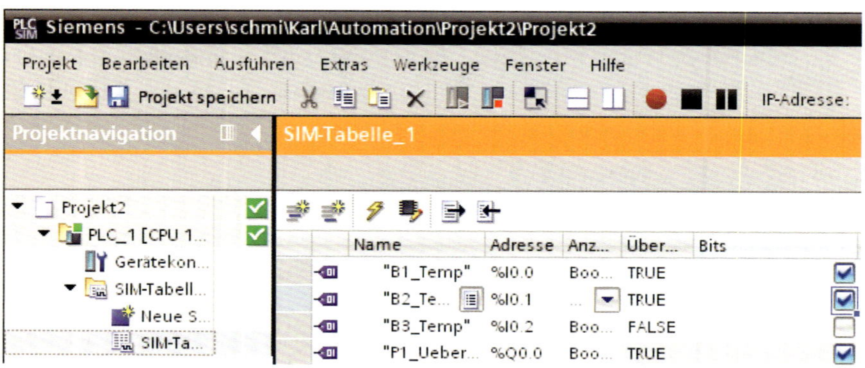

5. Legen Sie die Funktion in der globalen Bibliothek «Logik» ab. Deaktivieren Sie den Schreibschutz beim Öffnen der Bibliothek. Eine andere Lösungsmöglichkeit finden Sie in Kapitel 10 in der Übung 10.2.

Merksatz

Programmieren Sie parametrisierbare bibliotheksfähige Funktionen für Funktionseinheiten bzw. Objekte einer Anlage, die Sie auch in anderen Projekten verwenden können.

Stichpunkte

Nach der Bearbeitung des Kapitels sollten die folgenden Stichpunkte für Sie verständlich sein:

- ❑ Neues Projekt
- ❑ I/O-Baugruppen
- ❑ Ein-/Ausgangsadressen
- ❑ Deklarationsteil
- ❑ Input
- ❑ Output
- ❑ Lokale Variable
- ❑ Datentyp Bool
- ❑ Anweisungsteil
- ❑ FC-Aufruf
- ❑ Rückgabewert
- ❑ Ausgangsparameter
- ❑ Bibliothek

Selbsttest

Wählen Sie die richtigen Ergänzungen bzw. Aussagen aus.

1. Im Anweisungsteil einer bibliotheksfähigen Funktion
   - ☐ werden nur PLC-Variablen verwendet.
   - ☐ werden keine Variablen verwendet.
   - ☐ werden nur lokale Variable verwendet.
   - ☐ können PLC-Variable und lokale Variable verwendet werden.

2. Lokale Variable
   - ☐ werden in der PLC-Variablentabelle deklariert.
   - ☐ werden im Anweisungsteil des bibliotheksfähigen Bausteins deklariert.
   - ☐ werden im Deklarationsteil des bibliotheksfähigen Bausteins deklariert.
   - ☐ werden in der PLC-Variablentabelle ohne Adressangabe deklariert.

3. Der Adressbereich einer DI-Baugruppe ist
   - ☐ der PLC-Variablentabelle zu entnehmen.
   - ☐ im Deklarationsteil der Funktion einzutragen.
   - ☐ in der Geräteübersicht eingetragen.
   - ☐ im Anweisungsteil der Funktion zu verwenden.

4. Die Funktionstabelle für eine Verknüpfungssteuerung ohne Speicherverhalten mit vier Eingangsvariablen hat
   - ☐ 8 Zeilen.
   - ☐ 9 Zeilen.
   - ☐ 16 Zeilen.
   - ☐ 32 Zeilen.

5. Bei einem Funktionsaufruf werden die Parameter in runde Klammern geschrieben und durch
   - ☐ einen Doppelpunkt getrennt.
   - ☐ ein Komma getrennt.
   - ☐ einen Strichpunkt getrennt.
   - ☐ ein Leerzeichen getrennt.

6.
```
//Temperaturüberwachung
"P1_Uebertemp":="FC_2AUS3"(IN1:="B1_Temp",
                           IN2:="B2_Temp",
                           IN3:="B3_Temp");
```

   Im Programm wird
   - ☐ eine Funktion mit Ausgangsparameter aufgerufen.
   - ☐ eine Funktion mit Rückgabewert aufgerufen.
   - ☐ der Wert von „P1_Uebertemp“ in die Funktion geschrieben.
   - ☐ der Wert von „P1_Uebertemp“ in den Rückgabewert geschrieben.

InfoClick

Sie finden diesen Selbsttest auch auf der Webseite www.vogel-fachbuch.de unter **InfoClick**.

5 Verknüpfungssteuerungen mit Speicherverhalten

Sie lernen die IF...THEN- und IF...ELSIF-Anweisungen kennen, um auch speicherndes Verhalten programmieren zu können. Sie entscheiden, ob eine Variable im remanenten Merkerspeicherbereich liegen soll. Sie testen Ihr Programm mit der PLCSIM und verwenden Haltepunkte. Sie benutzen eine CPU 3xx und PLCSIM V5.x.

Aufgabe 5.1: Fördereinrichtung 1

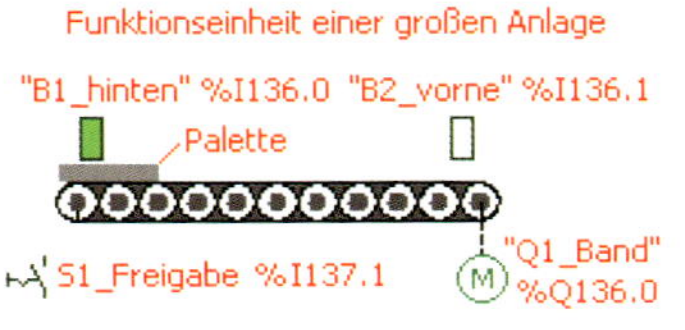

Vollziehen Sie die Projekterstellung für die Fördereinrichtung, die eine Funktionseinheit einer großen Anlage ist, nach. Ist die Anlage für den Transport von Paletten über den Schalter S1 freigegeben, so läuft das Förderband nur, wenn sich eine Palette auf dem Band befindet. Der Sensor B1 erkennt, ob eine Palette vorhanden ist. Am Ende des Bandes wird über den Sensor B2 das Band abgeschaltet.

Vorüberlegungen

Verwenden Sie den vorhandenen Main[OB1], so können Sie auch gliedern, indem Sie Funktionen als «Container» für Ihre Unterprogramme hinzufügen und das Programm in diesen nach Funktionseinheiten der Anlage aufteilen. Die **Unterprogramme** (UP) rufen Sie dann im Hauptprogramm Main[OB1] auf. Diese Vorgehensweise ist auch mit der **CPU3xx** möglich.

Die Daten werden im Prozessabbild, in dem Merkerspeicherbereich oder in einem Globaldatenbaustein (DB) gespeichert.

Vorgehensweise

1. Erstellen Sie ein neues Projekt mit der **CPU 314C-2 PN/DP**.
   Beachten Sie die Adressbereiche der Kompakt-CPU und deklarieren Sie die PLC-Variablen.
2. Verwenden Sie die IF...THEN-, dann IF...ELSIF-Anweisungen und dann die AND- und OR-Operanden, um die Aufgabe zu lösen.
3. Testen Sie die jeweilige Lösung.

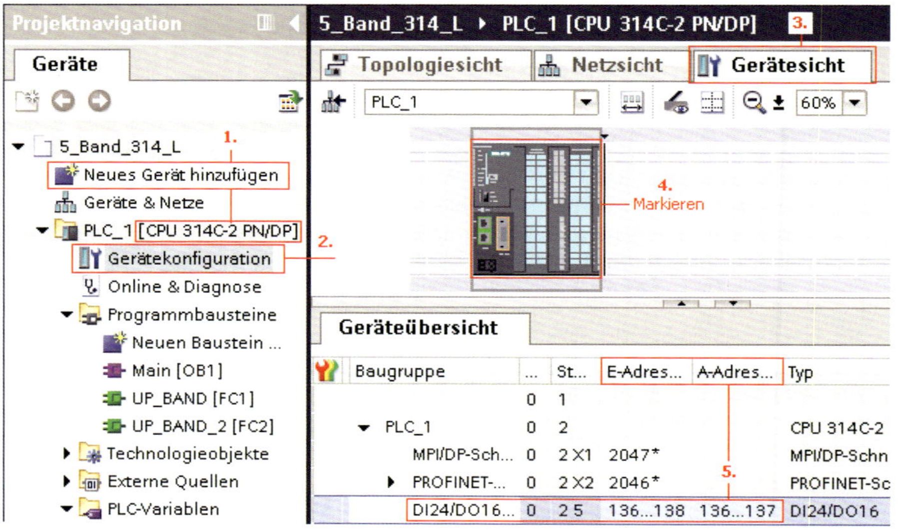

5.1 Unterprogramm mit IF...THEN- oder IF...THEN...ELSIF-Anweisungen

Die Auswahlanweisung IF ... THEN ermöglicht, die Steuerung des Programmablaufs zu beeinflussen – abhängig davon, ob eine «Aussage» wahr oder falsch ist.

Welches der folgenden zwei Bilder zeigt die Lösung? Vielleicht beide?

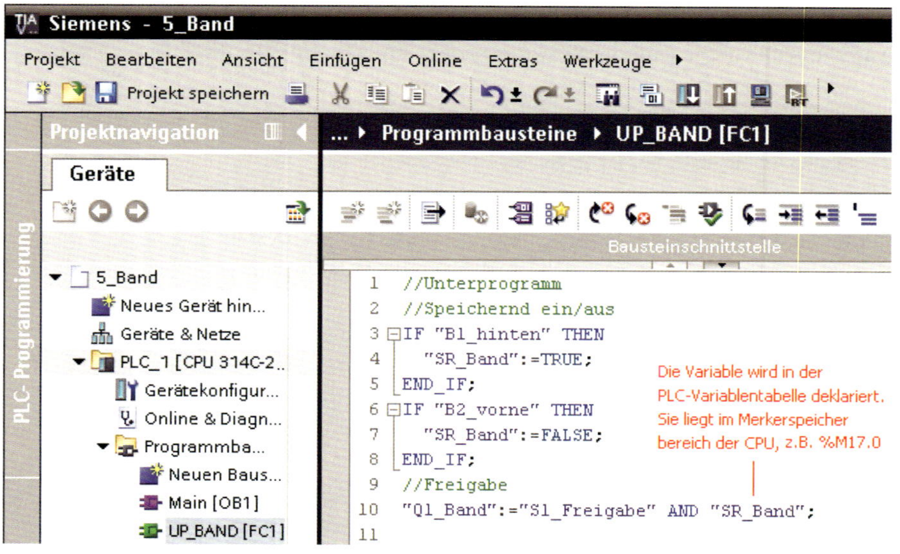

UP_BAND[FC1]: Ist die Bedingung, hier «B1_hinten», in der IF-Anweisung erfüllt, «B1_hinten» ist also TRUE, so wird der Variablen «SR_Band» der Wert TRUE zugewiesen. Haben beide Bedingungen den Wert TRUE, so wird der Variablen «SR_Band» der Wert FALSE zugewiesen. Haben beide Bedingungen den Wert FALSE, so ändert sich der Wert der Variablen «SR_Band» nicht.

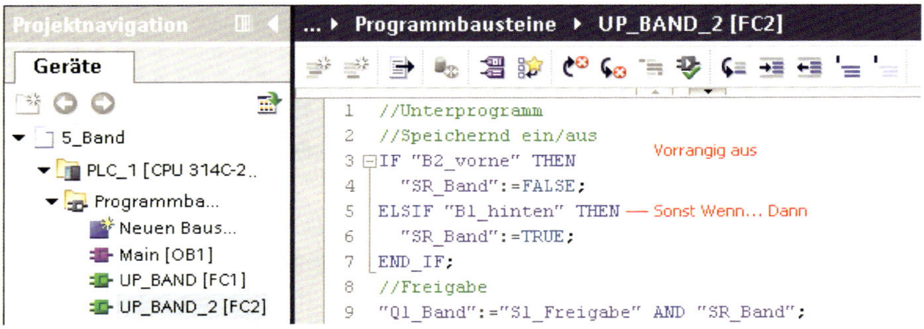

UP_BAND_2[FC2]: Ist «B2_vorne» FALSE und «B1_hinten» TRUE, so wird der Variablen «SR_Band» der Wert TRUE zugewiesen. Haben beide Bedingungen den Wert TRUE, so wird der Variablen «SR_Band» der Wert FALSE zugewiesen. Haben beide Bedingungen den Wert FALSE, so ändert sich der Wert der Variablen nicht.

Der Wert der Variablen «SR_Band» wird im nicht remanenten **Merker**speicherbereich gespeichert. Die Variable wird in der PLC-Variablentabelle deklariert. Die Remanenz ist abhängig von der Merkeradresse, die Sie verwenden.

5.2 Remanenz

Wie verhält sich die Anlage nach einem Neustart der CPU, z.B. nach einem Ausfall der Versorgungsspannung? Daten, die im **remanenten Speicher** liegen, haben nach dem Ausfall der Versorgungsspannung den gleichen Wert wie vor dem Spannungsausfall.

Bei den **CPUs 3xx** können Sie die Remanenz vom Merkerspeicherbereich unter den CPU-Eigenschaften einstellen.

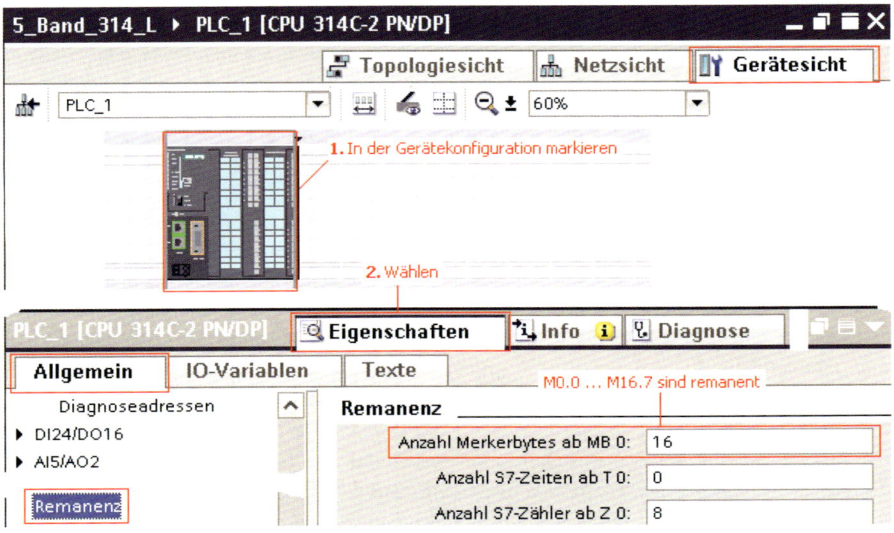

Bei den **CPUs 15xx** und **CPUs 12xx** können Sie die Remanenz vom Merkerspeicherbereich in der PLC-Variablentabelle einstellen.

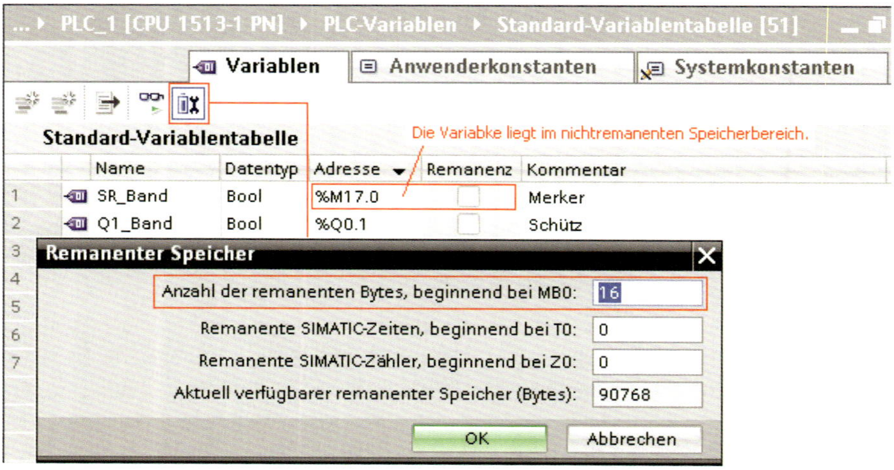

5.3 Unterprogrammaufruf

Da das Main-Programm freilaufend zyklisch bearbeitet wird, werden auch die Anweisungen im Unterprogramm (UP) zyklisch bearbeitet, wenn das Unterprogramm im Main[OB1] aufgerufen wird. Hier könnten noch weitere UPs von anderen Funktionseinheiten aufgerufen werden.

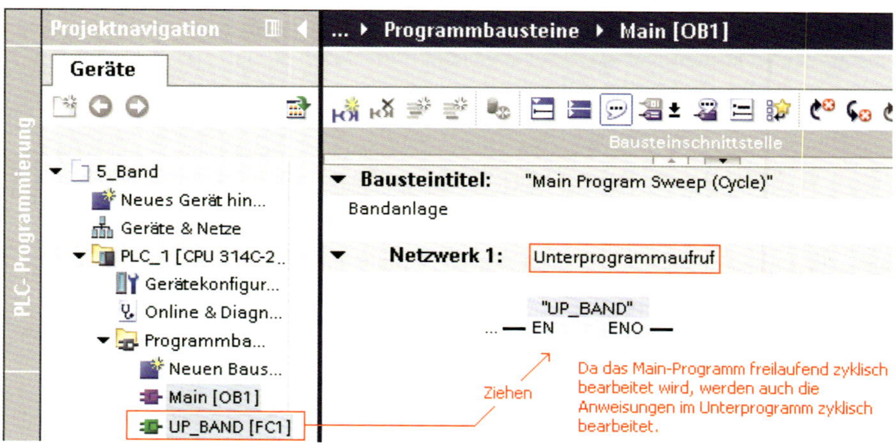

Testen Sie die Funktion mit PLCSIM. Die **CPU 3xx** können Sie nur mit PLCSIM V5.x simulieren.

Vorgehensweise
Markieren Sie den Bausteinordner und wählen Sie im Menü *Online Simulation*. Stellen Sie im Dialogfenster die Schnittstelle auf PN/IE und PLCSIM, bei älteren Versionen wählen Sie PLCSIM V5.x und laden Sie Ihr Programm in PLCSIM. Fügen Sie im PLCSIM-Fenster die Ein- und Ausgängen und Merker ein. Aktivieren Sie RUN-P und simulieren Sie S1, B1 und B2 durch Aktivieren/Deaktivieren des jeweiligen Bits im Eingangsbyte (IB). Beobachten Sie den Merker- und den Ausgangswert.

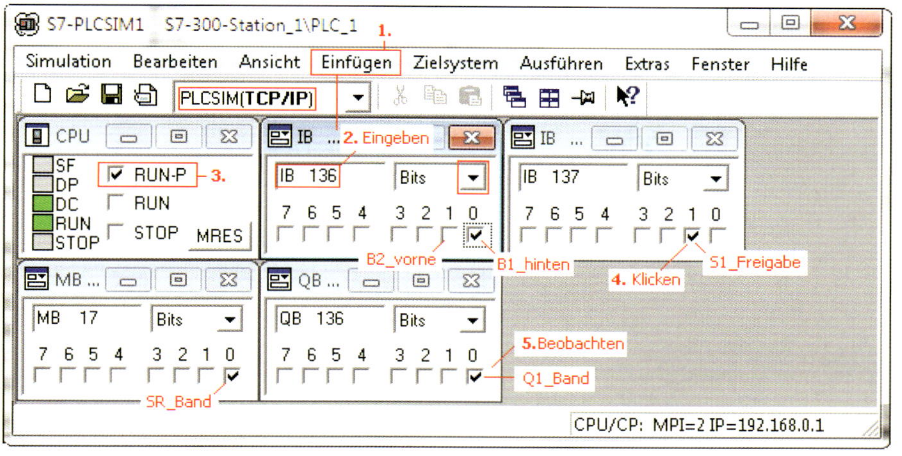

5.4 Haltepunkte

Um schrittweise die Werte der Variablen beim Testen im SCL-Editor zu beobachten, können Sie Haltepunkte einfügen.

Vorgehensweise

Nachdem Sie Ihr Projekt in PLCSIM geladen haben und RUN aktiviert ist, wählen Sie im TIA-Portal-Menü *Online-Online verbinden*. Fügen Sie in die graue Spalte im SCL-Editor durch Klicken Haltepunkte ein. Aktivieren Sie diese im Testen-Fenster und lassen Sie durch Klicken auf Ausführen den Programmcode von Haltepunkt zu Haltepunkt ausführen.

Sie können beobachten, dass die Zeile 4 übersprungen wird, wenn «B2_vorne» FALSE ist.

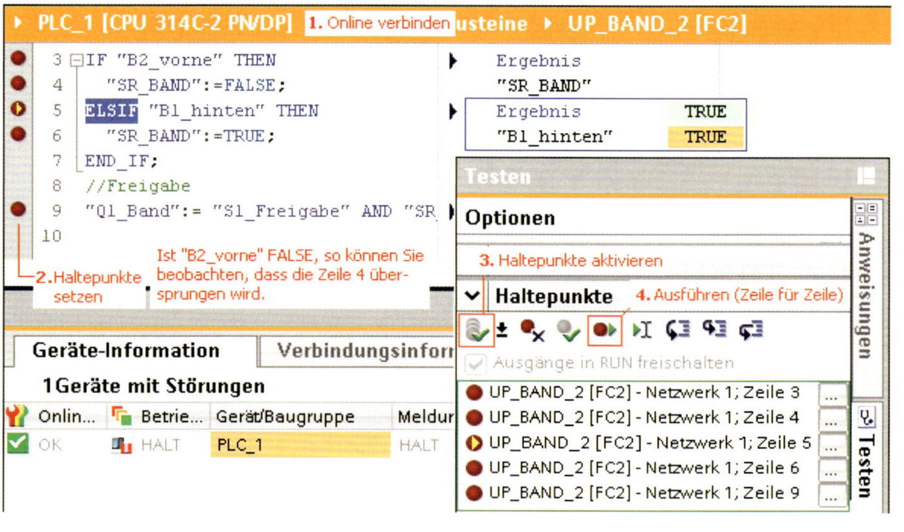

Wenn Sie Ihr Projekt mit einer CPU 15xx erstellt haben, so können Sie nur ab einer V2.6 die Haltepunkte zur Analyse benutzen. Wählen Sie, wenn nötig, bei markierter PLC_1 im Kontextmenü **Gerät tauschen** ... Wenn Sie Ihr Projekt mit einer CPU 12xx erstellt haben, so starten Sie PLCSIM, öffnen Sie ein PLCSIM-Projekt oder erstellen Sie ein neues und laden Sie Ihr TIA-Projekt bei eingeschalteter PLCSIM-CPU in PLCSIM. Sie können in der **Sequenztabelle** den zeitlichen Ablauf der Anlagensensorik simulieren und die Ergebnisse beurteilen.

Der Anhang :P am Variablennamen zeigt einen Zugriff auf den **Peripheriespeicher** an. Der Peripheriespeicher befindet sich in diesem Beispiel in einer simulierten DI-Baugruppe.

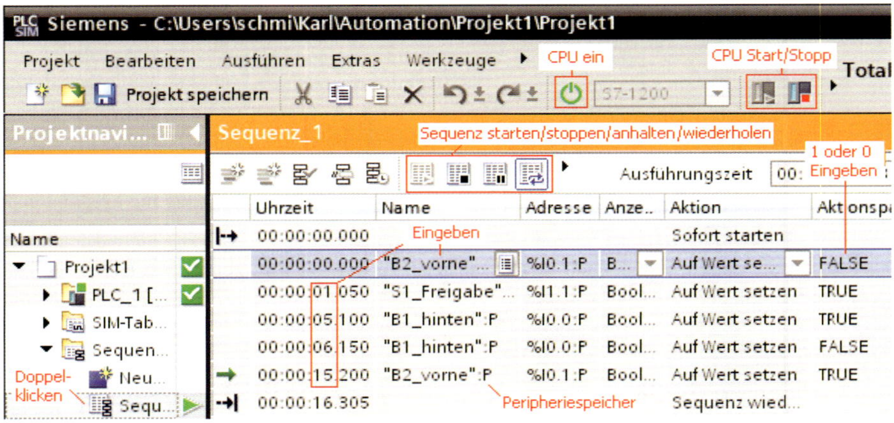

5.5 Unterprogramm speichernd ein/aus mit AND und OR

Anstelle der IF-Anweisung könnte auch mit AND und OR eine speichernde Verknüpfung programmiert werden. Im folgenden Bild ist eine solche in der Sprache KOP dargestellt (Selbsthaltung).

Programmiert in SCL: UP_BAND_3

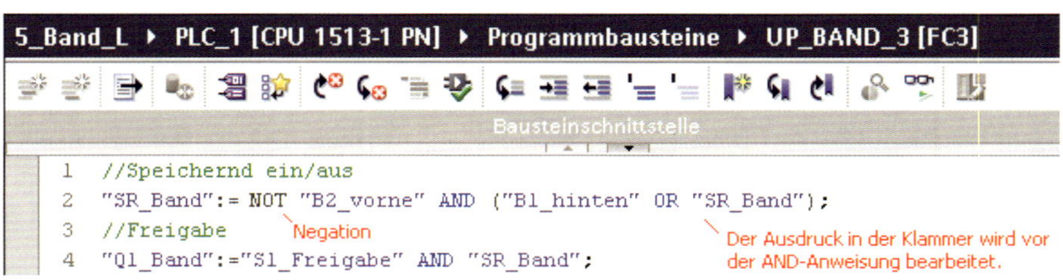

Vorgehensweise

Fügen Sie einen Baustein für das Unterprogramm hinzu.

Geben Sie das Programm ein und übersetzen Sie es. Beachten Sie die Hinweise zu Prioritäten der Operanden im Glossar. Rufen Sie nur das Unterprogramm UP_BAND_3[FC3] im Hauptprogramm Main[OB1] auf und testen Sie die Funktion.

Übung 5.1: Fördereinrichtung 2

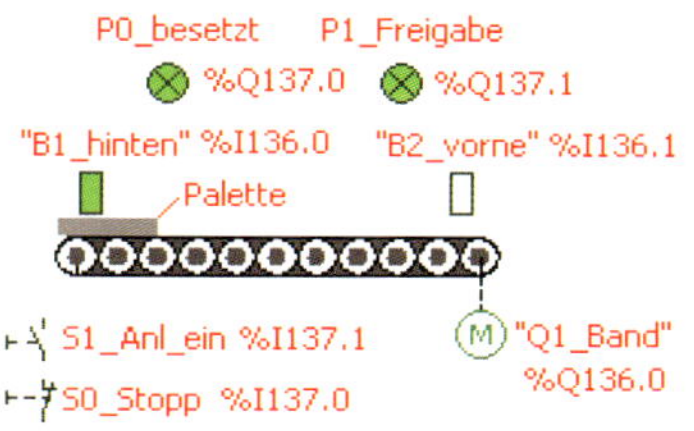

Ändern und erweitern Sie das Programm.

Ersetzen Sie den Schalter durch den Taster S1 für die Freigabe speichernd ein und den Taster S0 (Öffner) für speichernd aus. Über den Taster S0 kann der Fördervorgang gestoppt werden. Bei erneuter Betätigung des Tasters S1 wird der Fördervorgang fortgesetzt.

Die «Freigabe» sowie «Band besetzt» werden angezeigt.

Vorüberlegungen

1. Welcher Adressbereich, z.B. bei der CPU314C-2PN/DP (Gerätekonfiguration), ist bei der Variablendeklaration gültig?
2. Wie kann speichernd ein/aus für die Freigabe programmiert werden, da der Freigabeschalter durch Taster ersetzt wurde?
3. Dürfen die Variablen «SR_Freigabe» und «SR_besetzt» jetzt im remanenten Merkerbereich liegen?
4. Kann die Übung mit der IF...ELSIF-Anweisung gelöst werden?

Vorgehensweise

1. Schreiben Sie das Unterprogramm. Rufen Sie dieses im Hauptprogramm auf, löschen Sie eventuell den vorhandenen Baustein Main, der nur in der Sprache KOP und FUP zu programmieren ist, und fügen Sie einen neuen Baustein Main[OB1] Program cycle in der Sprache SCL ein.
2. Übersetzen Sie die Programmbausteine und beseitigen Sie eventuell auftretende Fehler.
3. Überprüfen Sie die Funktion der Anlage mit Hilfe der PLCSIM.

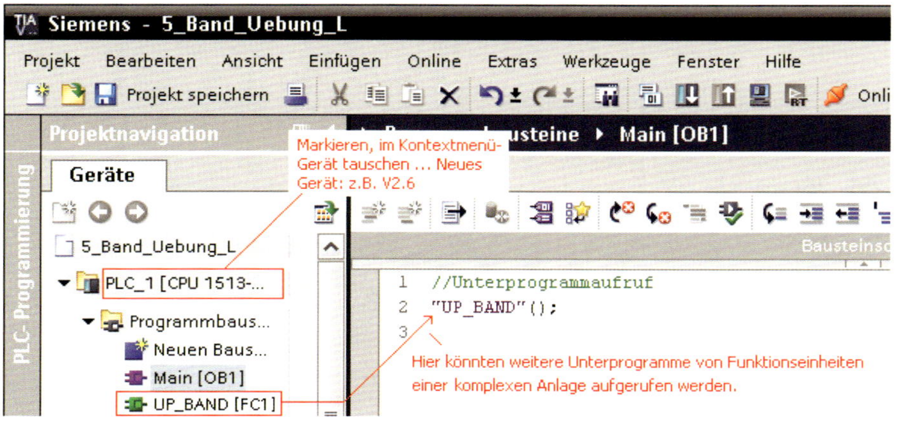

Testen Sie das Programm mit PLCSIM und beobachten Sie die Variablenwerte. Um Haltepunkte für die Analyse zu benutzen, muss die CPU 15xx mindestens V2.6 haben. Markieren Sie in der Projektnavigation- PLC_1 und wählen Sie im Kontextmenü Gerät tauschen ...

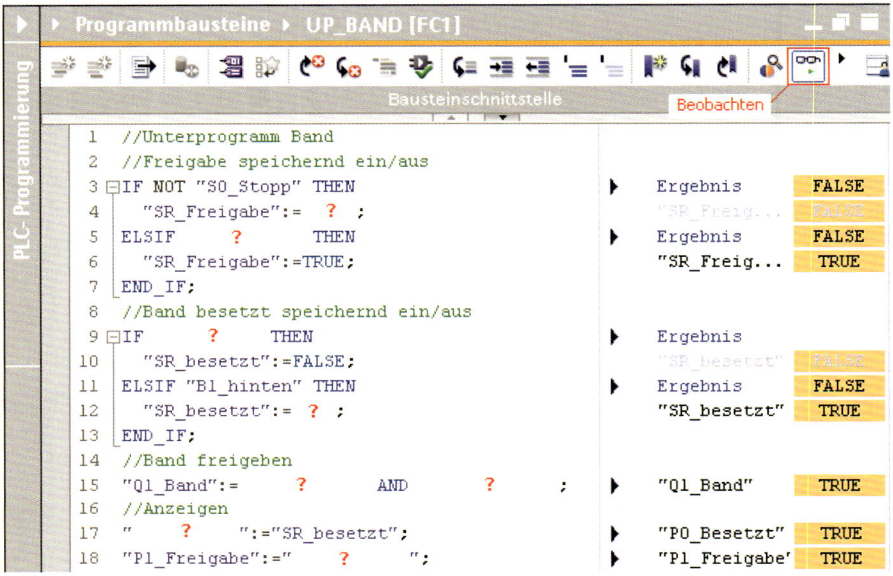

Merksätze

Mit der IF...THEN-Anweisung kann ein speicherndes Verhalten programmiert werden.

Es ist von der Adresse abhängig, ob ein Merkerspeicherbereich remanent ist.

Schreiben Sie Unterprogramme, die Sie im Hauptprogramm aufrufen. Die Unterprogramme können Sie leichter erweitern, in diesen leichter Fehler finden und korrigieren, sie nacheinander testen und die Anlage schrittweise in Betrieb nehmen.

Sie können die IF...END_IF-Anweisungen im Bausteineditor aus den «Anweisungen-Einfache Anweisungen- Programmsteuerung» in den Editor ziehen.

Programmentwurf mit dem Programmablaufplan

Programme von kleinen Funktionseinheiten können Sie in Form eines Programmablaufplans bzw. Flussdiagramms entwerfen.

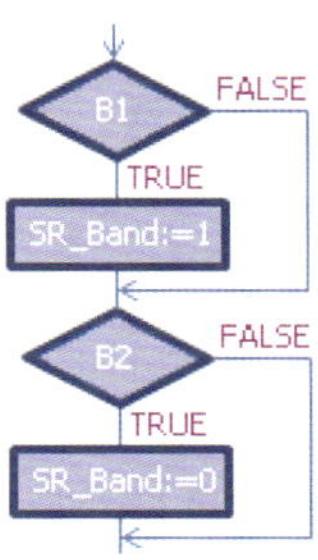


```
IF"B1_hinten"THEN
  "SR_Band":=TRUE;
END_IF;

IF"B2_vorne"THEN
  "SR_Band":=FALSE;
END_IF;
```

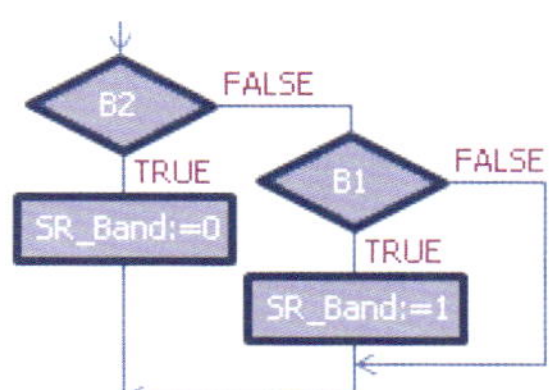


```
IF "B2_vorne"THEN
  "SR_Band":=FALSE;
ELSIF"B1_hinten"THEN
  "SR_Band":=TRUE;
END_IF;
```

Übung 5.2: Erweiterung mit einer Tankanlage

Erweitern Sie Ihr Programm aus Übung 5.1 mit der Tankanlage.

Beschreibung: Ist die Anlage freigegeben, so schalten die Pumpen ein, wenn der Füllstand unter B1 bzw. B3 ist. Sie werden abgeschaltet, wenn der Füllstand B2 bzw. B4 erreicht.

Festlegung: Die Werte der Variablen B1...B4 sind TRUE, wenn die Flüssigkeit die Sensoren bedeckt.

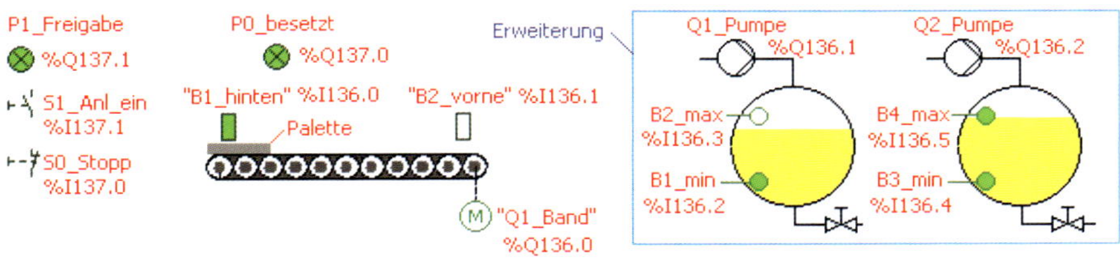

Schreiben Sie das Unterprogramm für die Tankanlage und rufen Sie dieses in dem Baustein Main[OB1] auf. Da der Programmteil «Freigabe» in beiden Unterprogrammen benötigt wird, ist es sinnvoll, diesen Teil ins Main-Programm zu schreiben.

Für verschiedene Anlagenteile können Sie auch verschiedene PLC-Variablentabellen benutzen. Fügen Sie dazu eine neue Variablentabelle für die Tankanlage ein.

Sie könnten die Systemvorgaben des Adressbereichs auch ändern, z.B. bei der CPU 314C.

Geräteübersicht — Gerätekonfiguration doppelklicken- Gerätesicht- Geräteübersicht.

Baugruppe	Baugr...	Steck...	E-Adres...	A-Adres...	Typ
	0	1			
▾ PLC_1	0	2			CPU 314C-2 PN/DP
MPI/DP-Schnittstelle_1	0	2 X1	2047*		
▸ PROFINET-Schnittstelle_1	0	2 X2	2046*		
DI24/DO16_1	0	2 5	136...138	136...137	DI24/DO16

Die Systemvorgaben des Adressbereichs können Sie ändern.

Stichpunkte

Nach der Bearbeitung des Kapitels sollten die folgenden Stichpunkte für Sie verständlich sein:

- ❑ Hauptprogramm
- ❑ Unterprogramm
- ❑ Unterprogrammaufruf
- ❑ IF...THEN
- ❑ ELSIF
- ❑ Remanenz
- ❑ Haltepunkte
- ❑ Sequenztabelle
- ❑ Peripheriespeicher
- ❑ Selbsthaltung
- ❑ Programmablaufplan

Selbsttest

Wählen Sie die richtigen Ergänzungen bzw. Aussagen aus.

1. 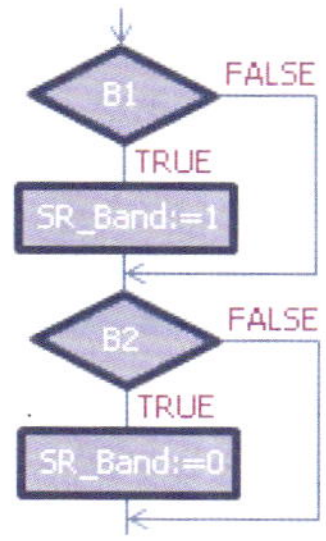

Sind beide Bedingungen erfüllt, so wird der Wert der Variablen «SR_Band»
- ☐ TRUE sein.
- ☐ sich nicht ändern.
- ☐ FALSE sein.

2. 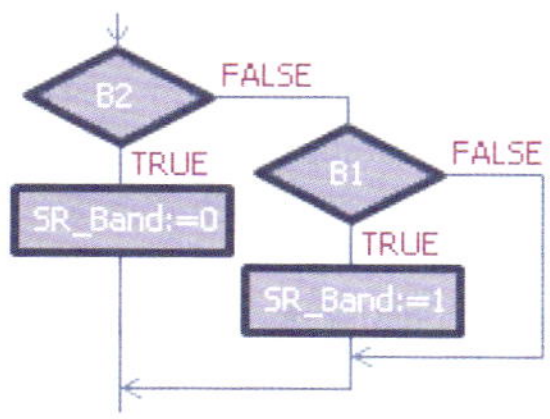

Sind keine der beide Bedingungen erfüllt, so wird der Wert der Variablen «SR_Band»
- ☐ TRUE sein.
- ☐ sich nicht ändern.
- ☐ FALSE sein.

3. Variablen, die im remanenten Merkerspeicherbereich liegen,
- ☐ werden mit dem Zusatz :P nach dem Variablennamen gekennzeichnet.
- ☐ werden in der PLC-Variablentabelle deklariert.
- ☐ werden nach einem Neustart immer den Wert FALSE annehmen.
- ☐ werden nach einem Versorgungsspannungsausfall immer den Wert FALSE annehmen.

4. Der Wert der Variablen mit der Adresse %I0.0:P
- ☐ liegt im PAE.
- ☐ liegt im PAA.
- ☐ liegt in der DI-Baugruppe.
- ☐ liegt in der DO-Baugruppe.

5. Um der Variablen "SR_Freigabe" speichernd den Wert TRUE zuzuweisen, muss
- ☐ Zeile 4 mit 6 vertauscht werden.
- ☐ «S0_Stopp» FALSE und «S1_AnlEin» FALSE sein.
- ☐ «S0_Stopp» FALSE sein und «S1_AnlEin» kurz TRUE werden.
- ☐ «S0_Stopp» TRUE sein und «S1_AnlEin» kurz TRUE werden.

```
2   //Freigabe speichernd ein/aus
3   IF NOT "S0_Stopp" THEN
4       "SR_Freigabe":=FALSE;
5   ELSIF "S1_AnlEin" THEN
6       "SR_Freigabe":=TRUE;
7   END_IF;
```

6. Sie können in der Sequenztabelle von PLCSIM
- ☐ globale Variable deklarieren.
- ☐ PLC-Variable deklarieren.
- ☐ den zeitlichen Verlauf der Anlagensensorik simulieren.
- ☐ lokale Variable simulieren.

WWW **InfoClick**

Sie finden diesen Selbsttest auch auf der Webseite www.vogel-fachbuch.de unter **InfoClick**.

6 Parametrisierbare Funktionsbausteine (FBs) erstellen

Sie programmieren einen bibliotheksfähigen, also einen wiederverwendbaren Funktionsbaustein, rufen diesen mehrfach auf und ordnen Instanz-Datenbausteine zu. Sie lernen, wodurch sich eine Funktion vom Funktionsbaustein unterscheidet, wie Sie statische und temporäre Variable benutzen, wie Sie eine Signaländerung auswerten und eine Simulation der Anlage benutzen können.

6.1 Funktionsbausteine (Funktionsblöcke)

In Kapitel 5 haben Sie das Programm für die Steuerung eines Förderbandes erstellt. Wie würden Sie vorgehen, wenn die Anlage aus mehreren gleichartigen Förderbänder besteht? Sinnvoll ist es, einen Funktionsbaustein (FB) zu programmieren und zu testen. Diesen verwenden Sie für jedes Band: die Instanz 1 des FBs für Band 1, die Instanz 2 für Band 2 usw. Ein Funktionsbaustein ist also ein Codebaustein, dessen Aufruf über Eingangsparameter parametrisierbar ist und über Ausgangsparameter sein Ergebnis liefert. Jeder FB-Aufruf verfügt über einen zugeordneten Speicherbereich, den **Instanz-Datenbaustein.** Der Instanz-Datenbaustein enthält eine Kopie der Datenstruktur des FBs. Beim Erstellen des Programms wird beim Aufruf des FBs der Instanz-DB automatisch generiert. Im bibliotheksfähigen FB dürfen nur Variablen benutzt werden, die lokal im FB deklariert wurden. Diese Variablen werden auch als **Lokalvariable** bezeichnet. Im Instanz-DB werden die Werte der Aktualparameter, die an dem FB übergeben werden oder vom FB geliefert werden, sowie die Werte der statischen Variablen gespeichert.

Statische Variable können nur lokal in einem FB und nicht in einer Funktion deklariert werden. Deren Werte gehen auch nach der Bearbeitung des FBs nicht verloren – im Gegensatz zu den temporären Variablenwerten. Sie können statische Variable mit dem Präfix stat kennzeichnen, z.B. statSR1.

Im Deklarationsteil des FBs legen Sie fest, ob die Daten in den Instanzen **remanent** oder nicht remanent sind.

Ein einzelner FB kann mehrfach aufgerufen werden, jedes Mal mit einem anderen Instanz-DB.

Im Gegensatz zu Lokalvariablen sind **Globalvariable** (z. B. PLC-Variable) von jedem Code-Baustein aus ansprechbar.

Aufgabe 6.1: Fördereinrichtung mit Instanzen eines FBs

Schreiben Sie das Programm für eine Fördereinrichtung, die aus mehreren (zwei) Teilbändern besteht.

Beschreibung

Ist die Anlage über den Taster-S1 freigegeben, so läuft das Förderband nur, wenn sich eine Box auf dem Band befindet. Band 2 wird über B2 speichernd eingeschaltet, B3 schaltet Band 1 speichernd aus.

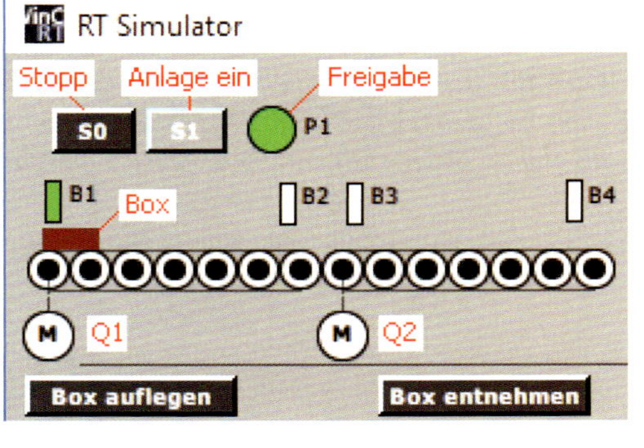

B4 schaltet Band 2 speichernd aus. Über den Taster S0 kann der Fördervorgang gestoppt werden. Es wird in diesem Beispiel nur eine Box transportiert. Eine Lösung für den Transport mehrerer Paletten lernen Sie in Kapitel 9 kennen.

Vorgehensweise

WWW

InfoClick

Dearchivieren Sie im TIA-Portal die Vorlage STEP7-Archivdatei A6.1 «6_Band_mit Modell.zap1x» oder A6.1-1200, wenn Sie die Anlagensimulation benutzen möchten.

6.2 Simulation der Anlage

Auch die Anlagensimulation besteht aus einem Funktionsbaustein, der die Intelligenz der simulierten Anlage ist, und einer Visualisierung, die die Anlage auf dem Bildschirm darstellt, um diese bedienen und beobachten zu können. Mit der Anlagensimulation und PLCSIM können Sie Ihr Programm testen. Sie können eine **Simulation der Anlage** auf dem PC-Bildschirm beobachten und mit der Maus steuern. Damit dies möglich ist, finden Sie in der Vorlage STEP7-Archivdatei die Modell-Bausteine und im HMI-Ordner die Visualisierung der Anlage.

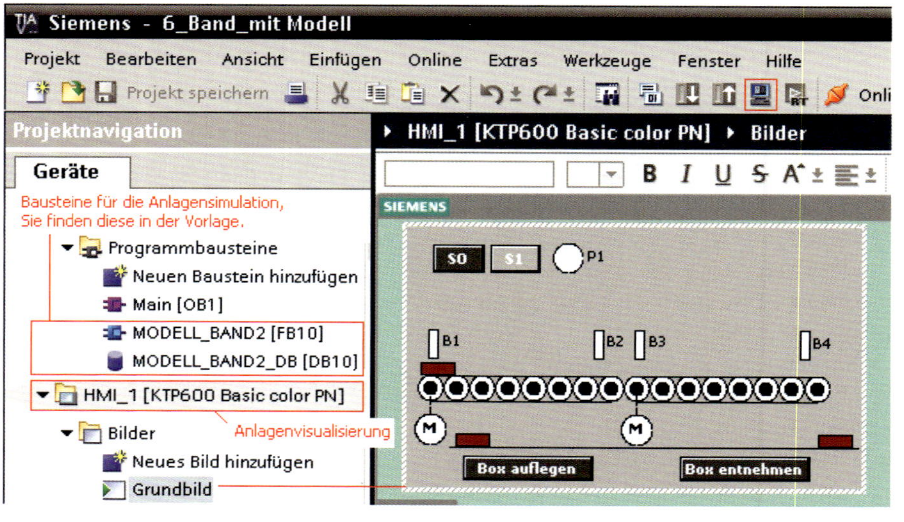

Beachten Sie: Damit Sie mit der Anlagenvisualisierung Ihr Programm testen können, rufen Sie im Main[OB1], vor Ihrem Programm, den MODELL_BAND2[FB10] mit seiner Instanz MODELL_BAND2_DB[DB10] auf und parametrisieren diese, wie das folgende Bild zeigt.

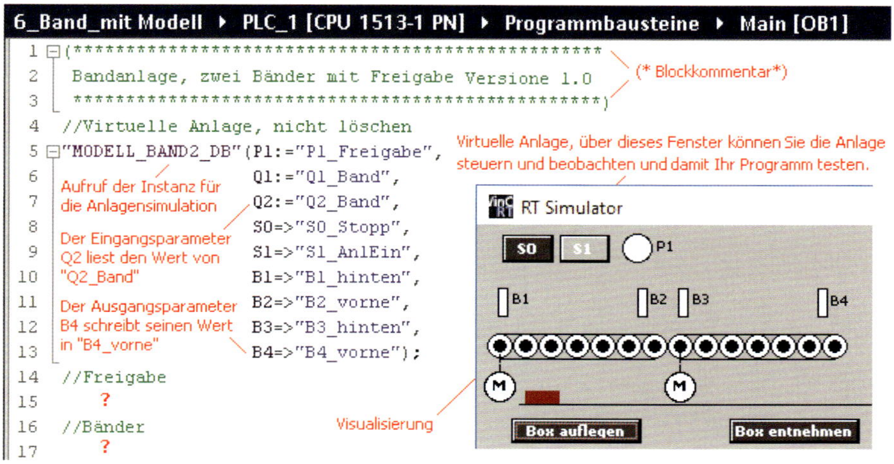

Der Instanz des Modell-Bausteins, hier MODELL_BAND2_DB, werden die Daten aus dem Programm übergeben, z.B. P1_Freigabe, Q1_Band …; er liefert die Prozesswerte, z.B. S0, S1, B1… Sie müssen daher die Variablenwerte zum Testen des Programms nicht mehr im Baustein über das Kontextmenü oder in der PLCSIM-Tabelle steuern. Falls Sie mit einer höheren TIA-Version arbeiten, so müssen Sie eventuell die Geräteversion des HMI, bei markiertem HMI in der Projektnavigation des TIA-Portals, über das Kontextmenü (rechte Maustaste) hochrüsten.

Wenn Sie die Variablenwerte selbst simulieren wollen, dann entfernen Sie den Instanzaufruf "MODELL_BAND2_DB".

6.3 Funktionsbaustein erstellen und Instanzen aufrufen

Entwickeln Sie für die Aufgabe 6.1 einen bibliotheksfähigen – also einen wiederverwendbaren – Baustein für ein Band. Diesen können Sie dann für jedes Band aufrufen und parametrisieren. Fügen Sie im Programmbausteinordner Ihres Projekts einen Funktionsbaustein hinzu und keine Funktion wie im vorhergehenden Kapitel, da ein Funktionsaufruf keinen zugeordneten Speicherbereich besitzt. Bei Verknüpfungen mit Speicherverhalten müssen Sie daher einen Funktionsbaustein (FB) einfügen. Diesem FB wird beim Aufruf als Speicher ein **Instanz-Datenbaustein** zugeordnet. Ein FB ist instanzfähig.

Rufen Sie eine Instanz des FBs für jedes Band im Main[OB1] oder in einem Unterprogramm auf.

Funktionsbaustein erstellen – Aufgabe 6.1

Vorgehensweise

1. Fügen Sie einen Funktionsbaustein mit dem Namen SC – für speichernd (*store*) mit Bedingung (*condition*) – hinzu.
2. Deklarieren Sie die Schnittstelle, stellen Sie die Remanenz für die statische Variable sr1 ein.
3. Schreiben Sie das Programm, wie das folgende Bild zeigt.

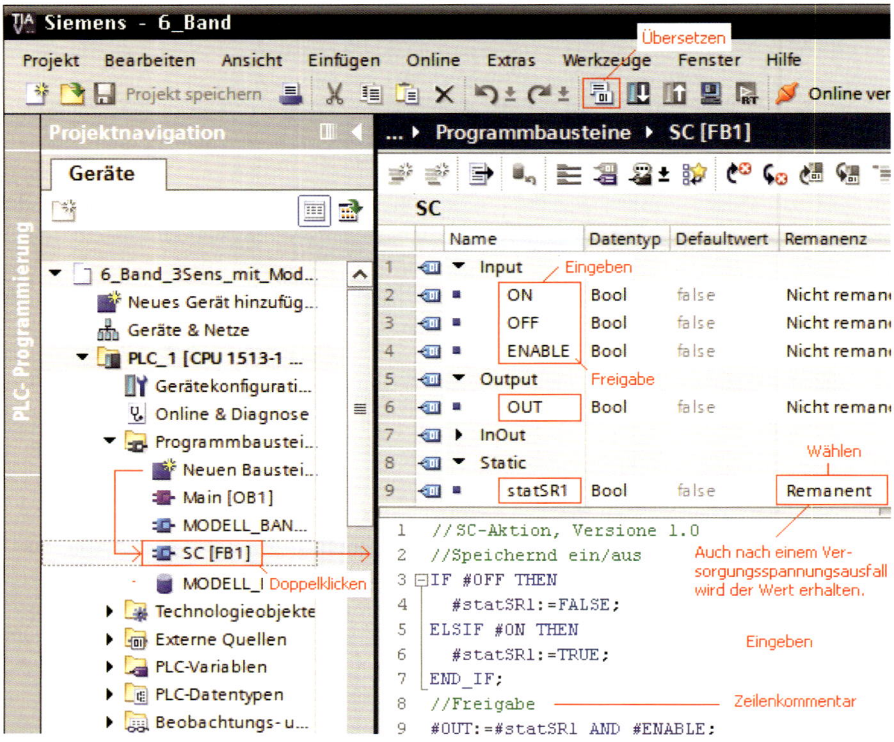

Nur FBs kennen den Schnittstellentyp Static, dessen Variablenwerte werden in der Instanz gespeichert. Sie können den Namen dieser Variablen auch mit dem Präfix stat, z.B. statSR1, erweitern.

Die **Remanenz** einzelner Variablen können Sie nur bei den CPUs 15xx und CPUs 12xx im FB einstellen.

Aufruf der Instanz des erstellten Funktionsbausteins – Aufgabe 6.1

Vorgehensweise

1. Öffnen Sie das Hauptprogramm Main[OB1]. Wenn Sie die Vorlage mit der Anlagensimulation benutzen, wird als Erstes der Baustein für die Anlagensimulation aufgerufen und parametrisiert.
2. Schreiben Sie die Anweisungen für die Freigabe mit Hilfe der IF…ELSIF-Anweisungen. Beachten Sie: Die Schaltfläche S0 wirkt tastend wie ein Öffner.
3. Rufen Sie die Instanzen des erstellten Funktionsbaustein SC[FB1] auf, indem Sie den FB aus dem Programmbausteinordner in den Editor ziehen. Im Dialogfenster *Aufrufoptionen* geben Sie den Namen des Instanz-Datenbausteins ein, z.B. für Band 1 BAND1_DB und für Band 2 BAND2_DB. Sie können auch den Namen einer Einzelinstanz mit dem Präfix Inst ergänzen, z.B. InstBAND1; für Multiinstanzen, siehe Kapitel 8, sollten Sie inst benutzen.

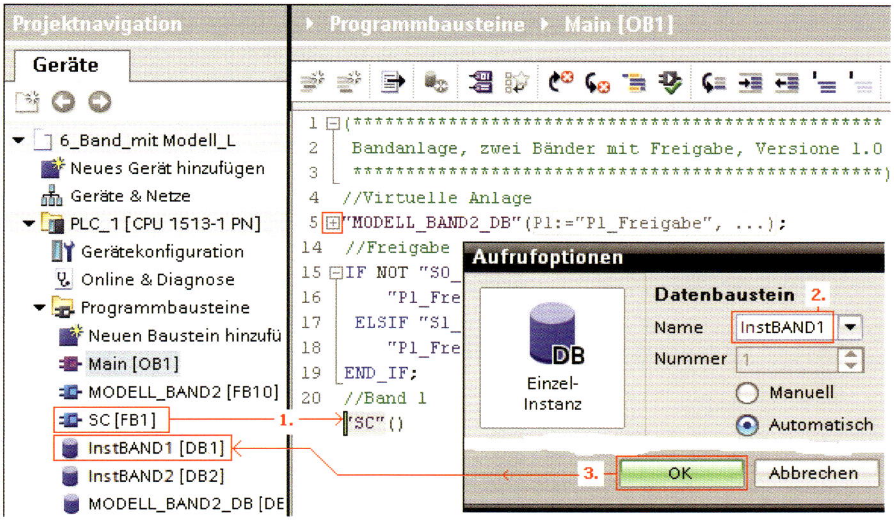

Parametrisieren Sie die Instanz-Aufrufe. Sie können auch einzeln auf die Parameter zugreifen, wie das folgende Bild zeigt.

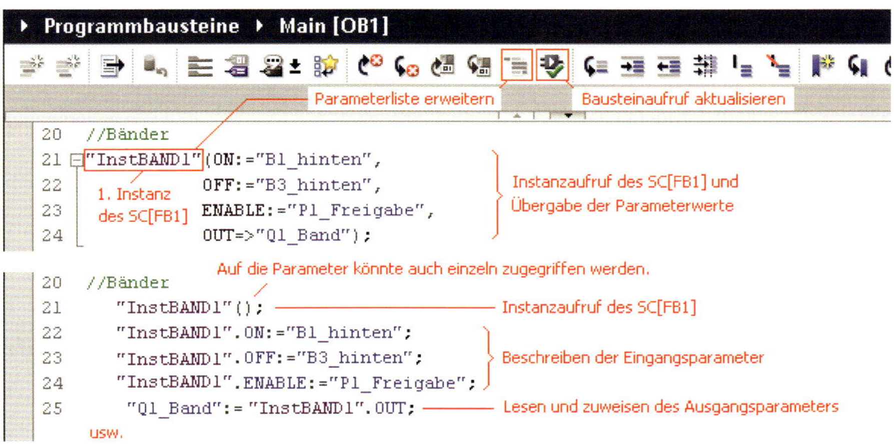

Übersetzen Sie die Bausteine und beseitigen Sie eventuell Syntaxfehler.

Beachten Sie: Falls Sie nachträglich Änderungen im FB vornehmen, so müssen Sie den Aufruf der Instanzen im Main[OB1] über das Kontextmenü aktualisieren. Werden nicht alle Parameter angezeigt, so markieren Sie den Instanznamen und wählen im Kontextmenü- ***Parameterliste*** *erweitern*.

Testen Sie die Funktion der Bandanlage. Starten Sie die Simulation. Laden Sie Ihr TIA-Projekt, wählen Sie im Dialogfenster bei den TIA-Versionen 12 und 13 *Erweitertes Laden*, Wählen Sie die Schnittstelle, z.B. PN/IE, als Verbindung mit Subnetz. Wählen Sie Ihr konfiguriertes Netz aus, z.B. PN/IE_1.

Wenn Sie die Vorlage mit der Anlagensimulation benutzt haben, markieren Sie im Projektnavigationsfenster den Ordner «HMI_1...» und starten Sie das Anlagen-Visualisierungsfenster (RT Simulator) über Menü *Online Simulation Starten*. Es öffnet sich das RT-Simulationsfenster; über dieses können Sie die virtuelle Anlage bedienen und beobachten und damit Ihr Programm testen.

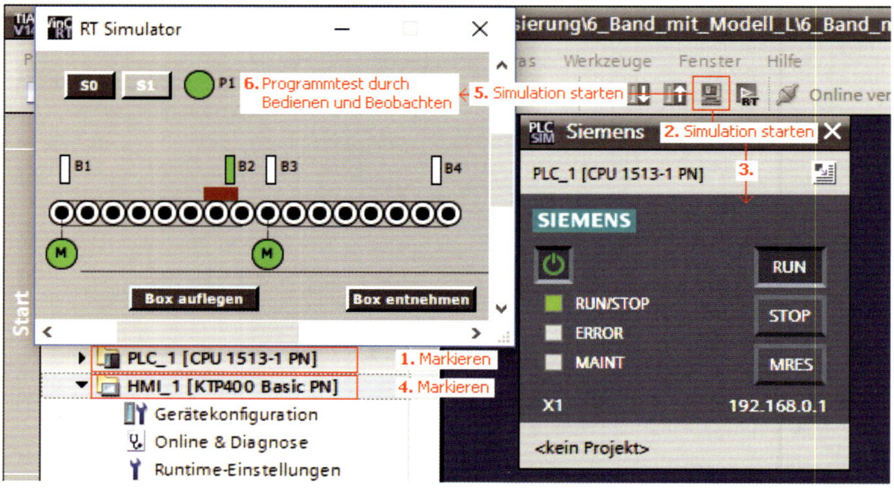

6.4 Instanz-Datenbausteine

Analysieren Sie die Instanz-DBs. Sie können erkennen, dass der Instanz-DB eine Kopie der Datenstruktur des Funktionsbausteins ist, jedoch ohne temporäre Variable. Auf die Werte der Instanz wird nur über die Parameter zugegriffen. Das folgende Bild zeigt den Instanz-DB BAND1_DB[DB1].

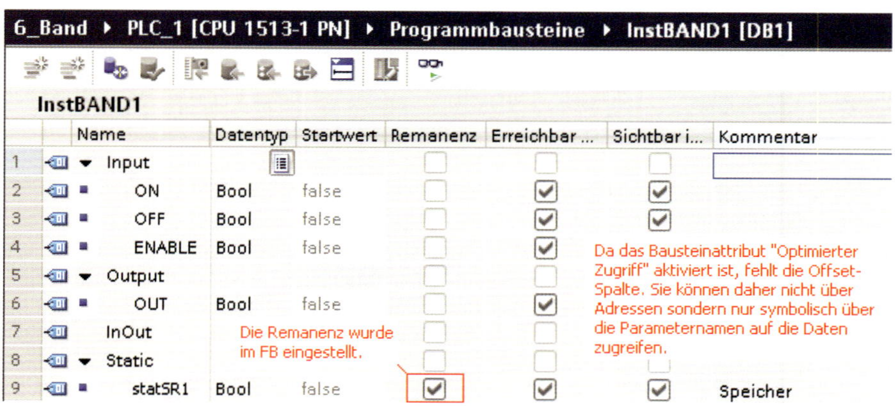

Da das Bausteinattribut «**Optimierter Bausteinzugriff**» standardmäßig bei der Projektierung der CPUs 15xx und 12xx aktiviert ist, werden die Daten vom Betriebssystem optimiert abgelegt, die Zugriffsgeschwindigkeit auf die Daten wird dadurch erhöht. Sie können daher nicht über Adressen, sondern nur symbolisch über die Parameternamen auf die Daten zugreifen.

Im DB fehlt die Offset-Spalte im Vergleich zu nicht optimierten Bausteinen. Das **Bausteinattribut** finden Sie bei markiertem Baustein im Kontextmenü in den Eigenschaften.

Anmerkung: Bei der **CPU 3xx** und 4xx ist kein optimierter Bausteinzugriff möglich. Bausteine mit optimiertem Bausteinzugriff können nicht verwendet werden. Die Remanenz ist nur für den gesamten Datenbaustein einstellbar.

Bibliothek

Fügen Sie eine neue globale Bibliothek z.B. mit dem Namen «Aktionen» ein und legen Sie den erstellten Funktionsbaustein SC[FB1] in dieser ab. Sie benötigen diesen Baustein in der folgenden Übung. Eine Beschreibung der Vorgehensweise finden Sie in Kapitel 4.

Übung 6.1: Tankanlage mit Instanzen eines FBs

Beschreibung

Ist die Tankanlage über S1 freigeschaltet, so schalten die Pumpen ein, wenn der Füllstand unter B1 bzw. B3 ist. Sie werden abgeschaltet, wenn der Füllstand B2 bzw.B4 erreicht.

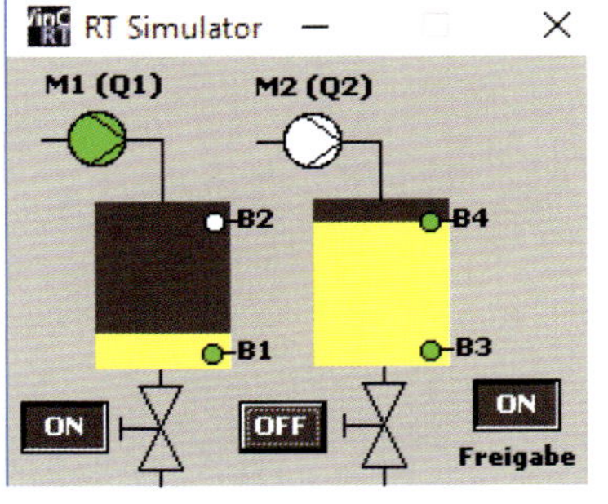

Festlegung

Die Werte der Variablen B1…B4 sind TRUE, wenn die Flüssigkeit die Sensoren bedeckt.

Entwickeln und testen Sie das Programm für die Tankanlage.

Vorgehensweise

WWW **InfoClick**

Sie können die STEP7-Archivdatei Ü6.1 oder Ü6.1-1200 «6_Tankanl.zap1x» als Vorlage von der **InfoClick-Webseite** herunterladen und im TIA-Portal dearchivieren. Öffnen Sie die Bibliothek *Aktionen*, die Sie in der vorhergehenden Aufgabe erstellt haben. Sie können die Bibliothek auch von der **InfoClick**-Webseite herunterladen und entpacken. Öffnen Sie diese und ziehen Sie den Baustein SC in Ihren Programmbausteinordner.

Rufen Sie diesen SC-Baustein für Tank 1 und ein zweites Mal für Tank 2 im Main[OB1] in der Sprache SCL auf und parametrisieren Sie diese.

Testen Sie die Funktion des Programms mit PLCSIM und der Anlagenvisualisierung. Falls Sie mit einer höheren TIA-Version arbeiten, so müssen Sie eventuell die Geräteversion des HMI, bei markiertem HMI in der Projektnavigation des TIA-Portals, über das Kontextmenü (rechte Maustaste) hochrüsten.

6.5 Flankenerkennung

Eine **Signaländerung** wird als **Flanke** bezeichnet, eine positive Flanke ist eine Änderung von logisch 0 auf logisch 1 und eine negative Flanke von logisch 1 auf logisch 0.

In der folgenden Aufgabe lernen Sie die Anweisungen zur Flankenerkennung kennen.

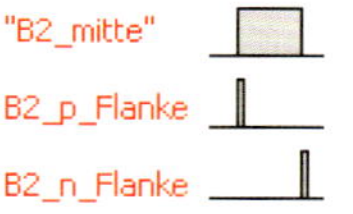

Aufgabe 6.2: Fördereinrichtung mit Flankenerkennung

Ändern Sie das Programm so ab, dass ein Sensor weniger benötigt wird.

Band 2 schaltet bei einer Signaländerung von logisch 0 auf 1 ein.

Band 1 schaltet erst nach einer Signaländerung des Sensors B2 von logisch 1 auf 0 ab.

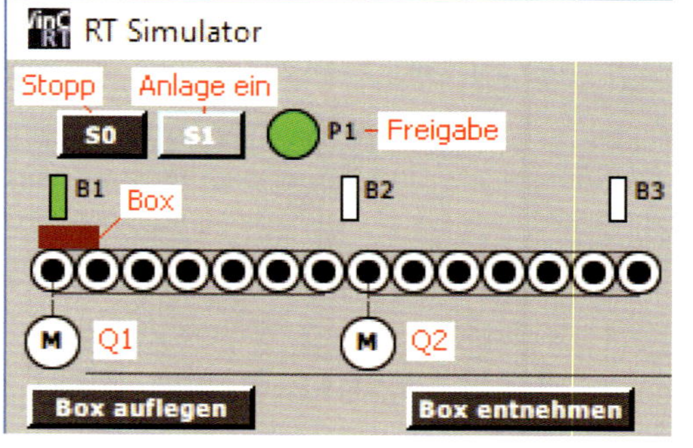

WWW

InfoClick

Benutzen Sie die STEP7-Archivdatei A6.2 oder A6.2-1200 «6_Band_3Sens_mit_Modell.zap1x» als Vorlage, da der Baustein für die Anlagensimulation sich geändert hat. Laden Sie die Vorlage von der **InfoClick-Webseite** herunter und dearchivieren Sie diese im TIA-Portal.

Lösungsansatz 1 der Aufgabe 6.2:
Signalflankenerkennung mit AND NOT, Flankenmerker und temporäre lokale Variable.

Sie können z.B. die Variablen «tempB2_pFla» und «tempB2_nFla» lokal als temporäre Variable im Deklarationsteil des Main[OB1] deklarieren, wie das nachfolgende Bild zeigt.

6.6 Temporäre lokale Variable

Sie werden lokal im Baustein deklariert. Sie sind zeitlich begrenzt gültig, das heißt nur während der Bearbeitung des Bausteins. Sie müssen daher in jedem Programmzyklus erst beschrieben werden, bevor ihr Wert gelesen werden kann. Sie können temporäre Variablen mit dem Präfix temp kennzeichnen, z.B. tempB2_nFlanke. Die Variablen «Merken_p_Fanke» und «Merken_n_Flanke» müssen ihren Wert auch nach der Bearbeitung des Bausteins behalten, deshalb werden Sie einem Merkerspeicherbereich zugeordnet und in der PLC-Variablentabelle deklariert. Anstelle des Merkerspeicherbereichs könnte auch ein Global-Datenbaustein verwendet werden, die Benutzung eines Global-DBs wird in Kapitel 10 vorgestellt.

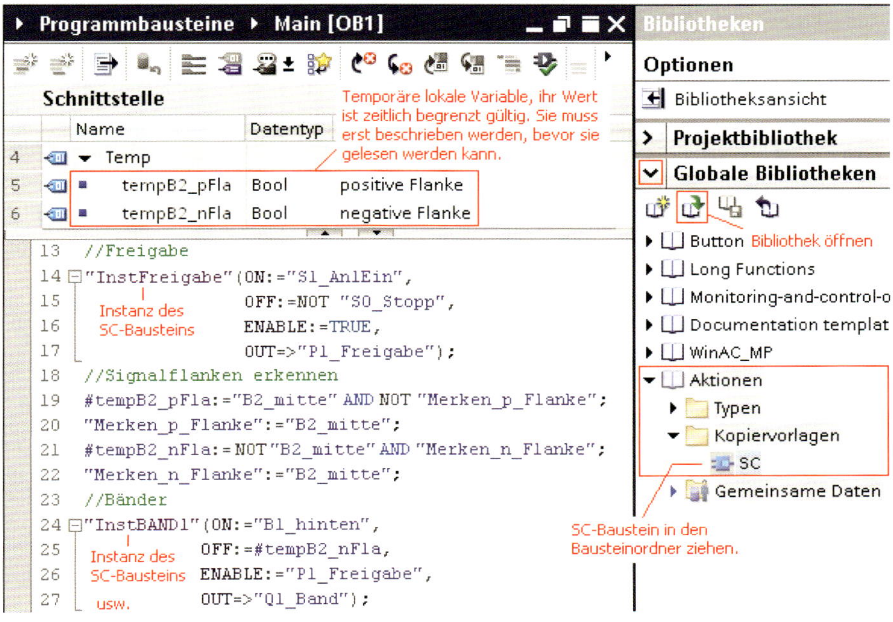

Lösungsansatz 2 der Aufgabe 6.2:
Sie könnten auch die Flankenerkennung mit den Systemfunktionsbausteinen programmieren. Ziehen Sie dazu aus dem «Einfache Anweisungen»-Fenster unter Bitverknüpfungen den Systemfunktionsbaustein «R_TRIG» für die steigende Flanke und «F_TRIG» für die fallende Flanke in den Editor und instanzieren Sie diese. Diese Bausteine werden im Programmbausteinordner in den Unterordner Systembausteine *Programmressourcen* abgelegt, wie das nachfolgende Bild zeigt.

Die Merker werden nicht mehr benötigt. Um festzustellen, ob eine PLC-Variable noch benötigt wird, markieren Sie diese und wählen Sie im Kontextmenü *Querverweis Informationen*. Sie können erkennen, ob die Variable noch in einem Baustein verwendet wird.

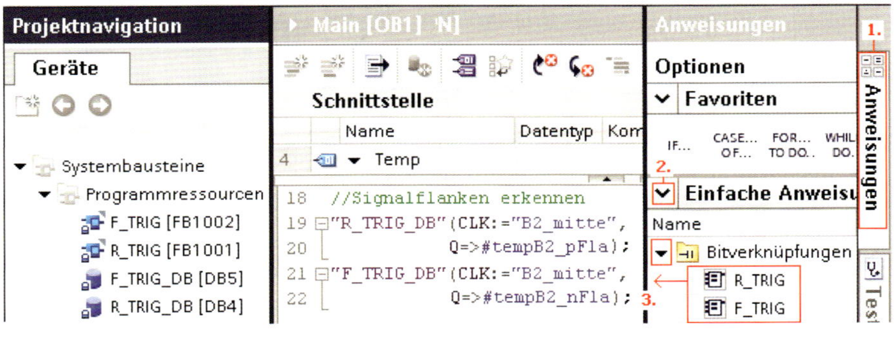

Lösungsansatz 3 der Aufgabe 6.2:
Die Lösung im Bild oben kann vereinfacht werden, wie das folgende Bild zeigt. Sie übergeben der Instanz «R_TRIG_DB bzw. InstR_TRIG» und «F_TRIG_DB bzw.

InstF_TRIG» nur den Eingangsparameterwert und lesen den Ausgangsparameter «R_TRIG_DB».Q bzw. «F_TRIG_DB».Q, um Band 1 auszuschalten bzw. Band 2 einzuschalten. Bei dieser Lösung müssen Sie keine temporären Variablen deklarieren.

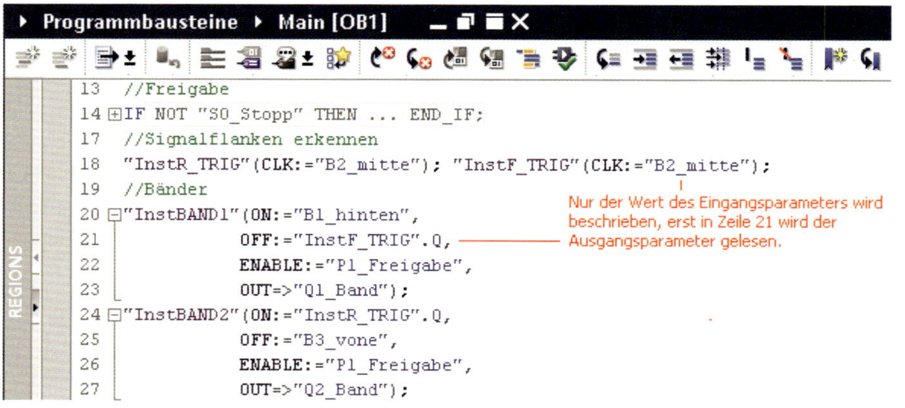

Schreiben Sie das Programm und **testen** Sie es.

Übung 6.2: Fördereinrichtung mit Drehrichtungsumkehrsteuerung

Erweitern Sie den Baustein SC zu SC_REV so, dass eine Drehrichtungsumkehrsteuerung damit projektiert werden kann.

Überlegen Sie, welche Ein- und Ausgangsparameter deklariert werden müssen; sind statische Variable zu deklarieren? Verwenden Sie im Anweisungsteil die IF...THEN...ELSIF-Anweisung.

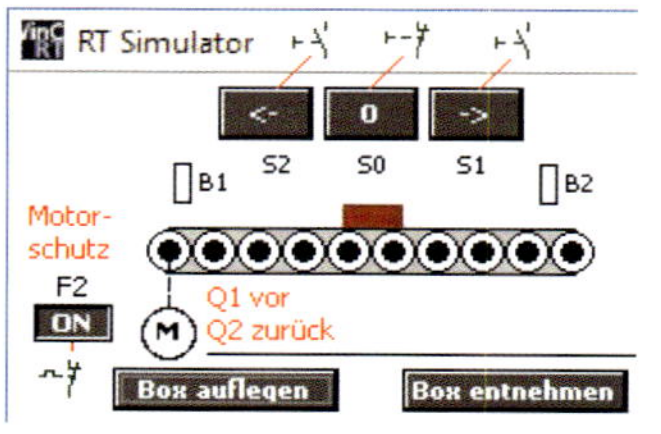

Vorgehensweise

WWW

InfoClick

Sie können die STEP7-Archivdatei Ü6.2 oder Ü6.2-1200 «6_Band_Wende_mit Modell. zap1x» als Vorlage von der **InfoClick**-Webseite herunterladen und im TIA-Portal dearchivieren.

1. Öffnen Sie die Bibliothek *Aktionen*, die Sie in einer vorhergehenden Aufgabe erstellt haben. Sie können die Bibliothek auch von der **InfoClick**-Webseite als Zip-Datei herunterladen. Öffnen Sie diese und ziehen Sie den Baustein SC in Ihren Programmbausteinordner. Benennen Sie diesen im Kontextmenü *Eigenschaften* um. Erweitern Sie die Funktion des Bausteins und rufen diesen im Main[OB1] auf.
2. Wenn Sie zum Testen die Anlagensimulation verwenden wollen, so müssen Sie den MODELL-Baustein als erstes im Main[OB1] aufrufen.
3. Starten Sie die Simulation bei markiertem TIA-Projekt. Laden Sie Ihr TIA-Projekt in PLCSIM.
4. Markieren Sie im Projektnavigationsfenster den Ordner «HMI_1...» und starten Sie das Anlagen-Visualisierungsfenster (RT Simulator) über Menü *Online Simu-*

lation Starten. Es öffnet sich das RT-Simulationsfenster; über dieses können Sie die virtuelle Anlage bedienen und beobachten.

5. Fügen Sie den neuen getesteten SC_REV-FB der Bibliothek «Aktionen» hinzu. Öffnen Sie die Bibliothek, achten Sie darauf, dass diese nicht schreibgeschützt geöffnet wird. Ziehen Sie den Baustein in die Bibliothek.

Merksatz

Programmieren Sie immer parametrisierbare bibliotheksfähige Funktionsbausteine für Funktionseinheiten bzw. Objekte einer Anlage, die Sie öfter im Projekt oder auch in anderen Projekten verwenden wollen.

6.7 Zustandsgraph – eine Programmentwurfsmethode

Der Zustandsgraph ist eine Spezifikationssprache, der Graph (Bild) beschreibt die Funktion einer Anlage, hier der Verteileinheit.

Aufgabe 6.3: Verteileinheit, Zustandsgraph

Programmieren Sie einen bibliotheksfähigen Baustein für die Verteileinheit.

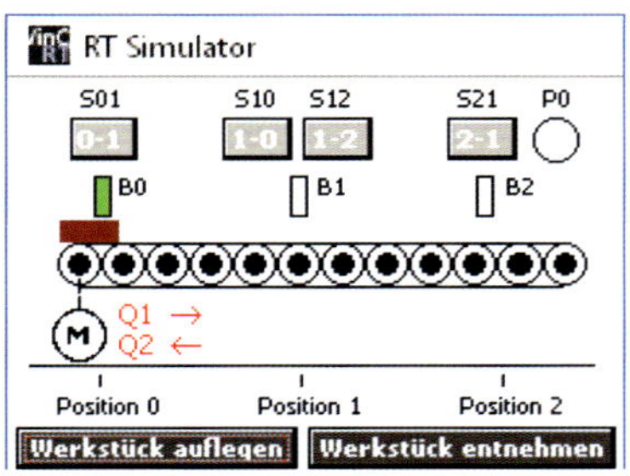

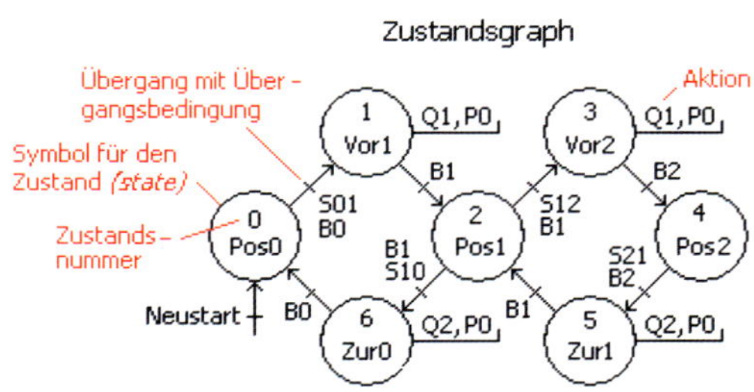

Beschreibung

Nach einem Neustart befindet sich die Einheit in Position 0. Ist ein Werkstück vorhanden und wird S01 betätigt, so wird das Werkstück zur Position 1 transportiert. Von Position 1 kann das Werkstück beim Betätigen von S10 zur Position 0 oder beim Betätigen von S12 zur Position 2 transportiert werden usw.

Befindet sich die Verteileinheit in einem bestimmten Zustand und ist die Übergangsbedingung erfüllt, so wird der neue Zustand speichernd aktiviert und der vorhergehende Zustand deaktiviert.

Dies lässt sich leicht mit einer IF-Anweisung programmieren. Eine weitere Methode lernen Sie in Kapitel 9 kennen.

Der Zustandsgraph der Verteileinheit weist 8 gerichtete Übergänge auf. Der Graph besteht aus drei statischen Zuständen, Position 0…2, hier zusPos0…zusPos2. Über die vier dynamischen Zustände zusVor1…zusZur0 werden die Aktionen gesteuert, hier vorfahren und zurückfahren. Der Wert des Zustandes zusVor1 oder zusVor2 wird dem Ausgang für vorfahren zugewiesen. Der Wert des Zustandes zusZur1 oder zusZur2 wird dem Ausgang für zurückfahren zugewiesen.

www **InfoClick**

Sie können als Vorlage die Archivdatei A6.3 «6_Verteil_Z_GRAPH_MOD.zap1x» von der InfoClick-Webseite benutzen.

Das folgende Bild zeigt die Erzeugung eines **Richtimpuls**es, um die Instanz des FBs zu initialisieren, das heißt, die statische Variable #zusPos0 wird TRUE. Sie könnten auch dafür den Systemmerker konfigurieren, beachten Sie jedoch dazu die Anmerkung zu Aufgabe 8.3.

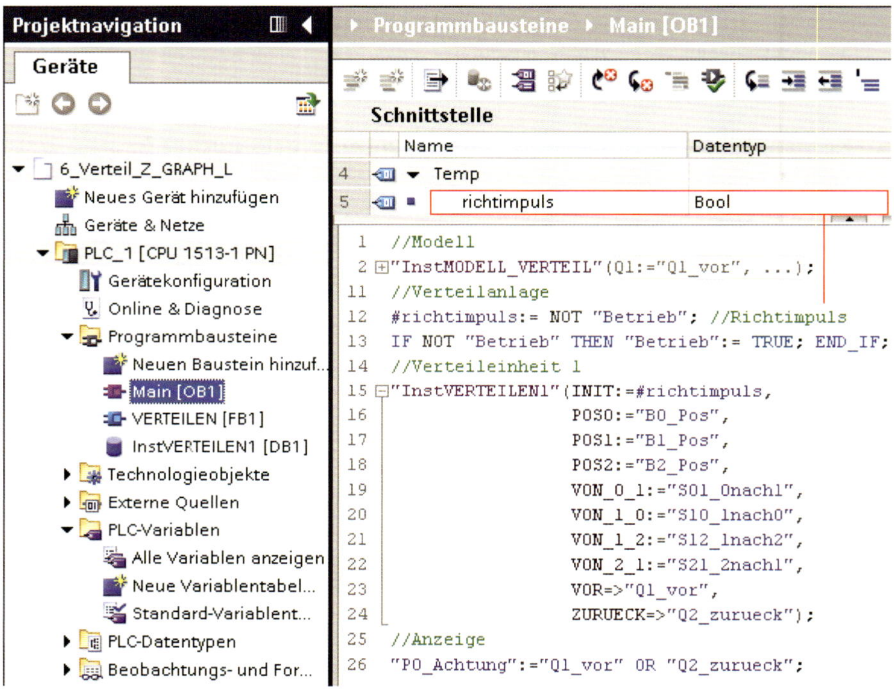

Und hier ein Ausschnitt aus dem VERTEILEN[FB1], der mit der Entwurfsmethode Zustandsgraph programmiert ist:

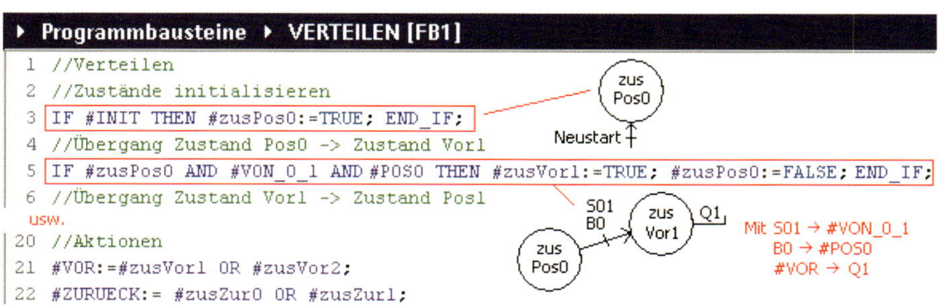

Eine weitere Lösungsvariante finden Sie im Kapitel 9. **Testen Sie** Ihr Programm mit PLCSIM und der Anlagensimulation. Wenn Sie die Anlagensimulation nicht benutzen wollen, so entfernen Sie den Instanzaufruf des Anlagenmodells im Main-Programm und steuern die Variablen z.B. in der Beobachtungstabelle, wie das nachfolgende Bild zeigt. Um die Verteileinheit über den Richtimpuls und den Parameter INIT neu zu initialisieren, das heißt #zusPos0 aktivieren, stoppen Sie die PLCSIM-CPU und stellen Sie diese dann wieder auf RUN.

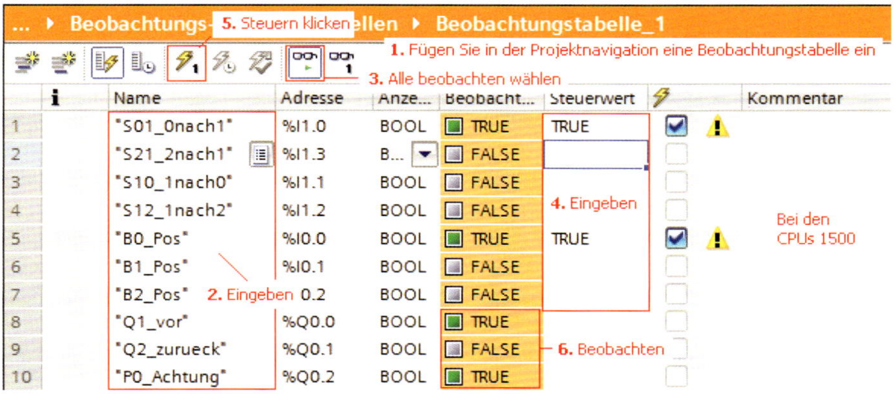

6.8 Startup[OB100]

Lösung 2 der Aufgabe 6.3

Um den Baustein oder auch Variablen zu initialisieren, können Sie anstelle des Richtimpulses auch das Programm **Startup**[OB100] verwenden. Dieses Programm ist ereignisgesteuert; es wird beim Neustart der CPU einmal vom PLC-Betriebssystem aufgerufen und dessen Anweisungen einmal bearbeitet. Wenn Sie diesen Baustein benutzen, so können die Anweisungen für den Richtimpuls im Main[OB1] entfallen.

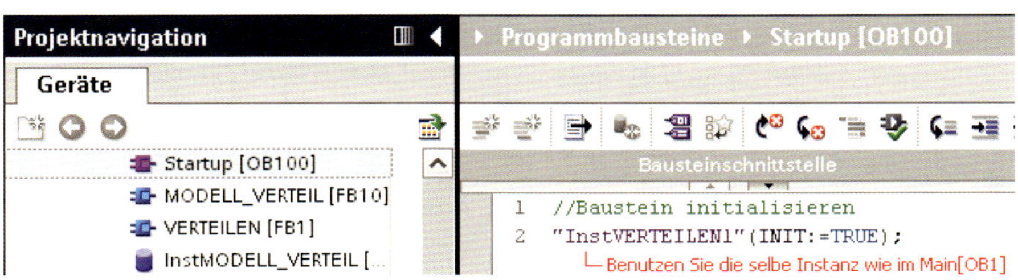

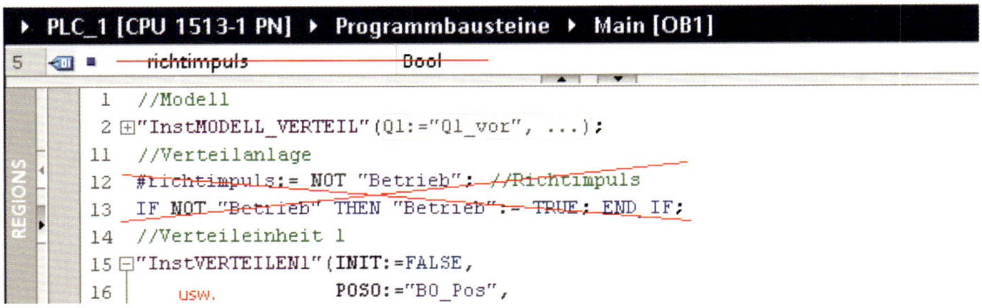

Übung 6.3: Erweiterung der Verteileinheit, Zustandsgraph

Erweitern Sie die Verteileinheit mit zwei weiteren Übergängen.

www

InfoClick

Verwenden Sie als Vorlage die Archivdatei Ü6.3 «6_Verteil_Z_GRAPH_Ueb_MOD.zap1x» von der Webseite.

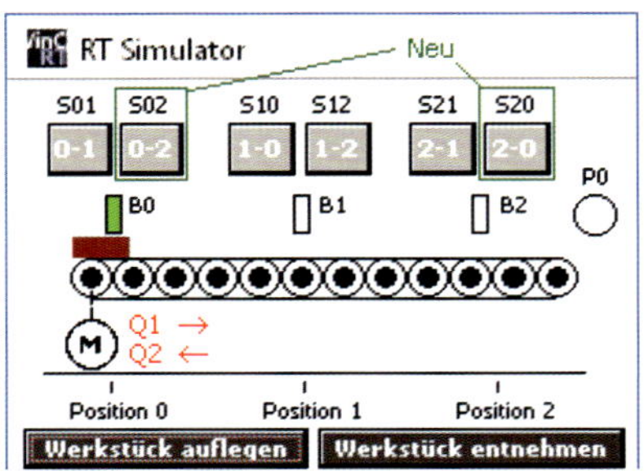

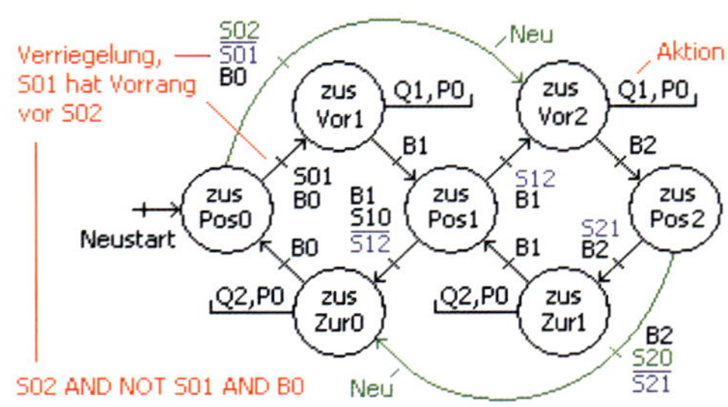

Beachten Sie: Gehen von einem Zustand mehrere Übergänge ab, so muss eine Priorität festgelegt werden, welcher Übergang den Vorrang hat. Dies können Sie durch eine Verriegelung erreichen.
Im Beispiel hat der Übergang Position 0 auf Position 1 Vorrang vor dem Übergang Position 0 auf Position 2.

Testen Sie die Funktion. Führen Sie nach einer Änderung des Programms beim Testen einen Neustart der PLCSIM-CPU durch (STOP – RUN), damit die Instanz des FBs initialisiert wird.

Stichpunkte

Nach der Bearbeitung des Kapitels sollten die folgenden Stichpunkte für Sie verständlich sein:

- ❑ FB
- ❑ statische lokale Variable
- ❑ Instanz-DBs
- ❑ Remanenz
- ❑ Anlagensimulation
- ❑ optimierter Bausteinzugriff
- ❑ Bausteinattribut
- ❑ Flankenerkennung
- ❑ temporäre Variable
- ❑ Zustandsgraph
- ❑ Übergänge
- ❑ Aktionen
- ❑ Richtimpuls

Selbsttest

Wählen Sie die richtigen Ergänzungen bzw. Aussagen aus.
1. Beim Instanzaufruf eines FBs werden die Parameter in der Parameterliste durch ein ☐ ; ☐ := ☐ , ☐ : getrennt.
2. Der Instanz-DB ist eine Kopie der Datenstruktur des FBs, jedoch ☐ ohne den Schnittstellentyp Static. ☐ ohne den Schnittstellentyp Temp. ☐ ohne den Schnittstellentyp Output. ☐ ohne den Schnittstellentyp Input.
3. `„BAND_1_DB".ENABLE:= „P1_FREIGABE"` Der Programmausschnitt zeigt ☐ das Lesen eines Eingangsparameters. ☐ das Beschreiben eines Eingangsparameters. ☐ das Lesen eines Ausgangsparameters. ☐ das Beschreiben eines Ausgangsparameters.
4. Lokale Variable im FB, die auf Werte aus dem vorhergehenden Zyklus zugreifen, müssen als ☐ Merker ☐ PLC-Variable ☐ statische Variable ☐ temporäre Variable deklariert werden.
5. Das Programm Startup ☐ wird nach einem Neustart zyklisch aufgerufen. ☐ ersetzt das Programm Main. ☐ wird zur Initialisierung der PLC-Variablen benutzt. ☐ wird nach einem Neustart einmal aufgerufen.
6. Beim Aufruf der Instanz eines FBs müssen ☐ alle Parameter mit Werten versorgt werden. ☐ nicht alle Parameter mit Werten versorgt werden. ☐ nur die Input-Parameter mit Werten versorgt werden. ☐ nur die Output-Parameter mit Werten versorgt werden.
7. Der Wert einer im Main-Programm deklarierten temporären Variablen ☐ ist allen Bausteinen bekannt. ☐ ist nur dem Main-Programm bekannt. ☐ ist nicht gültig, die Variable muss in der PLC-Variablentabelle deklariert werden. ☐ muss erst gelesen werden, bevor er neu beschrieben wird.

8. Der Zustandsgraph ist eine
   - ☐ Programmiersprache in STEP 7 im TIA-Portal.
   - ☐ Programmiersprache nach IEC 61 131-3.
   - ☐ Spezifikationssprache, die Sie als Programmentwurfsmethode verwenden können.
   - ☐ Spezifikationssprache, um nichtspeichernde Verknüpfungen zu beschreiben.
9. R_TRIG ist ein Systemfunktionsbaustein; er erzeugt bei einer
   - ☐ negativen Flanke am CLK-Parameter nach dem ersten Zyklus am Q den Wert TRUE.
   - ☐ positiven Flanke am CLK-Parameter nach dem ersten Zyklus am Q den Wert TRUE.
   - ☐ positiven Flanke am CLK-Parameter einen Zyklus lang am Q den Wert TRUE.
   - ☐ negativen Flanke am CLK-Parameter einen Zyklus lang am Q den Wert TRUE.

WWW

InfoClick

Sie finden diesen Selbsttest auch auf der Webseite www.vogel-fachbuch.de unter **InfoClick**.

7 Eine Funktion im Funktionsbaustein aufrufen

Sie lernen, wie eine bibliotheksfähige Funktion in einem Funktionsbaustein aufgerufen werden kann und wie Sie die Aufrufumgebung beim Testen einstellen.

Sie können bibliotheksfähige Funktionen nicht nur in Unterprogrammen, sondern auch in bibliotheksfähigen Funktionen oder Funktionsblöcken aufrufen.

7.1 Funktion mit Rückgabewert im Funktionsbaustein aufrufen

Aufgabe 7.1: Tankanlage mit Temperaturüberwachung

Programmieren Sie einen FB-Baustein für einen Tank der Tankanlage und testen Sie diesen.

Beschreibung

In einem Tank, siehe Übung 6.1, werden noch drei Temperaturschalter eingebaut, um die Temperatur zu überwachen. Sprechen zwei oder drei der Temperaturschalter an, so soll dies über den Leuchtmelder angezeigt werden. Mit dem Taster S2_Quitt kann die Meldung quittiert werden, wenn keine Übertemperatur mehr ansteht.

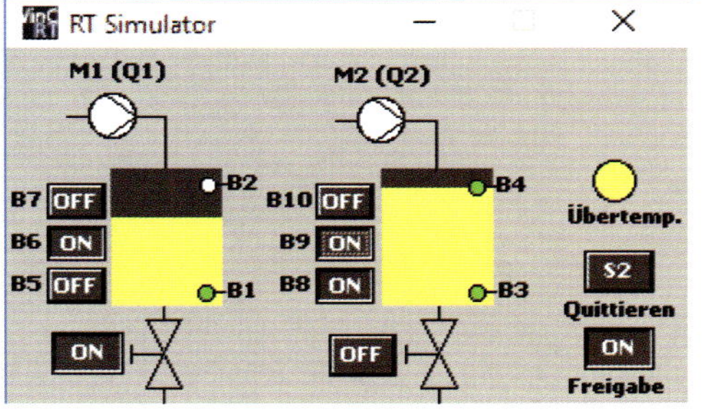

InfoClick www

Sie können die STEP7-Vorlage A7.1 oder A7.1-1200 «7_Tankanl.zap1x» von der InfoClick-Webseite im TIA-Portal dearchivieren. Überprüfen Sie die PLC-Variablen. Fügen Sie eventuell DIs und DOs in die Gerätekonfiguration ein. Falls Sie mit einer höheren TIA-Version arbeiten, so müssen Sie eventuell die Geräteversion des HMI, bei markiertem HMI in der Projektnavigation des TIA-Portals, über das Kontextmenü (rechte Maustaste) hochrüsten.

Vorüberlegungen, Vorgehensweise

Der Funktionsblock SC und die Funktion FC_2AUS3 können aus Ihrer Bibliothek entnommen werden, die Sie in den Kapiteln 4 und Kapitel 6 erstellt haben.

Den FB können Sie über dessen Bausteineigenschaften in TANK umbenennen und dessen Programm erweitern, die neue Schnittstelle deklarieren und die FC für die Temperaturüberwachung im FB aufrufen.

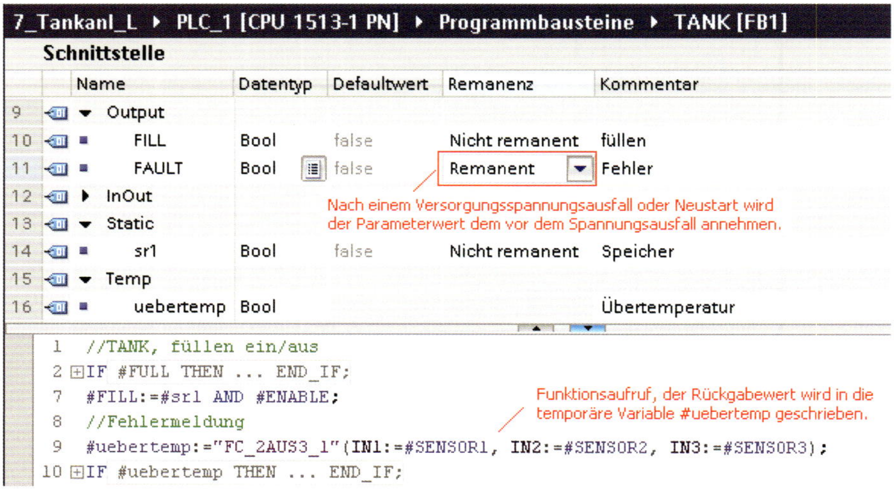

Eine weitere Möglichkeit ist, den Rückgabewert der Funktion gleich als IF-Bedingung zu benutzen. Es muss dann keine temporäre Variable deklariert werden.

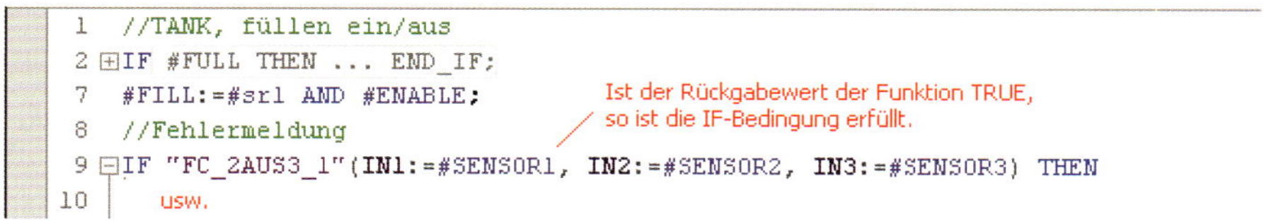

Merksatz

Die IF-Bedingung muss den Wert TRUE oder FALSE annehmen. Wird der Rückgabewert einer Funktion für die IF-Bedingung benutzt, so muss dieser vom Datentyp Bool sein.

Rufen Sie die Instanz des Bausteins TANK für Tank 1 im Main[OB1] auf, um die Funktion mit PLCSIM zu testen. Wenn Sie die Instanzen beider Tanks aufgerufen haben, so können Sie die **Aufrufumgebung** wählen.

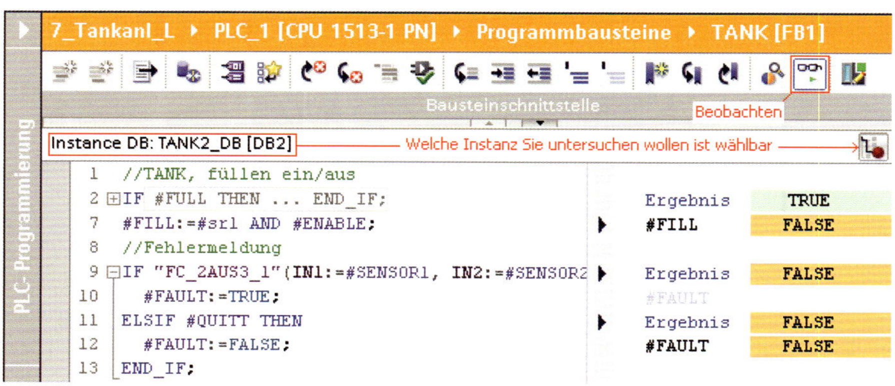

Wenn Sie den Bausteinordner markieren, so können Sie über das Menü *Werkzeuge Aufrufstruktur* die **Programmstruktur** anzeigen lassen.

	Aufrufstruktur	!	Adresse	Details	Lokaldaten (im Pfad)	Lokaldaten (für Bau
1	Main		OB1		0	0
2	TANK, TANK1_DB		FB1, DB1	Main NW1	8	8
3	FC_2AUS3_1		FC1	TANK NW1	8	0
4	TANK, TANK2_DB		FB1, DB2	Main NW1	8	8
5	FC_2AUS3_1		FC1	TANK NW1	8	0
6	TANK1_DB		DB1	Main NW1	0	0
7	TANK2_DB		DB2	Main NW1	0	0

Sie können erkennen, dass im FB die FC aufgerufen wird.

7.2 Funktion mit Ausgangsparameter im Funktionsbaustein aufrufen

Benutzen Sie Funktionen, in denen Sie Ausgangsparameter deklariert haben, so können Sie eine Hilfsvariable deklarieren, z.B. die temporäre Variable #uebertemp, um diese als Bedingung für die IF-Anweisung zu benutzen. Im Beispiel können Sie eine temporäre Variable benutzen, da diese in jedem Programzyklus neu beschrieben und erst dann gelesen wird.

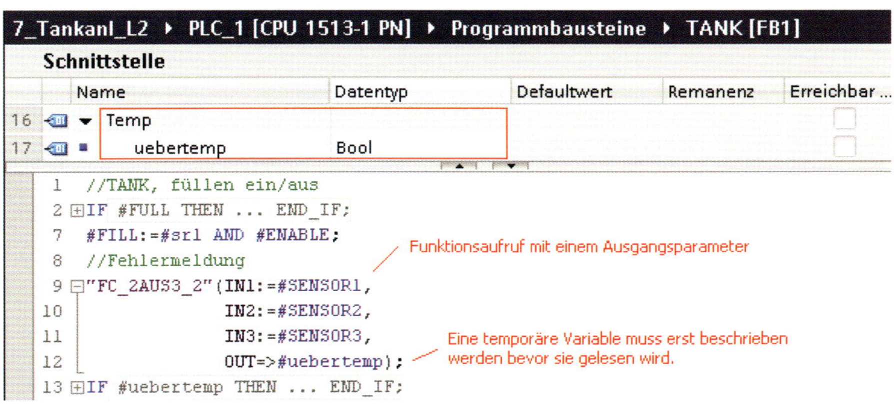


```
//TANK, füllen ein/aus
IF #FULL THEN ... END_IF;
#FILL:=#sr1 AND #ENABLE;
//Fehlermeldung
"FC_2AUS3_2"(IN1:=#SENSOR1,
             IN2:=#SENSOR2,
             IN3:=#SENSOR3,
             OUT=>#uebertemp);
IF #uebertemp THEN ... END_IF;
```

Testen Sie die Funktion des Projekts mit PLCSIM und der Anlagenvisualisierung. Sie können aber auch die Werte in der Gerätekonfiguration von PLCSIM ab V14 steuern. Entfernen Sie dazu den Modellaufruf im Main-Programm, öffnen Sie ein PLCSIM-Projekt oder erstellen Sie ein neues in der Projektansicht, schalten Sie die CPU ein und laden Sie, wenn noch nötig, Ihr TIA-Projekt in PLCSIM. Im Register *Adressen der Gerätekonfiguration* können Sie die Variablenwerte der Eingänge steuern und die der Ausgänge beobachten.

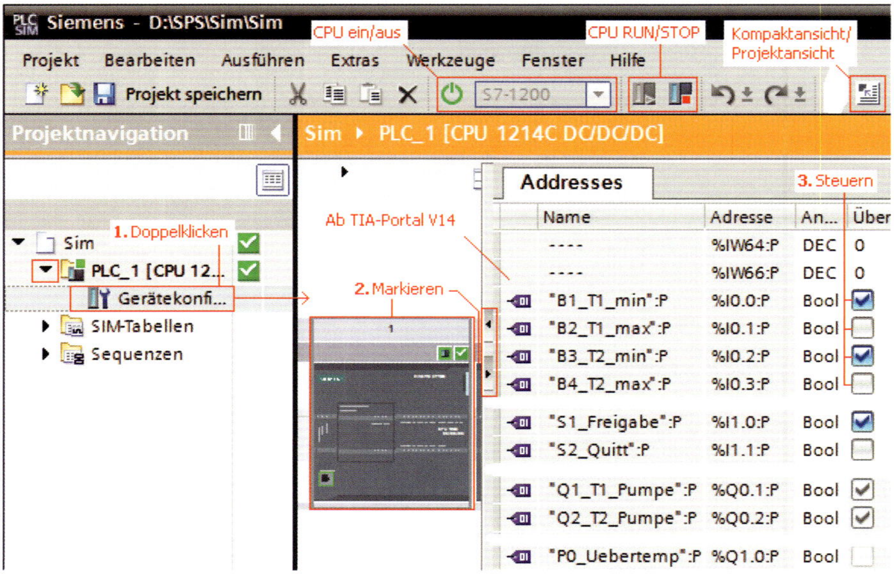

Stichpunkte
Nach der Bearbeitung des Kapitels sollten die folgenden Stichpunkte für Sie verständlich sein:

- ❑ Bibliothek benutzen
- ❑ Funktions-Rückgabewert und IF-Bedingung
- ❑ FB erweitern
- ❑ FC im FB aufrufen
- ❑ Aufrufumgebung und Aufrufstruktur
- ❑ temporäre Variable

8 Zeiten, Datentyp Time, Instanzen und Multiinstanzen

Sie lernen die IEC-Timer und den Datentyp Time kennen und anzuwenden. Sie schreiben FBs mit Multiinstanzen und verwenden den Taktmerker.

8.1 Zeit-Funktionsbausteine – Timer

Es stehen Ihnen die IEC-Zeit-Funktionsbausteine **TON** für die **Einschaltverzögerung**, **TOF** für die **Ausschaltverzögerung** und **TP** für **Impuls** erzeugen zur Verfügung. Sie können die IEC- und SIMATIC-Timer (S5-Timer bei den CPUs 300 und 1500) aus dem Anweisungsfenster *Einfache Anweisungen Zeiten* in Ihr Programm ziehen.

8.2 Datentyp Time, LTime, Anzeigeformat

Einige Parameter der Timer verwenden den Datentyp Time bzw. LTime. Variable vom Datentyp Time werden in Millisekunden **binärcodiert** in einem Speicher mit 32 Bit abgelegt.

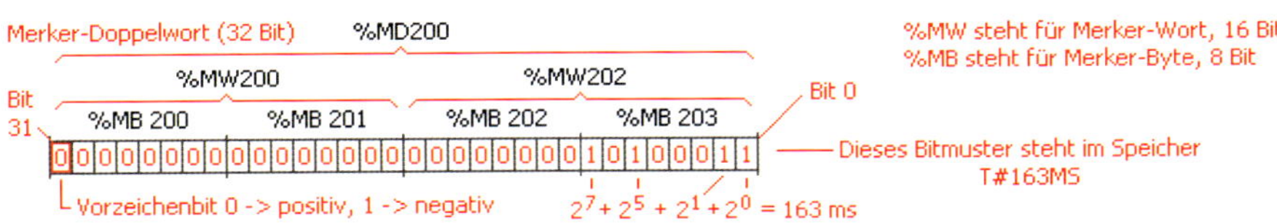

Der **Wertebereich** ist dadurch begrenzt auf maximal T#24D20H31M23S648MS, also 24 Tage, 20 Std., 31 Minuten, 23 Sekunden und 648 Millisekunden. Werden **konstante Zeitwerte** eingegeben, so müssen Sie nicht alle Angaben machen, es reicht auch nur eine, z.B. T#10S. Sie können auch Time#10s schreiben. In der Beobachtungstabelle oder in PLCSIM können Sie das Anzeigeformat wählen. Bei der **CPU 15xx** können Sie den Wertebereich vergrößern, indem Sie den Datentyp LTime mit 64 Bit verwenden.

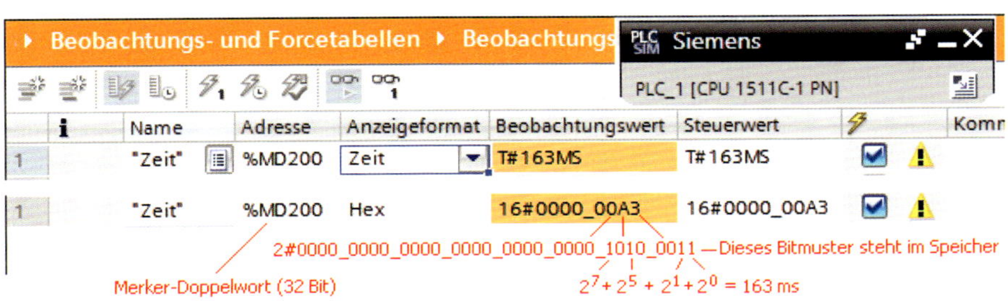

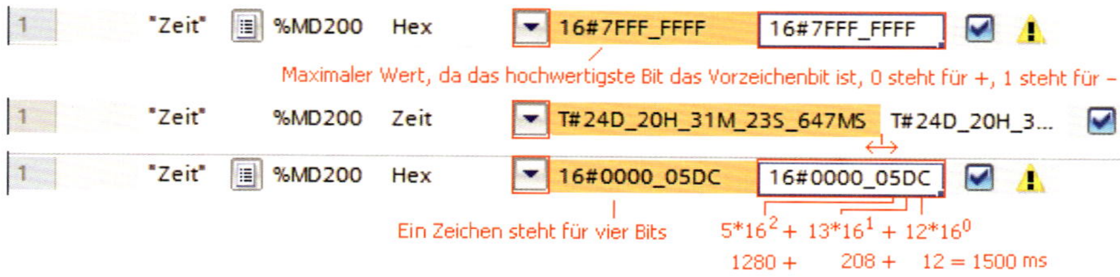

Um vielstellige binärcodierte Werte leichter lesen zu können, hier 32 Bit, werden bei der **Hex-Darstellung** des Wertes vier Stellen zu einem Zeichen zusammengefasst. Der Sedezimal- oder Hexcode kennt 16 Zeichen, 0, 1, 2...9, A, B, ... F (A steht für die vier Bits mit den Werten 1010 ..., F für 1111). Die Merkeradressbezeichnung für 32 Bits ist %MDx, die für 16 Bits %MWx.

Um dies nachzuvollziehen, projektieren Sie eine CPU, deklarieren Sie die Variable «Zeit», erstellen eine Beobachtungstabelle und laden das Programm in die Simulation. In der Beobachtungstabelle können Sie den Wert ändern und das Anzeigeformat wählen, wie das vorhergehende Bild zeigt.

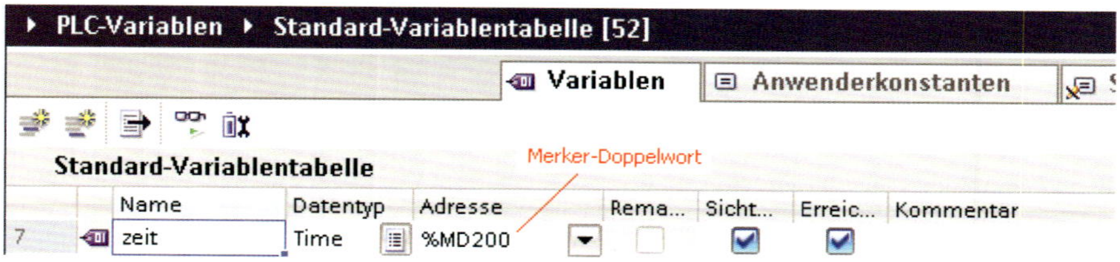

8.3 Unterprogramm, Timer, Instanzen und Speicherauslastung

Sie können die Timer **TON**, **TOF**, **TP**, ... als Einzelinstanzen in Unterprogramme oder als Multiinstanzen in FBs aufrufen und parametrisieren, wie die folgenden Erläuterungen und Aufgaben zeigen.

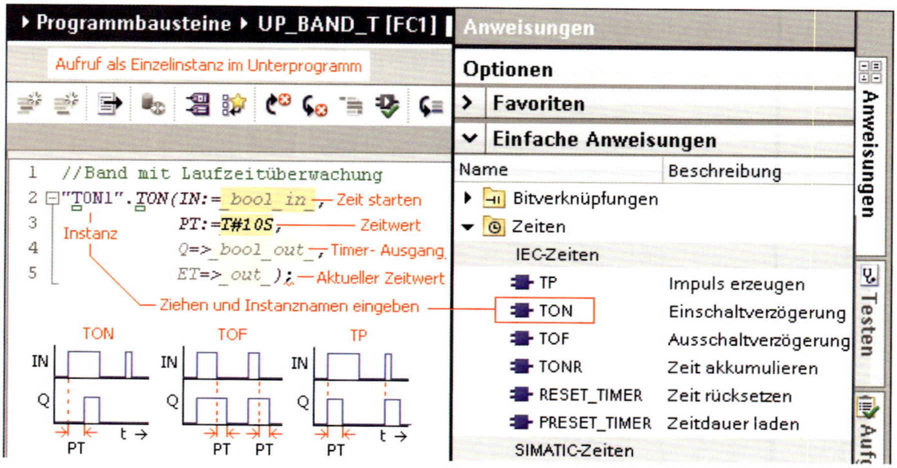

Wird der Parameter IN der Instanz einer **Einschaltverzögerung** TRUE, so wird die Zeit gestartet. Nach Ablauf des Zeitwertes im Parameter PT, der vom **Datentyp Time** ist, wird der Ausgangsparameter Q TRUE. Der Parameter ET liefert den aktuellen Zeitwert.

Systembausteine wie der TON, TOF, ... liegen im Systemspeicher der CPU. Sie belegen keinen Platz im Arbeits- oder Ladespeicher, wenn sie im Programm verwendet werden. Instanzen der Systembausteine werden nicht im Bausteinordner, sondern im Unterordner Programmressourcen angezeigt und im Daten-Arbeitsspeicher der CPU abgelegt.

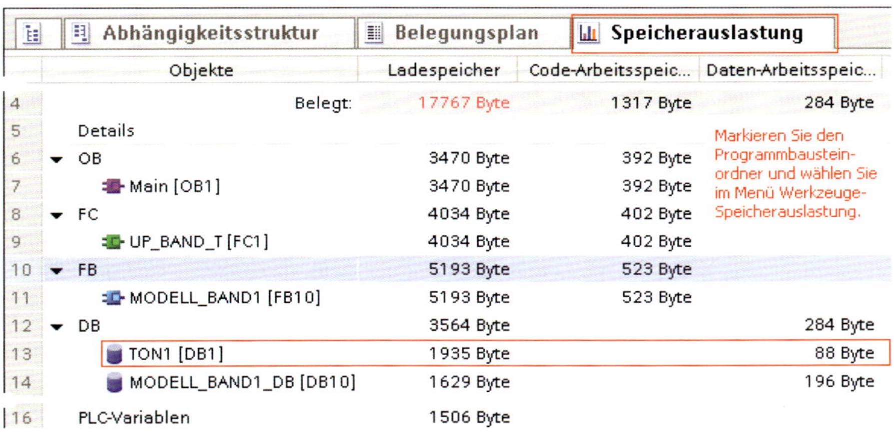

	Objekte	Ladespeicher	Code-Arbeitsspeic...	Daten-Arbeitsspeic...
4	Belegt:	17767 Byte	1317 Byte	284 Byte
5	Details			
6	OB	3470 Byte	392 Byte	
7	Main [OB1]	3470 Byte	392 Byte	
8	FC	4034 Byte	402 Byte	
9	UP_BAND_T [FC1]	4034 Byte	402 Byte	
10	FB	5193 Byte	523 Byte	
11	MODELL_BAND1 [FB10]	5193 Byte	523 Byte	
12	DB	3564 Byte		284 Byte
13	TON1 [DB1]	1935 Byte		88 Byte
14	MODELL_BAND1_DB [DB10]	1629 Byte		196 Byte
16	PLC-Variablen	1506 Byte		

IEC-Timer TOF – Ausschaltverzögerung

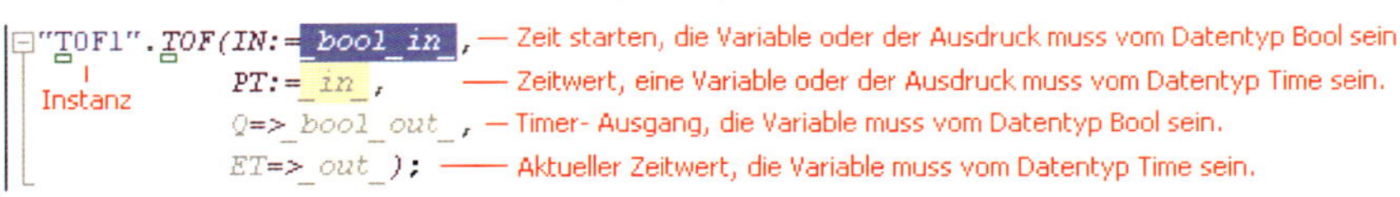

IEC-Timer TP – Impuls

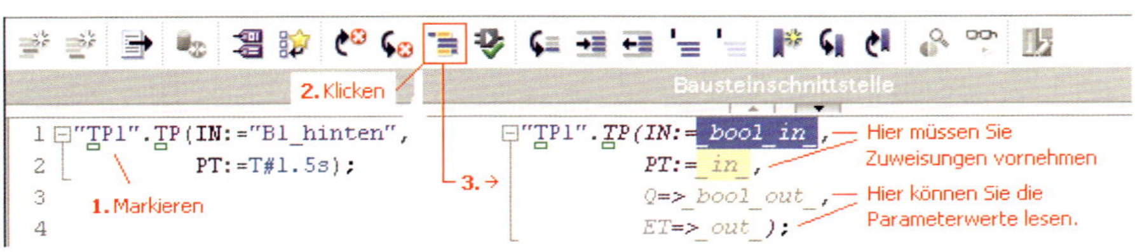

Bei FB-Instanzen müssen nicht alle Parameter mit Werten versorgt werden. Sie können aber im Nachhinein die **Parameterliste** des Aufrufs erweitern. Markieren Sie die Instanz und wählen Sie im Kontextmenü *Parameterliste erweitern*.

Aufgabe 8.1: Fördereinrichtung mit Laufzeitüberwachung

Schreiben Sie ein Unterprogramm für die Funktionseinheit Bandanlage.

Beschreibung

Erkennt der Sensor B1 eine Palette, so schaltet das Schütz für den Bandantrieb speichernd ein, bis der Sensor B2 dieses speichernd abschaltet. Mit dem Schalter S1 kann das Band gestoppt bzw. freigegeben werden. Erreicht die Palette nach einer bestimmten Zeit das Bandende nicht, so schaltet der Antrieb ab und die Störanzeige leuchtet.

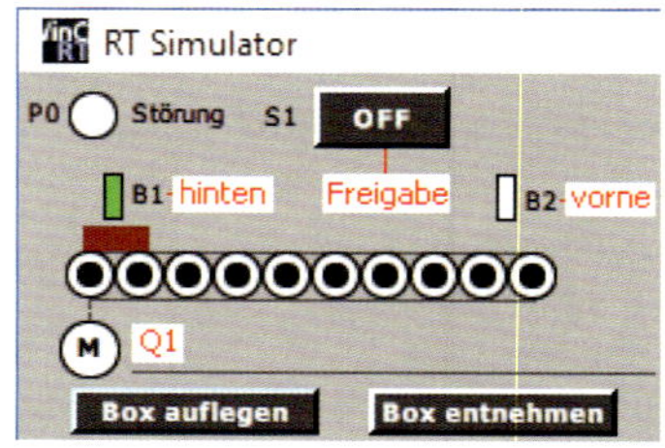

WWW

InfoClick

Sie können die Vorlage A8.1 oder A8.1-1200 «8_UP_Band_mit Modell.zap1x» für das TIA-Portal von der **InfoClick**-Webseite benutzen. Falls Sie mit einer höheren TIA-Version arbeiten, so müssen Sie eventuell die Geräteversion des HMI, bei markiertem HMI in der Projektnavigation des TIA-Portals, über das Kontextmenü (rechte Maustaste) hochrüsten.

Vorgehensweise

Ziehen Sie vom Anweisungsfenster *Einfache Anweisungen* den Zeitbaustein für Einschaltverzögerung in den Editor des Unterprogramms z.B. mit dem Namen der Einzelinstanz TON1. Sie müssen nicht alle Parameter benutzen. Sie können auf Parameterwerte zugreifen, wenn Sie den Instanznamen, gefolgt von einem Punkt, eingeben.

▸ Programmbausteine ▸ UP_BAND_T [FC1]

```
//Unterprogramm Band mit Laufzeitüberwachung
IF "B2_vorne" 0 ... THEN ... END_IF;
"Q1_Band":="S1_Freigabe" AND "SR_Band";
"TON1".TON(IN:="Q1_Band", PT:=T#10s);
IF "TON1".ET >= T#9s900ms THEN
   "P0_Stoerung":=TRUE;
 ELSIF NOT "S1_Freigabe" THEN
   "P0_Stoerung":=FALSE;
END_IF;
```

Sie müssen beim Aufruf der Instanz nicht alle Parametern benutzen. Beachten Sie die Schreibweise einer Zeitkonstanten.

Mit dem Vergleichsoperator wird die aktuelle Zeit des Timers mit einem Zeitwert verglichen. Ist die Aussage des Ausdrucks TRUE, so ist die IF-Bedingung erfüllt.

Im obigen Bild können Sie sehen, wie mit dem **Vergleichsoperator** die aktuelle Zeit mit einem Zeitwert verglichen wird. Ist die Aussage des Ausdrucks TRUE, so ist die IF-Bedingung erfüllt. Vergleichsoperatoren werden mit den Zeichen > für größer, < für kleiner, = für gleich, >= für größer gleich, <= für kleiner gleich und <> für ungleich realisiert. Das Ergebnis eines Vergleichsausdrucks ist immer TRUE oder FALSE.

Rufen Sie das Unterprogramm im Hauptprogramm auf und **testen Sie** die Funktion des Programms.

8.4 Bibliotheksfähiger Funktionsbaustein, Timer und Multiinstanzen

Wollen Sie einen bibliotheksfähigen, öfter wiederverwendbaren Funktionsbaustein schreiben, so dürfen Sie keine globalen Instanzen, also Einzelinstanzen im FB, verwenden. Sie müssen Multiinstanzen benutzen.

Multiinstanz heißt, dass die Instanz des zu erstellenden FBs weitere Instanzen enthält, z.B. die Instanz eines TON. Die Instanz des TON, z.B. TON1, wird lokal in den static-Variablen deklariert oder über das Dialogfenster *Aufrufoptionen Multiinstanz* in den lokalen Deklarationsteil des FBs eingetragen, wie die folgende Aufgabe zeigt.

Aufgabe 8.2: Zwei Fördereinrichtungen mit Laufzeitüberwachung

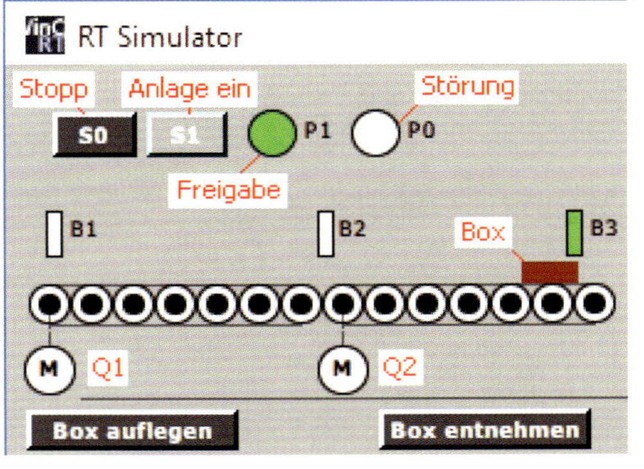

Die Laufzeit des Bandes soll überwacht werden. Überschreitet die Laufzeit ihren Wert, so wird der Antrieb abgeschaltet, eine Störanzeige meldet dies. Schreiben Sie einen parametrisierbaren Baustein für die Funktionseinheit Band und benutzen Sie diesen zweimal. Da das Band speichernd gesteuert und eine Instanz des TON im Baustein benötigt wird, müssen Sie einen Funktionsbaustein verwenden, da dieser instanzfähig ist. Überlegen Sie, welche Ein- und Ausgangsparameter der FB erhalten soll.

WWW

InfoClick

Sie können die Vorlage A8.2 oder A8.2-1200 für das TIA-Portal von der **InfoClick**-Webseite benutzen.

Vorgehensweise

Benennen Sie den SC[FB1] um, z.B. zu SLC für Speichernd (S), zeitlich begrenzt (L – *limited*) ein mit Bedingung (C – *condition*) und erweitern Sie das Programm. Ziehen Sie für die Laufzeitüberwachung des Bandes einen TON in den Editor des FBs und wählen Sie einen Multiinstanz-DB. Die Instanz des TON wird als lokale Instanz in der Schnittstelle des FBs eingetragen.

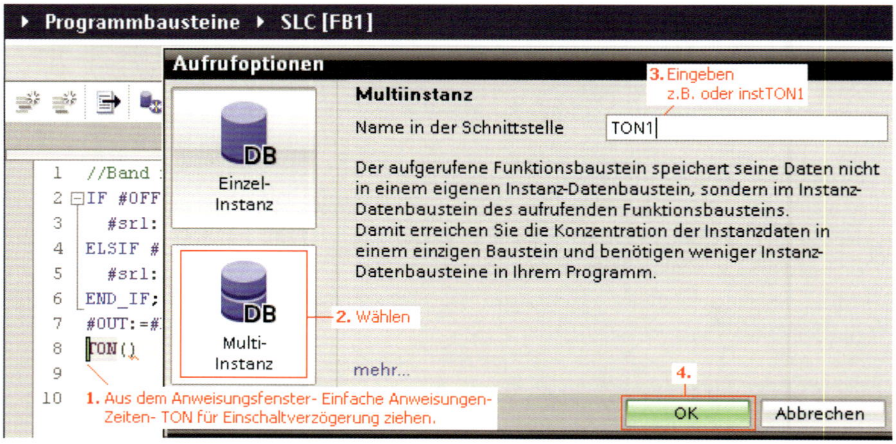

Achten Sie bei der Deklaration der lokalen Variablen auf die Datentypen. Übersetzen Sie den FB, markieren Sie dazu den Baustein und betätigen Sie die Tasten [Strg] + [B].

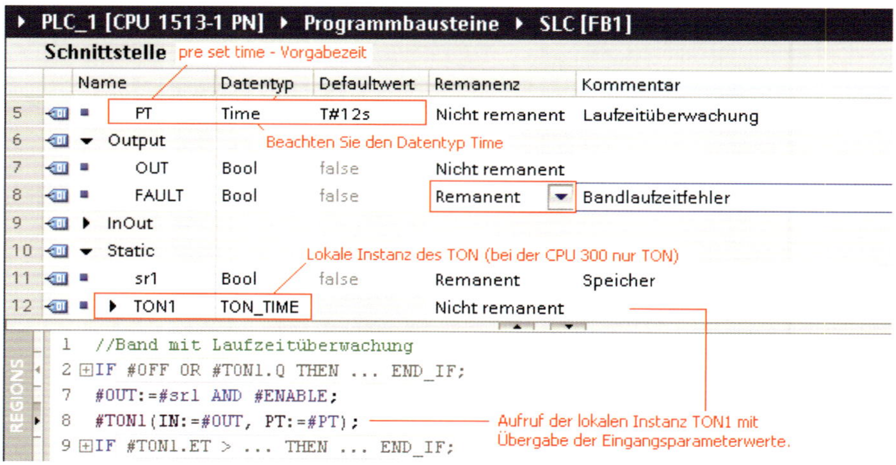

Rufen Sie die beiden Einzelinstanzen des Bausteins für die beiden Bänder im Main[OB1] auf und übersetzen Sie das Programm.

Beachten Sie: Falls Sie nachträglich Änderungen im FB vornehmen, so müssen Sie den Aufruf der Instanzen im Main[OB1] aktualisieren. Markieren Sie im Editor den Instanznamen und wählen Sie über das Kontextmenü *Bausteinaufruf aktualisieren.*

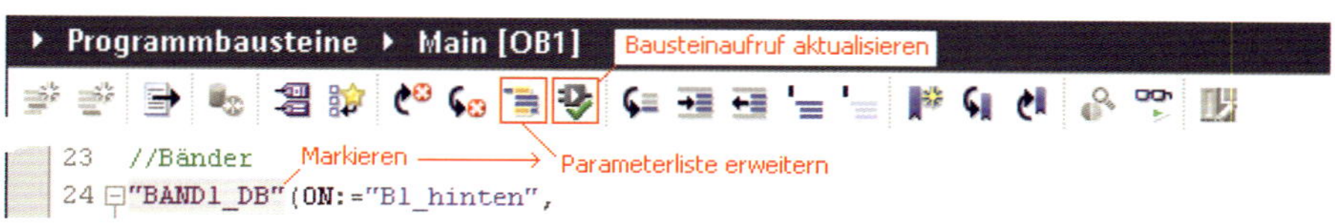

Sie müssen nicht alle Parameter eines FBs parametrisieren, Sie können auch bei markiertem Instanznamen über das Kontextmenü die **Parameterliste** im Nachhinein erweitern.

Testen Sie die Funktion des Programms. Starten Sie dazu PLCSIM, öffnen Sie eine PLCSIM-Datei und laden Sie im TIA-Fenster bei markiertem Bausteinordner das Programm in PLCSIM. Markieren Sie den HMI_1-Ordner und betätigen Sie die Tasten [Strg] + [Shift] + [X], um die Visualisierung der Anlage zu öffnen. Wenn Sie die Variablenwerte selbst simulieren wollen (Kapitel 2), dann entfernen Sie den Instanzaufruf «MODELL_BAND2_3S_DB».

Aufgabe 8.3: Zwei Fördereinrichtungen mit Laufzeitüberwachung, Taktgeber

Erweitern Sie das Programm aus Aufgabe 8.2 so, dass die Anzeige «Störung» blinkt.

***Lösungsvariante 1:** Taktgeber mit TAKT-Baustein*
Vorgehensweise: Fügen Sie dazu einen Funktionsbaustein TAKT hinzu und geben Sie das Programm ein.

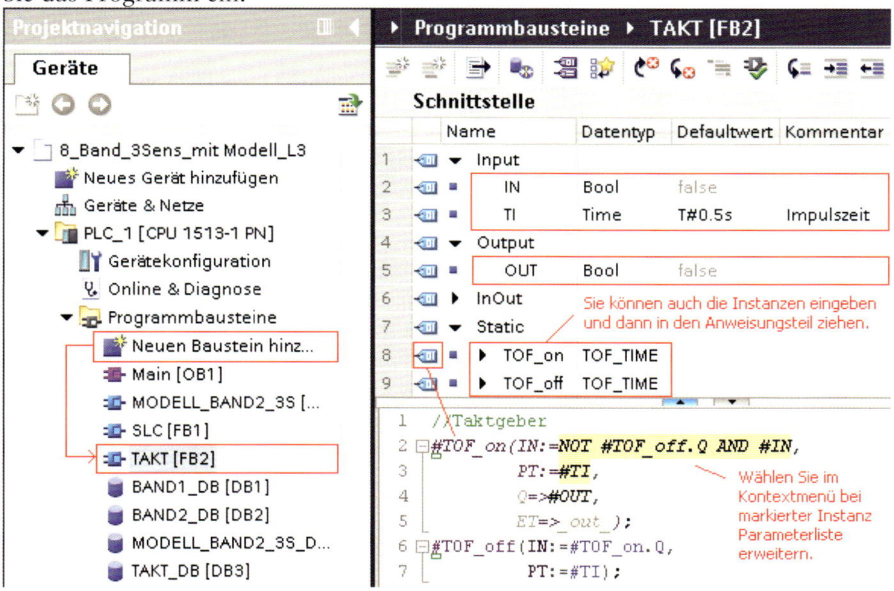

Rufen Sie den TAKT[FB2] im Main[OB1] auf und erweitern Sie die Anweisung für die Störanzeige.

▸ Programmbausteine ▸ Main [OB1]

```
"TAKT_DB"(IN:=TRUE);
//Anzeige Laufzeit überschritten          lokale temporäre Variable
"P0_Stoerung":=(#stoerung1 OR #stoerung2) AND "TAKT_DB".OUT;
oder                            Zugriff auf den Ausgangsparameter der Instanz
"P0_Stoerung":=("BAND1_DB".FAULT OR "BAND2_DB".FAULT) AND "TAKT_DB".OUT;
```

Achten Sie darauf, dass das Ergebnis des Ausdrucks rechts von der Zuweisung vom gleichen Datentyp ist wie die Variable links von der Zuweisung.

Lösungsvariante 2 der Aufgabe 8.3: *Taktgeber mit Taktmerker*
Sie könnten auch unter den CPU-Eigenschaften den **Taktmerker** konfigurieren.

Vorgehensweise: Doppelklicken Sie im Projektnavigationsfenster die PLC-Gerätekonfiguration. Markieren Sie in der Gerätesicht die CPU und aktivieren Sie in deren Eigenschaften über das Kontextmenü den Taktmerker.

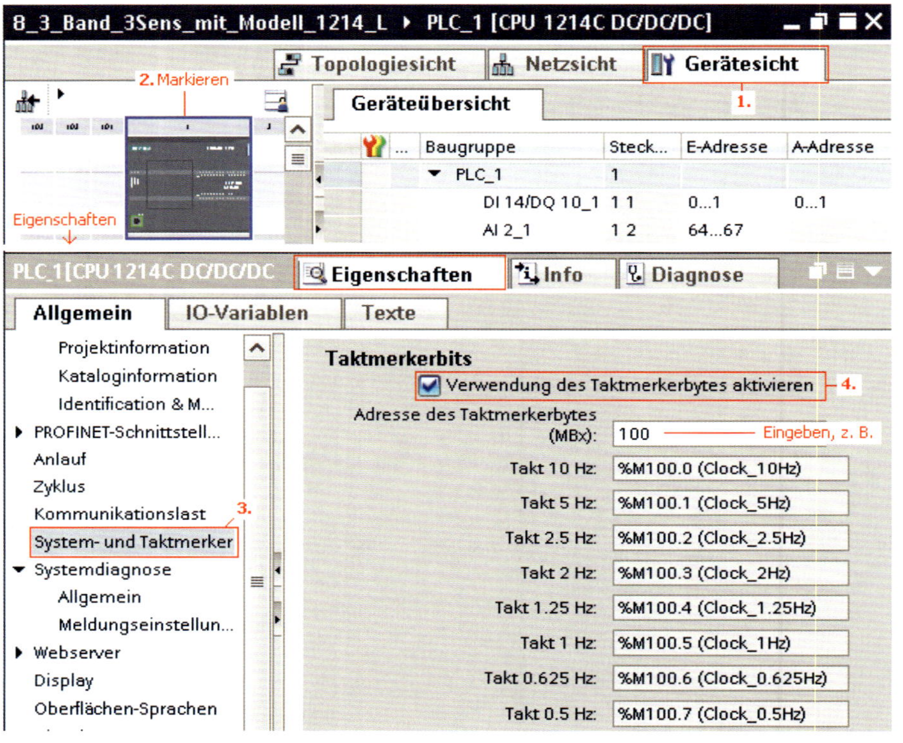

Anmerkung: Sie sollten Ihre Programme so entwickeln, dass diese **hardwareunabhängig** sind, also den Taktmerker vermeiden und dafür den TAKT-FB verwenden. Sie sollten keine SIMATIC-Timer, sondern IEC-Timer verwenden, Ihr Programm wäre sonst in anderen Entwicklungsumgebungen wie z.B. CODESYS nicht nutzbar.

Merksatz

Benutzen Sie bei wiederverwendbaren FBs immer Multiinstanzen und keine Einzelinstanzen.

Bibliothek

Öffnen Sie die globale Bibliothek aus Kapitel 6 mit dem Namen «Aktionen» und legen Sie die erstellten Funktionsbausteine SLC und TAKT in dieser ab. Achten Sie beim Öffnen der Bibliothek darauf, dass Sie den Schreibschutz im Dialogfenster entfernen. Speichern Sie die Änderungen der Bibliothek. Eine nähere Beschreibung finden Sie in Kapitel 4.

Anmerkung: Sollen die Bausteine in der Bibliothek möglichst hardwareunabhängig sein, so entfernen Sie das Baustein-Attribut **optimierter Bausteinzugriff** in den Bausteineigenschaften, da die CPUs 3xx und 4xx den optimierten Zugriff nicht kennen, siehe Kapitel 6.

Übung 8.1: Funktionseinheit Bandanlage mit Ein- und Ausschaltverzögerung

Schreiben Sie einen parametrisierbaren Baustein für die Funktionseinheit und testen Sie diese.

Forderungen

Über die Taster S0 und S1 sollen sich die Förderbänder 1 und 2 ein- und ausschalten lassen.

Band 2 soll automatisch immer dann um 3 s einschaltverzögert laufen, wenn Band 1 fördert. Nach dem Betätigen des Tasters S0 (Ö) sollen Band 1 noch 1,5 s und Band 2 noch 2 s leer fördern. Mit F1 und F2 können Sie den Motorschutz (Öffner) simulieren.

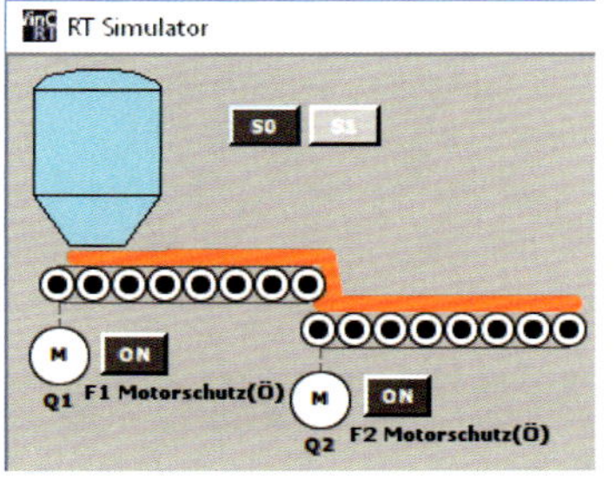

InfoClick

Sie können die Vorlage Ü8.1 für das TIA-Portal von der **InfoClick**-Webseite benutzen.

Vorgehensweise

Da in STEP7 in der Sprache SCL kein **SR-Funktionsblock** zur Verfügung steht, schreiben Sie einen. Benutzen Sie diesen im Baustein für die Bandanlage und speichern Sie den SR-Baustein auch in der Bibliothek *Aktionen* ab.

▸ PLC_1 [CPU 1513-1 PN] ▸ Programmbausteine ▸ SR [FB1]

```
//Rücksetzen vorrangig
(*IF #R1 THEN #Q1:=FALSE;
ELSIF #S THEN #Q1:=TRUE; END_IF;*)
//oder
#Q1 := NOT #R1 AND (#S OR #Q1);//Selbsthaltung
```

Sie können auch so den SR[FB1] programmieren

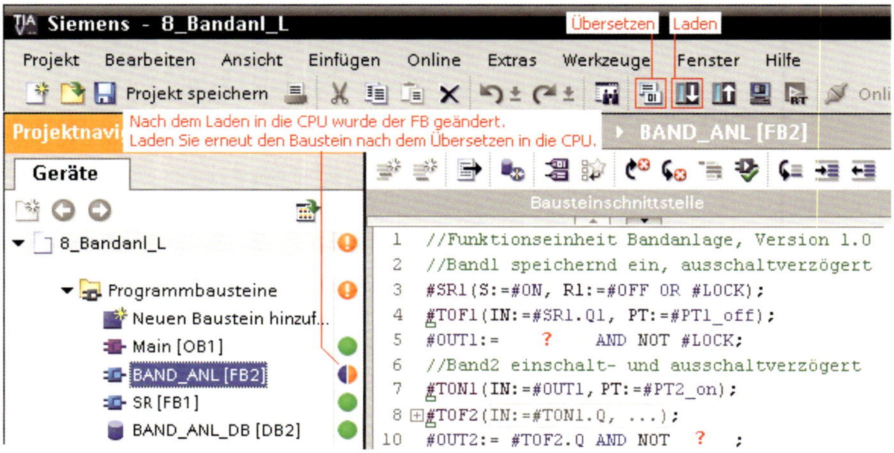

Schreiben Sie immer einen **Kommentar** zu den Parametern im Deklarationsteil des Bausteins. Beim Aufruf erscheint dieser im Tool-Tipp, wie das folgende Bild zeigt. Rufen Sie die Instanz des FBs auf und **testen Sie** das Programm mit PLCSIM. Wenn Sie die Anlagenvisualisierung nicht verwenden wollen, so entfernen Sie den Modell-Aufruf im OB1.

Übung 8.2: Födereinrichtung mit Laufzeitüberwachung und Meldung

Schreiben Sie einen Baustein «BAND_T», der die Bausteine SLC[FB1] und den TAKT[FB2] der Aufgabe 8.3 enthält. Ziehen Sie den TAKT-FB in den SLC-FB und wählen Sie als Instanz die Multiinstanz aus. Sie können aber auch erst lokal die Instanz vom TAKT-FB als static-Variable eintragen und als Datentyp TAKT eingeben. Die Impulsdauer (TI) soll parametrisiert werden können. Bei unterschiedlichen TIs bei Band 1 und 2 kann die Störung so leicht lokalisiert werden.

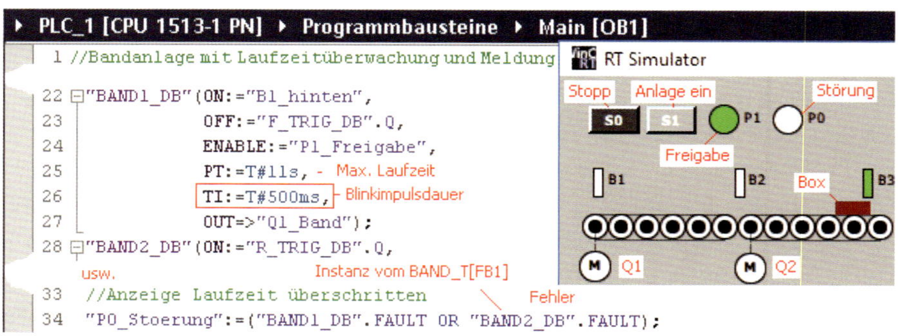

Übung 8.3: Zustandsgraph, Stern-Dreieck-Anlauf

Programmieren Sie mit Hilfe des Zustandsgraphen einen bibliotheksfähigen Baustein, der für einen Stern-Dreieck-Anlauf benutzt werden kann. Deaktivieren Sie das Bausteinattribut *Optimierter Bausteinzugriff* in den Bausteineigenschaften, wenn Sie eine CPU 12xx oder 15xx verwenden, damit dieser Baustein auch für eine CPU 3xx verwendet werden kann. Sehen Sie dazu Hinweise in Kapitel 6.

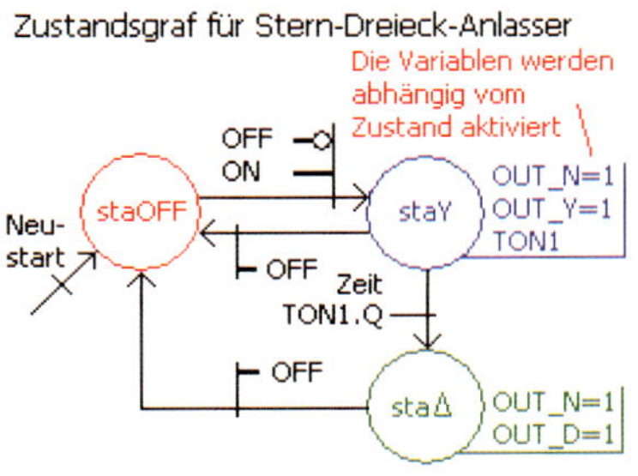

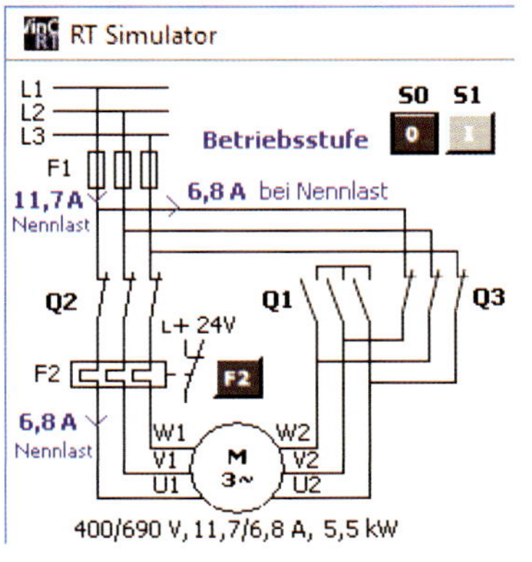

Wie Sie dem Graphen entnehmen können, wird über den Parameter ON der Zustand (*state*) staY aktiviert und staOFF deaktiviert, die Ausgangsparameter OUT_N für das Netzschütz Q2 und OUT_Y für das Sternschütz Q1 haben den Wert TRUE. Der Motor läuft in der Sternschaltung hoch. Nach Ablauf der Umschaltzeit wird staD aktiviert und staY deaktiviert, OUT_Y hat den Wert FALSE und OUT_D den Wert TRUE, das Dreieckschütz Q3 zieht an. Der Motor läuft in der Dreieckschaltung.

Zur Programmentwurfsmethode «Zustandsgraph» finden Sie Hinweise in Kapitel 6.

InfoClick WWW

Sie können als Projektvorlage das Archiv Ü8.3 oder Ü8.3-1200 «8_YD.zap1x» benutzen. Sie finden diese Datei auf der **InfoClick**-Webseite.

Testen Sie die Funktion.

Stichpunkte

Nach der Bearbeitung des Kapitels sollten die folgenden Stichpunkte für Sie verständlich sein:

- ❑ Datentyp Time
- ❑ Wertebereich
- ❑ %MDx
- ❑ binärcodiert
- ❑ Anzeigeformat
- ❑ Hexcode
- ❑ TON
- ❑ TOF
- ❑ TP
- ❑ Vergleichsoperator
- ❑ Multiinstanz
- ❑ Taktmerker
- ❑ Zustandsgraph
- ❑ Stern-Dreieck-Anlauf

Selbsttest

Wählen Sie die richtigen Ergänzungen bzw. Aussagen aus.

1. Eine Variable vom Datentyp TIME belegt
   ☐ 1 Byte. ☐ 2 Bytes. ☐ 3 Bytes. ☐ 4 Bytes.

2. Der Funktionsbaustein TON erzeugt
   ☐ eine Ausschaltverzögerung. ☐ eine Einschaltverzögerung.
   ☐ einen Impuls. ☐ eine Ein- und Ausschaltverzögerung.

3. Bei der Hex-Darstellung des Wertes einer Variablen werden
   ☐ 32 Bits ☐ 16 Bits ☐ 8 Bits ☐ 4 Bits
   zu einem Zeichen zusammengefasst.

4. In welcher Zeile ist der Übergang von staD auf staOFF programmiert?

```
1  //Stern-Dreieckanlauf
2  //Initialisieren
3  IF #INIT THEN #staOFF:=TRUE; END_IF;
4  //Übergänge
5  IF #staOFF AND #ON AND NOT #OFF THEN #staY:=TRUE; #staOFF:=FALSE; END_IF;
6  IF #staY AND #OFF THEN #staOFF:=TRUE; #staY:=FALSE; END_IF;
7  IF #staY AND #TON1.Q THEN #staD:=TRUE; #staY:=FALSE; END_IF;
8  IF #staD AND #OFF THEN #staOFF:=TRUE; #staD:=FALSE; END_IF;
9  //Aktionen
10 #OUT_Y:=#staY; #OUT_N:=#staY OR #staD; #OUT_D:=#staD;
11 #TON1(IN:=#staY, PT:=#PT);
```

   ☐ Zeile 5. ☐ Zeile 6. ☐ Zeile 7. ☐ Zeile 8.

5.

```
"TP1".TP(IN:="B1_hinten",
         PT:=T#1.5s);
```

   ☐ TP1 ist der Name der Multiinstanz eines TPs.
   ☐ TP1 ist der Name der Einzelinstanz eines TPs.
   ☐ Die Ausschaltzeit beträgt 1,5 s.
   ☐ Die Einschaltverzögerung beträgt 1,5 s.

6. In einem bibliotheksfähigen FB verwenden Sie nur
   ☐ globale Instanzen eines Timers. ☐ Multiinstanzen eines Timers.
   ☐ Einzelinstanzen eines Timers. ☐ Merker für den Timer.

7.

```
#TOF_on(IN:=NOT #TOF_off.Q AND #IN,
        PT:=#TI,
        Q=>#OUT,
        ET=>_out_);
#TOF_off(IN:=#TOF_on.Q,
         PT:=#TI);
```

   Das Bild zeigt das Programm eines Taktgebers
   ☐ mit fehlerhafter Parameterübergabe.
   ☐ mit lokalen Instanzen eines TOFs.
   ☐ mit globalen Instanzen eines TOFs.
   ☐ mit der global deklarierten Variablen PT.

WWW

InfoClick

Sie finden diesen Selbsttest auch auf der Webseite www.vogel-fachbuch.de unter **InfoClick**.

9 Zählen, Datentyp Integer, Datentypenumwandlung

Sie lernen die Datentypen für Ganzzahlen und deren Wertebereich kennen, Sie programmieren einen Vor-/Rückwärtszähler, Sie lernen die IEC-Zähler kennen.

9.1 Datentypen für ganze Zahlen

Sie können auch Zahlenwerte in Ihrem Programm verarbeiten, wie rechnen, Vergleiche durchführen, zählen ... Ist der Wert ganzzahlig also eine **Festpunktzahl**, z.B. beim Zähler, so verwenden Sie als Datentyp die Datentypen für ganze Zahlen (eng. *integer*). Dabei ist auf den **Wertebereich** zu achten. Die Werte der Variablen sind **binärcodiert** im Speicher abgelegt.

Das hochwertigste Bit (**MSB** – *most significant bit*) ist das **Vorzeichenbit.**

– **SINT** (8 Bit-Integer) klein eng. **short** 2^8 = 255 Zahlen mit der Festlegung –128 ... 127.
– **INT** (16 Bit-Integer) 2^{16} = 65536 Zahlen mit der Festlegung –32768 ... 32767 oder wenn nötig
– **DINT** (32 Bit-Double Integer) Wertebereich = –2.147.483.648 ... 2.147.483.647.
– **LINT** (64 Bit-Integer) Wertebereich = –9,2 Trio ... 9,2 Trio. (nur bei der **CPU15xx**)
Oder **vorzeichenlose Festpunktzahl**-Datentypen
– **USINT** (8 Bit-Integer) vorzeichenlos eng. **unsigned** Wertebereich = 0 ... 255.
– **UINT** (16 Bit-Integer) Wertebereich = 0 ... 65535.
– **UDINT** (32 Bit-Integer) 2^{32} = 4294967296 Zahlen Wertebereich = 0 ... 4294967295.
– **ULINT** (64 Bit-Integer) Wertebereich = 0 ... 18,4 Trio. (nur bei der **CPU 15xx**)

Für die **CPU 3xx** können Sie nur die Typen Int und DInt verwenden.

Beispiel

0000_0000_0000_0101 = 5;
Der negative Wert ist das **2er-Komplement,**
– Komplement (Negation, NOT) von 5 = 0000_0000_0000_0101 => 1111_1111_1111_1010
– Dann wird 1 addiert =>
1111_1111_1111_1011 = –5

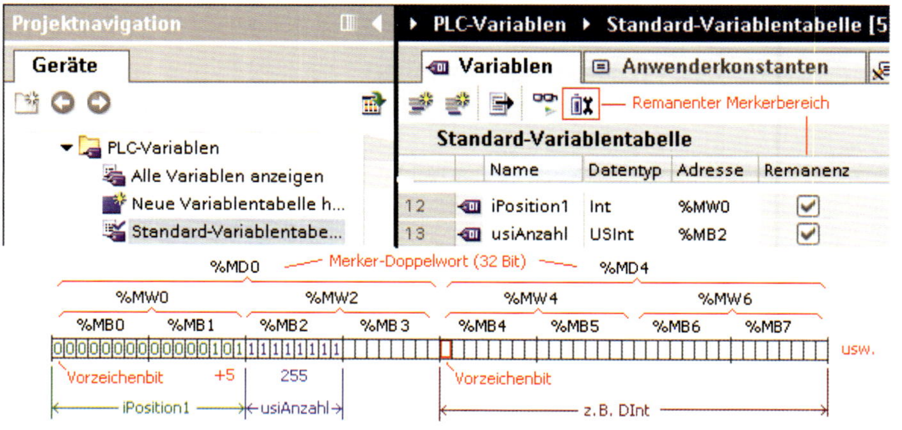

Achten Sie bei der Deklaration der Variablen in der PLC-Variablentabelle darauf, dass sich die Adressbereichen nicht überschneiden. Werden die Variablen in einem Global-Datenbaustein (DB) deklariert, so verwaltet das System die Adressbereiche der Variablen. Die DBs lernen Sie in Kapitel 10 kennen. Die Variablennamen wurden mit einem **Präfix** versehen, z.B. i für INT, usi für USINT ..., um aus dem Namen im Programm auf den Datentyp zu schließen.

Merksatz

Achten Sie bei der Auswahl des Datentyps für eine Variable auf dessen Wertebereich und die Speichergröße.

9.2 Zählen

Für viele Aufgaben in der Steuerungs- und Automatisierungstechnik ist das Zählen notwendig. Sie lernen Programmbausteine kennen, mit denen Sie zählen können. Sie erweitern die Funktion eines Zählers und Sie setzen Zählerbausteine in weiteren Aufgaben ein.

Aufgabe 9.1: Vorwärtszähler

Analysieren Sie das Programm.

WWW **InfoClick**

Sie finden die Archivdatei A9.1 oder A9.1-1200 «9_Zaehler.zap1x» für das TIA-Portal auf der **InfoClick**-Webseite.

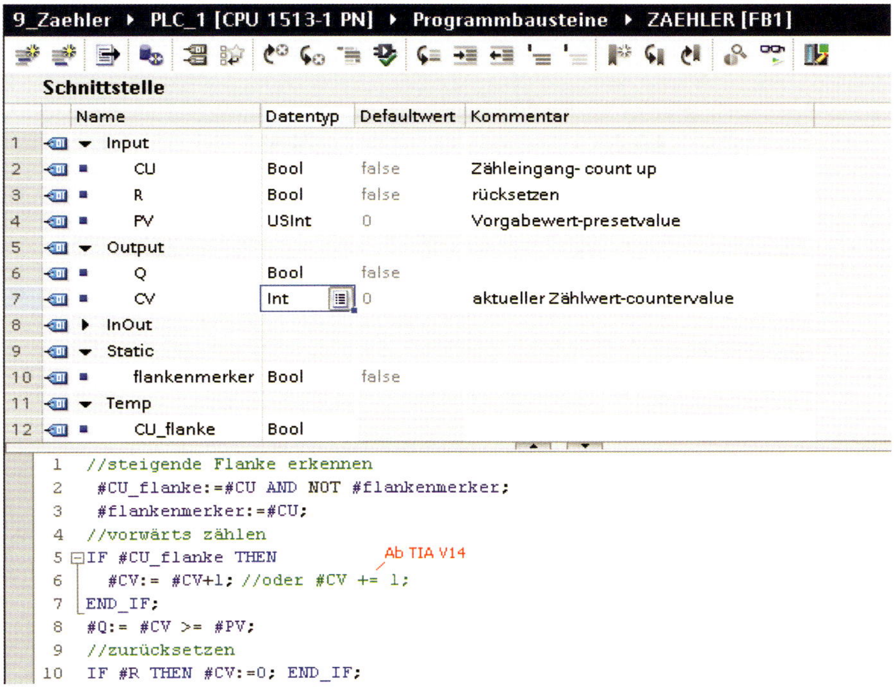

Da auf die Datentypen nicht geachtet wurde, wird beim Übersetzen des FBs eine **Warnung** ausgegeben. Wäre das **Bausteinattribut** *IEC-Prüfung* unter Bausteineigenschaften aktiviert, so würde das Programm mit einer Fehlermeldung nicht übersetzt werden. Passen Sie die Datentypen so an, dass keine Warnung beim Übersetzen des Main[OB1] auftritt, die Sie im folgenden Bild sehen können. Wählen Sie für PV und CV den gleichen Datentyp.

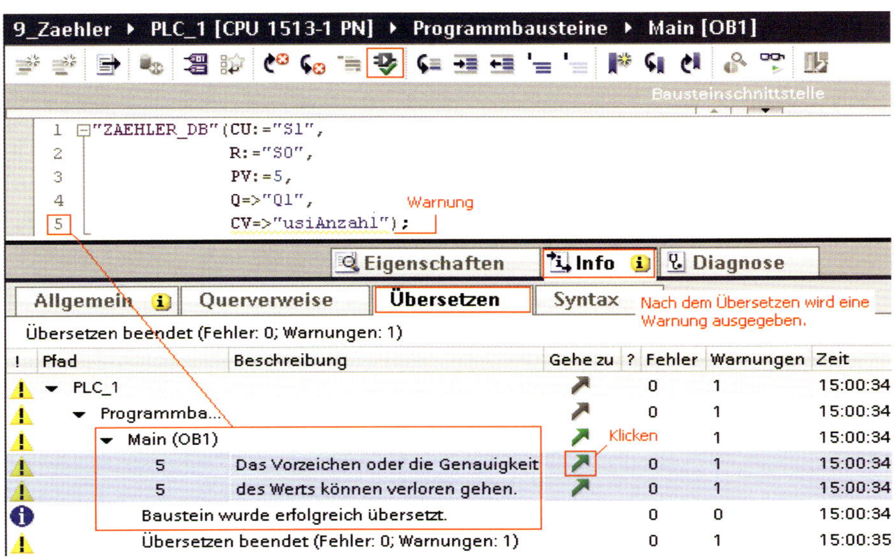

Der ZAEHLER[FB1] zeigt das Verhalten eines **Vorwärtszählers**. Eine positive Flanke am CU (*count up*) erhöht den Zählwert CV (*counter value*). Ist der Zählwert größer oder gleich dem Vorgabewert von PV (*preset value*), so wird Q den Wert TRUE annehmen. Haben Sie als Datentypen USInt für PV und CV gewählt, so ist der gültige Wertebereich des Zählers von 0...255. Im Speicher wird für die Variable des Zählwerts ein Byte belegt, z.B. %MB2.

CTU

Sie könnten auch anstelle des Bausteins ZAEHLER[FB1] den IEC-Zähler **CTU** aus dem Anweisungen-Fenster des TIA-Portals benutzen.

```
"IEC_Counter_0_DB".CTU(CU:=_bool_in_,
                       R:=_bool_in_,
                       PV:=_in_,
                       Q=>_bool_out_,
                       CV=>_out_);
```

Hier können Sie den Datentyp wählen USInt...ULInt

IEC-Vorwärtszähler CTU *(counter up)* aus dem Anweisungenfenster

Über den Parameter CU wird vorwärts gezählt, über R wird der Wert am CV auf 0 zurückgesetzt. Ist CV >= PV, dann wird Q TRUE.

CTD

Der **CTD** (*counter up)* kann nur rückwärts zählen.

```
"IEC_Counter_1_DB".CTD(CD:=_bool_in_,
                       LD:=_bool_in_,
                       PV:=_in_,
                       Q=>_bool_out_,
                       CV=>_out_);
```

IEC-Rückwärtszähler CTD *(counter down)* aus dem Anweisungenfenster

Der Wert am Parameter CV wird auf den Wert des Parameters PV gesetzt, wenn der Signalzustand am Parameter LD auf «TRUE» wechselt. Solange am Parameter LD der Signalzustand «TRUE» ansteht, hat der Signalzustand am Parameter CD keine Wirkung auf die Anweisung.

CTUD

Der **CTUD** (*counter up down*) kann vor- und rückwärts zählen.

```
"IEC_Counter_2_DB".CTUD(CU:=_bool_in_,
                        CD:=_bool_in_,
                        R:=_bool_in_,
                        LD:=_bool_in_,
                        PV:=_in_,
                        QU=>_bool_out_,
                        QD=>_bool_out_,
                        CV=>_out_);
```

IEC-Vor/Rückwärtszähler CTUD *(counter up/down)* aus dem Anweisungenfenster

Übung 9.1: Vor-/Rückwärtszähler

Erweitern Sie den ZAEHLER[FB1] aus Aufgabe 9.1 so, dass er vor- und rückwärts zählen kann. Benutzen Sie für den Parameter *herunterzählen* den Bezeichner CD (*count down*). Verwenden Sie für CV und PV den Datentyp *vorzeichenlos* und kleine Ganzzahl. Begrenzen Sie den Wertebereich im Programm auf 0...50.

Aufgabe 9.2: Fördereinrichtung für mehrere Paletten

Erweitern Sie Ihr Projekt aus Kapitel 6 so, dass mehrere Paletten transportiert werden können. Benutzen Sie den Zählerbaustein aus der Übung 9.1 oder verwenden Sie den Baustein CTUD.

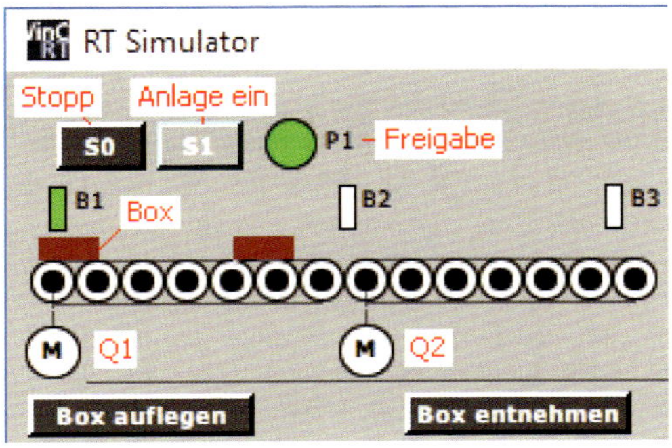

www

InfoClick

Verwenden Sie als Vorlage die Archivdatei A9.2 oder A9.2-1200 «9_Band_3Sens_mit Modell.zap1x» von der **InfoClick**-Webseite. Falls Sie mit einer höheren TIA-Version arbeiten, so müssen Sie eventuell die Geräteversion des HMI, bei markiertem HMI in der Projektnavigation des TIA-Portals, über das Kontextmenü (rechte Maustaste) hochrüsten.

Vorüberlegungen

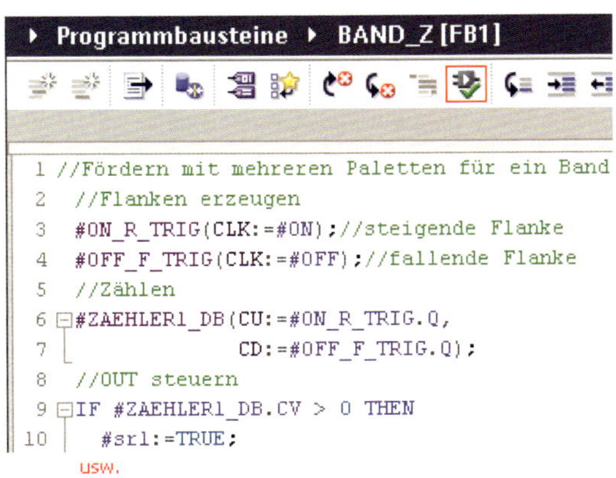

Wie viele Ein- und Ausgangsparameter werden für den Baustein benötigt, der eine Funktionseinheit, also ein Band steuert? Es reichen die Eingangsparameter ON, OFF und ENABLE und der Ausgangsparameter OUT. Den Zähler können Sie mit der steigenden Flanke von ON hochzählen, mit der fallenden von OFF herunterzählen. Ist der Zählwert CV größer 0, so befindet sich mindestens eine Palette auf dem Band; dann wird die static-Variable #sr1 TRUE. Ist auch der Wert des Eingangsparameters ENABLE TRUE, so wird OUT TRUE, und das Band wird eingeschaltet. Band 2 muss stoppen, wenn B3 anspricht. Die Instanzen für die Flankenerkennung, ON_R_TRIG bei steigender Flanke, OFF_F_TRIG bei fallender Flanke, die des Zählers und die für speichernd ein/aus sind lokale Instanzen. Wählen Sie also beim Einfügen die Option *Multiinstanz*.

Vorgehensweise

1. Öffnen Sie die Vorlagedatei.
2. Erstellen Sie den Baustein BAND_Z, wie das vorhergehende Bild zeigt.
3. Öffnen Sie den Baustein Main, die Bibliothek «Aktionen» und ziehen Sie den SR-Baustein für die Freigabe in den Main[OB1].
4. Rufen Sie die Bausteine für die beiden Bänder auf.

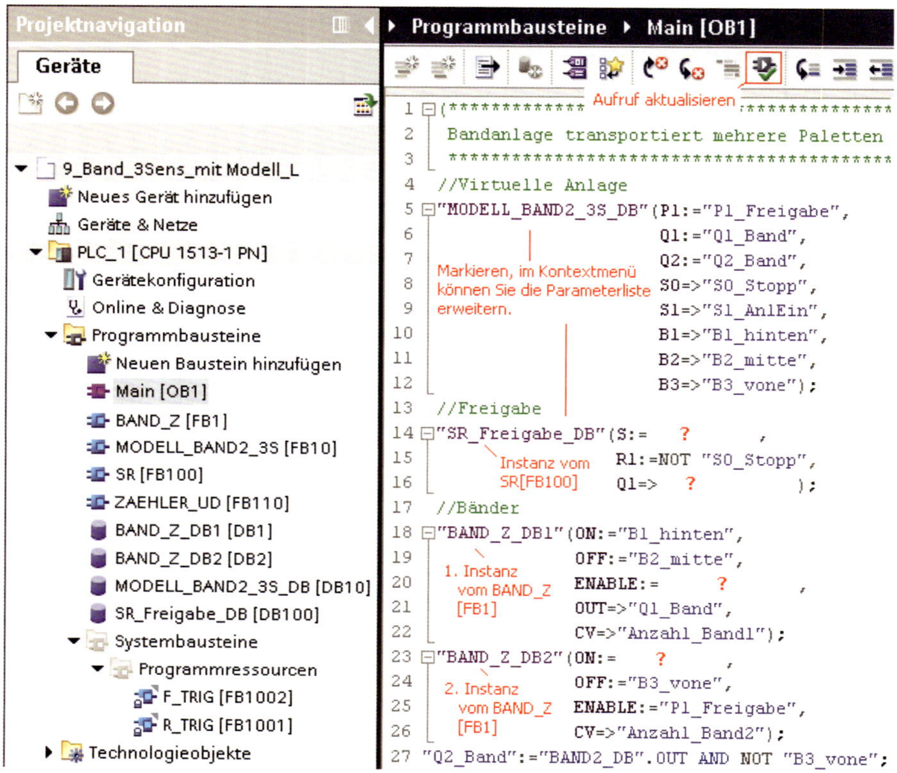

5. **Testen Sie** mit PLCSIM und der Anlagenvisualisierung. Starten Sie PLCSIM und laden Sie Ihr TIA-Projekt in PLCSIM. Starten Sie die CPU.
   Um die Anlagenvisualisierung zu öffnen, markieren Sie im TIA-Portal-Projektnavigationsfenster den Ordner HMI_1 und wählen Sie im Menü *Online Simulation Starten*. Das RT-Fenster öffnet sich; in diesem Fenster können Sie die Anlage bedienen. Das Prinzip der Anlagensimulation ist in Kapitel 6 näher beschrieben.

9.3 CASE – die Fallunterscheidung

Mit der CASE-Anweisung kann der Programmfluss im Sinne einer 1:n-Verzweigung gesteuert werden, indem eine Variable oder ein Ausdruck einen Wert aus *n* möglichen annimmt. Der Wert der Variablen bzw. das Ergebnis des Ausdrucks, um den Programmfluss zu steuern, muss ganzzahlig sein. Ein Beispiel zeigt die Aufgabe 9.3.

Aufgabe 9.3: Verteileinheit, Zustandsgraphen mit CASE-Anweisung

Erstellen und testen Sie einen wiederverwendbaren Baustein. Benutzen Sie als Entwurfsmethode den Zustandsgraphen. In Kapitel 6 haben Sie die Aufgabe mit der IF...THEN-Anweisung gelöst. Benutzen Sie in dieser Aufgabe eine Zustandsnummer und die CASE-Anweisung. Abhängig von dieser Nummer und der Übergangsbedingung können Sie der Variablen ZUST_NR im Programm ihren neuen Wert zuweisen, der dem neuen Zustand entspricht.

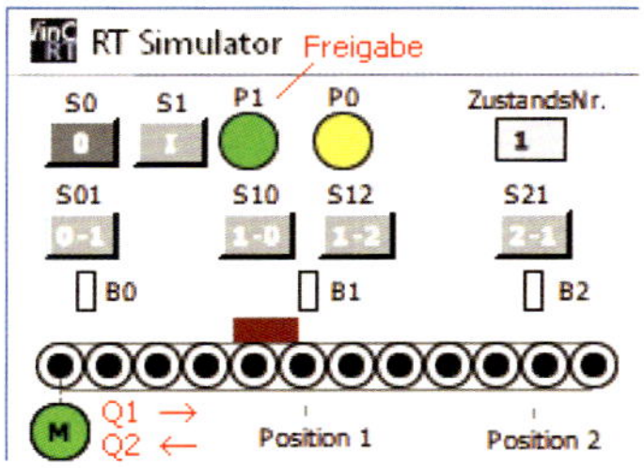

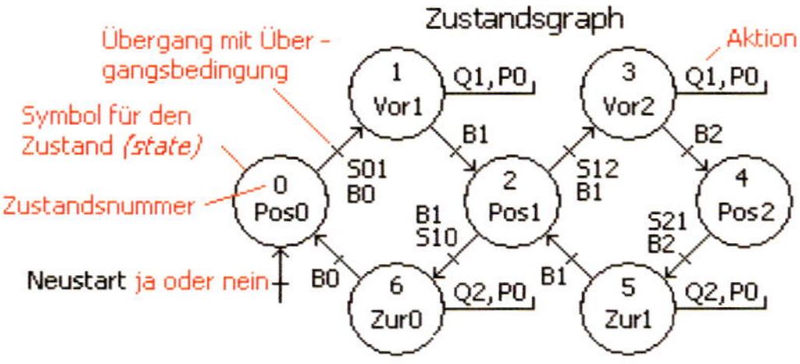

InfoClick

Sie können als Vorlage A9.3 oder A9.3-1200 «9_Verteil_Z_GRAPH.zap1x» von der **InfoClick**-Webseite benutzen. Sie können die CASE...END_CASE-Anweisungen im Bausteineditor aus den «Anweisungen – Einfache Anweisungen – Programmsteuerung» in den Editor ziehen.

www

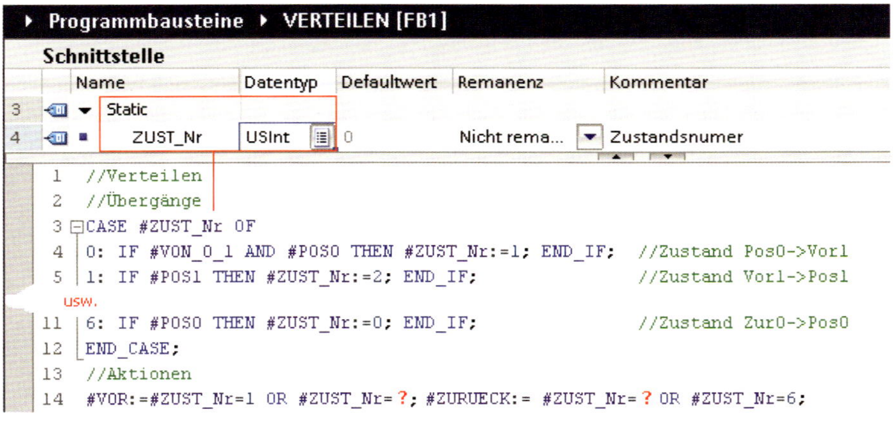

▸ Programmbausteine ▸ VERTEILEN [FB1]

Schnittstelle

	Name	Datentyp	Defaultwert	Remanenz	Kommentar
3	▾ Static				
4	ZUST_Nr	USInt	0	Nicht rema...	Zustandsnumer

```
//Verteilen
//Übergänge
CASE #ZUST_Nr OF
0: IF #VON_0_1 AND #POS0 THEN #ZUST_Nr:=1; END_IF;   //Zustand Pos0->Vor1
1: IF #POS1 THEN #ZUST_Nr:=2; END_IF;                //Zustand Vor1->Pos1
usw.
6: IF #POS0 THEN #ZUST_Nr:=0; END_IF;                //Zustand Zur0->Pos0
END_CASE;
//Aktionen
#VOR:=#ZUST_Nr=1 OR #ZUST_Nr=?; #ZURUECK:= #ZUST_Nr=? OR #ZUST_Nr=6;
```

Beachten Sie auch das nachfolgende Bild. Übersetzen Sie den FB und rufen Sie diesen im Main[OB1] auf. Übergeben Sie die Aktualparameterwerte. **Testen Sie** Ihr Programm mit PLCSIM und der Anlagenvisualisierung.

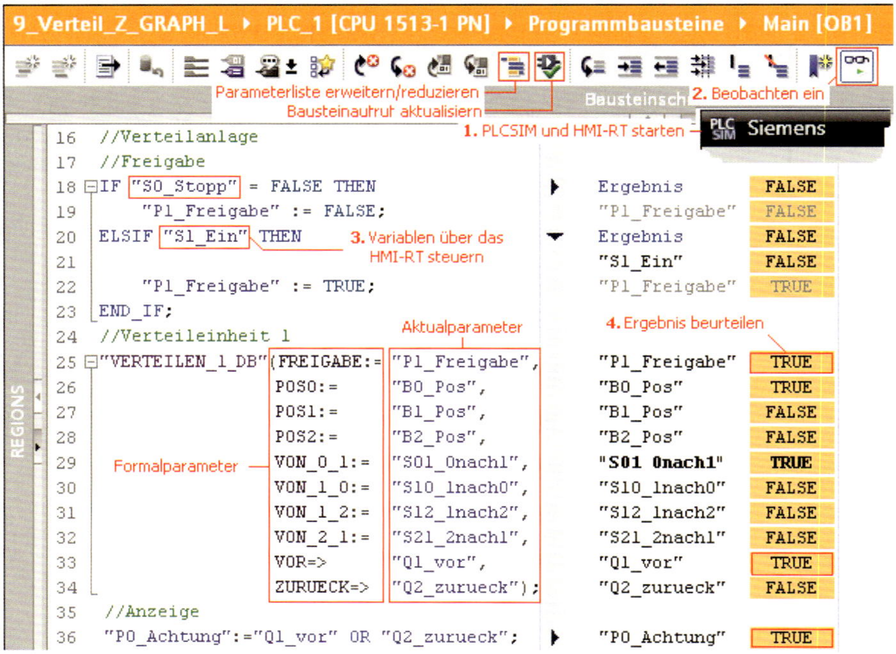

9.4 InOut-Parameter

InOut-Parameterwerte können vom Baustein gelesen und beschrieben werden. Außerdem wird beim Aufruf des Bausteins beim InOut-Schnittstellentyp auf die Adresse des Aktualparameters referenziert (Call-by-reference). Es wird also kein zusätzlicher Speicher benötigt. Bei einem In-Schnittstellentyp wird der Wert des Aktualparameters auf den Input-Parameter des Bausteins kopiert (Call-by-value). Hierfür wird zusätzlicher Speicher benötigt. Ein Beispiel zeigt die Erweiterung der Aufgabe 9.3.

Wenn Sie für die Zustandsnummer nicht eine statische Variable, sondern einen InOut-Parameter deklarieren, so können Sie abhängig vom Remanenzverhalten des Speicherbereichs (Merker oder DB) der Variablen ZustandsNr bestimmen, wie das Verhalten der Verteileinheit nach einem Neustart der CPU sein soll.

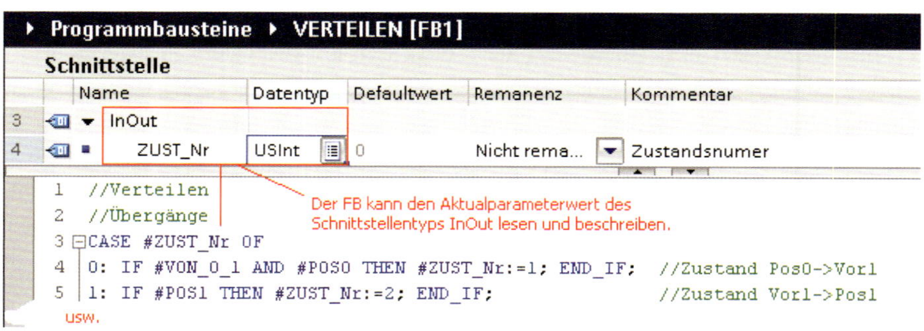

Deklarieren Sie auch die PLC-Variable für die Zustandsnummer. Achten Sie auf den Datentyp und die Speichergröße und ob der Speicher remanent sein soll.

Übersetzen Sie den geänderten FB und rufen Sie diesen im Main[OB1] auf. Übergeben Sie die Aktualparameterwerte. **Testen Sie** Ihr Programm mit PLCSIM und der Anlagenvisualisierung.

9.5 Datentypenumwandlung

Mit Hilfe von Umwandlungsfunktionen wie `INT_TO_DINT(x); BOOL_TO_USINT(x)`... können Datentypen umgewandelt werden. Sie können auch dem Editor die Umwandlung überlassen, eine **implizierte Datentypenumwandlung.** Dies ist jedoch nur möglich, wenn Sie von einem kleinen auf einen größeren Datentyp umwandeln, z.B. von INT auf DINT, und das Bausteinattribut IEC-Prüfung darf nicht aktiviert sein.

Aufgabe 9.4: Funktion 2 aus 3 mit Datentypenumwandlung

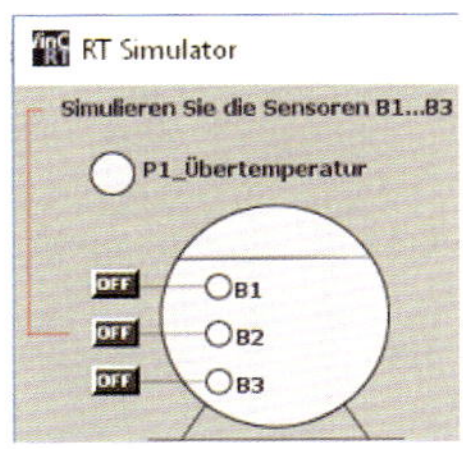

Wenn Sie das Programm so eingeben, wie das folgende Bild das zeigt, so erscheint nach dem Übersetzen eine Syntax-Fehlermeldung. Mit Variablen vom Datentyp Bool können Sie nicht rechnen; wenn Sie es jedoch explizit wollen, so müssen Sie eine Datentypenumwandlung von Bool in eine Zahl durchführen, z.B. `BOOL_TO_USINT(x)`, x steht für den Variablennamen der booleschen Variablen. Die Zahl hat den Wert 1, wenn *x* den Wert TRUE hat, und 0, wenn *x* den Wert FALSE hat.

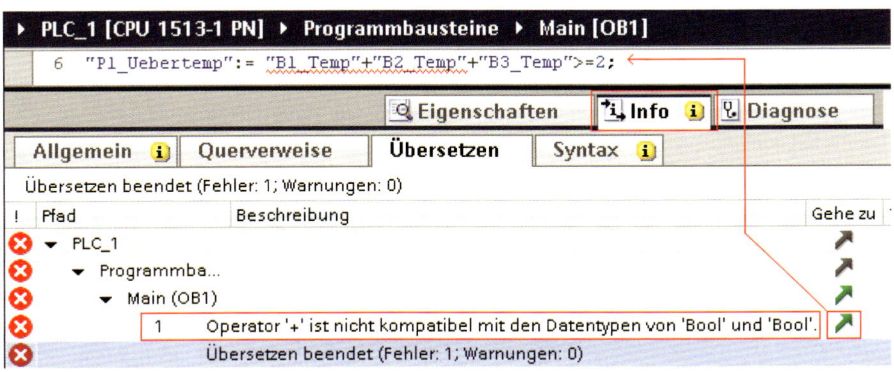

Werden im Programm Datentypenumwandlungsfunktionen eingefügt, so wird es fehlerlos übersetzt, wie das folgende Bild zeigt.

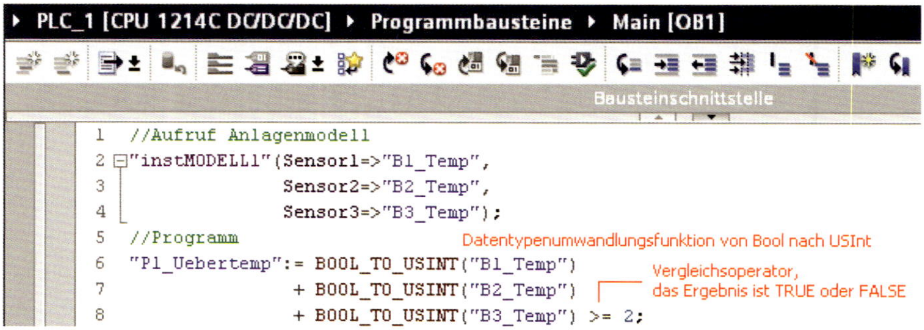

Welche Funktion hat das Programm? Vergleichen Sie dieses mit der Aufgabe in Kapitel 2.

Welche Ergebnisse werden geliefert, wenn beim **Vergleichsoperator** >= das Zeichen > entfernt wird?

Stichpunkte

Nach der Bearbeitung des Kapitels sollten die folgenden Stichpunkte für Sie verständlich sein:

- ❑ USInt … LInt
- ❑ Vorzeichenbit
- ❑ %MD0
- ❑ %MW0
- ❑ %MB2
- ❑ CTU
- ❑ CTD
- ❑ CTUD
- ❑ lokale Instanzen
- ❑ Bausteinattribut
- ❑ Warnung
- ❑ Fehler
- ❑ R_TRIG
- ❑ F_TRIG
- ❑ Zustandsgraph
- ❑ InOut
- ❑ Umwandlungsfunktionen
- ❑ CASE

Selbsttest

Wählen Sie die richtigen Ergänzungen bzw. Aussagen aus.
1. CTUD ist ein ☐ IEC-Vorwärtszähler. ☐ IEC-Vor- und Rückwärtszähler. ☐ SIMATIC-Vor-und Rückwärtszähler. ☐ SIMATIC-Vorwärtszähler.
2. Weshalb darf die Variable #CU_flanke im ZAHLER[FB1] der Aufgabe 9.1 als temporäre Variable deklariert werden? ☐ Falsch, sie muss statisch deklariert werden. ☐ Weil diese bei jeder Flanke um 1 erhöht wird. ☐ Da diese in jedem Zyklus neu beschrieben wird. ☐ Weil diese bei jeder Flanke um 1 verringert wird.

3. Der Wertebereich einer Variable vom Typ USInt ist
   - ☐ –128…127.
   - ☐ –127…128.
   - ☐ 0…255.
   - ☐ 0…128.

4. Eine Variable mit dem Datentyp USInt belegt einen Speicher mit
   ☐ 32 Bit. ☐ 16 Bit. ☐ 8 Bit. ☐ 4 Bit.

5.

```
//Verteilen
//Übergänge
CASE #ZUST_Nr OF
0: IF #VON_0_1 AND #POS0 THEN #ZUST_Nr:=1; END_IF;
1: IF #POS1 THEN #ZUST_Nr:=2; END_IF;
usw.
6: IF #POS0 THEN #ZUST_Nr:=0; END_IF;
END_CASE;
//Aktionen
#VOR:=#ZUST_Nr=1 OR #ZUST_Nr=3;
#ZURUECK:= #ZUST_Nr=5 OR #ZUST_Nr=6;
```

Welche Bedingungen müssen erfüllt sein, damit der Wert der InOut-Variablen #ZUST_Nr den Wert 2 annimmt?
- ☐ #ZUST_Nr = 0 und #VON_0_1 = TRUE.
- ☐ #ZUST_Nr = 1 und #Pos1 = FALSE.
- ☐ #ZUST_Nr = 1 und #Pos1 = TRUE.
- ☐ #ZUST_Nr = 6 und #Pos0 = TRUE.

6.

```
"VERTEILEN_1_DB"(POS0:="B0_Pos",
                 usw.
                 ZUST_Nr:="ZustandsNr");
```

Ist die Variable #ZUST_Nr als InOut-Schnittstellentyp deklariert, so kann diese den Wert von «ZustandsNr»
- ☐ nur lesen.
- ☐ lesen und beschreiben.
- ☐ nur beschreiben.
- ☐ lesen und beschreiben, wenn die Variable im remanenten Speicher liegt.

7. Ist das Bausteinattribut "IEC-Prüfung" nicht aktiviert, so müssen Sie die Umwandlungsfunktionen nicht benutzen bei
   - ☐ REAL_TO_INT().
   - ☐ INT_TO_DINT().
   - ☐ SINT_TO_BOOL().
   - ☐ DINT_TO_TIME().

InfoClick WWW

Sie finden diesen Selbsttest auch auf der Webseite www.vogel-fachbuch.de unter **InfoClick**.

10 Rechnen, REAL, Visualisierung, DBs, ARRAY und Schleifen

Sie lernen den Datentyp REAL kennen, erstellen einen Global-Datenbaustein, benutzen Umwandlungsfunktionen, führen Berechnungen durch und erstellen eine einfache Visualisierung.

10.1 Datentyp REAL, LREAL

Für Rechenoperationen mit Gleitpunktzahlen wird der Datentyp REAL (rationale Zahlen) verwendet. Der Wert einer Variablen mit dem Datentyp REAL belegt 32 Bit im Speicher, ihr **Wertebereich** ist $\pm 1.18 * 10^{-38}$ bis $\pm 3.40 * 10^{38}$. Der Wert einer Variablen mit dem Datentyps LREAL belegt 64 Bit im Speicher, ihr Wertebereich ist $\pm 2.2... * 10^{-308}$ bis $1.79... * 10^{308}$.

Wenn Sie Werte vorgeben, so geben Sie kein Komma, sondern einen Punkt ein. Bei den CPUs 1200/1500 wird automatisch mit der größtmöglichen Genauigkeit gerechnet, d.h. in LREAL. Um den Datentyp einer Konstanten genau zu definieren, verwenden Sie die typisierte Schreibweise, wie z.B. das folgende Bild zeigt.

```
"TEST_DB".lrVar := LREAL#1.1234567890123456;
"TEST_DB".rVar := REAL#1.123456; //beachten Sie die Genauigkeit
```

Beispiel

0.2; 3.0 oder REAL#3; –314.06; 3.5e+10 (der Exponent muss ganzzahlig sein)

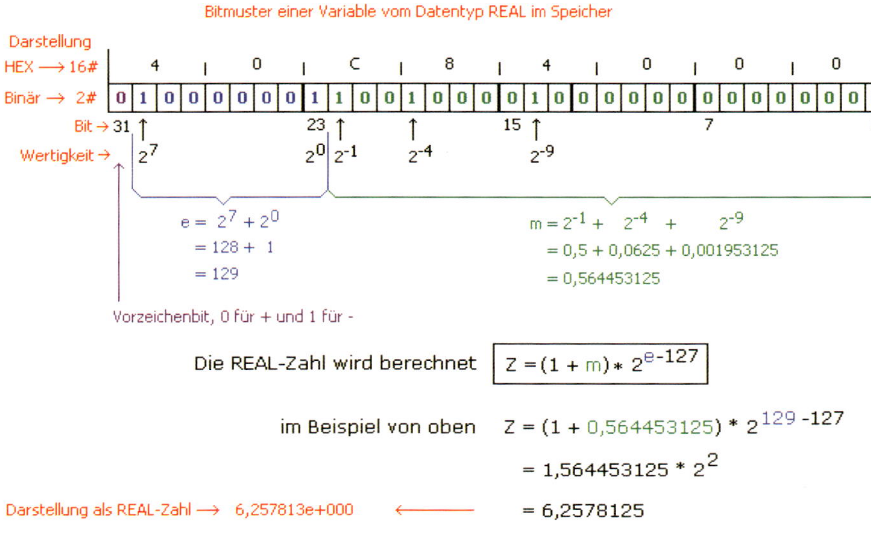

Für viele **mathematische Standardfunktionen** wie SQR für Quadrat, SQRT für Quadratwurzel, SIN für Sinuswert bilden, EXP für Exponentialwert bilden … müssen Sie den Datentyp REAL oder LREAL für die Variablen verwenden.

Beachten Sie: Die **CPU 3xx** kennt nicht den Datentyp LREAL.

10.2 Datentypenumwandlung

Mit Hilfe der Umwandlungsfunktionen `REAL_TO_DINT(x)` und `DINT_TO_TIME(x)` kann die Variable vom Datentyp REAL in TIME umgewandelt werden. Der Wert in der Variablen vom Typ DINT ist die Anzahl der Millisekunden. In den folgenden Aufgaben werden Sie die Umwandlungsfunktionen benutzen.

Mit der Anweisung `ROUND(x)` wird eine REAL-Variable gerundet und als Ganzzahl zurückgegeben. `CEIL(x)` erzeugt die nächsthöhere Ganzzahl. `FLOOR(x)` erzeugt die nächstniedrigere Ganzzahl. Die Anweisung `TRUNC(x)` gibt den ganzzahligen Anteil des Parameters zurück.

10.3 Global-Datenbaustein

In einen Datenbaustein (DB) werden Daten gespeichert. Sie enthalten im Gegensatz zu allen anderen Bausteinen keine Anweisungen. Die Datenstruktur eine Global-DBs legen Sie fest. Auf dessen Variablen können alle Bausteine zugreifen. Sie können mit mehreren DBs ihre Projektdaten strukturieren. Sie werden in der folgenden Aufgabe einen Global-DB verwenden.

Da Variable in Datenbausteinen vom System adressiert werden und der Zugriff auf deren Daten optimiert erfolgt, sollten Sie Variable nicht im Merkerspeicherbereich, sondern in Global-DBs ablegen. Adressierungsfehler in der PLC-Variablentabelle wie z.B. var1 -> %MD200 und var2 -> %M203.7 – wie auch das folgende Bild zeigt – sind ausgeschlossen.

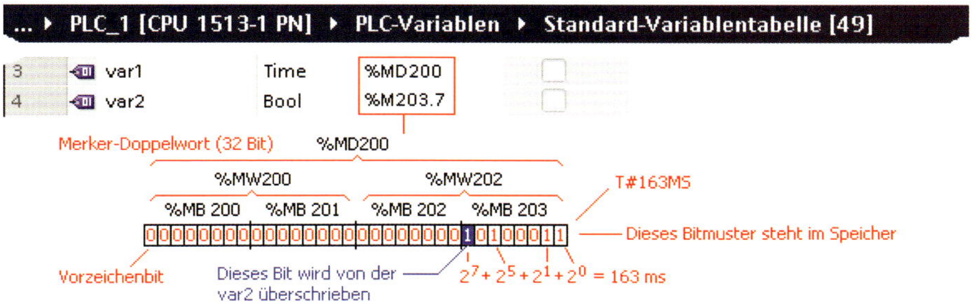

Merksatz

Verwenden Sie für Variable nicht den Merkerbereich als Speicher, sondern Datenbausteine.

Verwechseln Sie die Global-DBs nicht mit den Instanz-Datenbausteinen; diese werden für den Aufruf eines FBs benötigt. Beim Instanz-Datenbaustein entspricht die Datenstruktur der des dazugehörigen FBs, jedoch ohne temporäre Variable.

Aufgabe 10.1: Mischanlage, Lösungsvariante 1

Analysieren Sie das Programm und erstellen Sie eine kleine Visualisierung, über die Sie Werte eingeben und anzeigen lassen.

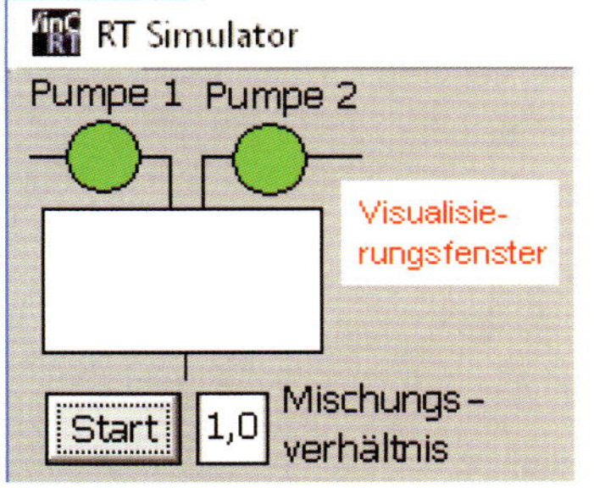

InfoClick

Sie können die Vorlage A10.1 oder A10.1-1200 «10_Tank.zap1x» für das TIA-Portal von der **InfoClick**-Webseite benutzen.

Beschreibung

Über das Mischungsverhältnis wird das zeitliche Ansteuern der Dosierpumpe 1 und 2 bestimmt. Der Füllvorgang beginnt, wenn die Schaltfläche Start in der Visualisierung betätigt wird und das Mischungsverhältnis rK eingestellt ist. Die Füllzeit beträgt 7,5 s, wenn beide Pumpen angesteuert sind.

Vorüberlegungen

$t_A + t_B = 15$ s; $t_A = (15\ \text{s}/(\text{rK}+1)) \cdot \text{rK}$

Um rechnen zu können, müssen die Zeitwerte vom Datentyp «REAL» sein. Der Eingangsparameter PT vom Timer muss vom Datentyp «TIME» sein.

Die Umwandlungsfunktionen `REAL_TO_DINT()` und `DINT_TO_TIME()` wandeln die Anzahl der **ms** in das TIME-Format um.

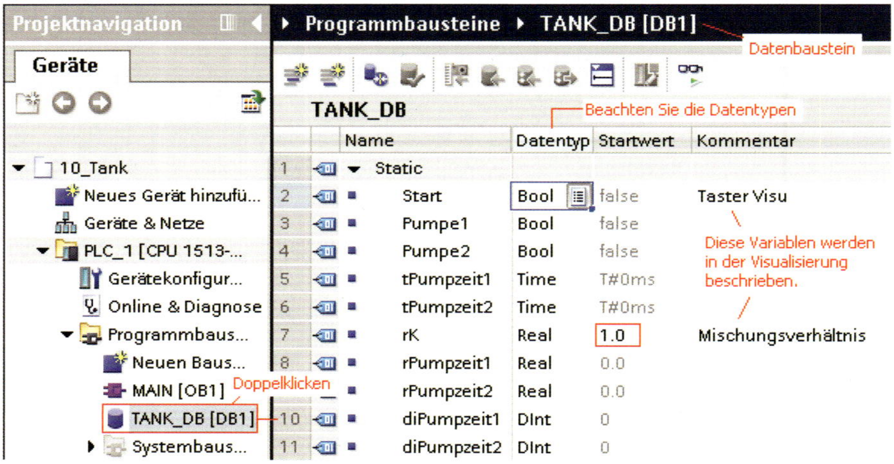

Doppelklicken Sie den **Datenbaustein** TANK_DB[DB1], um diesen zu öffnen. Im Datenbaustein sind alle Variablen der Funktionseinheit deklariert. Über diesen Baustein greift das Bedien- und Beobachtungsgerät, das HMI, auf die Prozessvariablen zu.

Das Programm greift auf die Variablen aus dem DB zu. Beachten Sie die Syntax; nach dem DB-Namen folgen ein Punkt und dann der Name der Variable, z.B. „TANK_DB".rPumpzeit1. Die Variablennamen wurden mit einem **Präfix** versehen, z.B. r für REAL di für Doppelinteger, t für TIME..., um aus dem Namen im Programm auf den Datentyp zu schließen.

Nur die Variablen für die Pumpenschütze sind in der PLC-Variablentabelle deklariert. Sie werden am Ende des Programms beschrieben. Es wurden keine Merkerspeicherbereiche benutzt.

PLC_1 [CPU 1513-1 PN] ▸ Programmbausteine ▸ MAIN [OB1]

```
//Öffnungszeit abhängig vom Mischungsverhältnis k berechnen
IF "TANK_DB".rK > 0.0 THEN
 "TANK_DB".rPumpzeit1:= (15000.0/("TANK_DB".rK + 1.0))* "TANK_DB".rK;
 "TANK_DB".rPumpzeit2:= 15000.0-"TANK_DB".rPumpzeit1;
 "TANK_DB".diPumpzeit1 :=REAL_TO_DINT("TANK_DB".rPumpzeit1);
 "TANK_DB".tPumpzeit1 :=DINT_TO_TIME("TANK_DB".diPumpzeit1);
 "TANK_DB".diPumpzeit2 :=REAL_TO_DINT("TANK_DB".rPumpzeit2);
 "TANK_DB".tPumpzeit2 :=DINT_TO_TIME("TANK_DB".diPumpzeit2);
//Aufruf der Instanzen von TP
 "TP1".TP(IN:="TANK_DB".Start,
          PT:="TANK_DB".tPumpzeit1,
          Q=>"TANK_DB".Pumpe1);
 "TP2".TP(IN:="TANK_DB".Start,
          PT:="TANK_DB".tPumpzeit2,
          Q=>"TANK_DB".Pumpe2);
 //DB-Variablen in die PLC-Variablen schreiben
 "Q1_Pumpe":="TANK_DB".Pumpe1;
 "Q2_Pumpe":="TANK_DB".Pumpe2;
END_IF;
```

DB-Name — Beachten Sie den Punkt

Lesender Zugriff aus die DB-Variable

Schreibender Zugriff auf die DB-Variable

10.4 Visualisierung

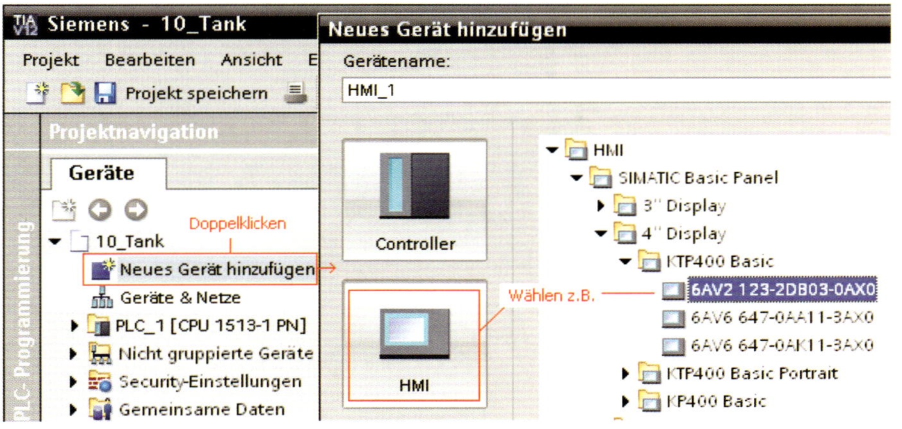

Erstellen Sie eine kleine Visualisierung. Das **Bedien- und Beobachtungsgerät**, das **HMI** (*Human Machine Interface* – Mensch-Maschinen-Schnittstelle) ist über das Netzwerk PROFINET (PN) mit der CPU verbunden. Der Datenaustausch erfolgt über den Global-DB TANK_DB[DB1]. Auch das HMI kann im TIA-Portal simuliert werden. Sie benötigen also kein reales HMI, um die Aufgabe zu lösen.

Klicken Sie auf *Neues Gerät hinzufügen HMI*. Wählen Sie im folgenden Dialogfeld «Bediengeräte-Assistent» die Verbindung zu PLC_1 aus. Deaktivieren Sie die Optionskästchen in den weiteren Dialogfenstern, um eine einfache Bedienoberfläche mit nur dem Grundbild zu erstellen. In Abschnitt 16.3 finden Sie eine solche Vernetzung und Verbindung beschrieben.

Bild gestalten

Schaltflächen: Benutzen Sie Schaltflächen, um Merker, Ausgänge oder Datenbausteinbits in der CPU zu setzen oder zurückzusetzen.

Wählen Sie im Werkzeugfenster die Schaltfläche, ziehen Sie den Schaltflächenrahmen mit gedrückter linker Maus-Taste im Arbeitsfenster auf. Geben Sie im Eigenschaftsfenster unter Allgemein den Text ein, z.B. Start.

Im Register *Ereignisse Drücken* können Sie die Funktion «Bits bearbeiten Bit setzen» einer Variablen zuordnen; wählen Sie die Variablen aus dem TANK_DB aus, z.B. Start, und beim *Ereignis Loslassen* können Sie die Funktion «Bits bearbeiten Bit zurücksetzen» der Variablen Start zuordnen. Daraufhin wirkt die Schaltfläche wie ein Taster.

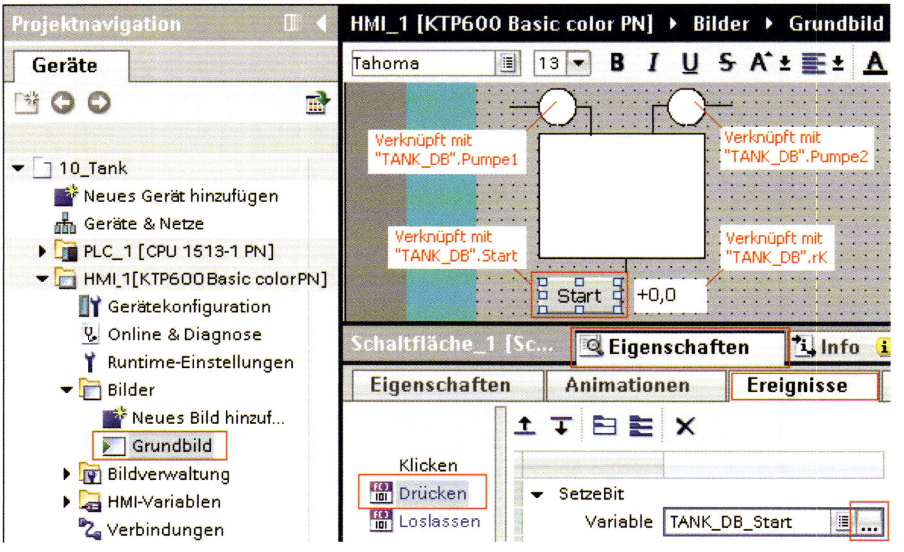

Ein-/Ausgabefelder
Benutzen Sie ein Ein-/Ausgabefeld, um Zahlenwerte einzugeben und anzuzeigen. Ziehen Sie das Objekt *E/A-Feld* aus dem Werkzeugfenster in den Arbeitsbereich. Im Eigenschaftsfenster unter *Allgemein* können Sie die Prozessvariable, z.B. TANK_DB_rK, und die Anzeige, z.B. dezimal, sowie s9,9 zuordnen. Der Wert der Variablen wird mit einer Nachkommastelle angezeigt.

Kreise, Rechtecke, Linien
Benutzen Sie die Objekte Kreise, Rechtecke, Linien ... als Zustandsanzeige für Aus-, Eingänge, Merker oder Datenbausteinbits durch Farbänderung.

Das Objekt, z.B. ein Kreis, können Sie aus dem Werkzeugfenster in den Arbeitsbereich ziehen.

Im Eigenschaftsfenster unter *Animationen* fügen Sie eine neue Animation - Gestaltung hinzu, ordnen Sie dem Objekt eine Variable zu, z.B. TANK_DB_Pumpe1, und wählen Sie abhängig vom Wert der Variablen eine Farbe aus. Im Beispiel wird der Kreis grün, wenn die Variable TRUE ist, und weiß, wenn die Variable FALSE ist.

Übersetzen Sie die Visualisierung, markieren Sie dazu im Projektnavigationsfenster den Ordner HMI und betätigen Sie die Tasten [Strg] + [B] oder wählen Sie im Menü *Bearbeiten* Übersetzen.

Testen Sie das Programm und Ihre Visualisierung.

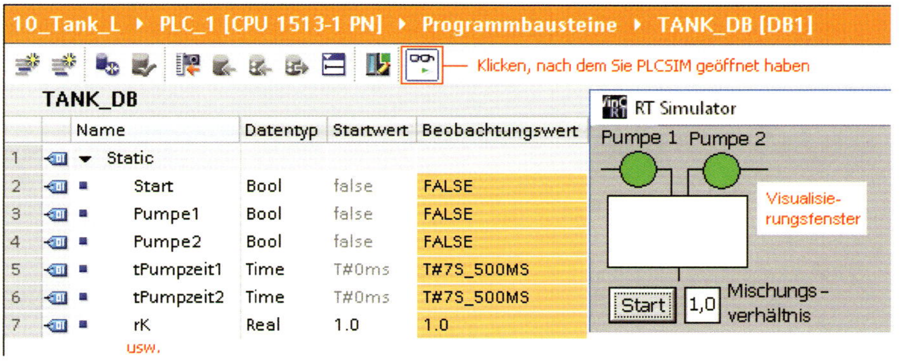

1. Starten Sie die Simulation und laden Sie die Bausteine in PLCSIM.
2. Öffnen Sie das Visualisierungsfenster – Sie benötigen kein reales HMI –, markieren Sie dazu im TIA-Portal im Projektnavigationsfenster den Ordner HMI und betätigen Sie die Tasten [Strg] + [Shift] + [X] oder wählen Sie im Menü *Online Simulation Starten*.
3. Klicken Sie im geöffneten Fenster -RT Simulator- die Schaltfläche *Start*, ändern Sie das Mischungsverhältnis und beobachten Sie den Prozess. Sie können im TIA-Portal den DB öffnen und die Variablenwerte beobachten, wie das vorhergehende Bild zeigt.

Aufgabe 10.2: Mischanlage, Lösungsvariante 2

Da jeder weiterer Programmbaustein auf die Daten des Global-DBs zugreifen und deren Werte ändern könnte, sollten Sie Variable möglichst lokal deklarieren. Lokal deklarierte Variable können nur von dem Baustein beschrieben und gelesen werden, in dem diese deklariert sind.

Variable, die nicht auf den Wert aus dem vorhergehenden Programmzyklus zugreifen müssen, können Sie lokal als **temporäre Variable** deklarieren. Achten Sie darauf, dass diese Variablen erst beschrieben werden, bevor Sie diese im Programm lesen.

Ändern Sie das Programm aus Aufgabe 10.1. Deklarieren Sie möglichst viele Variablen lokal. Verkleinern Sie den TANK_DB, achten Sie aber darauf, dass das HMI auf die Daten des DBs zugreift.

Übersetzen und testen Sie das Programm.

Merksatz

Deklarieren Sie Variable global so viel wie nötig, lokal so viel wie möglich.

10.5 Bedingter Programmaufruf

Programme können auch abhängig von Bedingungen aufgerufen werden.

Wenn Sie das Programm aus Aufgabe 10.1 bzw. 10.2 analysieren, so stellen Sie fest, dass die Pumpzeiten in jedem Programmzyklus neu berechnet werden. Dies ist aber nur notwendig, wenn Sie den Faktor für das Mischungsverhältnis in der Visualisierung geändert haben.

Aufgabe 10.3: Mischanlage, bedingter Programmaufruf, Lösungsvariante 3

Trennen Sie das Programm auf in zwei **Unterprogramme** – eins für die Berechnung der Pumpzeiten, das bedingt im **Hauptprogramm** aufgerufen wird, und ein Unterprogramm für das Ansteuern der Dosierpumpen. Um die Bedingung zu überprüfen, können Sie einen **Vergleichsoperator** verwenden, z.B. Vergleich auf ungleich <>.

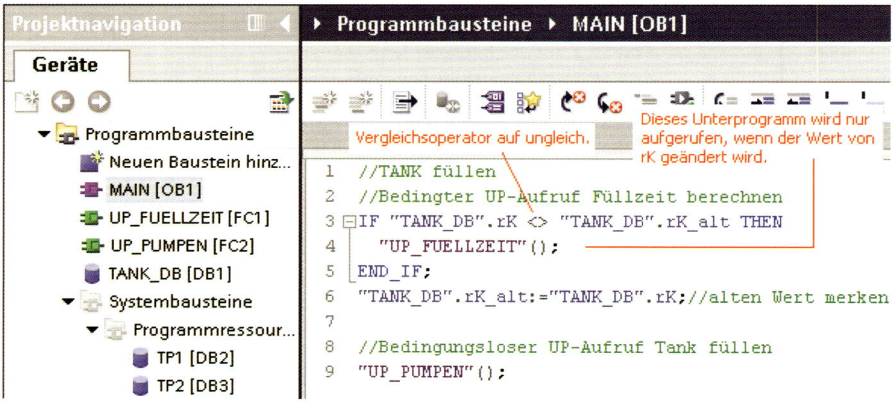

Vorgehensweise

Fügen Sie zwei Bausteine *Funktion* als Container für die Unterprogramme ein. Sie können die Programmanweisungen im alten Main[OB1] ausschneiden und in den FCs einfügen. Passen Sie die Variablendeklaration an.

Beachten Sie: Da die Werte der Variablen `tPumpzeit1` und `tPumpzeit2` in dem Baustein UP_FUELLZEIT beschrieben und im anderen Baustein UP_PUMPEN gelesen werden, so müssen deren Variablen im Global-DB deklariert sein.

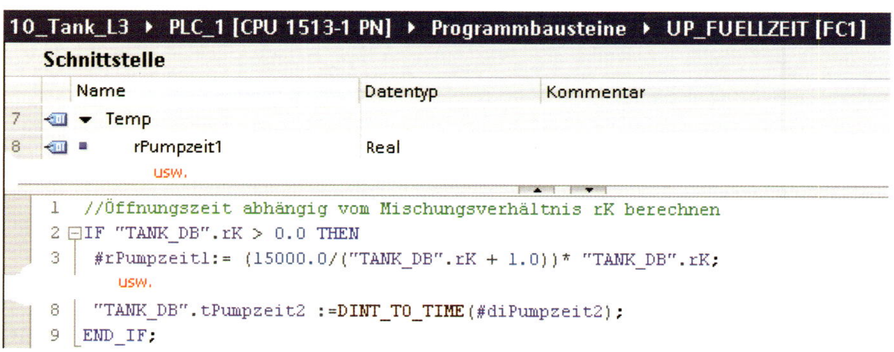

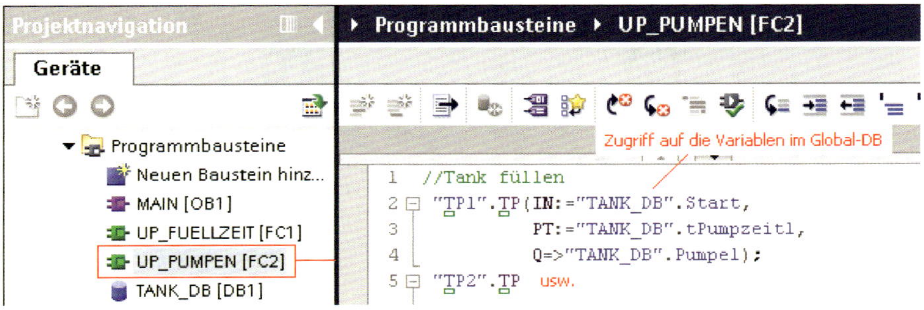

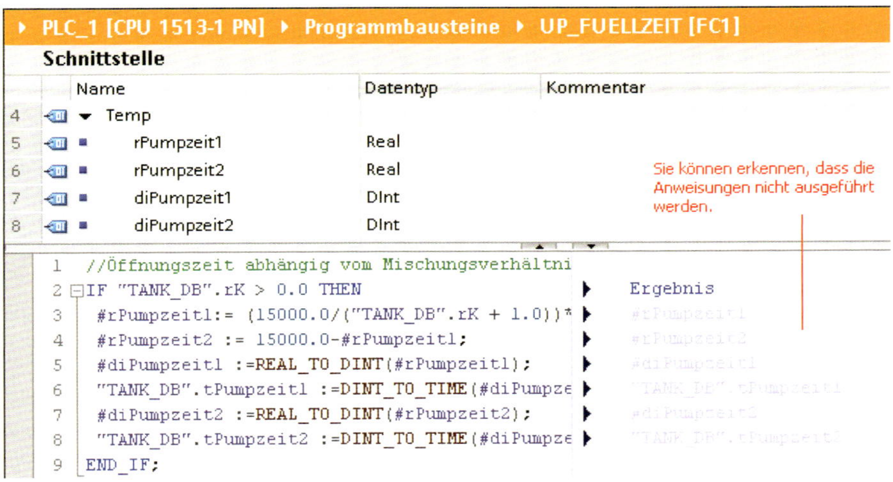

Beim Testen des Programms können Sie feststellen, dass das Unterprogramm UP_FUELLZEIT nur bearbeitet wird, wenn Sie den Wert des Mischungsverhältnisses in der Visualisierung verändern.

Anmerkungen: Sie können natürlich Anweisungen im gleichen Programmbaustein mit Hilfe der IF-Anweisung abhängig von einer Bedingung ausführen lassen. Diese Aufgabe sollte nur eine der Möglichkeiten aufzeigen, Programme zu strukturieren und Bausteine bedingt aufzurufen.

Übung 10.1: Mischanlage mit FB

Schreiben Sie einen parametrisierbaren Baustein, der die Funktionsweise der vorhergehenden Aufgabe hat, und testen Sie diesen. Benutzen Sie weiterhin den Global-DB als Schnittstelle zur Visualisierung, da nur über den FB auf den Instanz-DB zugegriffen werden soll (Kapselung). Sie können die Werte im Instanz-DB Ihres Bausteins beobachten.

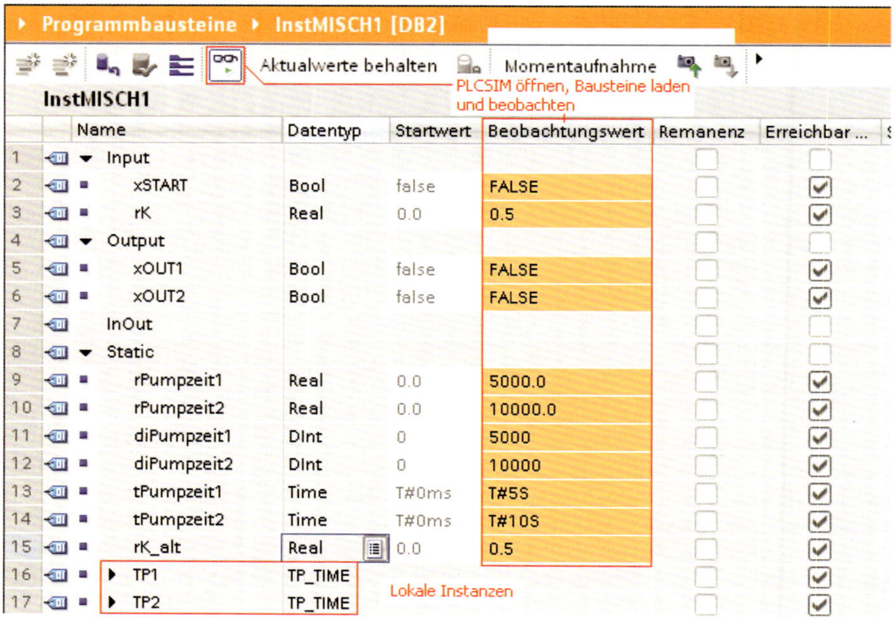

Aufgabe 10.4: Tankanlage, Umrechnungen von °C nach °F

Die Temperaturwerte in mehreren Tanks sollen von °C in °F (Fahrenheit) umgerechnet werden. Die Werte sind in einem Global-Datenbaustein abgelegt. Wie Sie die Temperaturwerte in der Anlage erfassen können, lernen Sie in Kapitel 12 kennen.

Lösungsvariante 1

Vorgehensweise:

1. Schreiben Sie ein Unterprogramm für die Umrechnung und rufen Sie dieses im Hauptprogramm Main[OB1] auf.
2. Deklarieren Sie die Variablen in einem Global-DB, das Unterprogramm greift auf diese Daten zu.
3. Geben Sie die °C-Werte als Startwerte vor, um die Umrechnung testen zu können. Achten Sie auf die Datentypen, schreiben Sie für Konstante beim Datentyp REAL nicht 32, sondern 32.0.

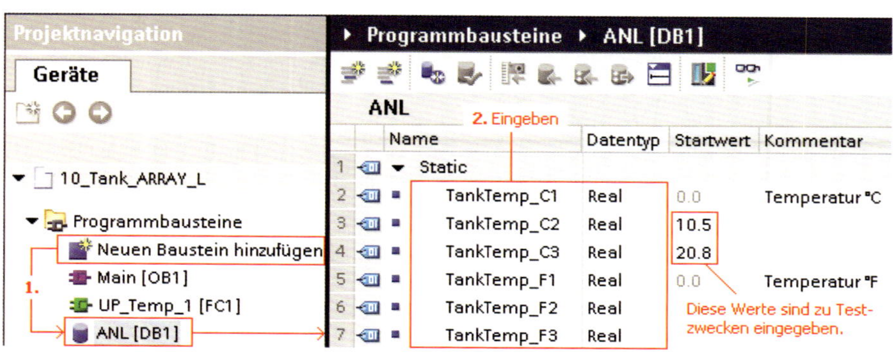

▸ Programmbausteine ▸ UP_Temp_1 [FC1]

```
//Tankanlage
//Temperaturen umrechnen von °C->°F (Fahrenheit)
"ANL".TankTemp_F1:="ANL".TankTemp_C1 * 1.8 + 32.0;
"ANL".TankTemp_F2:="ANL".TankTemp_C2 * 1.8 + 32.0;
"ANL".TankTemp_F3:="ANL".TankTemp_C3 * 1.8 + 32.0;
```

Merksatz

Auf beiden Seiten der Zuweisung muss nach IEC der gleiche Datentyp für die Variablen und Konstanten verwendet werden.

10.6 ARRAY, ein zusammengesetzter Datentyp

Mit Feldvariablen, also Variablen mit dem **Datentyp ARRAY**, können Sie mehrere Variablen vom gleichen Datentyp und Namen über einen Index unterscheiden und auch ansprechen.

Lösungsvariante 2 der Aufgabe 10.4: *Mit Feldvariablen und einer Programmschleife*
Da die Variablen den gleichen Namen und den gleichen Datentyp haben, sich nur durch eine Nummer unterscheiden, so können Sie sich Schreibarbeit sparen, wenn Sie diese als Feldvariablen deklarieren (Feld - *array*). Benutzen Sie den zusammengesetzten Datentyp ARRAY.

▸ Programmbausteine ▸ ANL [DB1]

Nur die beiden Feldvariablen müssen deklariert werden.

ANL

	Name	Datentyp	Startwert	Kommentar
1	Static			
2	TankTemp_C	Array [1 .. 3] of Real		Temperatur °C
3	TankTemp_C[1]	Real	0.0	
4	TankTemp_C[2]	Real	10.5	
5	TankTemp_C[3]	Real	20.8	
6	TankTemp_F	Array [1 .. 3] of Real		Temperatur °F
7	TankTemp_F[1]	Real	0.0	
8	TankTemp_F[2]	Real	0.0	
9	TankTemp_F[3]	Real	0.0	

Merksatz

Verwenden Sie die Feldvariable, wenn sich der Variablenname nur durch den Index unterscheidet und die Komponenten vom gleichen Datentyp sind.

10.7 Programmschleifen

Mit einer Programmschleife können Sie auf Feldvariable über den Index der Variablen zugreifen.

In SCL stehen Ihnen die FOR-, die WHILE- und die REPEAT-Schleife zur Verfügung. Sie können die FOR-, WHILE- oder REPEAT-Anweisungen im Bausteineditor aus den «Anweisungen- Einfache Anweisungen- Programmsteuerung» in den Editor ziehen.

FOR-Schleife

Eine **FOR-Schleife** führt eine Anweisungsfolge in einer Schleife so lange aus, bis die Laufvariable ihren Endwert überschreitet. Die Laufvariable wird vom System nach jedem Schleifendurchlauf um 1 erhöht. Die Schrittweite kann jedoch auch mit dem Schlüsselwort **BY** festgelegt werden.

Beispiel

```
FOR i:= 0 TO 100 BY 2 DO ...END_FOR;
```

Im Beispiel hat die Laufvariable , hier `i`, den Anfangswert 0, eine Schrittweite von 2 und den Endwert 100.

Das folgende Bild zeigt die Lösung der Umrechnungsaufgabe von °C nach °F mit der FOR-Schleife. Die Laufvariable `i` stellt auch den Wert des Index der Feldvariablen dar. Beim ersten Durchlauf der Schleife wird für `i` der Wert 1 eingesetzt, beim zweiten Schleifendurchlauf 2 und beim dritten 3. Bei `i` = 4 wird die FOR-Schleife verlassen, und da keine weiteren Anweisungen im Programm folgen, wird das Unterprogramm verlassen und im Hauptprogramm die nächste Anweisung ausgeführt.

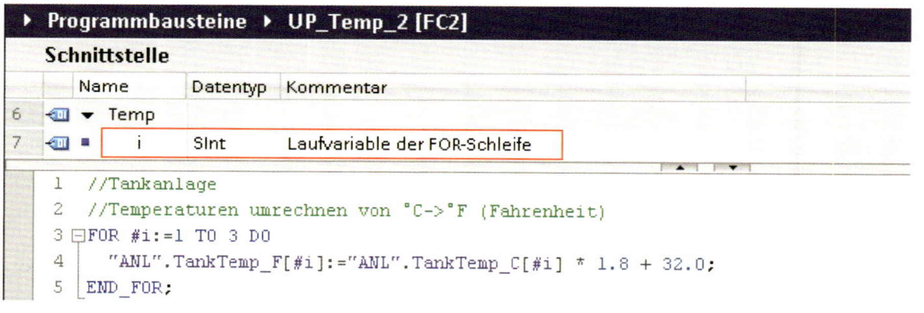

Laden Sie Ihr Projekt in PLCSIM und **testen Sie** dieses.

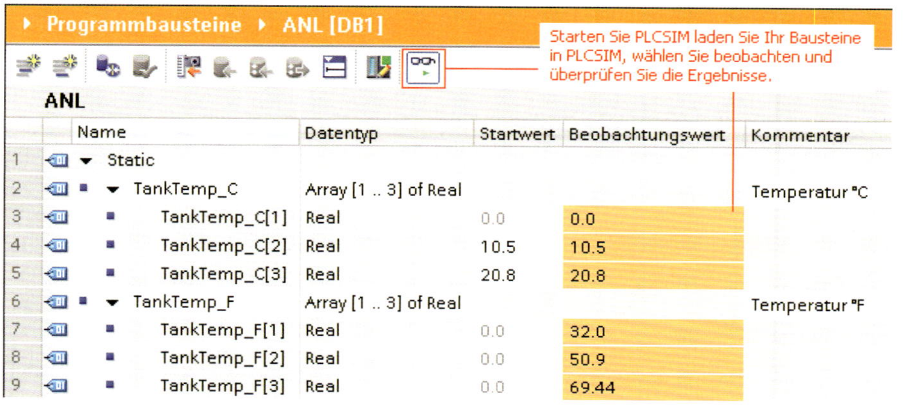

Sie können die Aufgabe auch mit einer WHILE- oder REPEAT-Schleife lösen.

WHILE-Schleife
Die WHILE-Schleife erlaubt die wiederholte Ausführung einer Anweisungsfolge unter Kontrolle einer Durchführungsbedingung am Anfang der Schleife.

```
//Temperaturen umrechnen von °C->°F (Fahrenheit)
#i:=1;
WHILE #i<4 DO
  "ANL".TankTemp_F[#i]:="ANL".TankTemp_C[#i] * 1.8 + 32.0;
  #i:=#i+1;
END_WHILE;
```

Sie müssen aber selbst dafür sorgen, dass die Durchführungsbedingung nicht mehr erfüllt wird.

REPEAT-Schleife
Die REPEAT-Schleife bewirkt eine wiederholte Ausführung einer zwischen REPEAT und UNTIL stehenden Anweisungsfolge bis zum Eintreten einer Abbruchbedingung.

```
#i:=1;
REPEAT
  "ANL".TankTemp_F[#i]:="ANL".TankTemp_C[#i] * 1.8 + 32.0;
  #i:=#i+1;
  UNTIL #i >3
END_REPEAT;
```

Sie müssen aber selbst dafür sorgen, dass die Abbruchbedingung erfüllt wird.

Merksatz

Verwenden Sie für Variable den zusammengesetzten Datentyp ARRAY, wenn Sie diese in Programmschleifen verarbeiten wollen.

10.8 PLC-Datentyp – ein anwenderdefinierter Datentyp

Sind in einem Projekt mehrere gleichartige Objekte vorhanden, z.B. kugelförmige Tanks, so ist es sinnvoll, einen neuen Datentyp, ein PLC-Datentyp, für ein Objekt, z.B. ein Tank, zu erstellen. PLC-Datentypen sind von Ihnen definierte Datenstrukturen, die sich aus Komponenten unterschiedlicher Datentypen zusammensetzen können. Dieser neu erstellte Datentyp kann dann im Projekt verwendet werden. Er erspart so das Deklarieren vieler Variablen. Sie können diesen Datentyp in Datenbausteinen oder als Parameter von Funktionen und Funktionsbausteinen benutzen. PLC-Datentypen können Sie im gesamten Projekt benutzen und zentral ändern. Alle verwendeten Schnittstellen werden automatisch aktualisiert.

Eine weitere Aufgabe dazu finden Sie in Kapitel 13, Aufgabe 13.4.

Aufgabe 10.5: Tankanlage, Füllvolumen

Erweitern Sie die vorhergehende Aufgabe. Es soll zusätzlich das Füllvolumen des kugelförmigen Tanks berechnet werden. Die Füllhöhenwerte sowie die Durchmesser liegen, wie auch die Temperaturwerte der drei Tanks, im DB. Wie Sie die Temperaturwerte und die Füllhöhen in der Anlage erfassen können, lernen Sie in Kapitel 12 kennen.

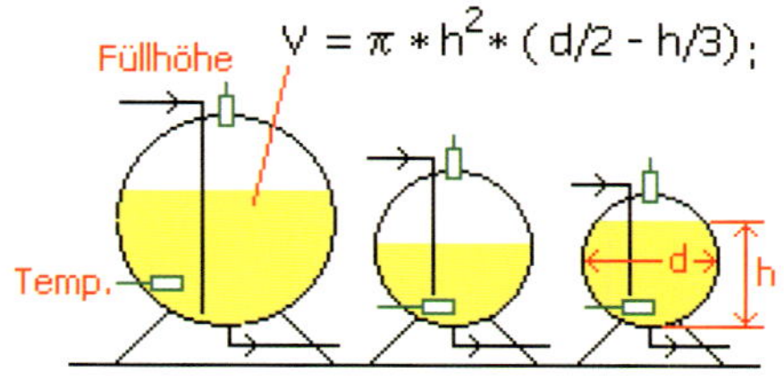

Vorüberlegungen

Wie kann das Füllvolumen eines kugelförmigen Tanks berechnet werden?

Die Berechnungsformel können Sie dem obigen Bild entnehmen.

Sie könnten die neuen Variablen ebenfalls als Feldvariable im ANL[DB1] deklarieren.

10_Tank_UDT_L ▸ PLC_1 [CPU 1513-1 PN] ▸ Programmbausteine ▸ ANL [DB1]

ANL

	Name	Datentyp	Startwert	Remanenz	Kommentar
1	▾ Static			☐	
2	▸ TankTemp_C	Array [1 .. 3] of Real		☐	Temperatur °C
3	▸ TankTemp_F	Array [1 .. 3] of Real		☐	Temperatur °F
4	▸ TankFuellhoehe	Array [1 .. 3] of Real		☐	
5	▾ TankDurchmesser	Array [1..3] of Int		☑	in m
6	usw. TankDurchmesser[1]	Int	3	☑	

Einfacher und übersichtlicher ist es jedoch, einen neuen Datentyp, z.B. TANK, zu erstellen. Dieser enthält alle Variablen eines Tanks. Diesen Datentyp können Sie dann für alle Tanks benutzen.

Vorgehensweise

1. Fügen Sie in der Projektnavigation unter *PLC-Datentyp* einen neuen Datentyp hinzu. Geben Sie dem Datentyp den Namen TANK.

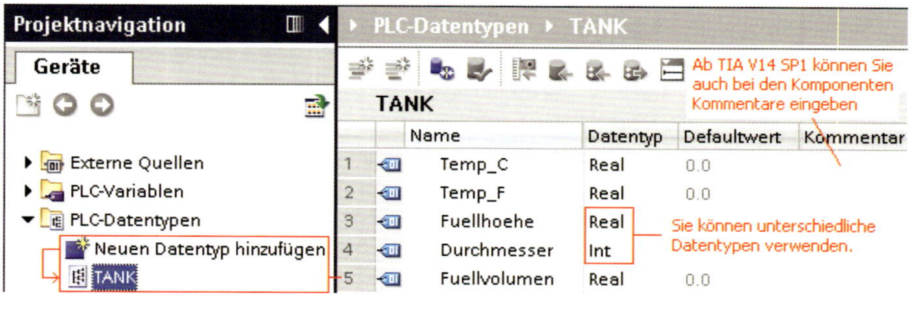

TANK

	Name	Datentyp	Defaultwert	Kommentar
1	Temp_C	Real	0.0	
2	Temp_F	Real	0.0	
3	Fuellhoehe	Real		
4	Durchmesser	Int		
5	Fuellvolumen	Real	0.0	

2. Benutzen Sie die definierte Variablenstruktur TANK nun im Datenbaustein ANL[DB1]. Sie müssen jetzt nur einen Variablennamen eingeben und haben damit alle Komponenten von allen Tanks deklariert.

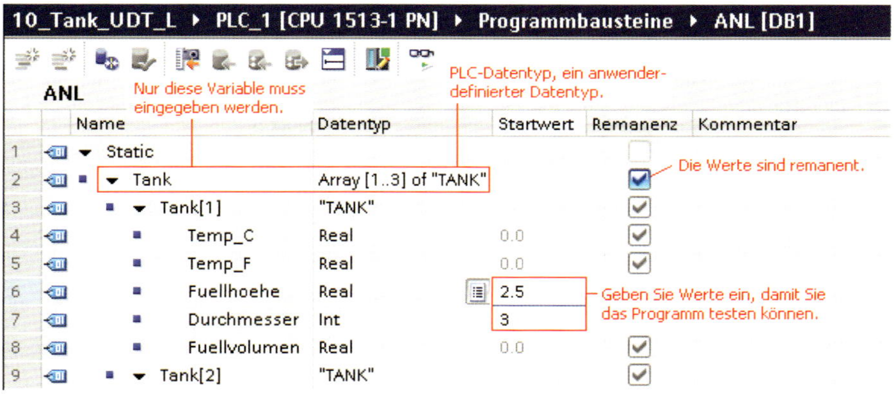

3. Programmieren Sie mit der strukturierten Variablen. Ändern Sie das vorhandene Unterprogramm oder fügen Sie einen neuen Baustein hinzu.

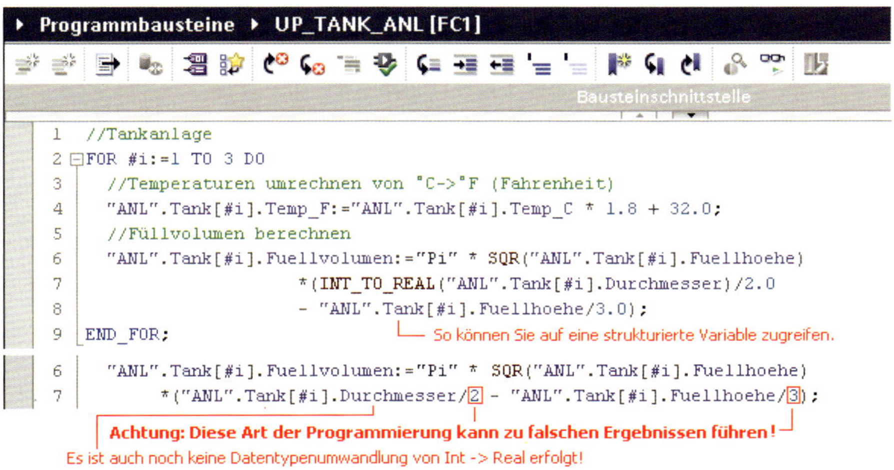

Sie können erkennen, dass die Komponenten der strukturierten Variable im Namen durch Punkte getrennt sind. Achten Sie darauf, im Ausdruck den Datentyp zu verwenden, der links vom Zuweisungszeichen verwendet wurde. Dies gilt auch für konstante Werte, z.B. 3.0 oder REAL#3 und nicht 3. Beachten Sie auch das Beispiel unter 10.1.

Den konstanten Zahlenwert für die Kreiszahl können Sie auch in der PLC-Variablentabelle im Register **Anwenderkonstanten** deklarieren und in Ihrem Programm darauf zugreifen. Den Wert dieser Konstanten können Sie in allen Bausteinen Ihres Programms lesen.

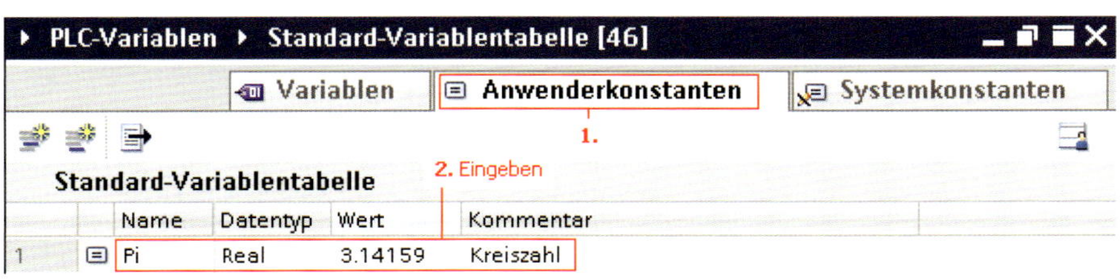

4. **Testen Sie** Ihr Projekt mit PLCSIM. Beobachten Sie die Ergebnisse im ANL[DB1]. Wenn Sie die Startwerte ändern, so müssen Sie den DB übersetzen, neu laden und die CPU neu starten.

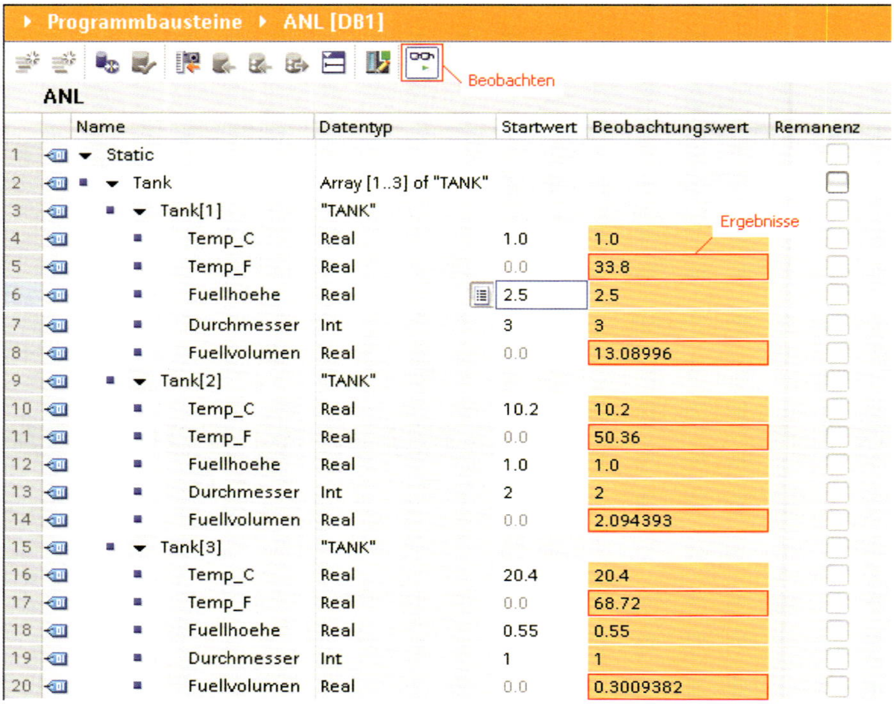

	Name	Datentyp	Startwert	Beobachtungswert	Remanenz
1	▾ Static				☐
2	▾ Tank	Array [1..3] of "TANK"			☐
3	▾ Tank[1]	"TANK"			☐
4	Temp_C	Real	1.0	1.0	☐
5	Temp_F	Real	0.0	33.8	☐
6	Fuellhoehe	Real	2.5	2.5	☐
7	Durchmesser	Int	3	3	☐
8	Fuellvolumen	Real	0.0	13.08996	☐
9	▾ Tank[2]	"TANK"			☐
10	Temp_C	Real	10.2	10.2	☐
11	Temp_F	Real	0.0	50.36	☐
12	Fuellhoehe	Real	1.0	1.0	☐
13	Durchmesser	Int	2	2	☐
14	Fuellvolumen	Real	0.0	2.094393	☐
15	▾ Tank[3]	"TANK"			☐
16	Temp_C	Real	20.4	20.4	☐
17	Temp_F	Real	0.0	68.72	☐
18	Fuellhoehe	Real	0.55	0.55	☐
19	Durchmesser	Int	1	1	☐
20	Fuellvolumen	Real	0.0	0.3009382	☐

Merksatz

Verwenden Sie einen PLC-Datentyp, wenn Sie im Projekt mehrere gleiche Objekte verwenden.

10.9 Datentyp STRUCT

Der Datentyp STRUCT setzt sich aus Komponenten mit unterschiedlichen Datentypen zusammen. Dieser neu erstellte Datentyp ist kein Global-Datentyp, er kann deshalb nicht im gesamten Projekt verwendet werden, im Gegensatz zum PLC-Datentyp. Die Deklaration einer Strukturvariablen erfolgt im jeweiligen Baustein.

Aufgabe 10.6: Tankanlage, Füllvolumen mit FC

Vollziehen Sie das Beispiel nach.

Der PLC-Datentyp TANK aus der vorhergehenden Aufgabe wird nicht mehr benötigt, da die strukturierte Variable in der FC und im DB mit dem Datentyp STRUCT deklariert wird.

Verwenden Sie die Variable TANK als **InOut-Parameter**. InOut-Parameterwerte können vom Baustein gelesen und beschrieben werden. Außerdem wird beim Aufruf des Bausteins beim InOut-Schnittstellentyp auf die Adresse des Aktualparameters referenziert (Call-by-reference). Es wird also kein zusätzlicher Speicher benötigt. Bei einem In-Schnittstellentyp wird der Wert des Aktualparameters auf den Input-Parameter des Bausteins kopiert (Call-by-value). Hierfür wird zusätzlicher Speicher benötigt. Über die Variable TANK sollen alle Werte eines Tanks gelesen und beschrieben werden können. Verwenden Sie daher für den InOut-Parameter den Datentyp STRUCT. Deklarieren Sie diese lokale Variablenstruktur.

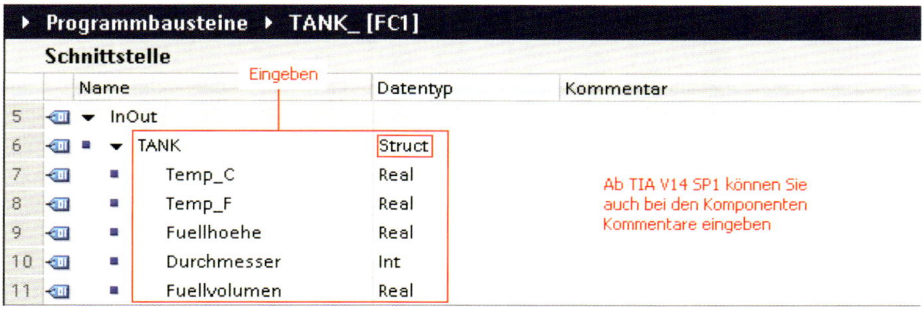

Auf die Komponenten der Variablen vom Datentyp STRUCT kann im Programm über den Variablennamen, gefolgt von einem Punkt, und den Namen der Komponente zugegriffen werden. Das folgende Bild zeigt dies.

```
//Tank
 //Temperaturen umrechnen von °C->°F (Fahrenheit)
  #TANK.Temp_F:=#TANK.Temp_C * 1.8 + 32.0;
 //Füllvolumen berechnen
 #TANK.Fuellvolumen:=3.14159*SQR(#TANK.Fuellhoehe)*
          (INT_TO_REAL(#TANK.Durchmesser)/2.0-#TANK.Fuellhoehe/3.0);
```

Zugriff auf eine Komponente einer Variablen vom Datentyp STRUCT.

Rufen Sie die Funktion TANK_[FC1] für Tank 1 … 3 über eine FOR-Schleife dreimal auf.

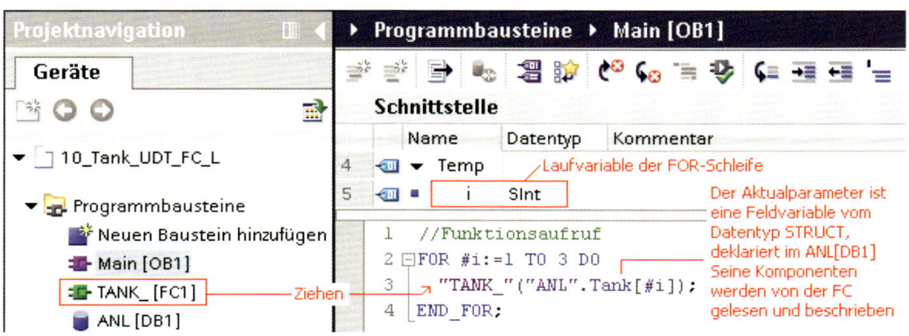

Der Aktualparameter „ANL“.Tank[…] beim FC-Aufruf ist eine Feldvariable vom Datentyp STRUCT. Einige Komponenten dieser Variablen werden von der TANK_[FC1] gelesen und andere werden beschrieben. Wenn Sie mit Variablen vom Datentyp STRUCT arbeiten, so führt das zu kompakten Programmen.

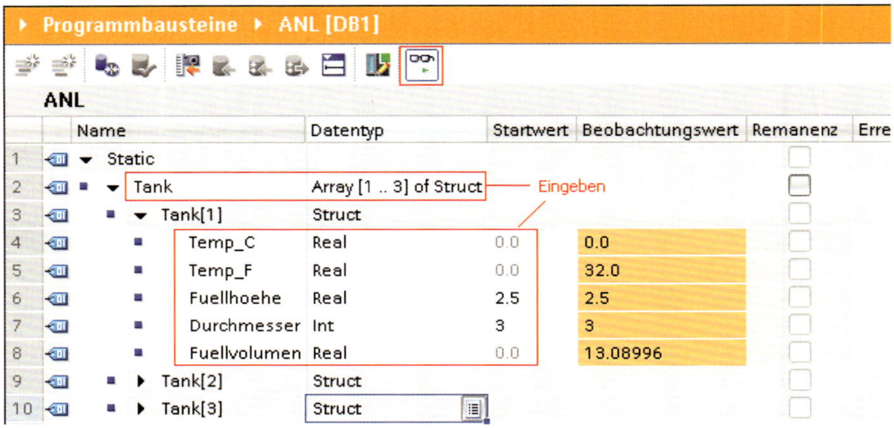

Sie könnten auch den PLC-Datentyp «TANK» aus der vorhergehenden Aufgabe für den InOut-Parameter der Funktion und im ANL-DB anstelle des Datentyps Struct benutzen. Dies hat den Vorteil, dass die Datenstruktur identisch ist.

Übung 10.2: FC 2 aus 3 mit Erweiterung

Soll eine Funktion mehrere Werte zurückgeben, so können Sie in STEP 7 mehrere Ausgangsparameter deklarieren. Sie haben diese Möglichkeit in der Übung 4.1 kennen gelernt.

Sie können aber auch einen PLC-Datentyp deklarieren und ihn als Datentyp für den Rückgabewert verwenden.

WWW

InfoClick

Als Vorlage können Sie die Lösung von Übung 4.1 verwenden.

Die folgende Bilder zeigen die Vorgehensweise.

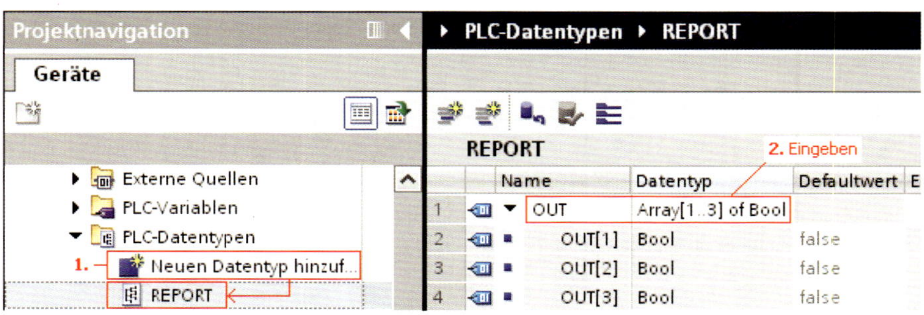

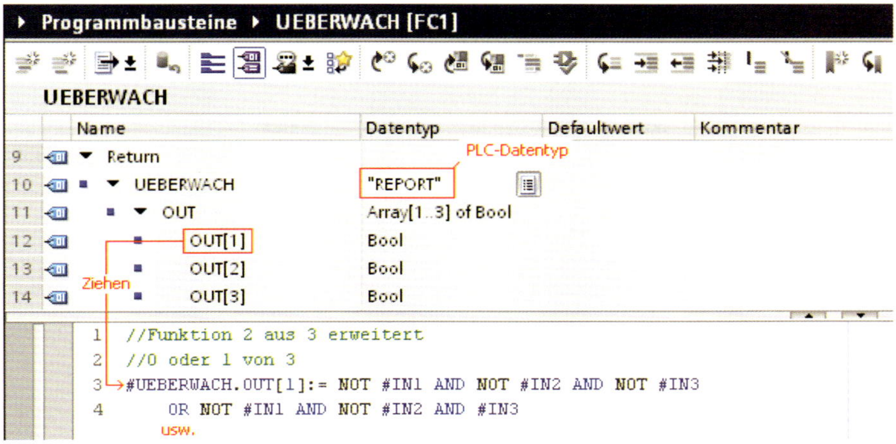

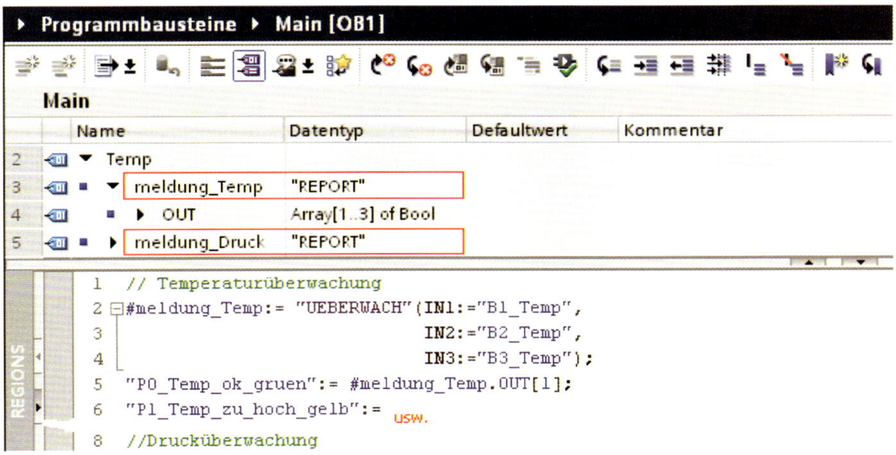

Testen Sie das Programm.

Wenn Sie in der Gerätekonfiguration das automatische Prozessabbild der DIs abschalten, so können Sie im Baustein die markierte PLC-Variable über das Kontextmenü steuern und das Ergebnis beobachten.

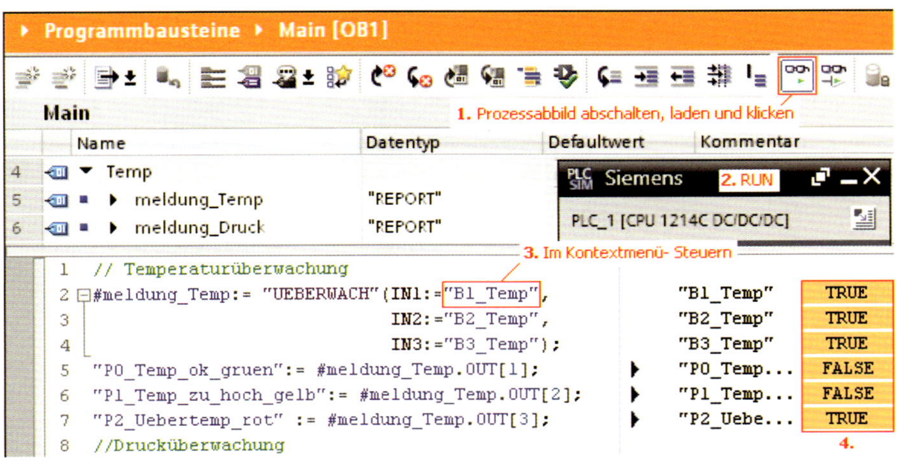

10.10 Datentyp DTL (Datum und Uhrzeit Date_AND_LTIME)

Diesen Datentyp verwenden Sie für Variable, deren Wert ein **Zeitpunkt** sein soll, z.B. den Start- und den Endzeitpunkt für eine Arbeit. Dieser Datentyp ist ein strukturierter Datentyp. Diesen Datentyp können Sie nicht bei der CPU 300 verwenden.

Mit der Systemfunktion «RD_LOC_T» können Sie die aktuelle **Lokalzeit** aus der **CPU-Uhr** auslesen. Zur Ausgabe der Lokalzeit werden die Angaben zur Zeitzone sowie zum Beginn der Sommer- und Winterzeit verwendet, die Sie bei der Konfiguration der CPU-Uhr eingestellt haben. Stellen Sie in der CPU Ihre **Zeitzone** ein, z.B. auf Berlin!

Aufgabe 10.7: Arbeitszeiterfassung

Der Schichtbeginn und das Schichtende sowie die Anzahl der gefertigten Werkstücke sollen erfasst werden. Die Arbeitszeit wird berechnet.

Vollziehen Sie das Beispiel nach.

Erstellen Sie ein Unterprogramm UP_ZEIT[FC1] und rufen Sie dieses im Main[OB1] auf. Fügen Sie einen Global-DB für die Daten hinzu. Achten Sie auf die Datentypen.

Sie finden die RD_LOC_T- und T_DIFF-Funktionen im Fenster *Anweisungen* unter *Erweiterte Anweisungen Datum und Uhrzeit*.

Beachten Sie: Diese Funktion hat einen OUT-Parameter und einen Rückgabewert, siehe dazu Kapitel 4.

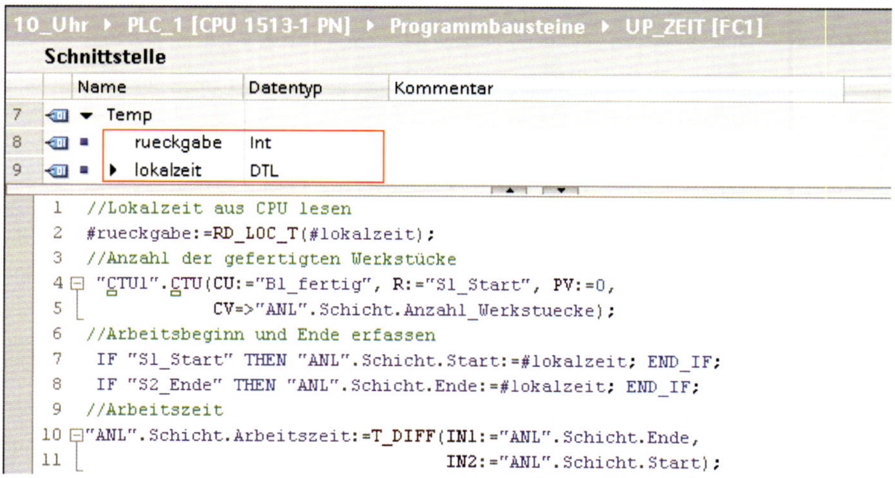


```
//Lokalzeit aus CPU lesen
#rueckgabe:=RD_LOC_T(#lokalzeit);
//Anzahl der gefertigten Werkstücke
"CTU1".CTU(CU:="B1_fertig", R:="S1_Start", PV:=0,
           CV=>"ANL".Schicht.Anzahl_Werkstuecke);
//Arbeitsbeginn und Ende erfassen
 IF "S1_Start" THEN "ANL".Schicht.Start:=#lokalzeit; END_IF;
 IF "S2_Ende" THEN "ANL".Schicht.Ende:=#lokalzeit; END_IF;
//Arbeitszeit
"ANL".Schicht.Arbeitszeit:=T_DIFF(IN1:="ANL".Schicht.Ende,
                                  IN2:="ANL".Schicht.Start);
```

Testen Sie das Programm in PLCSIM, steuern Sie dazu S1_Start, um den Startzeitpunkt zu erfassen, B1_fertig, um die Anzahl der Werkstücke zu erhöhen, und S2_Ende, um das Arbeitsende zu erfassen. Sie können die Variablen in einer hinzugefügten Beobachtungstabelle oder im UP_ZEIT oder in einer PLCSIM-Sim-Tabelle steuern.

Das Ergebnis können Sie im DB beobachten.

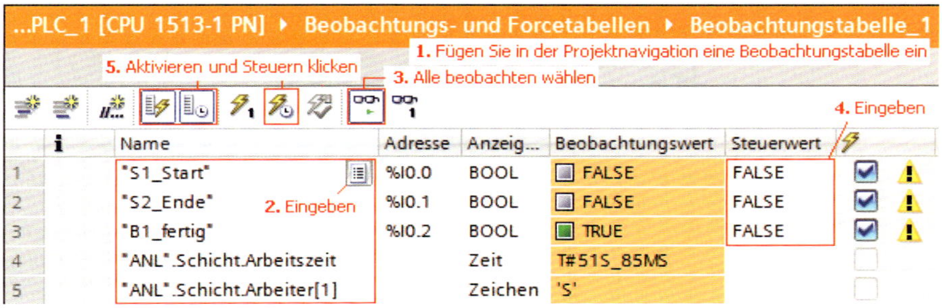

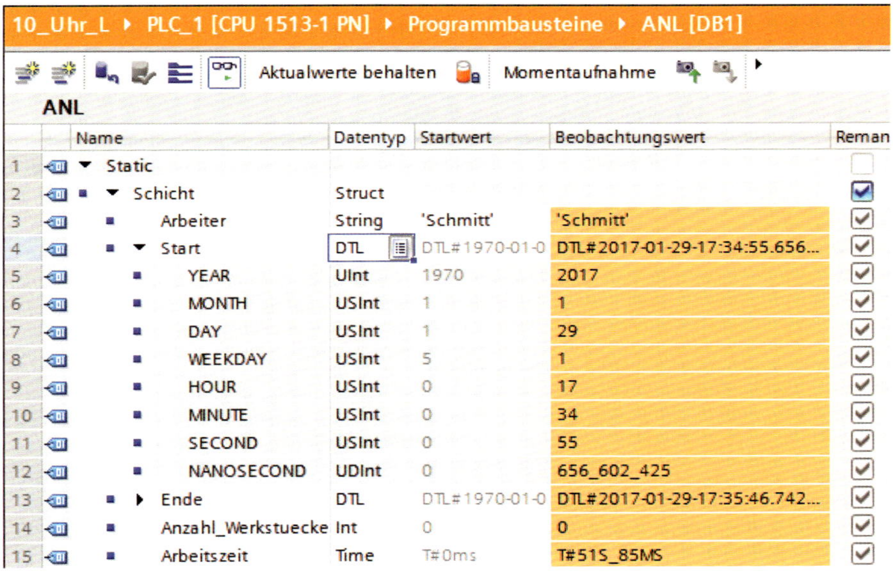

Beachten Sie die Struktur der Variablen vom Datentyp DTL.

Die **CPU 3xx** kennt den Datentyp DTL und die Funktion RD_LOC_T nicht; benutzen Sie den Datentyp DATE_AND_TIME und die Funktion RD_SYS_T. Diese Funktion liest die Systemzeit der CPU.

10.11 CONTINUE, EXIT

Mit Hilfe der CONTINUE-Anweisung können Sie die Anweisungen in einer Schleife überspringen. Mit der EXIT-Anweisung wird die Bearbeitung in der Schleife verlassen.

Aufgabe 10.8: Speicher füllen

Analysieren Sie das Programm. Abhängig von S0 wird der Wert der Feld-Variablen M gesteuert.

InfoClick www

Sie können die Vorlage A10.8 auch vom **InfoClick** laden.

PLC_1 [CPU 1513-1 PN] ▸ Programmbausteine ▸ Main [OB1]

4	▾ Temp	
5	i	Int

```
IF "S0" THEN
  FOR #i := 0 TO 7 DO
    IF #i=4 THEN CONTINUE; END_IF;
    "ANL".M[#i]:= TRUE;
  END_FOR;
 ELSE
  FOR #i := 0 TO 7 DO
    "ANL".M[#i]:= FALSE;
  END_FOR;
END_IF;
```

PLC_1 [CPU 1513-1 PN] ▸ Programmbausteine ▸ ANL [DB1]

ANL

	Name	Datentyp	Startwert	Beobachtungswert	Remanenz	Erreichbar ...
1	▾ Static				☐	☐
2	▾ M	Array [0 .. 7] of Bool			☐	☑
3	M[0]	Bool	false	TRUE	☐	☑
4	M[1]	Bool	false	TRUE	☐	☑
5	M[2]	Bool	false	TRUE	☐	☑
6	M[3]	Bool	false	TRUE	☐	☑
7	M[4]	Bool	false	FALSE	☐	☑
8	M[5]	Bool	false	TRUE	☐	☑
9	M[6]	Bool	false	TRUE	☐	☑
10	M[7]	Bool	false	TRUE	☐	☑

Ist S0 = TRUE und #i = 4, wird die Anweisung in der ersten FOR-Schleife nicht ausgeführt.

Ändern Sie das Main-Programm, benutzen Sie die EXIT-Anweisung und untersuchen Sie das Verhalten.

```
IF "S0" THEN
  FOR #i := 0 TO 7 DO
    IF #i=4 THEN EXIT; END_IF;
    "ANL".M[#i]:= TRUE;
  END_FOR;
 ELSE
  FOR #i := 0 TO 7 DO
    "ANL".M[#i]:= FALSE;
  END_FOR;
END_IF;
```

ANL

	Name	Datentyp	Startwert	Beobachtungswert	Remanenz	Erreichbar ...
1	▼ Static				☐	☐
2	▼ M	Array [0 .. 7] of Bool			☐	☑
3	M[0]	Bool	false	TRUE	☐	☑
4	M[1]	Bool	false	TRUE	☐	☑
5	M[2]	Bool	false	TRUE	☐	☑
6	M[3]	Bool	false	TRUE	☐	☑
7	M[4]	Bool	false	FALSE	☐	☑
8	M[5]	Bool	false	FALSE	☐	☑
9	M[6]	Bool	false	FALSE	☐	☑
10	M[7]	Bool	false	FALSE	☐	☑

Bei S0 TRUE und #i=4 wird die erste FOR-Schleife verlassen.

Stichpunkte

Nach der Bearbeitung des Kapitels sollten die folgenden Stichpunkte für Sie verständlich sein:

- ❑ REAL
- ❑ Umwandlungsfunktionen
- ❑ Global-DB
- ❑ HMI
- ❑ Werte im DB beobachten
- ❑ lokale und globale Variable
- ❑ bedingter Programmaufruf
- ❑ Unterprogramme
- ❑ Hauptprogramm
- ❑ Vergleichsoperator
- ❑ ARRAY
- ❑ FOR-, WHILE-, REPEAT-Schleifen
- ❑ PLC-Datentyp
- ❑ Anwenderkonstanten
- ❑ STRUCT
- ❑ DTL
- ❑ Systemzeit

Selbsttest

Wählen Sie die richtigen Ergänzungen bzw. Aussagen aus.

1. Die Variable rVar hat den Wert 5.5, dann hat

```
"diVar":=REAL_TO_DINT("rVar");
"tVar":=DINT_TO_TIME("diVar");
```

☐ diVar den Wert 5 und tVar den Wert T#5S.
☐ diVar den Wert 6 und tVar den Wert T#6S.
☐ diVar den Wert 5 und tVar den Wert T#5MS.
☐ diVar den Wert 6 und tVar den Wert T#6MS.

2.

```
IF "TANK_DB".rK ? "TANK_DB".rK_alt THEN
    "UP_FUELLZEIT"();
END_IF;
"TANK_DB".rK_alt:="TANK_DB".rK;
```

Das Unterprogramm «UP_FUELLZEIT» soll nur aufgerufen werden, wenn sich der Wert von rK ändert. Welchen Vergleichsoperator verwenden Sie?

☐ <. ☐ >. ☐ <>. ☐ =

3. Ein Global-DB ersetzt
   - ☐ die PLC-Variablentabelle.
   - ☐ Instanz-DB.
   - ☐ die FBs.
   - ☐ den Merkerspeicherbereich.

4. Welchen Wert nimmt die Variable tPumpzeit1 an, wenn rK = 1.0 ist?

```
"TANK_DB".rPumpzeit1:= (15000.0/("TANK_DB".rK + 1))* "TANK_DB".rK;
"TANK_DB".rPumpzeit2:= 15000.0-"TANK_DB".rPumpzeit1;
"TANK_DB".diPumpzeit1 :=REAL_TO_DINT("TANK_DB".rPumpzeit1);
"TANK_DB".tPumpzeit1 :=DINT_TO_TIME("TANK_DB".diPumpzeit1);
```

☐ T#15S. ☐ T15MS. ☐ 7.5. ☐ T#7S500MS.

5. Welche Anweisung liefert den richtigen Wert? Das Attribut «IEC-Prüfung» des Bausteins ist nicht aktiviert.
   - ☐ Alle Anweisungen in den Zeilen 2 bis 5.
   - ☐ Die Anweisungen in Zeile 2 und 3.
   - ☐ Die Anweisungen in Zeile 3 und 4.
   - ☐ Die Anweisungen in Zeile 4 und 5.

```
1 #iVar:= 5;
2 #rVar1:= #iVar/2;
3 #rVar2:= #iVar/2.0;
4 #rVar3:= INT_TO_REAL(#iVar)/2.0;
5 #rVar4:= INT_TO_REAL(#iVar/2);
```

6. Die Variable TANK ist als Schnittstellentyp InOut deklariert und vom Datentyp STRUCT. Auf ihre Komponenten kann
   - ☐ nur lesend zugegriffen werden; diese müssen vom gleichen elementaren Datentyp sein.
   - ☐ lesend und schreibend zugegriffen werden; diese müssen vom gleichen elementaren Datentyp sein.
   - ☐ nur schreibend zugegriffen werden; diese können von unterschiedlichen Datentypen sein.
   - ☐ lesend und schreibend zugegriffen werden; diese können von unterschiedlichen Datentypen sein.

7.

```
//Tankanlage
//Temperaturen umrechnen von °C->°F (Fahrenheit)
FOR #i:=1 TO 3 DO
  "ANL".TankTemp_F[#i]:="ANL".TankTemp_C[#i] * 1.8 + 32.0;
END_FOR;
```

Die Variable TankTemp_F[#i] wurde
   - ☐ in einem DB deklariert; sie ist vom Datentyp INT.
   - ☐ in einem DB deklariert; sie ist vom Datentyp Array of Real.
   - ☐ lokal deklariert; sie ist vom Datentyp Real.
   - ☐ lokal deklariert; sie ist vom Datentyp Array of Real.

```
IF "S0" THEN
   FOR #i := 0 TO 7 DO
     IF (#i=4) THEN EXIT; END_IF;
     "ANL".M[#i]:= TRUE;
   END_FOR;
 ELSE
   FOR #i := 0 TO 7 DO
     "ANL".M[#i]:= FALSE;
   END_FOR;
END_IF;
```

8. Die Variable M im DB mit dem Namen „ANL“ ist vom Datentyp Array of Int.
   - ☐ mit dem Indexwert 4 hat immer den Wert TRUE.
   - ☐ mit dem Indexwert 4 hat immer den Wert FALSE.
   - ☐ ist im Merkerbereich gespeichert.

9. Der Datentyp DTL wird für
   - ☐ eine Ganzzahl >32767 verwendet.
   - ☐ Timer verwendet.
   - ☐ einen Zeitwert > T#24D20H31M24S verwendet.
   - ☐ einen Zeitpunkt verwendet.

www

InfoClick

Sie finden diesen Selbsttest auch auf der Webseite www.vogel-fachbuch.de unter InfoClick.

11 Ablaufsteuerungen, GRAFCET, CASE

Sie benutzen zum Programmentwurf den GRAFCET, erstellen einen Global-Datenbaustein, deklarieren Variable vom Datentyp ARRAY und benutzen die CASE-Anweisung, die FOR-Schleife sowie die IF...ELSE-Anweisung.

11.1 GRAFCET

Der GRAFCET ist eine Spezifikationssprache für Ablaufsteuerungen nach EN 60 848. Er ist als Hilfe für einen Programmentwurf gut geeignet, wie Sie der nachfolgenden Aufgabe entnehmen können.

Aufgabe 11.1: Ablaufsteuerung, Waschanlage mit Automatikbetrieb

Sie lernen mehrere Methoden kennen, um Ablaufsteuerungen zu programmieren. Schreiben Sie zunächst in dieser Aufgabe ein Unterprogramm «Automatikbetrieb», z.B. UP_WASCH_AUTO, mit SR-FB-Instanzen für die Schritte, angelehnt an der Sprache FUP und testen Sie dieses. In Aufgabe 11.3 verwenden Sie für die Schrittkette die CASE-Anweisung.

InfoClick WWW

Benutzen Sie die Vorlage A11.1 oder A11.1-1200 «11_Wasch_mit_Modell.zap1x» von der **InfoClick**-Webseite. Falls Sie mit einer höheren TIA-Version arbeiten, so müssen Sie eventuell die Geräteversion des HMI, bei markiertem HMI in der Projektnavigation des TIA-Portals, über das Kontextmenü (rechte Maustaste) hochrüsten.

Beschreibung

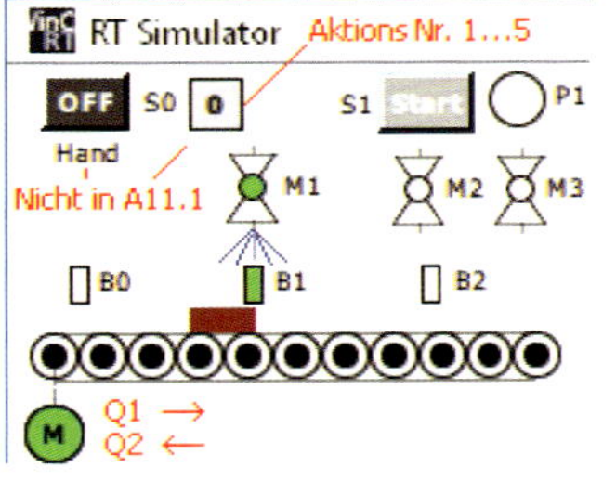

Wird im Automatikbetrieb das Werkstück aufgelegt und der Starttaster S1 betätigt, so wird dieses zur Position 1 transportiert, das Vorwäscheventil M1 wird geöffnet, solange das Werkstück im Erfassungsbereich von B1 ist. Ist die Position 2 erreicht, so stoppt der Antrieb für 5 Sekunden, um dann das Werkstück in die Ausgangsstellung zu transportieren. In der Position 2 wird das Hauptwäscheventil M2 für 5 Sekunden geöffnet. Das Waschmittelventil M3 öffnet für 1,5 Sekunden nach Erreichen der Position 2. In der folgenden Aufgabe erweitern Sie das Programm mit der Betriebsart *Hand*.

Vorüberlegungen

Automatikbetrieb: Der Funktionsablauf ist im GRAFCET, den Sie auf einer der nächsten Seiten finden, dargestellt. Er wird in Schritte zerlegt. Ist der vorhergehende Schritt aktiv und die Weiterschaltbedingung zum nächsten Schritt erfüllt, dann wird dieser aktiviert und der vorhergehende deaktiviert. Abhängig vom Schritt werden die jeweiligen Ausgänge für die Aktoren beschrieben. Der **Anfangsschritt** muss bei dieser Methode beim Neustart der CPU aktiviert werden. Im folgenden

Bild wird gezeigt, wie Sie einen Impuls zur Aktivierung des Anfangsschrittes erzeugen können. Weiterhin sehen Sie die Syntax, wie Sie auf Daten im Global-Datenbaustein mit dem Namen DB zugreifen können. Den SR-Baustein, den Sie in Kapitel 8 erstellt haben, können Sie der Bibliothek «Aktionen» entnehmen, über seine Instanzen aktivieren bzw. deaktivieren Sie die Schritte. Diese Art der Programmierung lehnt sich an die Programmierung mit der Sprache FUP an.

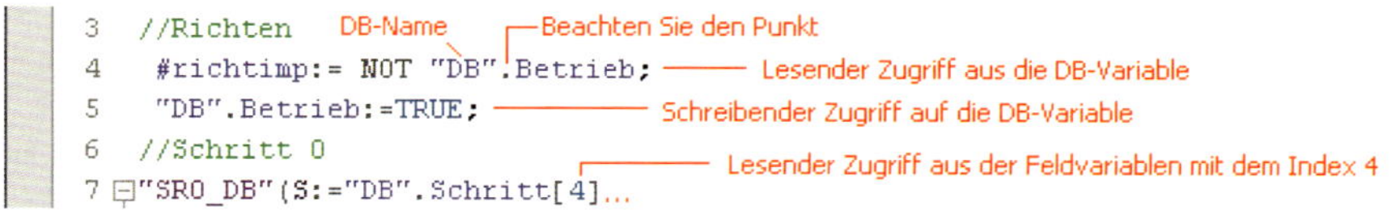

Vorgehensweise

1. Benutzen Sie die TIA-Portal-Vorlage A11.1.
2. Benutzen Sie keine Merker. Fügen Sie einen Global-DB (DB) hinzu und deklarieren Sie die Variablen. Beachten Sie den Datentyp ARRAY. Sie können im Programm auf die DB-Variablen zugreifen, wenn Sie den Namen des DBs, gefolgt von einem Punkt, eingeben. Übersetzen Sie den DB. In dieser Aufgabe ist der Name des Datenbausteins DB.

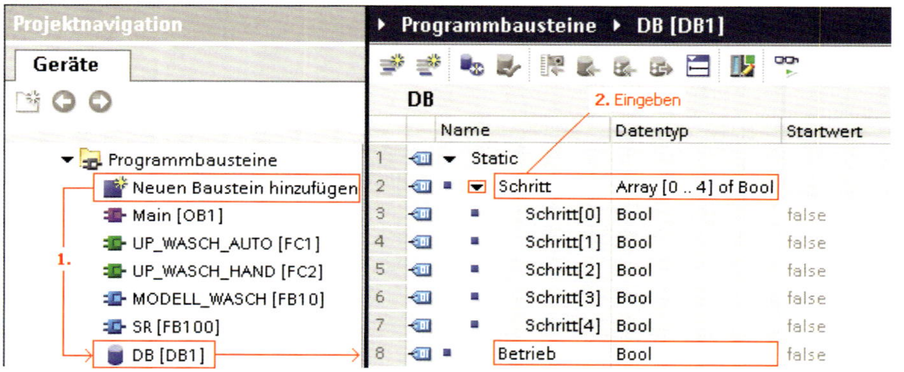

3. Fügen Sie einen FC als Container für das Unterprogramm UP_WASCH_AUTO ein und geben Sie Ihr Programm ein. Sie können dem GRAFCET entnehmen, welche Bedingung erfüllt sein muss, um den nächsten Schritt zu setzen.
   Ein **Schritt** wird gesetzt (aktiviert), wenn der vorhergehende Schritt aktiv und die Weiterschaltbedingung erfüllt ist. Er wird vom nachfolgenden Schritt zurückgesetzt (deaktiviert).
   Die Aktionen werden abhängig von der **Schrittkette** aktiviert. Nichtspeichernde **Aktionen** (N-Aktionen), auch kontinuierlich wirkende Aktionen genannt, sind so lange aktiv, solange der zugehörige Schritt aktiv ist, z.B. „P1_Bereit“. Bedingte Aktionen (xC-Aktionen) sind nur aktiv, wenn zusätzlich die Bedingung erfüllt ist, z.B. „M1_VorWaesch“. Speichernde Aktionen (S/R-Aktionen) werden von einem Schritt speichernd aktiviert und von einem anderen Schritt speichernd deaktiviert, z.B. „Q1_Band_vor“. Zeitlich begrenzte Aktionen (L-Aktionen) werden zeitlich begrenzt aktiviert, solange der dazugehörige Schritt aktiv ist, z.B. „M3_Waschm“.

▸ Programmbausteine ▸ UP_WASCH_AUTO [FC1]

```
//Waschanlage Automatikbetrieb
 (* Schrittkette ******************)
//Richten
 #richtimp:= NOT "DB".Betrieb;
 "DB".Betrieb:=TRUE;
//Schritt 0
"SR0_DB"(S:="DB".Schritt[4]
          AND "B0_Pos0" OR #richtimp,
         R1:="DB".Schritt[1],
         Q1=>"DB".Schritt[0]);
//Schritt 1
"SR1_DB"(S:="DB".Schritt[0]
          AND "S1_Start" AND "B0_Pos0",
         R1:="DB".Schritt[2],
         Q1=>"DB".Schritt[1]);
//Schritt 2
"SR2_DB"(S:="DB".Schritt[1] ...);
//Schritt 3
"SR3_DB"(S:="DB".Schritt[2] ...);
//Schritt 4
"SR4_DB"(S:="DB".Schritt[3] ...);
//Zeitgeführte Weiterschaltbedingung
"TON1".TON(IN:="DB".Schritt[3],
           PT:=T#5s);
 (* Aktionen ************************)
//Kontinuierlich wirkende Aktionen
 "P1_Bereit":="DB".Schritt[0];
 "M2_HauptW":="DB".Schritt[3];
 "Q2_Band_zur":="DB".Schritt[?];
//Speichernde Aktion
 "SR_Q1_DB"(S:="DB".Schritt[1], R1:="DB".Schritt[?],Q1=>"Q1_Band_vor");
//Bedingte Aktion
 "M1_VorWaesch":="DB".Schritt[2] AND "B1_Pos1";
//zeitlich begrenzte Aktion
 "TP1".TP(IN:="DB".Schritt[3], PT:=T#1.5s, Q=>"M3_Waschm");
```

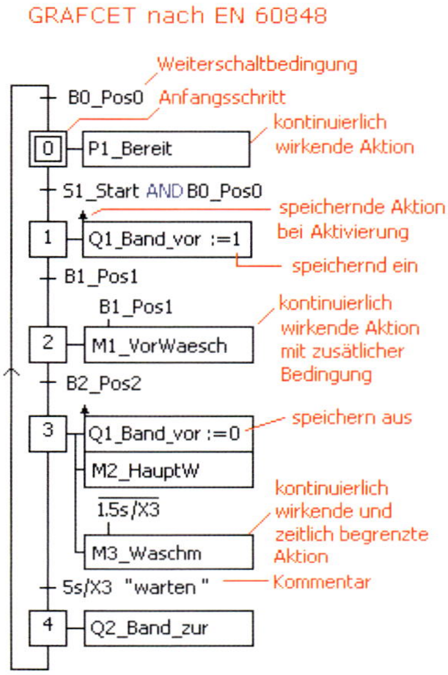

4. Rufen Sie das Unterprogramm für den Automatikbetrieb im Hauptprogramm auf. Übersetzen Sie Ihr Projekt.

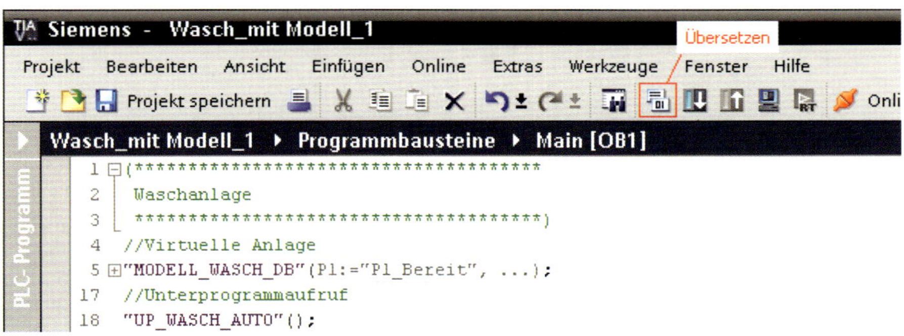


```
(*****************************************
 Waschanlage
 *****************************************)
//Virtuelle Anlage
"MODELL_WASCH_DB"(P1:="P1_Bereit", ...);
//Unterprogrammaufruf
"UP_WASCH_AUTO"();
```

5. **Testen Sie** Ihr Programm mit PLC-SIM und der Anlagensimulation. Sie können die Daten im DB beobachten. Die Schaltfläche HAND wird erst in der nächsten Aufgabe benötigt.

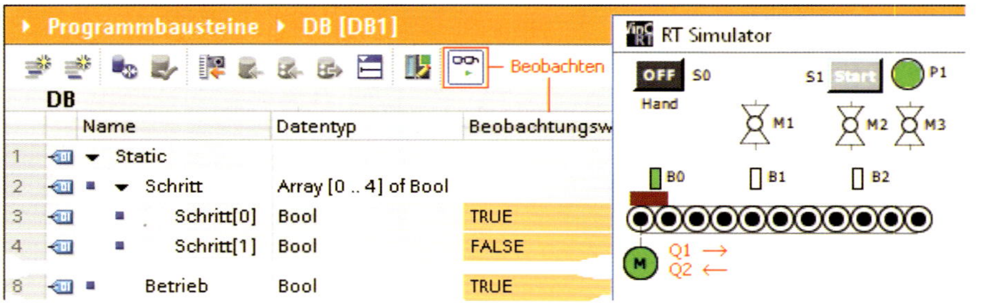

Merksatz

Für den Programmentwurf einer Ablaufsteuerung kann der GRAFCET benutzt werden.

Aufgabe 11.2: Ablaufsteuerung, Waschanlage mit Automatik- und Handbetrieb

Erweitern Sie Ihr Projekt der Aufgabe 11.1 mit einem weiteren Unterprogramm *Handbetrieb* und rufen Sie abhängig vom Schlüsselschalter-S0 Handbetrieb das jeweilige Unterprogramm auf.

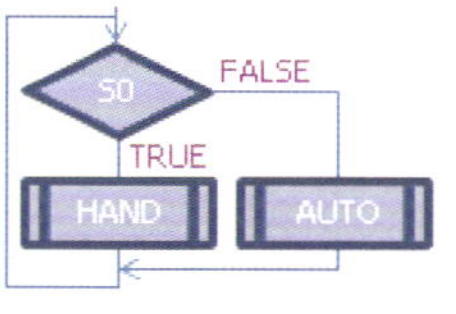


```
IF "S0_Hand" THEN
 "UP_WASCH_HAND"();
ELSE
 "UP_WASCH_AUTO"();
END_IF;
```

Im Handbetrieb, der über den Schlüsselschalter S0 (Schaltfläche HAND) gewählt wird, werden die Aktionen unabhängig von der Schrittkette über eine Aktionsnummer und einen Taster tippend aktiviert. Diese Betriebsart kann für das Einrichten der Anlage benutzt werden.

Vorgehensweise

1. Fügen Sie ein weiteres Unterprogramm in Ihrem Projekt aus Aufgabe 11.1 ein. Wie Sie dem nachfolgenden Bild entnehmen können, wird im Handbetrieb die Schrittkette initialisiert, also der Anfangsschritt gesetzt, und alle weiteren Schritte werden zurückgesetzt. In der **FOR-Schleife** wird die temporäre Laufvariable `#i` bei jedem Schleifendurchlauf erhöht, dadurch wird der jeweiligen Schrittvariablen der Wert FALSE zugewiesen.
   Die Aktionen werden abhängig von einer Aktionsnummer, die Sie im DB deklarieren, und einem Taster, hier der S1 (Schaltfläche Start), aktiviert. Die Aktionsnummer können Sie in der Visualisierung der Anlage im Handbetrieb einstellen und nach Betätigung des S1-Tasters die Aktion ausführen, die der Schrittnummer entspricht.

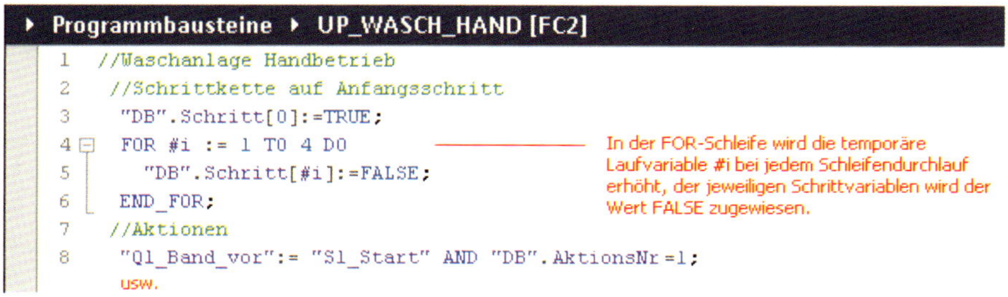

2. Rufen Sie die Unterprogramme mit Hilfe der **IF…ELSE-Anweisung** im Main[OB1] bedingt auf. Wenn die Bedingung erfüllt ist, also „`S0_Hand`" den Wert TRUE hat, wird das Unterprogramm „`UP_WASCH_HAND`" aufgerufen; wenn die Bedingung nicht erfüllt ist (ELSE – sonst), wird das Unterprogramm „`UP_WASCH_AUTO`" aufgerufen und nur dessen Anweisungen bearbeitet.
   Im folgenden Bild können Sie dies nachvollziehen.
3. **Testen Sie** Ihr Programm mit PLCSIM und der Anlagensimulation.

Offline- und Online-Objekte sind nicht gleich:
Unterscheidet sich ein Baustein in der CPU (online) und im Bausteinordner (offline), wie das nachfolgende Bild zeigt, so laden Sie den Baustein erneut in PLCSIM.

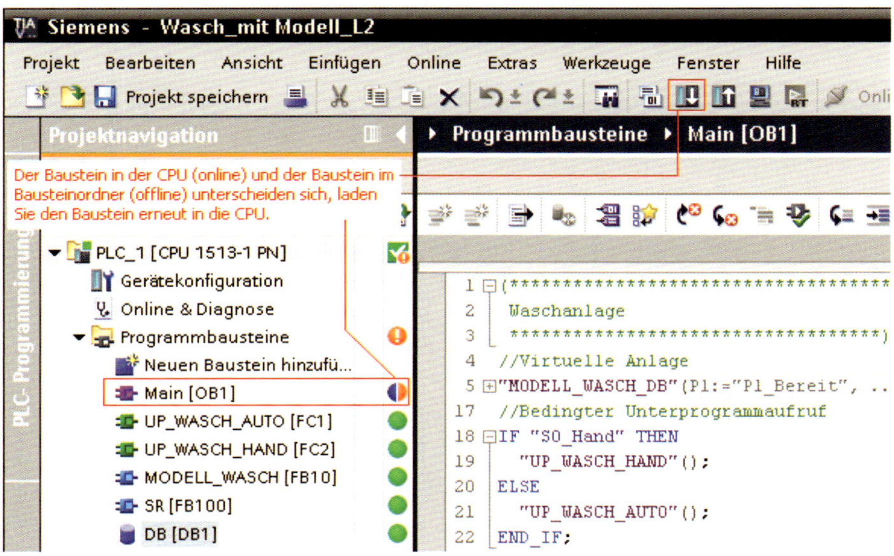

Aufgabe 11.3: Ablaufsteuerung, Waschanlage mit CASE-Anweisung

Lösen Sie die Aufgabe mit der CASE-Anweisung, siehe Kapitel 9.

Vorüberlegungen
Automatikbetrieb: Der Funktionsablauf wird in Schritte zerlegt. Bei einer linearen Schrittkette werden abhängig von der Schrittnummer die jeweiligen Ausgänge für die Aktoren beschrieben. Die Schrittnummer wird um 1 erhöht, wenn die Weiterschaltbedingung erfüllt ist.

Schrittnummer	Aktion	Weiterschaltbedingung („1"= TRUE)
0	Q2 aus, P1 ein	Wenn S1 ="1" und B0 ="1", dann SchrittNr erhöhen.
1	P1 aus, Q1 ein	Wenn B1 ="1", dann SchrittNr erhöhen.
2	M1 ein, solange B1 = „1"	Wenn B2 ="1", dann SchrittNr erhöhen.
3	Q1 aus, M2 ein, M3 für 1,5 s ein TON_warten starten	Wenn die Wartezeit abgelaufen ist, dann SchrittNr erhöhen.
4	Q2 ein, M2 aus	Wenn B0 ="1", dann SchrittNr = 0.

Handbetrieb: In dieser Betriebsart wird der Schlüsselschalter *S0_Hand* eingeschaltet, eine Aktionsnummer gewählt und mit dem Start-Taster die Aktion *tippend* ausgeführt.

Vorgehensweise

1. Überarbeiten Sie den Global-DB aus der vorhergehenden Aufgabe. Die Feldvariable Schritt[0]...Schritt[4] und die Variable Betrieb werden nicht mehr benötigt. Ersetzen Sie die Schritt-Variable durch die Variable SchrittNr vom Datentyp USInt.
2. Überarbeiten Sie das Unterprogramm «UP_WASCH_AUTO» oder fügen Sie eine weitere FC als Container für das neue Unterprogramm «UP_WASCH_AUTO_1» ein und schreiben Sie das Programm. Im Schritt 0 werden die Timer initialisiert. Für den Programmentwurf kann der CRAFCET aus A11.1 oder die vorhergehende Tabelle benutzt werden.

▸ Programmbausteine ▸ UP_WASCH_AUTO [FC1]   Text ein/ausrücken

```
//Betriebsart Automatikbetrieb
CASE "DB".SchrittNr OF
  0:  "TON_warten".TON(IN:=FALSE, PT:=t#5s);//Timer initialisieren
      "TP1".TP(IN:=FALSE, PT:=T#1.5s);
      "Q2_Band_zur":=FALSE; "P1_Bereit":=TRUE;//Aktionen
      IF "S1_Start" AND "B0_Pos0" THEN //Weiterschaltbedingungen
        "DB".SchrittNr:="DB".SchrittNr+1; END_IF;
  1:  "P1_Bereit":=  ?  ; "Q1_Band_vor":=  ?  ;
       IF "B1_Pos1" THEN
usw.
  3:  "Q1_Band_vor":=False;"M2_HauptW":=TRUE;
      "TON_warten".TON(IN:=TRUE, PT:=t#5s);
      "TP1".TP(IN:=TRUE, PT:=T#1.5s);
      "M3_Waschm":= "TP1".Q;//zeitlich begrenzte Aktion
      IF "TON_warten".Q THEN
        "DB".SchrittNr:="DB".SchrittNr+1; END_IF;
usw.
END_CASE;
```

3. Überarbeiten Sie das Unterprogramm UP_HAND.

▸ PLC_1 [CPU 1513-1 PN] ▸ Programmbausteine ▸ UP_WASCH_HAND [FC2]

```
//Betriebsart Handbetrieb
"DB".usiSchrittNr:=0; //auf Anfangsschritt setzen
"Q1_Band_vor":="S1_Start" AND "DB".usiAktionsNr=1;
    usw.
```

4. Rufen Sie die Unterprogramme im Hauptprogramm mit Hilfe der IF…ELSE-Anweisung auf.
5. **Testen Sie** die Funktion der Anlage mit PLCSIM und der Anlagensimulation.

In dem Ordner *Systembausteine Programmressourcen* finden Sie die Instanz-DBs der verwendeten Timer. Verschieben Sie diese nicht in den Bausteinordner.

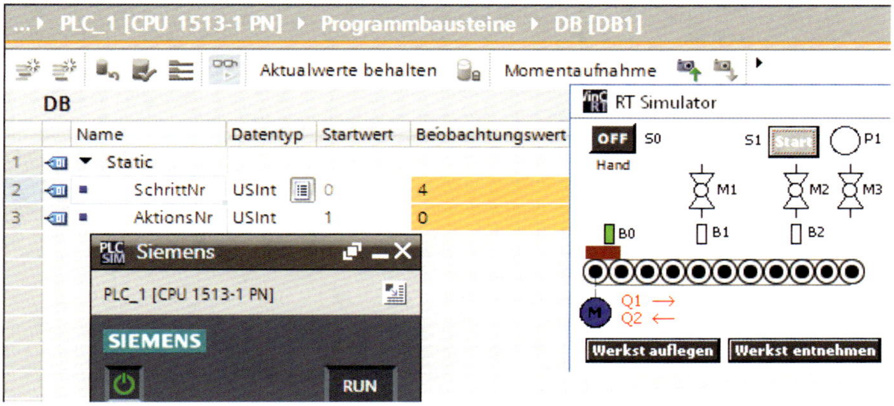

Übung 11.1: Ablaufsteuerung, Waschanlage als FB, Schrittüberwachung

Schreiben Sie einen parametrisierbaren bibliotheksfähigen Baustein für die Waschstraße. Diesen könnten Sie dann für eine Waschanlage mit mehreren Waschstraßen einsetzen.

Erweitern Sie die Funktion des Bausteins mit einer Schrittüberwachung. Ist der Schritt 1 länger als 10 s aktiv (Werkstück entfernt), so wird nicht Schritt 2, sondern Schritt 5 aktiviert, der Fehler im Ablauf wird über «P0_Stoerung» gemeldet.

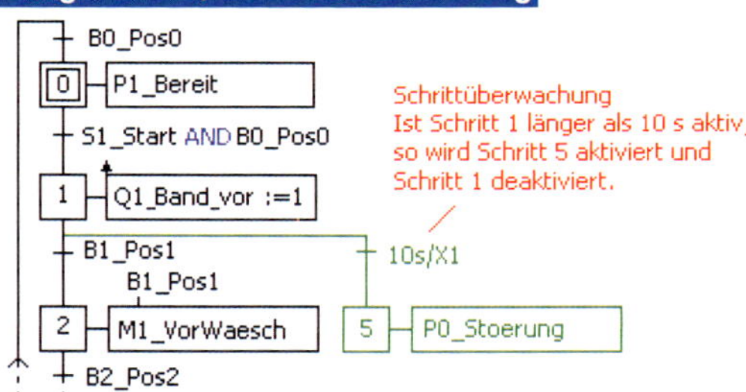

Vorüberlegungen, Vorgehensweise

Wie viele Ein- und Ausgangsparameter muss dieser Baustein enthalten? Ist ein Global-DB notwendig?

InfoClick www

Sie können die Archivdatei Ü11.1 oder Ü11.1-1200 «11_Wasch_mit Modell_Ueb_FB.zap1x» von der **InfoClick**-Webseite als Vorlage benutzen. Falls Sie mit einer höheren TIA-Version arbeiten, so müssen Sie eventuell die Geräteversion des HMI, bei markiertem HMI in der Projektnavigation des TIA-Portals, über das Kontextmenü (rechte Maustaste) hochrüsten.

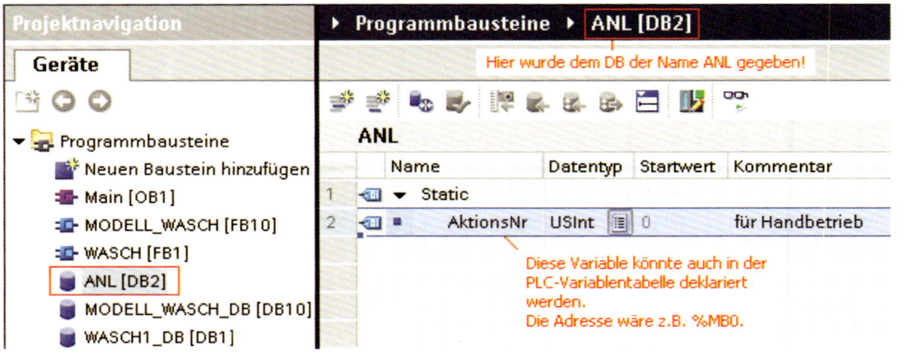

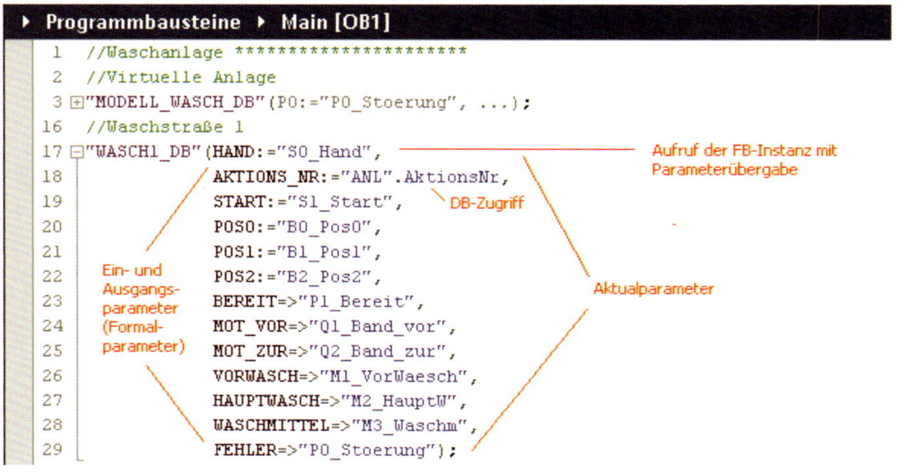

Achten Sie beim Programmieren des FBs darauf, die Instanzen der Timer als Multiinstanzen einzufügen und keine globalen Variablen zu benutzen. Nur so ist der FB öfter wiederverwendbar.

Anmerkung: Sie können aus der Bibliothek den in Kapitel 8 erstellten Taktgeber benutzen, um die Störanzeige blinken zu lassen.

Testen Sie Ihr Programm.

Soll der FB **hardwareunabhängig** sein, so benutzen Sie nicht den Datentyp USInt, sondern den INT, da die CPU 3xx den USInt nicht kennt. Deaktivieren Sie auch das Bausteinattribut – optimierter Bausteinzugriff, da die CPU 3xx diesen Zugriff nicht unterstützt, siehe auch Kapitel 6.

Programmbausteine ▸ WASCH [FB1]

```
//Betriebsart Automatikbetrieb
CASE #SCHRITT_NR OF
  0:  #TON_warten(IN:=FALSE, PT:=t#5s);//Timer initialisieren
      #TP1(IN:=FALSE, PT:=T#1.5s);
      #TON_ueberw(IN:=FALSE, PT:=T#10s);
      #FEHLER:=FALSE; #MOT_ZUR:=FALSE; #BEREIT:=TRUE;//Aktionen
      IF #START AND #POS0 THEN //Weiterschaltbedingungen
        #SCHRITT_NR:=#SCHRITT_NR+1; END_IF;
  1: #BEREIT:=FALSE; #MOT_VOR:=TRUE; #TON_ueberw(IN:=TRUE, PT:=T#10s);
      IF #POS1 THEN
        #SCHRITT_NR:=#SCHRITT_NR+1; END_IF;
      IF #TON_ueberw.Q THEN #SCHRITT_NR:=5; END_IF;
  2: #VORWASCH:=#POS1;// bedingte Aktion
      IF #POS2 THEN
usw.
  5: #FEHLER:=TRUE; #MOT_VOR:=FALSE;
  END_CASE;
END_IF;
```

Schrittüberwachung

Übung 11.2: Ablaufsteuerung, Waschanlage mit parallelen Schrittketten

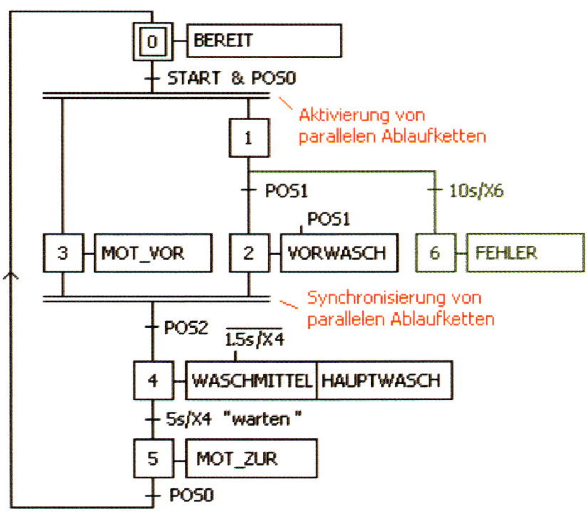

Ändern Sie das Programm des FBs von der vorhergehenden Übung.

Benutzen Sie für den Programmentwurf den GRAFCET mit parallelen Ablaufketten.

Mit einer Schrittnummer und der CASE-Anweisung ist keine Lösung möglich, da Schritt 1 und 3 nach Schritt 0 gleichzeitig aktiviert werden. Verwenden Sie die IF… ELSIF-Anweisung und eine Feldvariable für die Schritte. Die Schrittkette können Sie im Handbetrieb mit einer FOR-Schleife initialisieren wie in einer der vorhergehenden Aufgaben.

Bei **parallelen Ablaufketten** führt das Erfülltsein einer Weiterschaltbedingung, hier START & POS0, zur gleichzeitigen Aktivierung von mehreren Teilabläufen. Das Zusammenführen, die Synchronisierung, erfolgt hier über die Weiterschaltbedingung POS2.

Diese Ablaufstruktur wird auch **Simultanverzweigung** genannt.

Programmbausteine ▸ WASCH_PARAL [FB1]

Schnittstelle

	Name	Datentyp	Defaultwert	Remanenz	Kommentar
18	▼ Static				
19	▼ SCHRITT	Array [0 .. 6] of Bool		Nicht rema...	
20	SCHRITT[0]	Bool	true	Nicht rema...	
30	▼ Temp				
31	i	SInt			

```
1  //Waschstraße
2  IF #HAND THEN
3    //Betriebsart Handbetrieb
4    #SCHRITT[0]:=TRUE; //auf Anfangsschritt setzen
5    FOR #i := 1 TO 6 DO ... END_FOR;
8    //Aktionen
9    #MOT_VOR:=#START AND #AKTIONS_NR=1;
10   #VORWASCH:=#START AND #AKTIONS_NR=2;
usw.
14   #FEHLER:=#START AND #AKTIONS_NR=6;
15 ELSE
16   //Betriebsart Automatikbetrieb
17   IF #SCHRITT[0] THEN
18       #TON_warten(IN:=FALSE, PT:=t#5s);//Timer initialisieren
19       #TP1(IN:=FALSE, PT:=T#1.5s);
20       #TON_ueberw(IN:=FALSE, PT:=T#10s);
21       #FEHLER:=FALSE; #MOT_ZUR:=FALSE; #BEREIT:=TRUE;//Aktionen
22       IF #START AND #POS0 THEN //Weiterschaltbedingungen
23         #SCHRITT[1]:=TRUE; #SCHRITT[3]:=TRUE; #SCHRITT[0]:=FALSE; END_IF;
24    ELSIF #SCHRITT[1] AND #SCHRITT[3] THEN
25       #BEREIT:=FALSE; #MOT_VOR:=TRUE; //Aktionen
26       #TON_ueberw(IN:=TRUE, PT:=T#10s);
27       IF #TON_ueberw.Q THEN
28         #SCHRITT[6]:=TRUE; #SCHRITT[1]:=FALSE; #SCHRITT[3]:=FALSE;
usw.
42    ELSIF #SCHRITT[5] THEN
43       #HAUPTWASCH:=FALSE; #MOT_ZUR:=TRUE;//Aktionen
44       IF #POS0 THEN //Weiterschaltbedingung
45         #SCHRITT[0]:=TRUE; #SCHRITT[5]:=FALSE; END_IF;
46    ELSIF #SCHRITT[6] THEN
47       #MOT_VOR:=FALSE; #FEHLER:=TRUE;
48    END_IF;
49  END_IF;
```

Ist z.B. der Schritt 5 aktiv, so werden die Anweisungen in der Zeile 43…45 bearbeitet, das heißt, die Aktionen werden ausgeführt und die Weiterschaltbedingung zum nächsten Schritt geprüft. Ist diese erfüllt, so wird der folgende Schritt, hier Schritt 0, aktiviert und der alte deaktiviert.

Rufen Sie die Instanz des FBs im Main-Programm auf und **testen Sie** die Funktion des FBs.

Eine weitere Lösungsvariante finden Sie in Kapitel 13.

Aufgabe 11.4: Ablaufsteuerung, Ampel 1 mit CASE-Anweisung

Eine **zeitgeführte Ablaufsteuerung** kann prinzipiell auch mit Hilfe eines Zählers, der von einem Taktgeber hochgezählt wird, projektiert werden.

Die Lampen in den Ampeln werden abhängig vom Zählerstand CV geschaltet.

CV	Agruen	Agelb	Arot	Fgruen	Frot
0	1	0	0	0	1
1	1	0	0	0	1
2	0	1	0	0	1
3	0	0	1	0	1
4	0	0	1	1	0
5	?	?	?	?	1
6	?	?	?	?	?

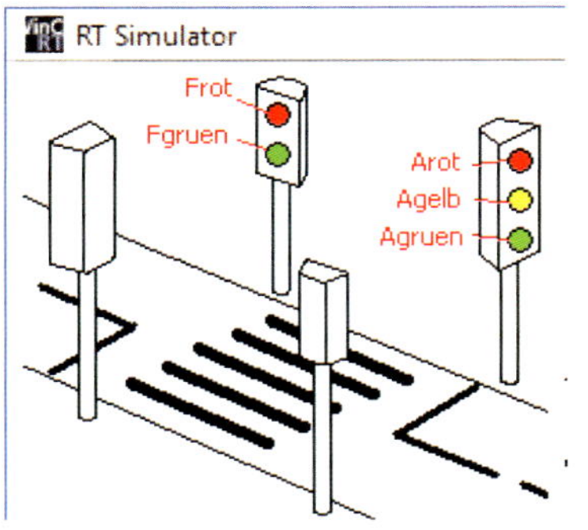

Vorüberlegungen und Vorgehensweise
In einer Tabelle werden die Ausgänge dem Zählwert (CV) zugeordnet. Der Zähler wird mit Hilfe eines Taktgebers hochgezählt.

1. Wie könnte der **Taktgeber** programmiert werden?
   – Eine Zeitverzögerung, die sich selbst startet, wenn ihr Ausgang «FALSE» ist, oder
   – den Taktmerker der CPU oder
   – den Takt-FB aus der Bibliothek benutzen.
2. Wenn der CV >6 ist, muss der Zähler zurückgesetzt werden.
3. Abhängig vom Zählwert werden die Ausgänge gesteuert.

Lösung mit Timer und Zähler
Verwenden Sie einen IEC-Zähler.

InfoClick www

Sie können als Vorlage die Archivdatei A11.4 oder A11.4-1200 «11_Ampel1.zap1x» von der **InfoClick**-Webseite benutzen, den FB ergänzen und seine Instanz im Main[OB1] aufrufen.

▸ PLC_1 [CPU 1513-1 PN] ▸ Programmbausteine ▸ AMPEL [FB1]

```
//Ampel
//Takt und IEC-Zähler
#instTON1(IN:=NOT #takt,
          PT:=T#2s);
#takt:=#instTON1.Q;
#instCTU1(CU:=#takt, R:=#instCTU1.CV>6, PV:=0);
//Ampel
CASE #instCTU1.CV OF
  0,1: #Agruen:=TRUE;  #Agelb:=FALSE; #Arot:=FALSE; #Fgruen:=FALSE; #Frot:=TRUE;
  2:   #Agruen:=FALSE; #Agelb:=TRUE;  #Arot:=FALSE; #Fgruen:=FALSE; #Frot:=TRUE;
  3,5: #Agruen:=FALSE; #Agelb:=FALSE; #Arot:=TRUE;  #Fgruen:=FALSE; #Frot:=TRUE;
  4:   #Agruen:= ?  ; #Agelb:= ?  ; #Arot:= ?  ; #Fgruen:= ?  ; #Frot:= ?  ;
  6:   #Agruen:= ?  ; #Agelb:= ?  ; #Arot:= ?  ; #Fgruen:= ?  ; #Frot:= ?  ;
END_CASE;
```

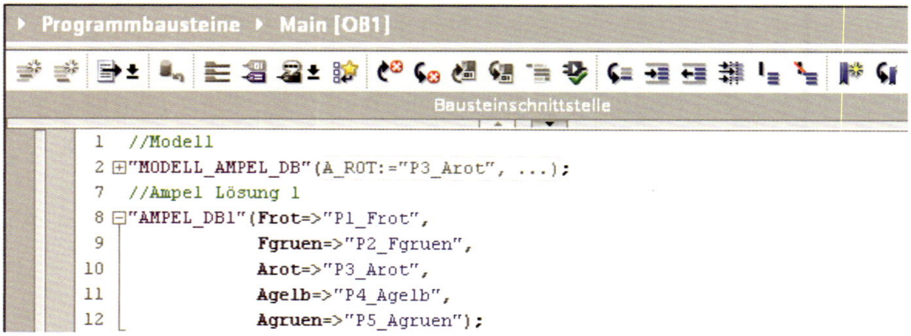

Testen Sie Ihr Programm mit PLCSIM, Sie können auch die Funktion der Anlage zusätzlich mit der Anlagenvisualisierung testen. Markieren Sie dazu den Ordner HMI_1 in der Projektnavigation und wählen Sie im Kontextmenü *Simulation starten*.

In Kapitel 13 lernen Sie eine andere Lösungsvariante der Aufgabe 11.4 kennen. In der Aufgabe 13.4 lernen Sie, dass abhängig vom Schritt auch Funktionen aufgerufen werden können.

Stichpunkte
Nach der Bearbeitung des Kapitels sollten die folgenden Stichpunkte für Sie verständlich sein:

- ❑ Ablaufsteuerungen
- ❑ GRAFCET
- ❑ Schrittkette
- ❑ ARRAY
- ❑ Aktionen
- ❑ FOR-Schleife
- ❑ IF…ELSE, CASE
- ❑ Schrittnummer
- ❑ Bausteine unterscheiden sich on- und offline
- ❑ Simultanverzweigung

Selbsttest

Wählen Sie die richtigen Ergänzungen bzw. Aussagen aus.

1.
```
#richtimp:= NOT "DB".Betrieb;
"DB".Betrieb:=TRUE;
```
Die Variable #richtimp
- ☐ wird nach dem Neustart TRUE.
- ☐ ist nur im 1. Zyklus nach dem Neustart FALSE.
- ☐ wird nach dem Neustart FALSE.
- ☐ ist nur im 1. Zyklus nach dem Neustart TRUE.

2.
```
FOR #i := 1 TO 4 DO
  "DB".Schritt[#i]:=FALSE;
END_FOR;
```

Die Schleife wird

☐ 4 Zyklen lang durchlaufen. ☐ beim 5. Zyklus übersprungen.

☐ 4-mal je Zyklus durchlaufen. ☐ nur wenn #i = 1 ist, durchlaufen.

3. ▸ Programmbausteine ▸ UP_WASCH_AUTO [FC1]

```
//Betriebsart Automatikbetrieb
CASE "DB".SchrittNr OF
  0:   "TON_warten".TON(IN:=FALSE, PT:=t#5s);//Timer initialisieren
       "TP1".TP(IN:=FALSE, PT:=T#1.5s);
       "Q2_Band_zur":=FALSE; "P1_Bereit":=TRUE;//Aktionen
       IF "S1_Start" AND "B0_Pos0" THEN //Weiterschaltbedingungen
         "DB".SchrittNr:="DB".SchrittNr+1; END_IF;
  1: "P1_Bereit":=FALSE; "Q1_Band_vor":=TRUE;
       IF "B1_Pos1" THEN
         "DB".SchrittNr:="DB".SchrittNr+1; END_IF;
  2: "M1_VorWaesch":="B1_Pos1";// bedingte Aktion
       IF "B2_Pos2" THEN
         "DB".SchrittNr:="DB".SchrittNr+1; END_IF;
  3: "Q1_Band_vor":=False;"M2_HauptW":=TRUE;
     "TON_warten".TON(IN:=TRUE, PT:=t#5s);
     "TP1".TP(IN:=TRUE, PT:=T#1.5s);
     "M3_Waschm":= "TP1".Q;//zeitlich begrenzte Aktion
     IF "TON_warten".Q THEN
       "DB".SchrittNr:="DB".SchrittNr+1; END_IF;
  4: "Q2_Band_zur":=TRUE; "M2_HauptW":=FALSE;
       IF "B0_Pos0" THEN
         "DB".SchrittNr:=0; END_IF;
END_CASE;
```

Wird der Wert der Variable SchrittNr 3, so

☐ wird „M2_HauptW“ 1.5 s lang TRUE.

☐ wird „M2_HauptW“ nach 5 s TRUE.

☐ wird „M2_HauptW“ 5 s lang TRUE.

☐ wird „M2_HauptW“ nach 1.5 s TRUE.

4. Mit Hilfe der CASE-Anweisung kann der Programmfluss abhängig vom Wert einer

☐ booleschen Variable ☐ Struct-Variable

☐ Int-Variable ☐ REAL-Variable

gesteuert werden.

InfoClick www

Sie finden diesen Selbsttest auch auf der Webseite www.vogel-fachbuch.de unter **InfoClick**.

12 Analogwertverarbeitung

Sie benutzen AI- und AQ-Baugruppen und konfigurieren diese, Sie verwenden Variable vom Datentyp ARRAY und STRUCT, sowie anwenderdefinierte Datentypen. Sie skalieren Variablenwerte und rufen Multiinstanzen in einer Schleife auf.

In der Automatisierungs- und Steuerungstechnik sind Temperatur-, Druck-, Distanzsensoren usw., die analoge Werte liefern, oder Aktoren, die analoge Werte benötigen, nicht mehr wegzudenken.

Wenn der Sensor die zu messenden Werte in ein **Einheitssignal**, z.B. ±10 V oder 4…20 mA, umwandelt oder genormte Sensoren, wie ein Thermoelement, verwendet werden, so können Sie mit Hilfe von **Analogeingabemodulen** (AI) Analogwerte aufnehmen und digitalisieren, so dass die PLC diese Daten verarbeiten kann. Je mehr Binärstellen hierbei für die digitale Darstellung verwendet werden, umso feiner wird die **Auflösung** sein. Übliche Auflösungen sind 8, 12 und 16 Bit einschließlich des Vorzeichens. Bei einer 12-Bit-Auflösung werden die vier niederwertigsten Bits des %IWx nicht ausgewertet, bei einer 8-Bit-Auflösung werden die 8 niederwertigsten Bits des %IWx nicht ausgewertet. **Analogausgabemodule** wandeln einen digitalen Wert im %QWx in einen analoges Einheitssignal um.

Sie können aber auch **IO-Link**-fähige Sensoren und Aktoren verwenden und über einen IO-Link-Master die digitalisierten und parametrisierten Daten der PLC zur Verfügung stellen.

Aufgabe 12.1: Tankanlage, Füllvolumen, AI-Baugruppe

Um das Füllvolumen des kugelförmigen Tanks berechnen zu können, müssen der Wert der Füllhöhe sowie der Durchmesser bekannt sein. Der Abstand zur Flüssigkeitsoberfläche wird mit einem Distanzsensor ermittelt, um dann die Füllhöhe zu berechnen. Die Temperatur wird mit einem Thermoelement gemessen.

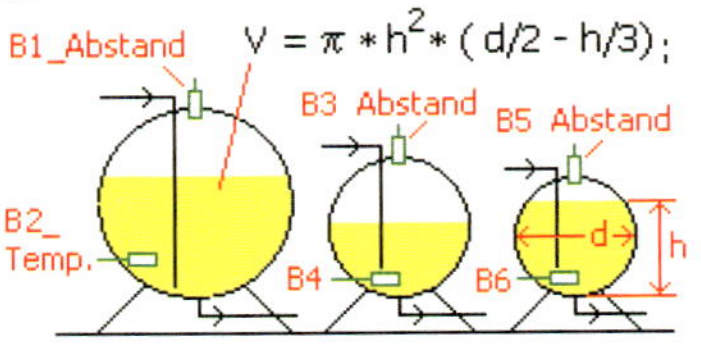

Vollziehen Sie das Programmbeispiel nach.

Vorüberlegungen und Vorgehensweise

Die Distanzsensoren B1, B3 und B5 sind so eingestellt, dass diese 10 V liefern, wenn der Tank leer ist. Für die Temperaturmessungen werden Thermoelemente B2, B4 und B6 verwendet. Um die Messwerte aufzunehmen, wird die Station mit einer AI-Baugruppe erweitert.

Konfigurieren Sie die Hardware.

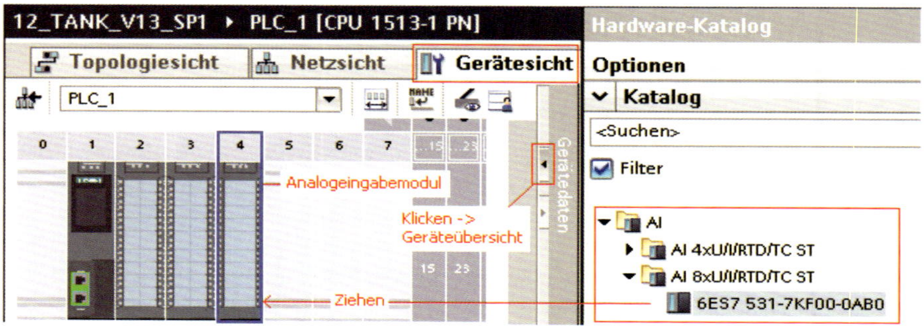

Mit dieser AI-Baugruppe stehen Ihnen 8 analoge Kanäle mit einer Auflösung von 16 Bits zur Verfügung. Sie könnten also 8 Sensoren anschließen. Die Kanäle sind konfigurierbar, das heißt, Sie können die Messart Spannung oder Strom und den Messbereich einstellen und so die Baugruppe an den Sensor anpassen. Sie können auch Thermoelemente zur Temperaturerfassung anschließen.

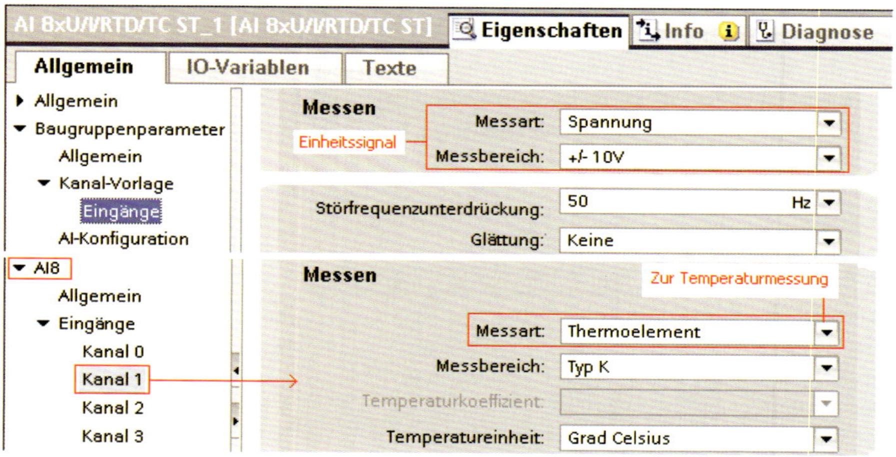

Über die Eingangsadressen greifen Sie auf die Daten im Programm zu. Wie Sie der Geräteübersicht (Bild unten) entnehmen können, wird bei dieser Konfiguration der Wert vom Kanal 0 in die Bytes 4 und 5 geschrieben, der vom Kanal 1 in die Bytes 6 und 7 usw. Liefert der Sensor eine Spannung von 10 V – dies entspricht 100% des Messwertes –, so wird im Speicher der Baugruppe, dem Peripheriespeicher, der Wert 27648 (16#6C00) liegen.

Der Wert im Peripheriespeicher der AI-Baugruppe Kanal 1 für die Temperatur ist um das 10-fache größer als der Temperaturwert. Teilen Sie also den Wert im Programm durch 10.

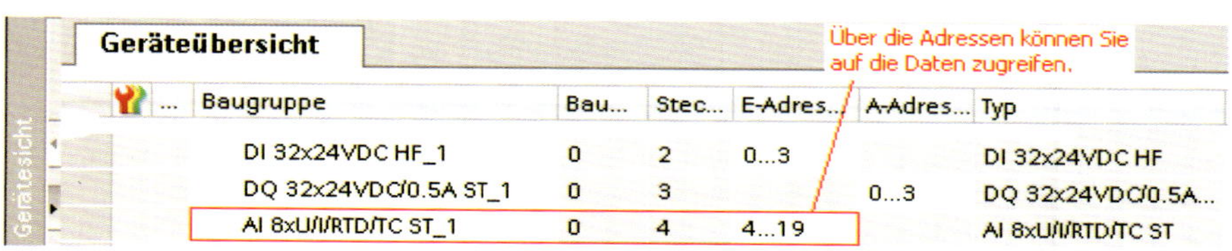

Beachten Sie: Bei der **CPU 3xx** wird der Peripheriespeicherbereich von AI- Baugruppen nicht automatisch mit dem Programmzyklus in das Prozessabbild der Eingänge (PAE) kopiert. Hängen Sie deshalb an den Variablennamen im Programm **:P**, z.B. iAbstand_Per:P.

Deklarieren Sie die PLC-Variablen für die Sensoren.

Standard-Variablentabelle

	Name	Datentyp	Adresse	Rema...	Komme
1	B1_Abstand	Int	%IW4		Tank 1
2	B2_Temp	Int	%IW6		Tank 1
3	B3_Abstand	Int	%IW8		Tank 2

Byte 4 und 5 — Byte 8 und 9 — usw.

Achten Sie auf die Adressbereiche, diese müssen mit der Gerätekonfiguration übereinstimmen.

Erstellen Sie einen Datenbaustein mit den Daten der drei Tanks. Legen Sie die Durchmesser als Startwerte fest. Dieser DB könnte als Schnittstelle zwischen der CPU und dem HMI dienen.

PLC_1 [CPU 1513-1 PN] ▸ Programmbausteine ▸ ANL [DB1]

ANL

	Name	Datentyp	Startwert	Beobachtungswert	Remanenz
1	▾ Static				
2	▾ TANK	Array [1 .. 3] of Struct			
3	▾ TANK[1]	Struct			
4	Durchmesser	Real	3.0	3.0	
5	Fuellhoehe	Real	0.0	1.546007	
6	Füllvolumen	Real	0.0	7.39368	
7	Temperatur	Real	0.0	123.4	
8	▾ TANK[2]	Struct			

Eingeben, z. B. 3 m

Schreiben Sie eine Funktion zur Berechnung der Füllhöhe und des Füllvolumens. **Skalieren** Sie, also rechnen Sie den digitalisierten Wert um, z.B. in Meter. Rufen Sie die FC für die drei Tanks auf. Sie müssen keinen FB benutzen, da die Werte in jedem Zyklus neu berechnet und die im vorhergehenden Zyklus ermittelten Werte nicht benötigt werden. Es ist als «kein Gedächtnis» ein Instanz-DB notwendig.

12_TANK_L ▸ PLC_1 [CPU 1513-1 PN] ▸ Programmbausteine ▸ VOLUMEN [FC1]

```
//Abstand skalieren 27648->Durchmesser
#rAbstand:=INT_TO_ ? (#ABSTAND_PER)/27648.0*     ?     ;
//Füllhöhe und Füllvolumen berechnen
#FUELLHOEHE:=#DURCHMESSER-#rAbstand;
#FUELLVOLUMEN:=3.14159* ? (#FUELLHOEHE)*(#DURCHMESSER/2.0-#FUELLHOEHE/ ? );
```

Zum **Testen** simulieren Sie die Sensorwerte, indem Sie die Werte im Main-Programm Beobachten und über das Kontextmenü (linke Maustaste) steuern oder bei älteren PLCSIM-Versionen über die SIM-Tabelle. Für einen leeren Tank ist der Wert im Peripheriespeicher 27648, für einen vollen Tank ist er 0. Für die Temperaturwerte geben Sie den 10-fachen Wert ein. Hinweise zum Testen finden Sie in Kapitel 2.

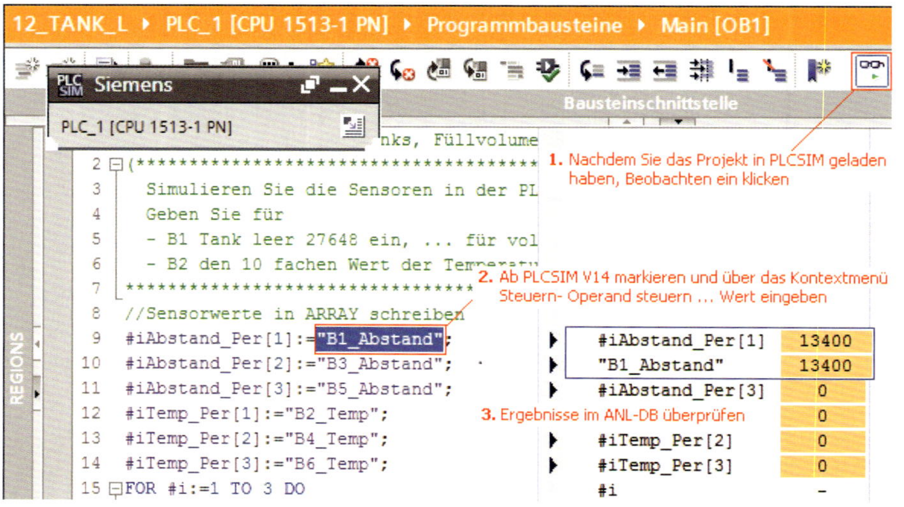

Aufgabe 12.2: Tankanlage, AQ-Baugruppe

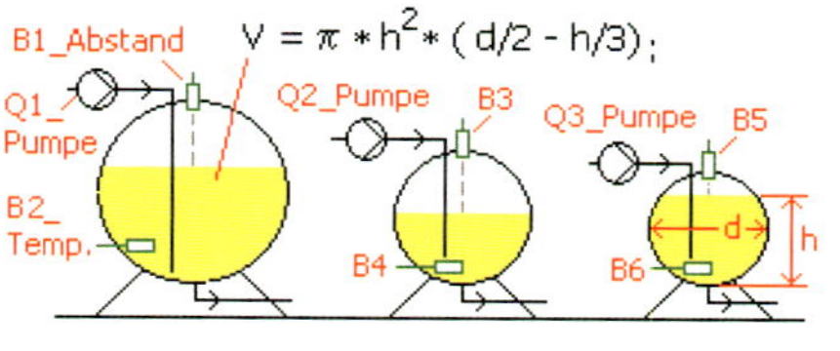

Abhängig vom Füllstand soll der Pumpenmotor über einen Frequenzumrichter unterschiedliche Drehfrequenzsollwerte erhalten. Eine Analogausgangsbaugruppe (AQ) liest den Sollwert (0...27648) aus dem Speicherbereich %QW4 und wandelt diesen in 0...10 V um und steuert damit über den Analogeingang des Frequenzumrichters die Förderleistung der Pumpe.

Ist der Füllstand kleiner als 25%, so wird der Frequenzumrichter mit 10 V angesteuert, bei 25...75% mit 5 V und größer 75% mit 0 V.

Eine **Analogausgabemodul** wandelt eine Zahl aus Ihrem Peripheriespeicher von 0...27648 in ein Einheitssignal um, z.B. in 0...10 V.

Beachten Sie: Bei der **CPU 3xx** wird der Speicherbereich des PAA nicht automatisch mit dem Programmzyklus in den Peripheriespeicherbereich der AQ-Baugruppen kopiert. Hängen Sie deshalb an den Variablennamen im Programm **:P**, um auf den Peripheriespeicher zuzugreifen.

Vorgehensweise

Doppelklicken Sie im PLC-Ordner auf Gerätekonfiguration und fügen Sie aus dem Hardware-Katalog eine AQ-Baugruppe hinzu. Aus der Geräteübersicht können Sie die Ausgangsadressen der Analogausgänge entnehmen. Unter *Eigenschaften* stellen Sie die gewünschte Ausgabeart und den Ausgabebereich ein.

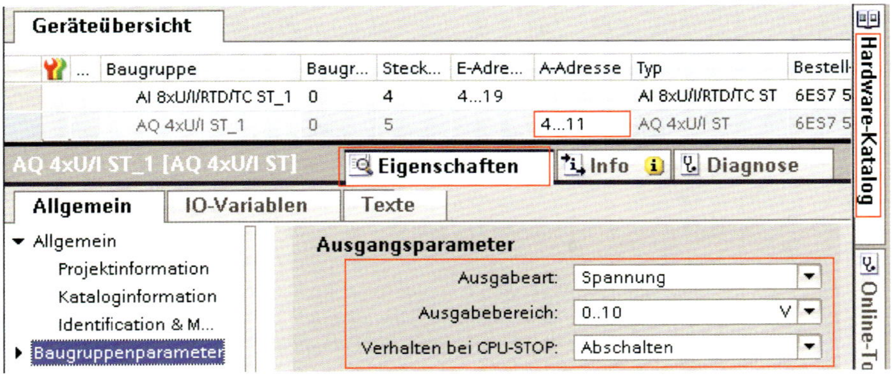

Erweitern Sie Ihr Programm. Ergänzen Sie die PLC-Variablentabelle.

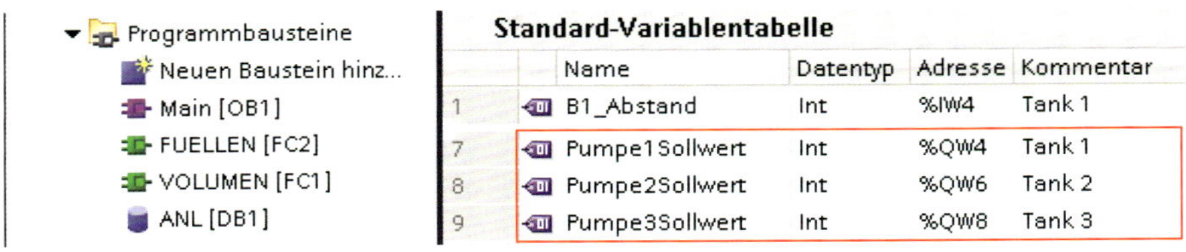

Fügen Sie einen neuen Baustein hinzu und schreiben Sie die Funktion FUELLEN.

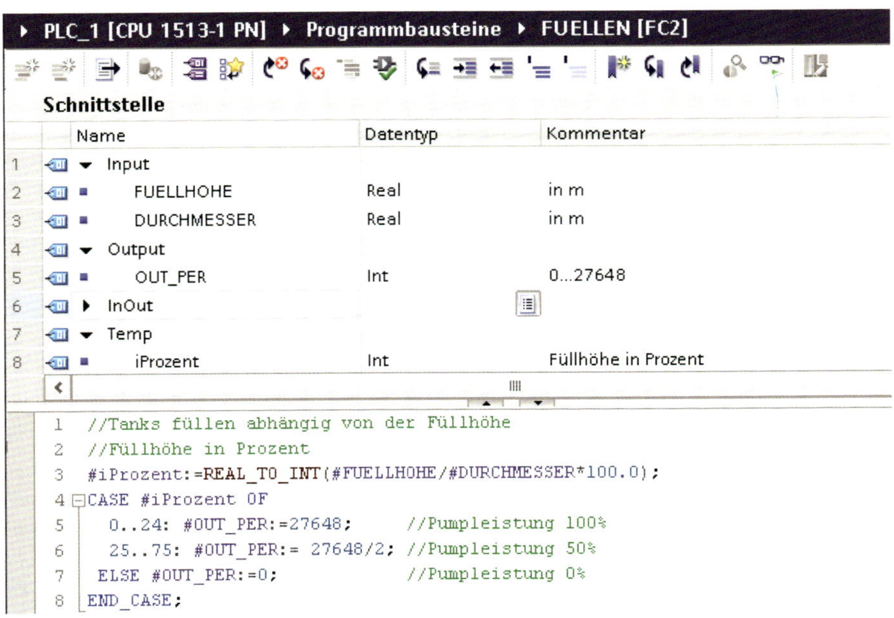

Ergänzen Sie Ihr Main-Programm, rufen Sie die Funktion FUELLEN auf.

▸ PLC_1 [CPU 1513-1 PN] ▸ Programmbausteine ▸ Main [OB1]

Schnittstelle

	Name	Datentyp	Kommentar
4	▾ Temp		
5	i	Int	
6	▸ iAbstand_Per	Array [1 .. 3] of Int	
7	▸ iTemp_Per	Array [1 .. 3] of Int	
8	▸ iPumpe_Per	Array [1 .. 3] of Int	

```
FOR #i:=1 TO 3 DO
"VOLUMEN"(ABSTAND_PER:=#iAbstand_Per[#i],
          DURCHMESSER:="ANL".TANK[#i].Durchmesser,
          FUELLVOLUMEN=>"ANL".TANK[#i].Füllvolumen,
          FUELLHOEHE=>"ANL".TANK[#i].Fuellhöhe);
"ANL".TANK[#i].Temperatur:=INT_TO_REAL(#iTemp_Per[#i])/10.0;
"FUELLEN"(FUELLHOHE:="ANL".TANK[#i].Fuellhöhe,
          DURCHMESSER:="ANL".TANK[#i].Durchmesser,
          OUT_PER=>#iPumpe_Per[#i]);
END_FOR;
//Analogausgänge beschreiben
"Pumpe1Sollwert":=#iPumpe_Per[1];
"Pumpe2Sollwert":=#iPumpe_Per[2];
"Pumpe3Sollwert":=#iPumpe_Per[3];
```

Erweiterungen

Testen Sie die Funktion Ihres Programms mit PLCSIM, simulieren Sie die Abstandssensoren.

SIM-Tabelle_1

Name	Adresse	Anzeigeformat	Überwachungs-/Änderungswert
"B1_Abstand"	%IW4	DEZ+/-	27648
"B3_Abstand"	%IW8	DEZ+/-	13000
"B5_Abstand"	%IW12	DEZ+/-	0
"Pumpe1Sollwert"	%QW4	DEZ+/-	27648
"Pumpe2Sollwert"	%QW6	DEZ+/-	13824
"Pumpe3Sollwert"	%QW8	DEZ+/-	0

Eingeben

Beobachten

12.1 OB-Baustein Cyclic interrupt, Weckalarm-OBs

Aufgabe 12.3: Tankanlage, Cyclic interrupt

Es ist wohl nicht notwendig, in jedem Zyklus die Volumen- und Temperaturwerte neu zu berechnen. Es soll ausreichend sein, diese alle 500 ms zu berechnen. Das Programm wird daher in einen Baustein geschrieben, einen Cyclic interrupt-OB, der zyklisch alle 500 ms vom PLC-Betriebssystem aufgerufen wird. Die Cyclic interrupt-OBs haben eine höhere **Priorität**, sie unterbrechen die Bearbeitung im Main[OB1]. OB-Bausteine werden vom PLC-Betriebssystem aufgerufen.

Bei der CPU 314C können Sie den CYC_INT2[OB32]…CYC_INT5[OB35] verwenden.

Vorgehensweise

Fügen Sie einen neuen OB-Baustein *Cyclic interrupt* mit einem Zeittakt von 500 ms ein.

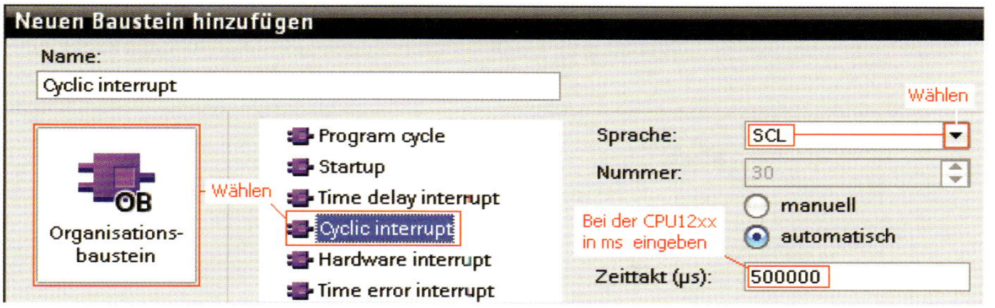

Schneiden Sie den Programmcode und die lokalen temporären Variablen iAbstand_Per... im Main[OB1] aus und fügen Sie diese im Baustein *Cyclic interrupt* ein. Im Main[OB1] stehen in diesem Beispiel keine Anweisungen.

Übersetzen Sie den neuen Baustein und **testen Sie** die Funktion. Sie können die Werte der Sensoren im Peripheriespeicher in einer Beobachtungstabelle oder im PLCSIM-Fenster simulieren und die Ergebnisse im DB beobachten.

Aufgabe 12.4: Tankanlage, gleitende Mittelwertbildung

Analoge Messwerte schwanken häufig, z.B. die Füllhöhe im Tank. Ein verbreitetes Verfahren, mit Software die Schwankungen zu unterdrücken, ist die «gleitende Mittelwertbildung».

$$y(n) = \frac{1}{N+1}\sum_{k=0}^{N} x(n-k)$$

Bei dem Verfahren wird über eine Anzahl von Eingangswerten im zeitlichen Abstand gemittelt. Es wird immer nur eine bestimmte Anzahl (N) von Werten aus der Vergangenheit betrachtet und der Mittelwert berechnet. Beim Einlesen eines neuen Wertes wird der älteste Wert hinausgeschoben und der Mittelwert erneut berechnet.

Erstellen Sie einen bibliotheksfähigen und **hardwareunabhängigen** Baustein, der über vier Zyklen die Messwerte mittelt.

Damit der Baustein hardwareunabhängig ist, deaktivieren Sie das Bausteinattribut *optimierter Bausteinzugriff*, da die CPU 3xx den Zugriff nicht kennt. Benutzen Sie nicht die Datentypen USInt, SInt und UInt, da die CPU 3xx diese Typen nicht kennt. Ändern Sie die Nummer des Bausteins zu z.B. 100, dann tritt beim Einfügen in ein Projekt kein Konflikt mit einem vorhandenen Baustein auf.

Vorgehensweise

InfoClick www

Benutzen Sie Ihr getestetes Programm aus der vorhergehenden Aufgabe oder verwenden Sie die Archivdatei A12.4 oder A12.4-1200 «12_TANK_Glaettung.zap1x» von der **InfoClick**-Webseite.

Fügen Sie einen Funktionsblock und nicht eine Funktion ein, da das Programm auf Werte zugreift, die im vorhergehenden Zyklus beschrieben wurden. Ändern Sie das Bausteinattribut und die Bausteinnummer im Kontextmenü unter *Eigenschaften*. Geben Sie das Programm ein. Achten Sie auf die Datentypen.

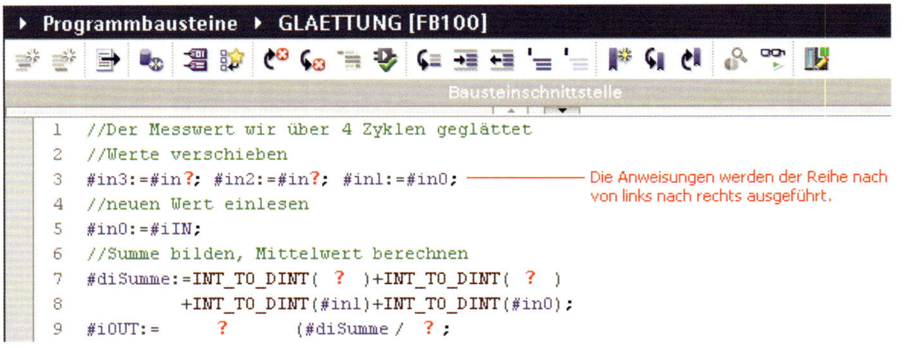

Rufen Sie die Instanz des FBs, z.B. im Cyclic interrupt[OB30], im Takt von 1 s auf. Programmteile, die Sie nicht testen wollen, können Sie auskommentieren.

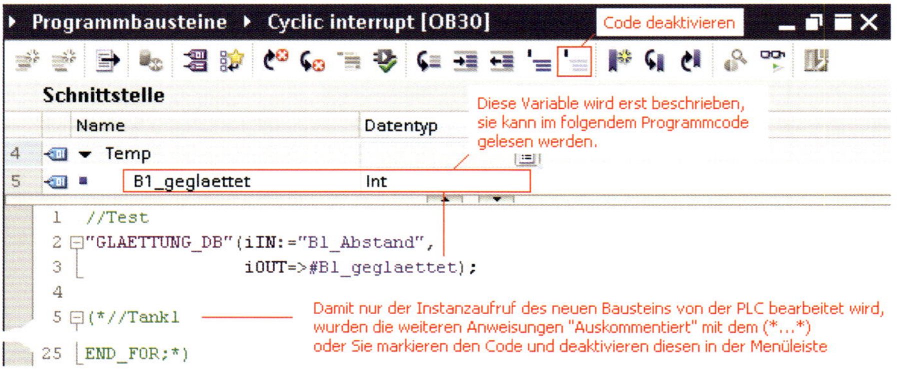

Testen Sie die Funktion des FBs mit PLCSIM. Erstellen Sie ein neues oder öffnen Sie ein PLCSIM-Projekt. Sie können eine **Sequenztabelle** erstellen und den schwankenden Wert im **Peripheriespeicher** der AI-Baugruppe Kanal 0 simulieren.

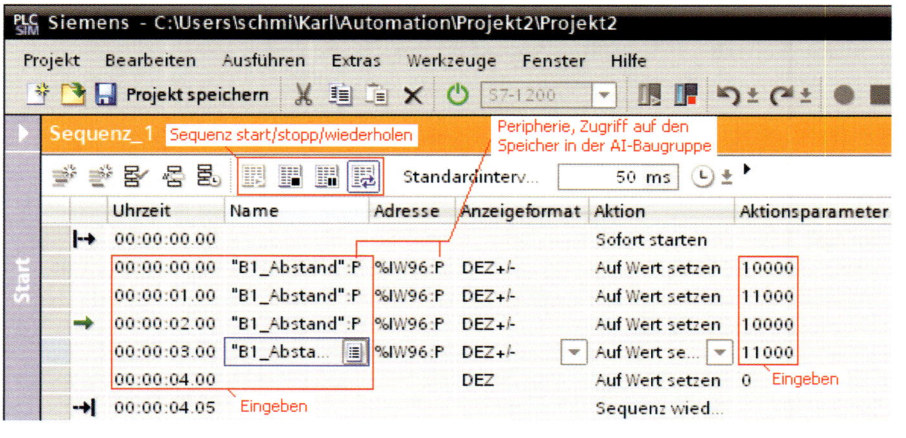

Das Ergebnis ist im Instanz-DB beobachtbar, die Schwankungen werden gemittelt.

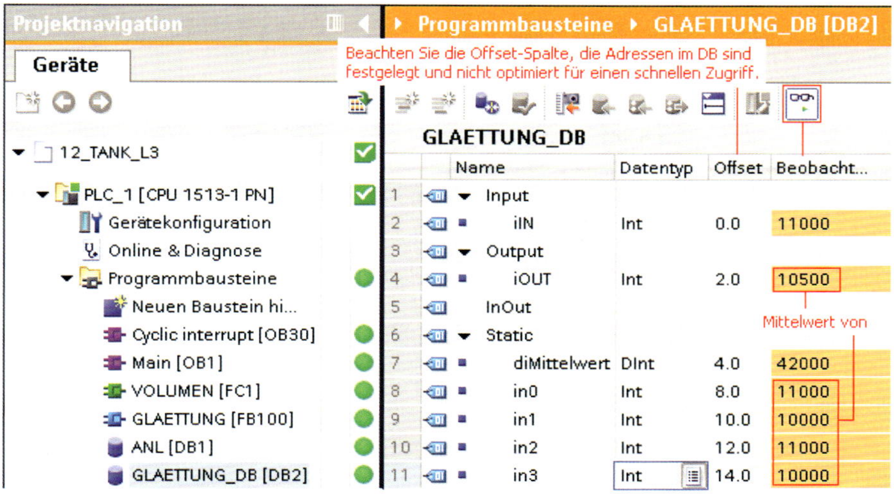

Beachten Sie die Offset-Spalte, die Adressen im DB sind festgelegt und nicht optimiert für einen schnellen Zugriff, da Sie die Einstellung in den DB-Eigenschaften auf *nicht optimiert* verändert haben.

Nachdem Sie erfolgreich den Baustein getestet haben, können Sie diesen in eine Bibliothek ablegen (siehe Kapitel 4).

Benutzen Sie den Glättungsbaustein in Ihrem Tank-Projekt, um die Messwerte für die Abstandsmessung zu glätten. Wenn Sie mit der CPU 15xx oder auch 12xx arbeiten, so aktivieren Sie wieder das Bausteinattribut *optimierter Bausteinzugriff*.

▸ Programmbausteine ▸ Cyclic interrupt [OB30]

```
 2 ⊞(*...*)          Instanzen des Glättungs-FBs
 8   //Abstandsmesswerte glätten
 9 ⊟"GLAETTUNG_DB1"(iIN:="B1_Abstand",          Lokal deklariert
10                  iOUT=>#B1_geglaettet);
11 ⊞"GLAETTUNG_DB2"(iIN:="B3_Abstand", ...);
13 ⊞"GLAETTUNG_DB3"(iIN:="B5_Abstand", ...);
15   //geglättete Werte in ARRAY schreiben
16   #iAbstand_Per[1]:=#B1_geglaettet;
   usw.
```

Testen Sie das Programm, beobachten Sie die Werte im ANL[DB1] und den Instanz-DBs des Glättungs-FBs.

Anmerkung: Bei einigen AI-Baugruppen kann die Glättung konfiguriert werden, das Programm wäre aber dann nicht hardwareunabhängig.

Merksatz

Programme können nicht nur freilaufend zyklisch (OB1), sondern auch zyklisch in einem Zeittakt (OB30...) mit höherer Priorität aufgerufen werden.

12.2 Arrays von Multiinstanzen und PLC-Variablen

Wenn Sie mehrere gleichartige Ein- oder Ausgänge haben und diese über einen Index ansprechen wollen, so können Sie einen PLC-Datentyp erstellen, z.B. SENSOREN mit einem Array of Int oder AKTOREN mit Array of Bool. Diesen verwenden Sie in der PLC-Variablentabelle als Datentyp.

Ab TIA V14 können Sie auch Multiinstanzdaten in ein Array speichern und in einer Schleife bearbeiten. Dies führt zu kompakten Programmen für viele gleichartige Funktionseinheiten.

Die folgende Aufgabe zeigt dies anhand eines Zweipunktreglers, der für mehrere Temperaturregelungen in Tanks (hier drei Tanks) benutzt wird. Erläuterungen zum Zweipunktregler finden Sie in Kapitel 15.

Aufgabe 12.5 Tankanlage mit Temperaturregelung

Die Temperatur in mehreren Tanks soll mit Hilfe von Zweipunktreglern geregelt werden.

Analysieren Sie das Programm. **Testen Sie** die Funktion mit PLCSIM, simulieren Sie die Temperaturwerte in einer SIM- oder Beobachtungstabelle.

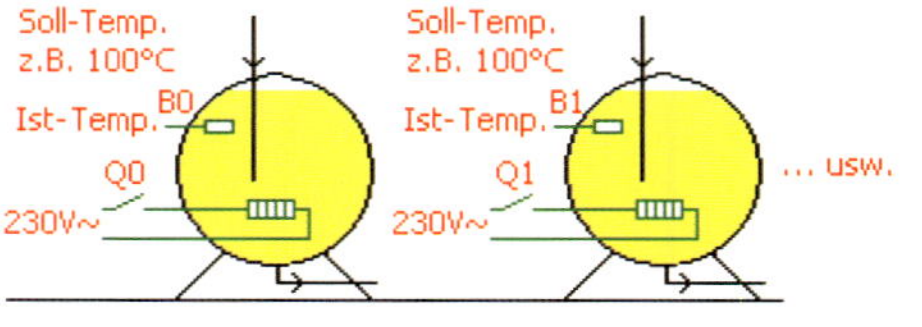

WWW

InfoClick

Sie können die Archivdatei A12.5L1 «12_5_Tank_FB_For_L.zap1x» von der **InfoClick**-Webseite benutzen.

Es wurden PLC-Datentypen erstellt, um in der PLC-Variablentabelle die Temperatursensorwerte sowie die Heizungsschütze als Array deklarieren zu können. Dies ist nötig, um beim Aufruf der Instanz des ANL[FB1] die Temperaturwerte und die Werte für die Heizungsschütze als Array in einer FOR-Schleife übergeben zu können.

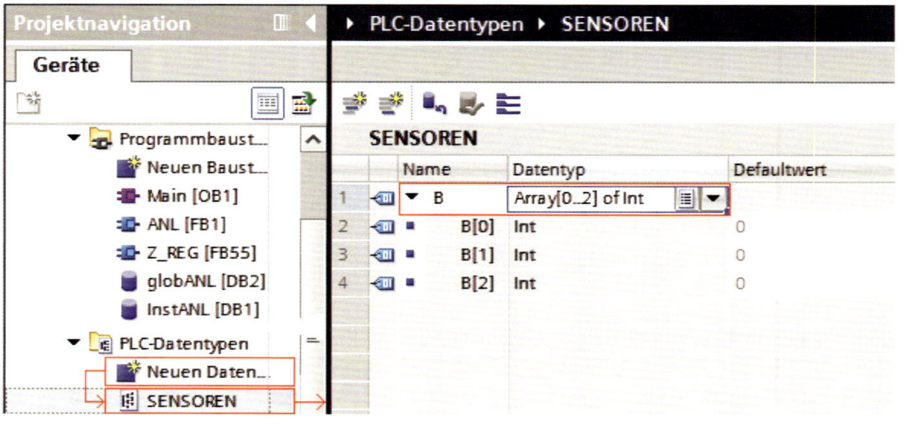

12_5_Tank_FB_For_L ▸ PLC_1 [CPU 1513-1 PN] ▸ PLC-Datentypen ▸ AKTOREN

AKTOREN

	Name	Datentyp	Defaultwert	Erreichbar a..	Schrei...	Sichtbar i...
1	▼ Q	Array[0..2] of Bool		☑	☑	☑
2	Q[0]	Bool	false	☑	☑	☑
3	Q[1]	Bool	false	☑	☑	☑
4	Q[2]	Bool	false	☑	☑	☑

Auch die Deklaration der Globalvariablen in der PLC-Variablentabelle wird einfacher – wobei das Präfix i für Int bei iTemp und x für Bool bei xSchuetze steht.

Standard-Variablentabelle

	Name	Datentyp	Adresse	Rema...	Erreic...	Schrei...	Sichtb...
1	▼ iTemp	"SENSOREN"	%I4.0	☐	☑	☑	☑
2	▼ B	Array[0..2] of Int	%I4.0		☑	☑	☑
3	B[0]	Int	%IW4		☑	☑	☑
4	B[1]	Int	%IW6		☑	☑	☑
5	B[2]	Int	%IW8		☑	☑	☑
6	▼ xSchuetze	"AKTOREN"	%Q0.0	☐	☑	☑	☑
7	▼ Q	Array[0..2] of Bool	%Q0.0		☑	☑	☑
8	Q[0]	Bool	%Q0.0		☑	☑	☑
9	Q[1]	Bool	%Q0.1		☑	☑	☑
10	Q[2]	Bool	%Q0.2		☑	☑	☑

Eingeben

Der Zweipunktregler, hier der Funktionsblock Z_REG, vergleicht den Sollwert rW mit dem Istwert rX und schaltet den Ausgang xY ein bzw. aus – wobei das Präfix r für Real und x für Bool steht.

...5_Tank_FB_For_L ▸ PLC_1 [CPU 1513-1 PN] ▸ Programmbausteine ▸ Z_REG [FB55]

Z_REG

	Name	Datentyp	Defaultwert	Remanenz	Kommentar
1	▼ Input				
2	rW	Real	0.0	Nicht remanent	Sollwert
3	rX	Real	0.0	Nicht remanent	Istwert
4	▼ Output				
5	xY	Bool	false	Nicht remanent	Stellwert 0 oder 1

```
//Zweipunktregler
IF #rX > #rW + 5.0 THEN
  #xY:=FALSE;
ELSIF #rX < #rW- 5.0 THEN
  #xY:=TRUE;
END_IF;
```

Wie das folgende Bild zeigt, werden die Instanzen des Funktionsblocks Z_REG im ANL[FB1] unter Static als Multiinstanzen in ein Array eingetragen. Dies ist ab TIA-Portal Version 14 möglich. Daraus entstehen kompakte Programme, wenn Sie die Multiinstanzen in einer FOR-Schleife aufrufen und die Input-Parameter als indizierte Variable übergeben sowie die Output-Parameter als indizierte Variable ausgeben.

Sollen alle Instanzen des Zweipunktreglers aufgerufen werden, so muss der Bereich der Laufvariable i in der FOR-Schleife mit dem Bereich der Ein- und Ausgangsparameter übereinstimmen. In dieser Aufgabe ist der Maximalwert des Bereichs als lokale Konstante MAX deklariert.

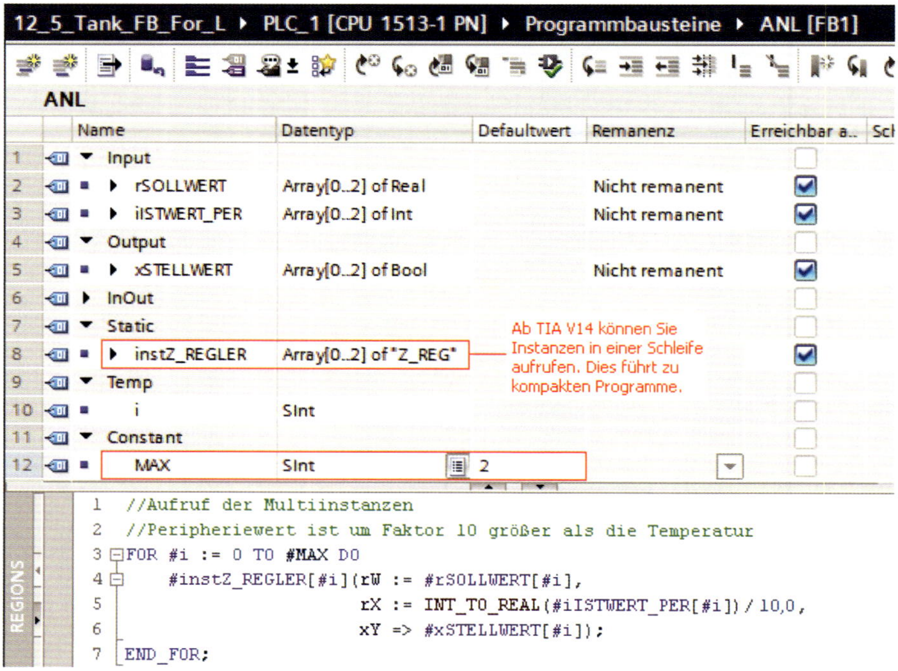

Die Temperatursollwerte sind im globANL[DB2] deklariert. Diese könnten z.B. über ein Bedien- und Beobachtungsgerät (HMI) verändert werden.

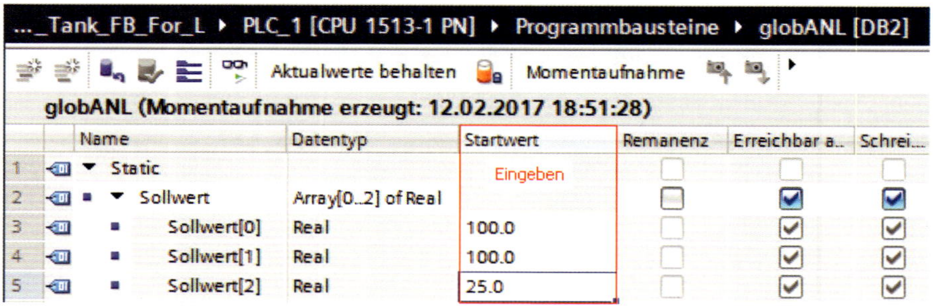

Im Main-Programm wird die Einzelinstanz InstANL[DB1] des ANL[FB1] aufgerufen und damit werden alle Temperaturregelungen bearbeitet.

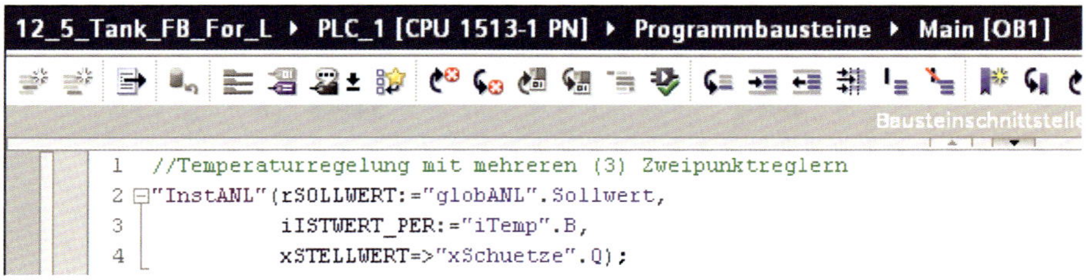

Testen Sie die Funktion des Programms mit PLCSIM.

Laden Sie das Projekt in die Simulation über Menü *Online – Simulation – Starten*. Simulieren Sie die Temperaturwerte iTemp.B[0] … iTemp.B[2], beachten Sie dabei, dass der Wert um den Faktor 10 größer ist als die tatsächliche Temperatur. Geben Sie also 900 für 90,0 °C ein. Öffnen Sie dazu die Beobachtungstabelle, klicken Sie auf «Beobachten ein», geben Sie einen Steuerwert ein, klicken Sie auf «Steuern» und überprüfen Sie die Ergebnisse.

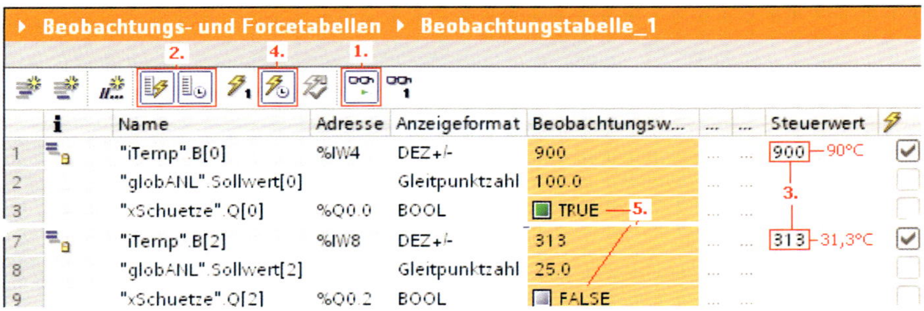

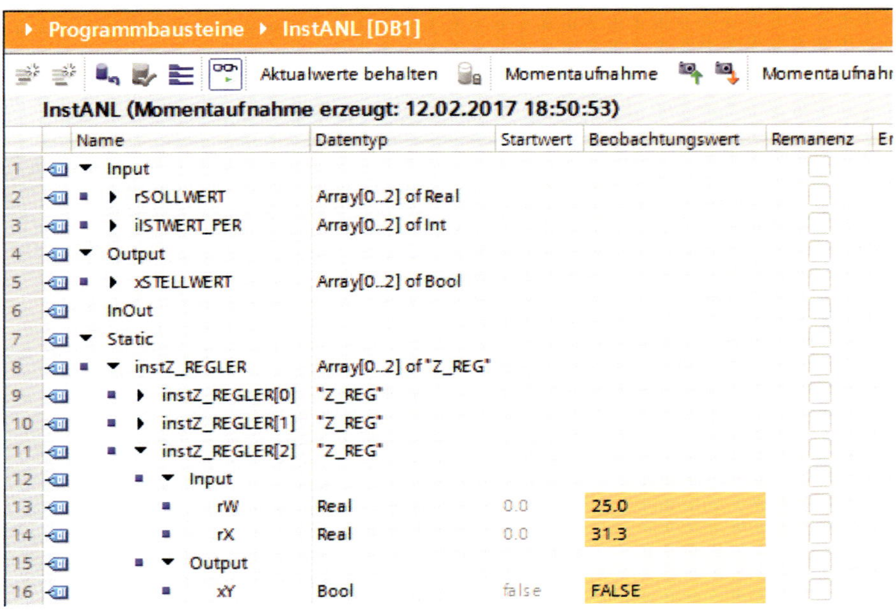

Lösungsvariante 2 der Aufgabe 12.5

Sie können die Aufgabe 12.5 auch lösen, indem Sie so vorgehen wie in der Aufgabe 10.5.

Analysieren Sie diese Lösungsvariante.

WWW

InfoClick

Sie können die Archivdatei A12.5L2 «12_5_Tank_FC_For_L.zap1x» von der **InfoClick**-Webseite benutzen.

Der Zweipunktregler ist in diesem Fall nur eine Funktion. Seine Daten werden aber über den InOut-Parameter in den Global-DB, hier globANL[DB1], gespeichert, deshalb ist kein Funktionsblock mit seinen Instanzen wie in der vorhergehenden Lösung notwendig.

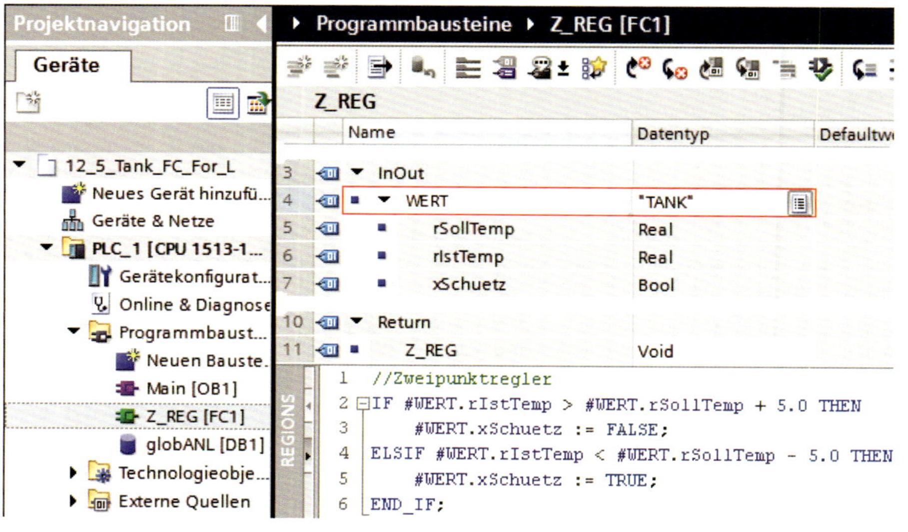

Im Main-Programm wird in der FOR-Schleife als erstes der Temperaturwert gelesen, skaliert und in den globANL geschrieben, dann wird der Zweipunktregler aufgerufen, die Daten aus dem globANL gelesen bzw. geschrieben und zuletzt wird die PLC-Variable xSchütz.Q[0…2] beschrieben.

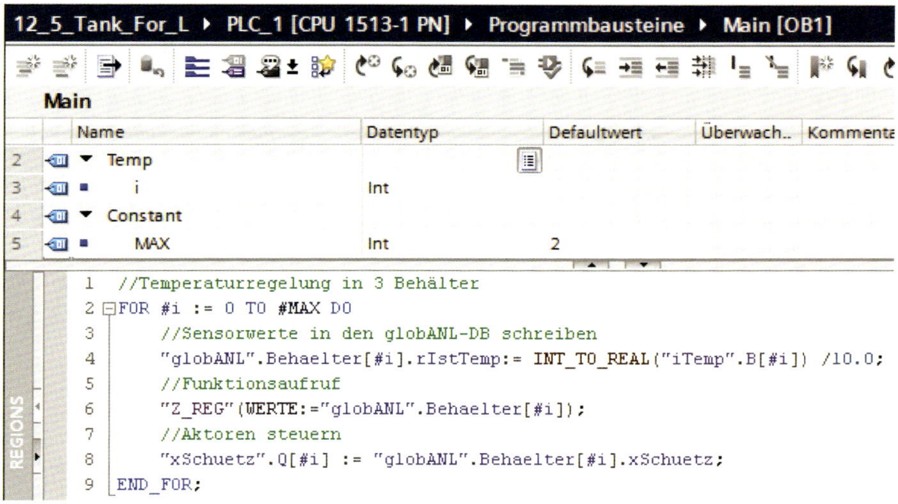

Im Global-DB globANL[DB1] sind alle Werte in der Feldvariablen Behaelter vom Datentyp TANK gespeichert.

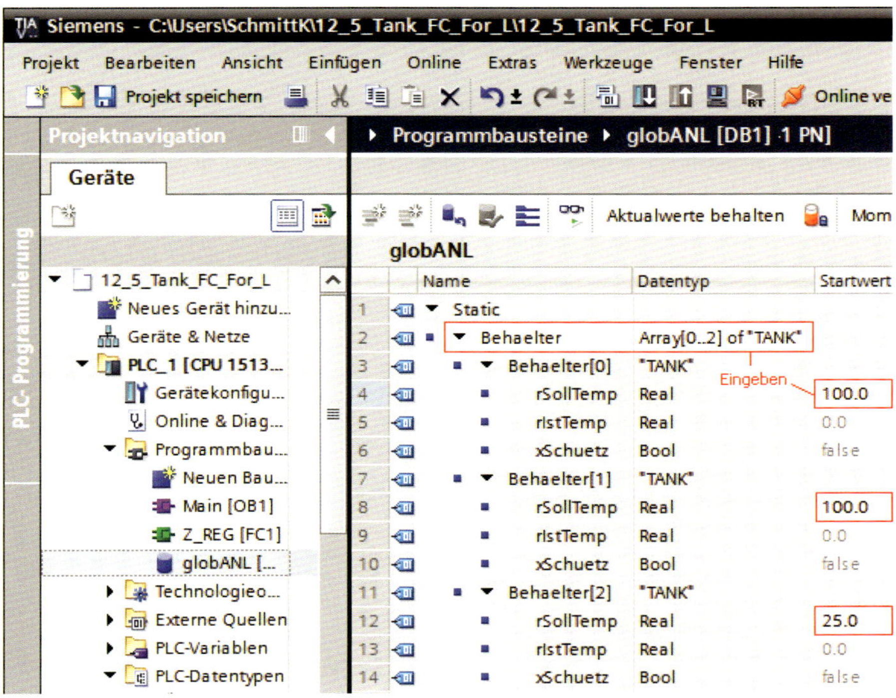

Es wurde der PLC-Datentyp TANK erstellt, der in der Funktion Z_REG[FC1] und im Global-DB globANL[DB1] benutzt wird, sowie der Datentyp SENSOREN und AKTOREN.

12_5_Tank_FC_For_L ▸ PLC_1 [CPU 1513-1 PN] ▸ PLC-Datentypen ▸ TANK

TANK

	Name	Datentyp	Defaultwert	Erreichbar a..	Schrei...	Sichtbar i...
1	rSollTemp	Real	0.0	☑	☑	☑
2	rIstTemp	Real	0.0	☑	☑	☑
3	xSchuetz	Bool	false	☑	☑	☑

SENSOREN

	Name	Datentyp	Defaultwert	Erreichbar a..	Schrei...	Sichtbar i...	Ein
1	▾ B	Array[0..2] of Int		☑	☑	☑	
2	B[0]	Int	0	☑	☑	☑	
3	B[1]	Int	0	☑	☑	☑	
4	B[2]	Int	0	☑	☑	☑	

AKTOREN

	Name	Datentyp	Defaultwert	Erreichbar a..	Schrei...	Sichtbar i...
1	▸ Q	Array[0..2] of Bool		☑	☑	☑

Standard-Variablentabelle

	Name	Datentyp	Adresse	Rema...	Erreic...	Schrei...	Sichtb..
1	▾ iTemp	"SENSOREN"	%I4.0	☐	☑	☑	☑
2	▾ B	Array[0..2] of Int	%I4.0		☑	☑	☑
3	B[0]	Int	%IW4		☑	☑	☑
4	B[1]	Int	%IW6		☑	☑	☑
5	B[2]	Int	%IW8		☑	☑	☑
6	▾ xSchuetze	"AKTOREN"	%Q0.0	☐	☑	☑	☑
7	▾ Q	Array[0..2] of Bool	%Q0.0		☑	☑	☑
8	Q[0]	Bool	%Q0.0		☑	☑	☑
9	Q[1]	Bool	%Q0.1		☑	☑	☑
10	Q[2]	Bool	%Q0.2		☑	☑	☑

Eingeben (Zeilen 1 und 6)

Testen Sie die Funktion des Programms mit PLCSIM.

▸ Beobachtungs- und Forcetabellen ▸ Beobachtungstabelle_1

(Symbolleiste: 2., 4., 1.)

	Name	Adresse	Anzeigeformat	Beobachtungsw...	Steuerwert	
1	"iTemp".B[0]	%IW4	DEZ+/-	900	900 — 90°C	☑
2	"globANL".Sollwert[0]		Gleitpunktzahl	100.0		☐
3	"xSchuetze".Q[0]	%Q0.0	BOOL	TRUE — 5.	3.	☐
7	"iTemp".B[2]	%IW8	DEZ+/-	313	313 — 31,3°C	☑
8	"globANL".Sollwert[2]		Gleitpunktzahl	25.0		☐
9	"xSchuetze".Q[2]	%Q0.2	BOOL	FALSE		☐

Übung 12.1: Bandsteuerung

Schreiben Sie ein Programm mit einem bibliotheksfähigen Baustein und testen Sie dieses.

Forderungen

Wird der Taster S1 betätigt, so wird die Drehfrequenz des Motors für den Bandantrieb abhängig von der Position erhöht und dann wieder verringert, bis die Endposition erreicht ist. Die Position wird mit Hilfe eines einfachen Inkrementalgebers und einem Zähler (CTU) erfasst. Bei z.B. 40 Impulsen sei die Endposition erreicht. Über den Analogeingang 0…10 V des Frequenzumrichters kann die Drehfrequenz gesteuert werden.

Vorüberlegungen, Vorgehensweise

1. Konfigurieren Sie eine AQ-Baugruppe mit 0…10 V, um den Frequenzumrichter anzusteuern.
2. Deklarieren Sie die PLC-Variablen. Beachten Sie die Adressen in der Geräteübersicht.

Standard-Variablentabelle

	Name	Datentyp	Adresse ▲	Rema...	Kommentar
1	B1_ink	Bool	%I0.0		einfacher Inkrementalgeber
2	S1	Bool	%I0.1		Start
3	Q1_Band	Bool	%Q0.0		Schütz
4	Geschwindigkeit	Int	%QW4		AQ-Baugruppe Kanal 0

3. Fügen Sie einen FB hinzu, deklarieren Sie die Ein- und Ausgangsparameter, z.B. INK für den Impulsgeber, RESET, um den CTU zurückzustellen, SPEED_PER Ausgang für die Variable der Geschwindigkeit. Der Zählerwert muss umgerechnet werden in den Wert 0…27648 (0…10 V) für den Peripheriespeicher der AQ-Baugruppe.

Lösungsvariante 1:

Berechnung der Geschwindigkeit mit linearen Gleichungen und der CASE-Anweisung. Die «Anfangsgeschwindigkeit» sei 5000. Bestimmen Sie die Steigung m und die Konstante t der beiden linearen Funktionen, siehe nachfolgendes Bild.

Lösungsvariante 2:

Berechnung der Geschwindigkeit mit einem Abschnitt der SIN-Funktion. Rechnen Sie den Zählwert in das Bogenmaß um, benutzen Sie die SIN-Funktion, um abhängig vom Bogenmaß die Geschwindigkeit zu berechnen. Die «Anfangsgeschwindigkeit» sei etwa 5000.

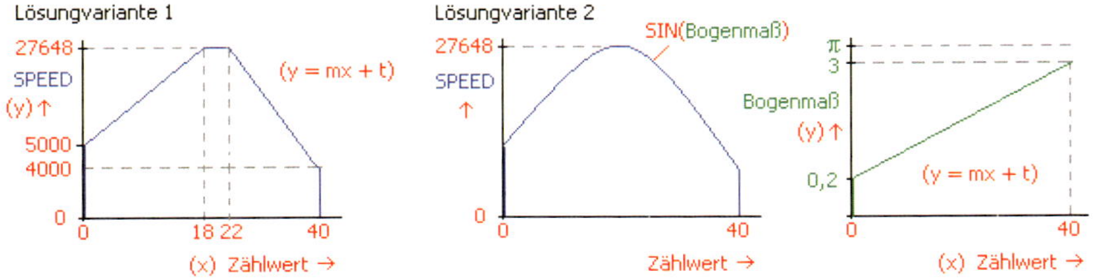

Lösungsvariante 1:

▸ PLC_1 [CPU 1513-1 PN] ▸ Programmbausteine ▸ BAND [FB1]

```
(*Die Geschwindigkeit ändert sich abhängig von der Position
die mit einem Inkrementalgeber und einem Zähler bestimmt wird.*)
#CTU1(CU:=#INK, R:=#RESET, PV:=0);
//Geschwindigkeit
CASE #CTU1.CV OF
  0..18 : #SPEED_PER:=1258 * #CTU1.CV + 5000;
  19..21: #SPEED_PER:=27648;
  22..40: #SPEED_PER:=-1314 * #CTU1.CV + 56551;
END_CASE;
IF #SPEED_PER <= 4050 THEN #SPEED_PER:=0; END_IF;
```

Steigung (m) Konstante (t) aus der allgemeinen Gleichung $y = mx + t$

Lösungsvariante 2:

12_Band_AQ_L2 ▸ PLC_1 [CPU 1513-1 PN] ▸ Programmbausteine ▸ BAND [FB1]

```
//Geschwindigkeit abhängig vom Zählerwert berechnen
#CTU1(CU:=#INK, R:=#RESET, PV:=0);
//Bogenmaß vom 0,2 bis etwa Pi (3,0) berechnen
#rBogenmass:=(3.0-0.2)/40.0*#CTU1.CV+0.2;
//Geschwindigkeit nach SIN-Verlauf
#SPEED_PER:=REAL_TO_INT(SIN(#rBogenmass)*27648.0);
IF #SPEED_PER < 4000 THEN #SPEED_PER:=0; END_IF;
```

Warnung: Implizierte Datentypenumwandlung von Int nach REAL. Die Übersetzung ist fehlerlos.

1. Steuern Sie im Main-Programm das Schütz für den Antrieb und rufen Sie die Instanz des FBs auf.

▸ Programmbausteine ▸ Main [OB1]

```
//Bandsteuerung,
"BAND_DB"(INK:="B1_ink",
          RESET:="S1",
          SPEED_PER=>"Geschwindigkeit");
IF "Geschwindigkeit"<=0 THEN
  "Q1_Band":=FALSE;
ELSIF "S1" THEN
  "Q1_Band":=TRUE;
END_IF;
```

2. **Testen Sie** mit PLCSIM, simulieren Sie S1 und B1, beobachten Sie Q1 und den Wert der Geschwindigkeit.

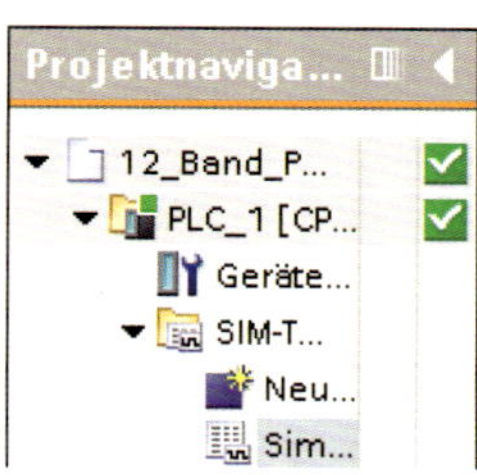

SIM-Tabelle_1

Eingeben *Klicken*

Name	Adresse	Anzeigef...	Überwachungs...	Bits
"B1_ink"	%I0.0	Boolesch	TRUE	☑
"S1"	%I0.1	Boolesch	FALSE	☐
"Q1_Band"	%Q0.0	Boolesch	FALSE	☐
"Geschwindigkeit"	%QW4	DEZ	0	

Stichpunkte

Nach der Bearbeitung des Kapitels sollten die folgenden Stichpunkte für Sie verständlich sein:

- ❑ AI-Baugruppe
- ❑ Peripheriespeicher
- ❑ Auflösung
- ❑ Einheitssignal
- ❑ Cyclic interrupt, Weckalarm-OBs
- ❑ INT_TO_DINT
- ❑ gleitende Mittelwertbildung
- ❑ Sequenztabelle
- ❑ hardwareunabhängig
- ❑ Bibliothek

Selbsttest

Wählen Sie die richtigen Ergänzungen bzw. Aussagen aus.

1. Die Adresse, über die der Wert eines AI-Kanals gelesen werden kann,
   - ☐ können Sie der PLC-Variablentabelle entnehmen.
   - ☐ ist vom Sensor abhängig.
   - ☐ können Sie der Geräteübersicht entnehmen.
   - ☐ ist von der Messart abhängig.

2.
```
CASE #iProzent OF
   0..24: #OUT_PER:= 27648;
   25..75: #OUT_PER:= 27648/2;
 ELSE #OUT_PER:=0;
END_CASE;
```
   Die Variable #OUT_PER hat nur dann den Wert 0, wenn #iProzent
   ☐ > 0 ist. ☐ < 0 ist. ☐ < 0 oder > 75 ist. ☐ > 75 ist.

3.
```
"ANL".TANK[#i].Temperatur:=INT_TO_REAL(#iTemp_Per[#i])/10.0;
```
   Die Variable TANK[#i].Temperatur ist im DB ANL deklariert und vom Datentyp
   ☐ Int. ☐ Real. ☐ Array of Struct. ☐ Struct of Array.

4.
```
#rBogenmass:=(3.0-0.2)/40.0*#CTU1.CV+0.2;
```
   Weshalb wird eine Warnung angezeigt?
   - ☐ (3.0-0.2) darf nicht in Klammer stehen.
   - ☐ .0 muss im Ausdruck entfernt werden.
   - ☐ #CTU1.CV müsste in Real konvertiert werden.
   - ☐ +0.2 ist an dieser Stelle unzulässig.

5. Das Programm Cyclic interrupt wird
   - ☐ freilaufend zyklisch aufgerufen.
   - ☐ zyklisch, z.B. alle 500 ms, aufgerufen.
   - ☐ beim Neustart aufgerufen.
   - ☐ bei einem Programmfehler aufgerufen.

6. Der Wert der Variablen «B1_Abstand»:P
   - ☐ ist remanent.
   - ☐ wird aus dem PAE gelesen.
   - ☐ wird aus dem PAA gelesen.
   - ☐ wird aus der AI-Baugruppe gelesen.

7. Wurde der PLC-Datentyp "SENSOREN" erstellt, so kann dieser anwenderdefinierte Datentyp auch in der PLC-Variablentabelle benutzt werden.

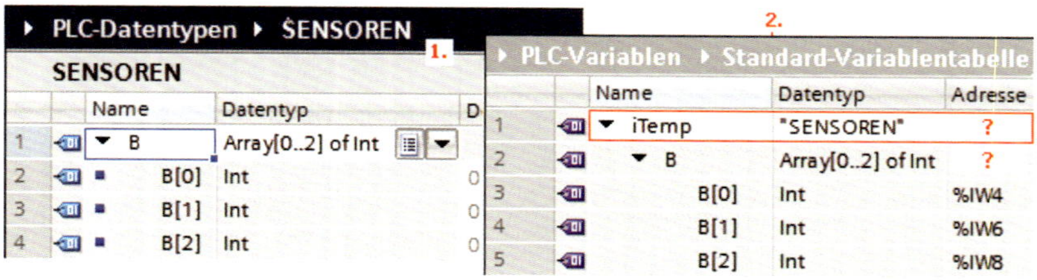

Um auf das Eingangswort 4...8 zuzugreifen, geben Sie als Adresse in der Variablentabelle ein:

☐ %IW4 ☐ %ID4 ☐ %I4.0 ☐ %IW4..8

InfoClick

Sie finden diesen Selbsttest auch auf der Webseite www.vogel-fachbuch.de unter InfoClick.

www

13 Byte- und Word-Verarbeitung, Strings

Sie lernen weitere Datentypen, den Umgang mit Bytes, die Maskierung, den Slice-Zugriff kennen und anzuwenden. Sie benutzen die CASE-Anweisung mit Auflistung und Bereiche.

13.1 Datentyp für logische Operationen

Ist das Bitmuster von Interesse und immer dann, wenn **logische Operationen** OR, AND, XOR... notwendig sind, wird für die Variable als Datentyp BOOL, **BYTE, WORD, DWORD oder LWORD** in der Variablentabelle oder im DB oder lokal im Deklarationsteil des Software-Bausteins eingetragen.

Byte	8-Bit-Binärwert	z.B. mit der Adresse %Q**B**125 = %Q125.0 ...%Q125.7
Word	16-Bit-Binärwert	z.B. mit der Adresse %M**W**0 = %M0.0 ... %M1.7
DWord	32-Bit-Binärwert	z.B. mit der Adresse %I**D**4 = %I4.0 ... %I7.7
LWord	64-Bit-Binärwert	z.B. mit der Adresse %M0.0, 8 Byte lang, nur CPU 15xx

Anmerkung: Die CPUs 12xx und 3xx kennen den Datentyp LWord nicht.

Aufgabe 13.1: Temperaturüberwachung, 2 aus 3

In dieser Aufgabe soll die Anzeige der Überwachung erweitert werden. Benutzen Sie Byte-Zugriffe auf die Daten, also den Datentyp Byte und notwendige Datentypen-umwandlungen.

- Ein grüner Leuchtmelder zeigt an, dass nur ein oder kein Schaltsensor angesprochen hat.
- Ein gelber Leuchtmelder zeigt an, dass zwei Schaltsensor angesprochen haben.
- Ein roter Leuchtmelder zeigt an, dass alle drei Schaltsensor angesprochen haben.

Es ist sinnvoll, eine parametrisierbare FC zu erstellen, die Sie für Tanks 1 und Tank 2 aufrufen können. Vollziehen Sie die Lösungsvarianten im TIA-Portal nach.

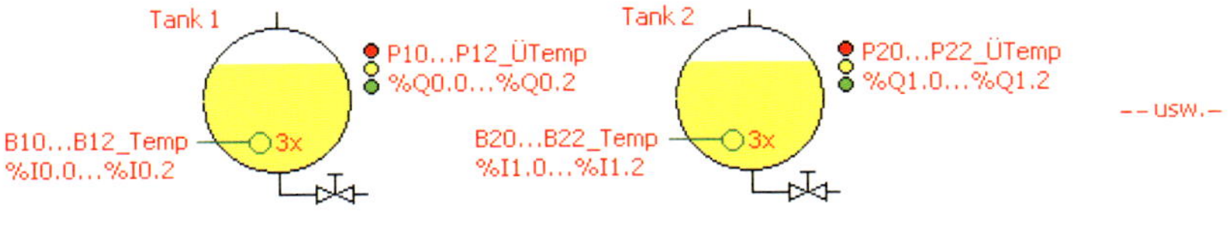

Lösungsvariante 1:

Mit der CASE-Anweisung, Zugriff auf das ganze I- und Q-Byte. Vergleichen Sie den Lösungsansatz auch mit der Übung 4.1.

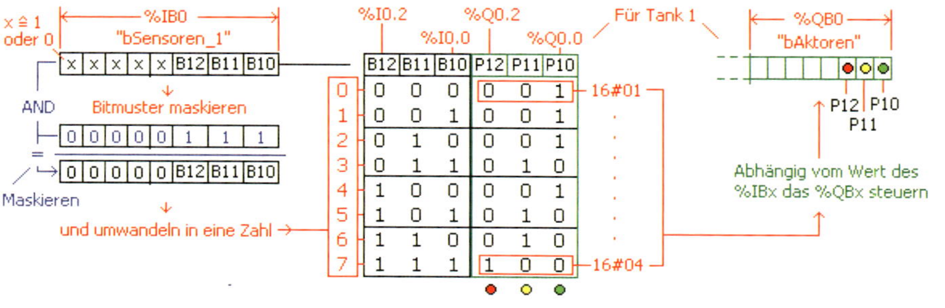

WWW **InfoClick**

Verwenden Sie die Archivdatei A13.1 L1 «13_2aus3_1.zap1x» von der **InfoClick**-Webseite.

Um mit der CASE-Anweisung arbeiten zu können, wird der Wert der PLC-Variable, z.B. bSensoren_1, von der Funktion über den Eingangsparameter #bIN gelesen, maskiert und in eine Ganzzahl #iIn umgewandelt. Abhängig von dieser Ganzzahl werden die Werte über den Ausgangsparameter #bOUT dem ganzen Ausgangsbyte zugewiesen. Die **Maske** hat in diesem Beispiel den Wert 2#0000_0111 oder 16#07, damit nur die drei niederwertigsten Bits des Eingangsbytes in der Funktion weiterverarbeitet werden. In einer **CASE**-Anweisung können Sie in der Werteliste auch Bereiche (z.B. 0..2, es sind nur zwei Punkte zwischen den Zahlen) und Aufzählungen (z.B. 3,5,6) angeben, wie das folgende Bild zeigt.

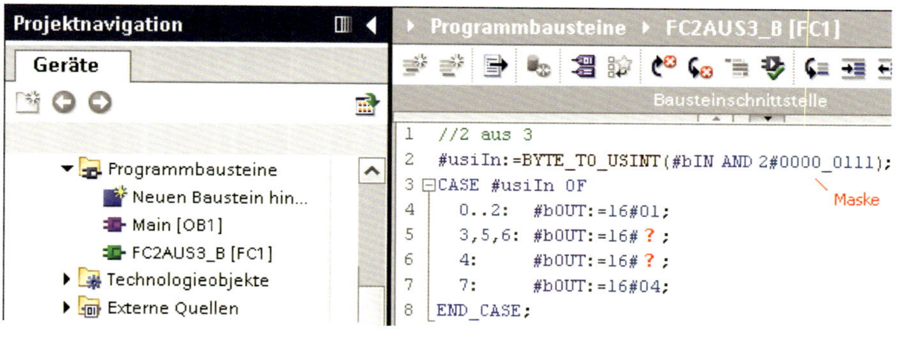

Achten Sie bei der Variablendeklaration auf den Datentyp Byte.

Standard-Variablentabelle

	Name	Datent...	Adresse	Rema...	Kommentar
1	bSensoren_1	Byte	%IB0		Tank 1, Temperaturschalter
2	bAktoren_1	Byte	%QB0		Tank 1, Anzeigen
3	bSensoren_2	Byte	%IB1		Tank 2, Temperaturschalter
4	bAktoren_2	Byte	%QB1		Tank 2, Anzeigen

Rufen Sie die Funktion für zwei Tanks auf.

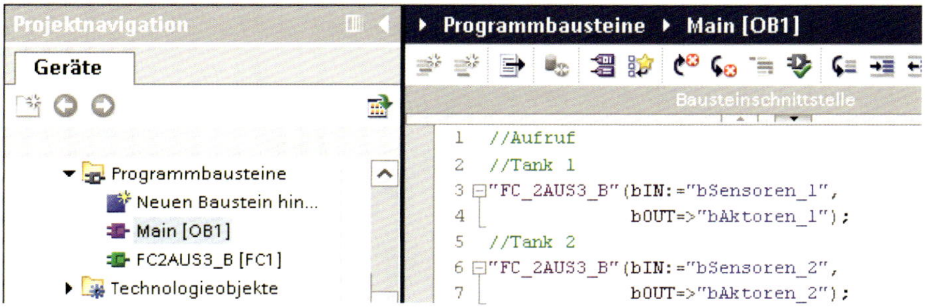

In PLCSIM können Sie Ihr Programm testen. Wechseln Sie in die PLCSIM-Projektansicht, erstellen Sie ein neues PLCSIM-Projekt, das TIA-Projekt wird dann in PLCSIM geladen.

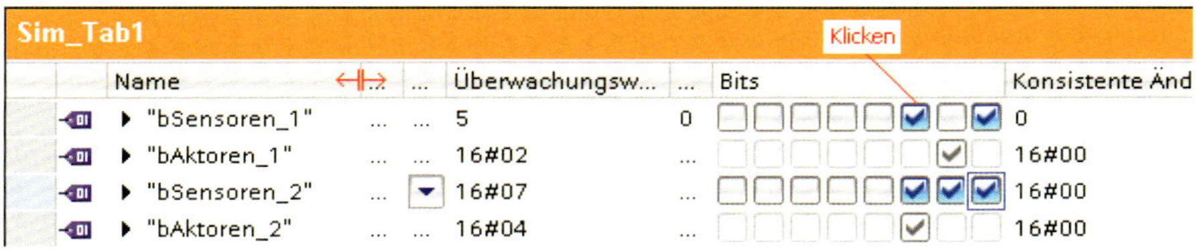

13.2 Datentyp STRING – eine Zeichenkette

Sollen Texte, die vom Programm abhängig sind, z.B. auf einem Display angezeigt werden, so verwenden Sie für diese Variablen den Datentyp **STRING**. Dieser Datentyp besteht aus bis zu 256 Zeichen im ASCII-Code, jedes Zeichen belegt 8 Bit im Speicher. Sie können beim Deklarieren die maximale Länge angeben, wie das folgende Bild zeigt.

Beachten Sie: Auch Leerzeichen sind Zeichen. Als Parameter in einer Funktion wird keine Längenangabe zugelassen.

Lösungsvariante 2 – Erweiterung der Aufgabe 13.1:
Mit zusätzlicher Text-Meldung und dem Slice-Zugriff

InfoClick www

Verwenden Sie die Archivdatei A13.1 L2«13_2aus3_2.zap1x» von der **InfoClick**-Webseite.

Da in dieser Aufgabe der Text auf ein HMI angezeigt werden soll, wird ein Global-DB als Schnittstelle verwendet. Die CPU schreibt die Werte in den ANL[DB], das HMI liest die Werte aus dem ANL[DB]. Sie können auch die Werte beim Testen mit PLCSIM beobachten.

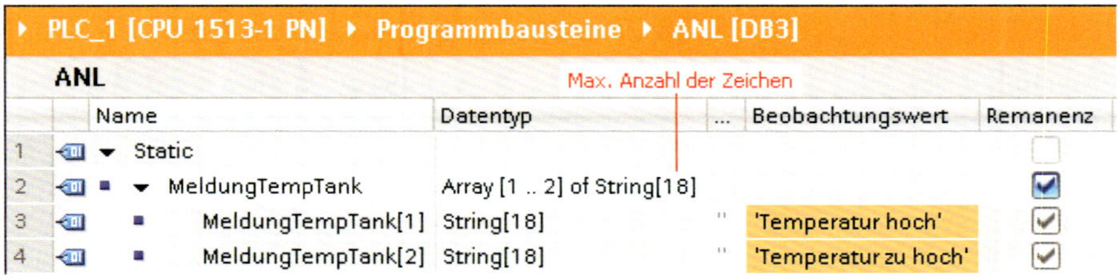

Deklarieren Sie den Parameter für die Textanzeige und fügen Sie die Anweisungen ein.

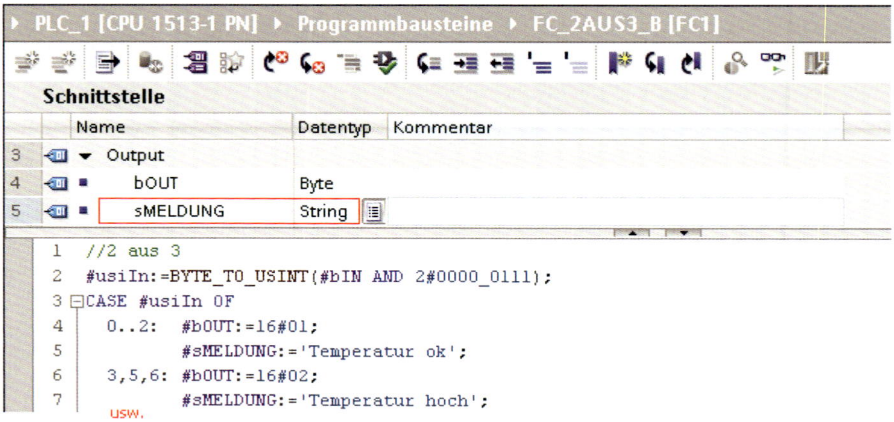

13.3 Slice-Zugriff

Die Aufteilung eines Speicherbereichs in kleinere Einheiten wird **Slice** genannt.

Sie können mit der Ergänzung des Variablennamens mit `.%X0` auf das Bit 0, mit `.%X2` auf das Bit 2 einer Variablen vom Datentyp Byte, Word… zugreifen; mit `.%B0` auf das Byte 0, mit `.%B1` auf das Byte 1 einer Variablen vom Datentyp Word, DWord…. mit `.%W0` auf das Word 0 usw. zugreifen.

Benutzen Sie den Slice-Zugriff in der A13.1, damit nicht das ganze Ausgangsbyte, sondern nur die benötigten Bits, also Bit 0…2, beschrieben werden. Deklarieren Sie die PLC-Variablen um. Das Ergebnis der FC_2AUS3_B schreiben Sie in eine lokale temporare Variable. Lesen Sie das Bit 0 dieser Variablen und schreiben Sie den Wert in die boolesche PLC-Variable «P10_TempTank1». Lesen Sie dann die Bits 1 und 2 und schreiben Sie die Werte in die weiteren booleschen PLC-Variablen, wie im folgenden Bild gezeigt.

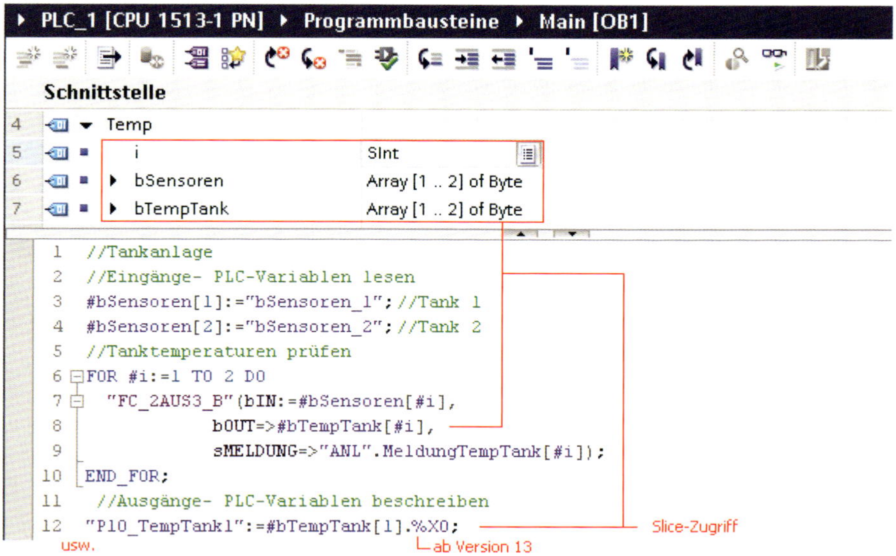

Testen Sie Ihr Programm.

Lösungsvariante 3 der A13.1:
Mit einer Feldvariablen und deren Defaultwerte im FB

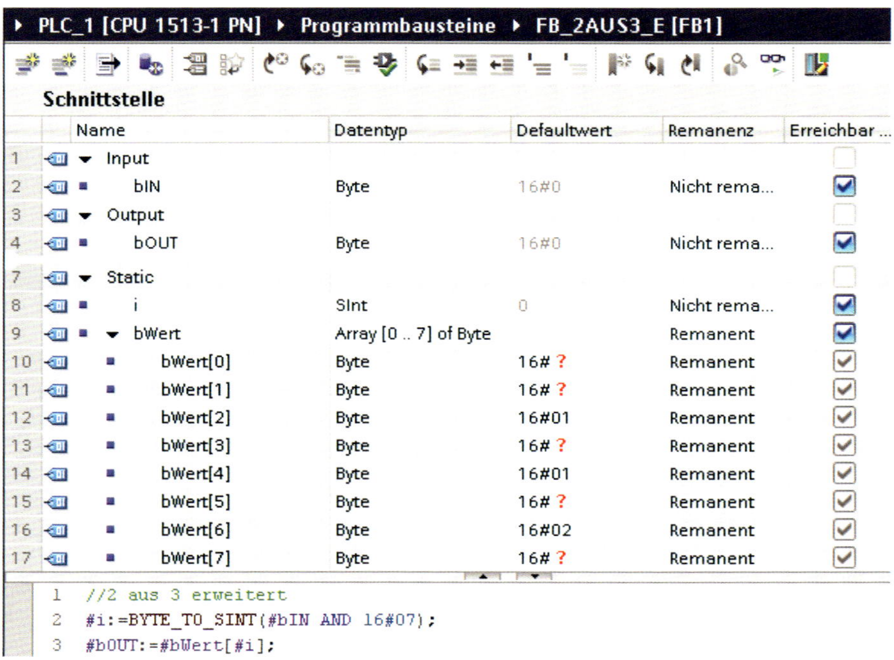

Fügen Sie einen FB ein. Im Deklarationsteil können Sie als statische Variable eine Feldvariable deklarieren und mit Hilfe der Funktionstabelle Defaultwerte vorgeben.

Abhängig vom Index, hier die Variable `i`, wird dieser Defaultwert auf den Ausgangsparameter geschrieben. Der Wert der Variablen `i` ist abhängig vom Wert des Eingangsparameters, wobei nur die niederwertigsten drei Bits aufgrund der Maskierung mit 16#07 den Wert bestimmen.

Rufen Sie den FB im OB1 jeweils für einen Tank auf und übergeben Sie die Aktualparameter.

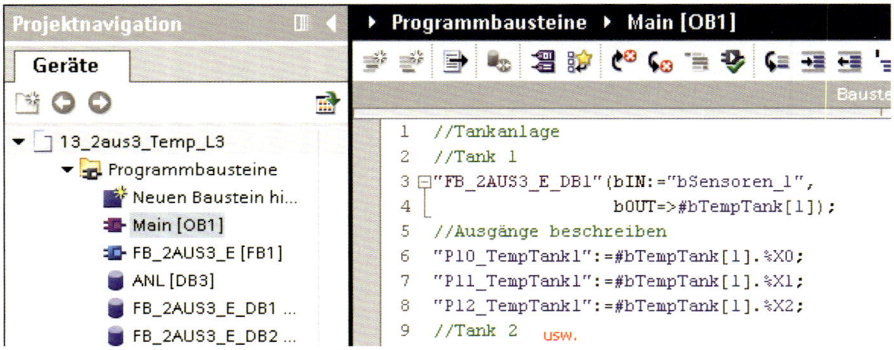

Lösungsvariante 4 der A13.1:
Mit einem DB als Datenspeicher

Deklarieren Sie die Variable *Tank* im ANL[DB1], die Sie dann im Main-Programm benutzen. **Testen Sie** Ihr Programm.

Beachten Sie: In der Variablen TANK vom Datentyp Array… of Struct sind weitere Komponenten von den Datentypen Array und Struct enthalten. Die Komponente bWert ist eine Feldvariable mit Startwerten. Abhängig vom Wert bSensoren bzw. iSensoren wird der bWert in bAktoren geschrieben. Mit den Startwerten legen Sie also fest, welches Bit im bAktor TRUE sein soll.

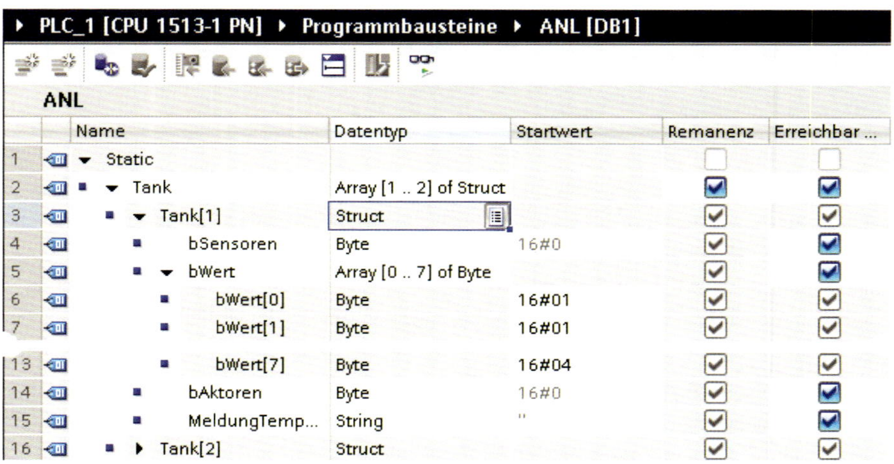

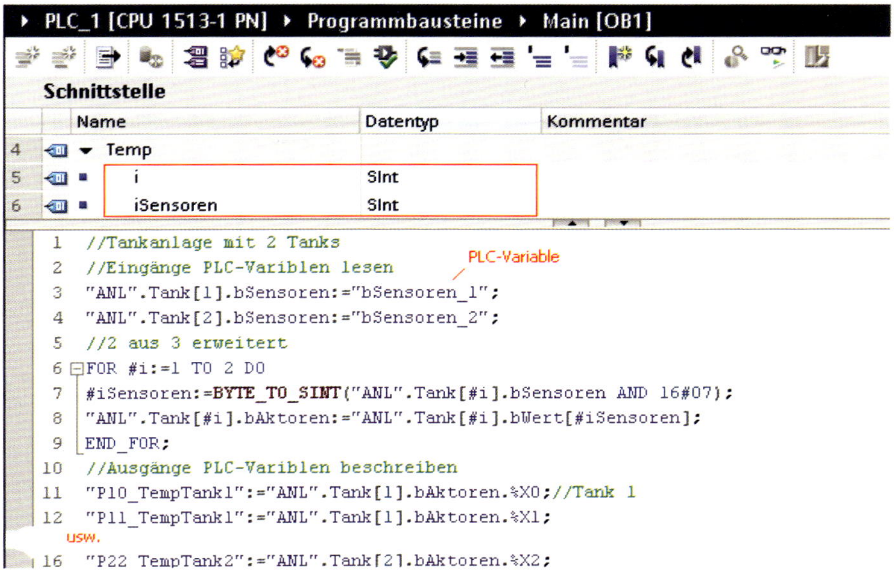

Lösungsvariante 5 der Aufgabe 13.1:
Mit der SHR-Funktion

Werden auch die Sensoren des zweiten Tanks dem %IB0 zugeordnet, so können Sie die SHR-Funktion benutzen, wie das folgende Bild zeigt. Mit der Funktion SHR «Rechts schieben» verschieben Sie den Inhalt des Parameters IN bitweise nach rechts und liefern ihn als Funktionswert zurück. Mit dem Parameter N legen Sie die Anzahl der Bitstellen fest, um die der angegebene Wert verschoben wird. Sie finden die Funktion im Fenster *Anweisungen – Einfache Anweisungen – Schieben und Rotieren.*

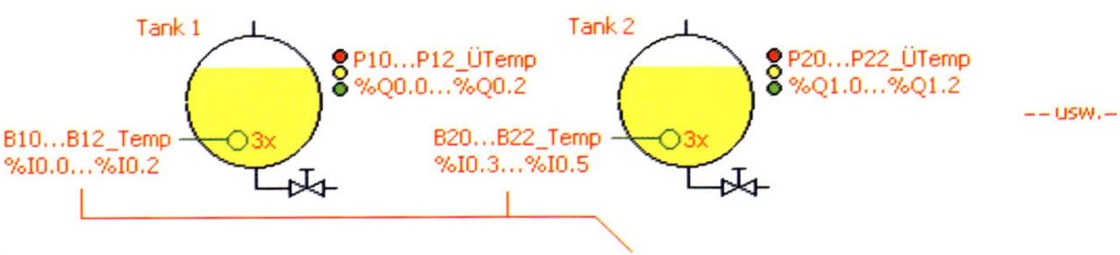


```
//Eingänge PLC-Variblen lesen
"ANL".Tank[1].bSensoren:="bSensoren_1";
"ANL".Tank[2].bSensoren:=SHR(IN:="bSensoren_1", N:=3);
```

Testen Sie Ihr Programm. Wenn Sie TIA ab V14 benutzen und das automatische Prozessabbild abschalten, wie in Kapitel 2 beschrieben ist, so können Sie nach dem Start der Simulation im Main-Programm die Variable «bSensoren_1» über das Kontextmenü steuern.

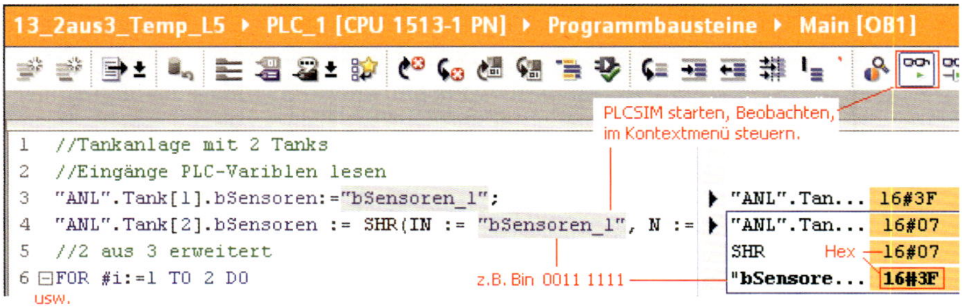

Aufgabe 13.2: Ablaufsteuerung Ampel 2

Eine **zeitgeführte Ablaufsteuerung** kann prinzipiell auch mit Hilfe einer Zahl, die in jedem Programmzyklus um 1 erhöht wird und beim Erreichen des maximalen Wertes wieder von vorne beginnt, projektiert werden. Das Programm wird in einen Baustein geschrieben, der zyklisch, z.B. alle 2 s, vom PLC-Betriebssystem aufgerufen wird. Sie können dafür den OB-Baustein Cyclic interrupt benutzen, siehe auch Kapitel 12. Die Lampen in den Ampeln werden abhängig von der Zahl geschaltet. Vergleichen Sie den Lösungsansatz auch mit der Aufgabe aus Kapitel 11.

CV	Agruen	Agelb	Arot	Fgruen	Frot
0	1	0	0	0	1
1	1	0	0	0	1
2	0	1	0	0	1
3	0	0	1	0	1
4	0	0	1	1	0
5	?	?	?	?	1
6	?	?	?	?	?

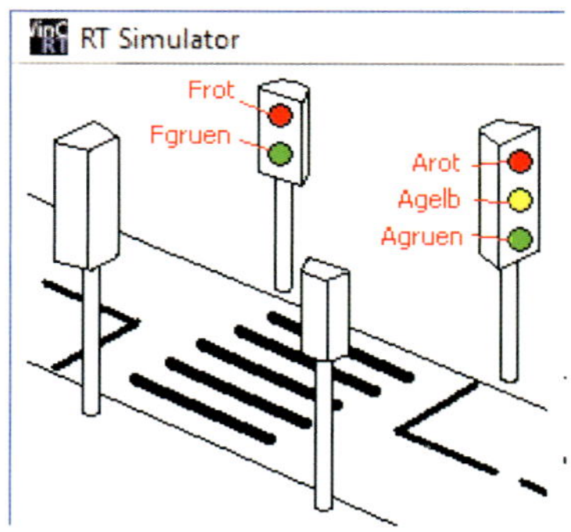

Vorüberlegungen und Vorgehensweise

WWW

InfoClick

Sie können als Vorlage die Archivdatei A13.2 oder A13.2-1200 «13_Ampel.zap1x» von der **InfoClick**-Webseite benutzen. Falls Sie mit einer höheren TIA-Version arbeiten, so müssen Sie eventuell die Geräteversion des HMI, bei markiertem HMI in der Projektnavigation des TIA-Portals, über das Kontextmenü (rechte Maustaste) hochrüsten.

Fügen Sie einen neuen OB-Baustein *Cyclic interrupt* mit einem Zeittakt von 2000 ms ein, und rufen Sie in diesem die Instanz des AMPEL-FBs auf und übergeben Sie die Parameter.

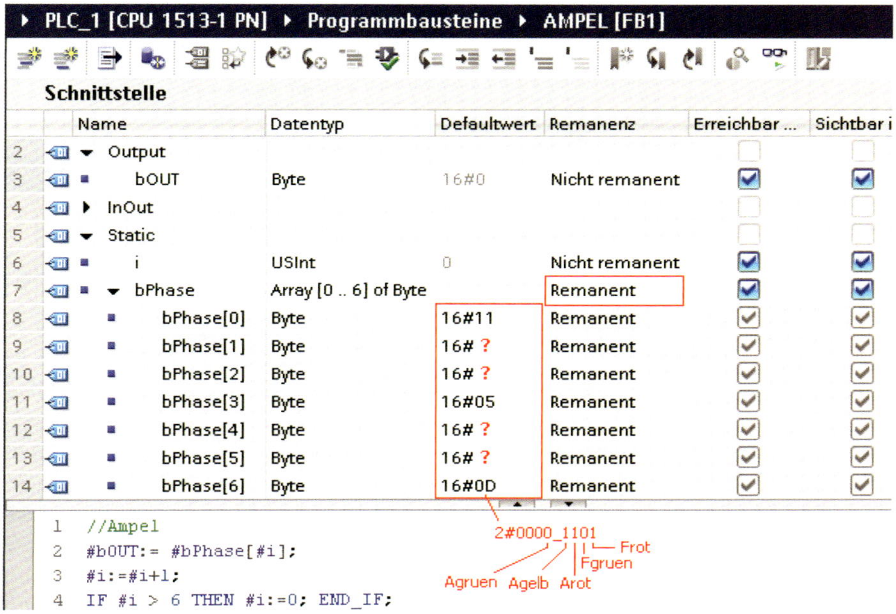

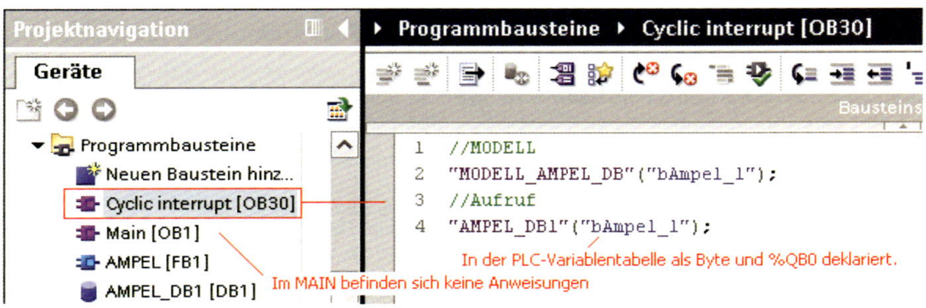

Aufgabe 13.3: Ablaufsteuerung, Waschanlage mit Bytezugriff

Analysieren Sie das Programm.

Vergleichen Sie den Programmablaufplan mit dem UP_AUTO.

InfoClick **www**

Sie können die Archivdatei A13.3 oder A13.3-1200 «13_Wasch_mit Modell_L.zap1x» von der **InfoClick**-Webseite benutzen.

Beschreibung

Im Unterprogramm UP_AUTO beschreiben die Sensorsignale das Byte „DB“.bAnl_Sens bitweise (Zeilen 3…7). Im DB werden die Transitionsbedingungen, das sind die Weiterschaltbedingungen, als Wert in der Feldvariable „DB“.bTrans[0…5] festgelegt.

In der FOR-Schleife, die in jedem Programmzyklus 5-mal durchlaufen wird – mit #i von 0 bis 4 –, wird das Byte „DB“.bAnl_Sens mit dem „DB“.bTrans[0…4] verglichen; sind diese gleich, so wird die Schrittnummer „DB".usiSchrittNr erhöht (Zeilen 9...15).

Abhängig von der Schrittnummer werden die Aktionen ausgeführt (Zeilen 18...23) und die Timer gestartet (Zeilen 25...26).

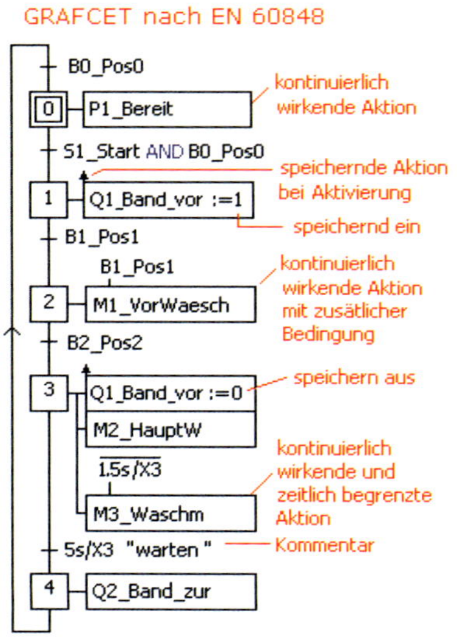

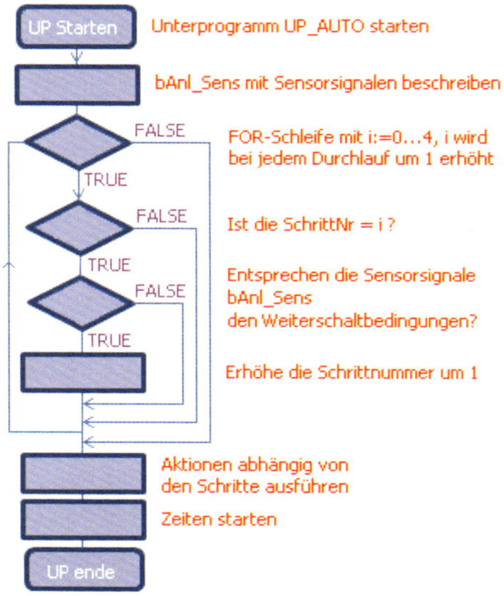

Programmbausteine ▸ DB [DB1]

DB

	Name	Datentyp	Startwert	Kommentar
1	▾ Static			
2	usiSchrittNr	USInt	0	im Auto-Betrieb
3	usiAktionsNr	USInt	1	im Handbetrieb
4	▾ bTrans	Array [0 .. 5] of Byte		Weiterschaltbedingungen
5	bTrans[0]	Byte	2#0000_0010	Transitionen[0...5] mit 5 = 0
6	bTrans[1]	Byte	2#0000_0011	
7	bTrans[2]	Byte	2#0000_0100	
8	bTrans[3]	Byte	2#0000_1000	
9	bTrans[4]	Byte	2#0010_1000	
10	bTrans[5]	Byte	2#0000_0010	
11	bAnl_Sens	Byte	16#0	Anlagen Sensoren, S1, Timer

7 6 5 4 3 2 1 0 – Bit 0...7 – Byte; TON1.Q, B2_Pos2, B1_Pos1, B0_Pos0, S1_Start

Programmbausteine ▸ UP_AUTO [FC2]

```
1  //Betriebsart Automatikbetrieb
2  //Zuordnung Transitionen, Bits beschreiben
3  "DB".bAnl_Sens.X0:="S1_Start";
4  "DB".bAnl_Sens.X1:="B0_Pos0";
5  "DB".bAnl_Sens.X2:="B1_Pos1";
6  "DB".bAnl_Sens.X3:="B2_Pos2";
7  "DB".bAnl_Sens.X5:="TON1".Q;
8  //Schrittnummer abhängig von den Transitionen erhöhen
9  FOR #i:=0 TO 4 DO
10   IF "DB".usiSchrittNr = #i THEN
11     IF "DB".bAnl_Sens = "DB".bTrans[#i+1] THEN
12           "DB".usiSchrittNr:="DB".usiSchrittNr+1;
13     END_IF;
14   END_IF;
15 END_FOR;
```

So können Sie einzelne Bits eines Bytes beschreiben, hier Bit 0

In der FOR-Schleife wird die Schrittnummer abhängig von den Sensorsignalen erhöht.

```
16 IF "DB".usiSchrittNr=5 THEN "DB".usiSchrittNr:=0;END_IF;
17 //Zuordnung Aktoren
18 "P1_Bereit":="DB".usiSchrittNr=0;
19 "Q1_Band_vor":="DB".usiSchrittNr=1 OR "DB".usiSchrittNr=2;
20 "M1_VorWaesch":="DB".usiSchrittNr=2 AND "B1_Pos1";
21 "M2_HauptW":="DB".usiSchrittNr=3;
22 "M3_Waschm":="DB".usiSchrittNr=3 AND "TP1".Q;
23 "Q2_Band_zur":="DB".usiSchrittNr=4;
24 //Zeiten starten
25 "TON1".TON(IN:="DB".usiSchrittNr=3, PT:=T#5s);
26 "TP1".TP(IN:="DB".usiSchrittNr=3, PT:=T#1.5s);
```

Damit die ARRAY-Grenze der Variablen DB.bTrans[x] in der Zeile 11 nicht überschritten wird, wird die Grenze im DB auf 5 erhöht, wobei der Wert von DB.bTrans[5] = DB.bTrans[0] ist.

Ist der Wert der Schrittnummer gleich 5, so wird deren Wert auf 0 gesetzt. (Zeile 16)

Merksatz

Mit Var.%X0 kann das Bit 0 der Variable Var beschrieben oder gelesen werden, mit .%X1 das Bit 1. Sie können auch auf ganze Bytes bei einer Variablen vom Datentyp Word oder DWord zugreifen, z.B. Var.%B0 oder Var.%B1 usw.

13.4 Schrittkette mit Funktionsaufrufen und einem globalen Datenbaustein als Datenspeicher

Aufgabe 13.4: Regallager

Analysieren Sie das Programm.

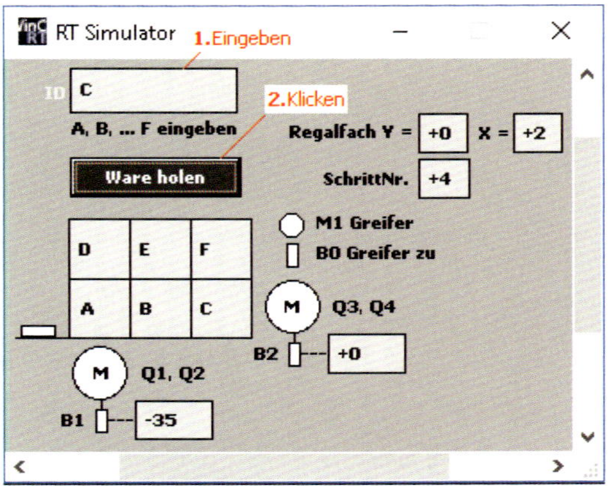

InfoClick

Sie können die Archivdatei A13.4 «13_4_ Regal_L.zap1x» oder A13.4-1200 von der InfoClick-Webseite benutzen. Falls Sie mit einer höheren TIA-Version arbeiten, so müssen Sie eventuell die Geräteversion des HMI, bei markiertem HMI in der Projektnavigation des TIA-Portals, über das Kontextmenü (rechte Maustaste) hochrüsten.

Beschreibung

Nach der Eingabe der Waren-ID, hier nur A...F, und Betätigung der Schaltfläche «Ware holen» wird das Fach angefahren, der Greifer schließt und die Ware wird zur Verpackungsposition, hier nach unten links, gefahren. Die Drehgeber B1 und B2, die an dem jeweiligen Antrieb montiert sind, liefern abhängig von deren Position einen Zahlenwert.

Das Programm zeigt eine Schrittkettensteuerung, in der abhängig von der Schrittnummer auch Funktionen aufgerufen werden.

Analysieren Sie:

Wie viele Schritte sind programmiert? Welcher Teil im Netzwerk 1 des Unterprogramms stellt die Weiterschaltbedingung zum nächsten Schritt dar? Welche Funktion wird im Schritt 2 aufgerufen?

Wird die Funktion fcPOS_SUCHEN bearbeitet, wenn die Schrittnummer den Wert 2 hat?

▸ PLC_1 [CPU 1214C DC/DC/DC] ▸ Programmbausteine ▸ UP_REGAL_SCL [FC5]

```
//Unterprogramm Regellager
CASE "REGAL".iStepNr OF
    0://Fachposition suchen
        "fcPOS_SUCHEN"(strID := "REGAL".strSuchID,
                       ID_Regall := "REGAL".strRegall,
                       iX => "REGAL".iXFACH,
                       iY => "REGAL".iYFACH,
                       xFERTIG => "REGAL".xSucheFertig,
                       xFEHLER => "REGAL".xEingabefehler);
        IF "REGAL".xSucheFertig THEN
            "REGAL".iStepNr := 1;
        END_IF;
    1://Fahrstrecken berechnen
        "fcSTRECKE"(iX:="REGAL".iXFACH,
                    iY:="REGAL".iYFACH,
                    iXFAKTOR:=35,
                    iYFAKTOR:=-35,
                    iXSOLL=>"REGAL".iXStrecke,
                    iYSOLL=>"REGAL".iYSTRECKE);
        "REGAL".iStepNr := 2;
    2://Regalfach anfahren
        "fcFAHREN"(iXSTRECKE:="REGAL".iXStrecke,
                   iYSTRECKE:="REGAL".iYSTRECKE,
                   iXIST:="B1_Istwert_X",
                   iYIST:="B2_Istwert_Y",
                   xOUT_XL=>"Q1_Links",
                   xOUT_XR=>"Q2_Rechts",
                   xOUT_YAuf=>"Q3_Auf",
                   xOUT_YAb=>"Q4_Ab",
                   xInPos=>"REGAL".xRegal_erreicht);
        IF "REGAL".xRegal_erreicht THEN
            "REGAL".iStepNr := 3;
        END_IF;
```

```
    3://Greifer schließen
        "M1_Greifer" := TRUE;
        IF "B0_GREIFER_ZU" THEN
            "REGAL".iStepNr := 4;
        END_IF;
    4://Zur Verpackungsstelle fahren
        "fcFAHREN"(iXSTRECKE:="REGAL".iXVerb,
                   iYSTRECKE:="REGAL".iYVerb,
                   iXIST:="B1_Istwert_X",
                   iYIST:="B2_Istwert_Y",
                   xOUT_XL=>"Q1_Links",
                   xOUT_XR=>"Q2_Rechts",
                   xOUT_YAuf=>"Q3_Auf",
                   xOUT_YAb=>"Q4_Ab",
                   xInPos=>"REGAL".xVerp_erreicht);
        IF "REGAL".xVerp_erreicht THEN
            "M1_Greifer" := FALSE;
        END_IF;
        IF "REGAL".xStart THEN
            "REGAL".iStepNr := 0;
        END_IF;
END_CASE;
```

Wo werden die Funktionsergebnisse gespeichert? An welcher Stelle ändern Sie die ID der Ware?

PLC_1 [CPU 1214C DC/DC/DC] ▸ Programmbausteine ▸ REGAL [DB1]

REGAL

	Name	Datentyp	Startwert	Remanenz	Kommentar
1	▼ Static			☐	
2	strSuchID	String[10]	'A'	☑	
3	iStepNr	Int	0	☑	
4	▼ strRegal1	"ID_REGAL"		☐	
5	▼ ID	Array[0..1, 0..2] of String		☐	
6	ID[0,0]	String	'A'	☐	
7	ID[0,1]	String	'B'	☐	
8	ID[0,2]	String	'C'	☐	
9	ID[1,0]	String	'D'	☐	
10	ID[1,1]	String	'E'	☐	
11	ID[1,2]	String	'F'	☐	
12	iXFACH	Int	-1	☑	Regalfach
13	iXStrecke	Int	0	☑	zu fahrende Strecke
14	iYFACH	Int	0	☑	Regalfach
15	iYSTRECKE	Int	0	☑	zu fahrende Strecke
16	xEingabefehler	Bool	false	☑	
17	xStart	Bool	false	☐	
18	xSucheFertig	Bool	false	☐	
19	xRegal_erreicht	Bool	false	☐	
20	xVerp_erreicht	Bool	false	☐	
21	iXVerb	Int	-35	☐	Position Verpackung
22	iYVerb	Int	0	☐	

Welche Aufgabe hat die fcPOS_SUCHEN? Der fcPOS_SUCHEN wird eine Variable übergeben vom Datentyp ID_REGAL; aus welchen Komponenten setzt sich diese zusammen? Wann wird die erste Schleife im ersten Durchlauf verlassen?

PLC_1 [CPU 1214C DC/DC/DC] ▸ Programmbausteine ▸ fcPOS_SUCHEN [FC1]

fcPOS_SUCHEN

	Name	Datentyp	Defaultwert	Kommentar
1	▼ Input			
2	strID	String		suchen nach
3	▼ ID_Regal1	"ID_REGAL"		suchen aus
4	▼ ID	Array[0..1, 0..2] of String		
5	ID[0,0]	String		
6	ID[0,1]	String		
7	ID[0,2]	String		
8	ID[1,0]	String		
9	ID[1,1]	String		
10	ID[1,2]	String		
11	▼ Output			
12	iX	Int		x-Koordinaten
13	iY	Int		y-Koordinaten
14	xFERTIG	Bool		
15	xFEHLER	Bool		
16	▸ InOut			
17	▼ Temp			
18	x	Int		
19	y	Int		

```
//Initialisieren
#xFEHLER := FALSE;
//Regalfach suchen
FOR #x := 0 TO 2 DO
    FOR #y := 0 TO 1 DO
        IF #strID <> #ID_Regal1.ID[#y, #x] THEN
            #xFEHLER := TRUE;
        ELSE
            #iY := #y;
            #iX := #x;
            #xFEHLER := FALSE;
            EXIT;
        END_IF;
    END_FOR;
    IF NOT #xFEHLER THEN
        EXIT;
    END_IF;
END_FOR;
#xFERTIG := NOT #xFEHLER;
```

Welche Aufgabe haben die fcSTRECKE und fcFAHREN?

▸ PLC_1 [CPU 1214C DC/DC/DC] ▸ Programmbausteine ▸ fcSTRECKE [FC2]

Bausteinschnittstelle

```
#iXSOLL := #iX * #iXFAKTOR;
#iYSOLL := #iY * #iYFAKTOR;
```

▸ PLC_1 [CPU 1214C DC/DC/DC] ▸ Programmbausteine ▸ fcFAHREN [FC3]

```
//Initialisieren
#xOUT_XR := False;
#xOUT_YAb := FALSE;
//In Position fahren
#xOUT_XL := NOT #xOUT_XR AND (#iXSTRECKE < #iXIST);
#xOUT_XR := NOT #xOUT_XL AND (#iXSTRECKE  > #iXIST);
#xOUT_YAuf := NOT #xOUT_YAb AND (#iYSTRECKE < #iYIST);
#xOUT_YAb := NOT #xOUT_YAuf AND (#iYSTRECKE > #iYIST);
IF (#iXSTRECKE = #iXIST) AND (#iYSTRECKE = #iYIST) THEN
    #xInPos := TRUE;
ELSE
    #xInPos := FALSE;
END_IF;
```

Stichpunkte

Nach der Bearbeitung des Kapitels sollten die folgenden Stichpunkte für Sie verständlich sein:

- ❑ Byte
- ❑ Word
- ❑ String
- ❑ STRUCT
- ❑ Defaultwert
- ❑ Startwert
- ❑ ARRAY-Grenzen
- ❑ Slice

Selbsttest

Wählen Sie die richtigen Ergänzungen bzw. Aussagen aus.
1. Variable vom Datentyp WORD benutzen Sie, um ☐ auf 32 Bits zuzugreifen. ☐ Multiplikationen durchzuführen. ☐ Divisionen durchzuführen. ☐ logische Verknüpfungen durchzuführen.

2. Welche Zeile ist fehlerhaft?

```
3 CASE #iIn OF
4   0..2:   #bOUT:=16#01;
5   3,5,6:  #bOUT:=16#02;
6   4:      #bOUT:=16#01;
7   7:8:    #bOUT:=16#04;
8 END_CASE;
```

☐ Zeile 4. ☐ Zeile 5. ☐ Zeile 6. ☐ Zeile 7.

3. Eine Variable vom Datentyp String
   - ☐ belegt immer 8 Byte.
   - ☐ besteht aus max. 8 Zeichen.
   - ☐ besteht aus max. 254 Zeichen
   - ☐ besteht aus max. 8 Zeichen ohne Leerzeichen.

4. 16#0D entspricht
   - ☐ 2#15.
   - ☐ 2#11010000.
   - ☐ 15.
   - ☐ 2#00001101.

5. Das Bit 0 der Variablen #bTempTank wird der Variablen "P10_TempTank1" zugewiesen. Welche Anweisung ist die richtige?
   - ☐ #bTempTank.B0%:= "P10_TempTank1";
   - ☐ #bTempTank.X0%:= "P10_TempTank1";
   - ☐ "P10_TempTank1".X0%:= #bTempTank;
   - ☐ "P10_TempTank1":= #bTempTank.X0%;

6. In der Variablen mit dem Namen ID vom Datentyp Array[0..1,0..2] of String können
   ☐ 2 ☐ 4 ☐ 6 ☐ 9
   Strings gespeichert werden.

WWW

InfoClick

Sie finden diesen Selbsttest auch auf der Webseite www.vogel-fachbuch.de unter **InfoClick**.

14 Quellen, Trace

Sie generieren und bearbeiten Quelldateien, Sie erzeugen aus Quelldateien Bausteine und testen diese. Sie benutzen die Trace-Funktion (Spuraufzeichnung).

14.1 Quellen mit einem beliebigen ASCII-Editor schreiben

Externe Quellen sind Teile eines Programms, die mit einem beliebigen ASCII-Editor oder mit einem Editor in einer anderen Entwicklungsumgebung, z.B. CODESYS erstellt wurden. Achten Sie beim Schreiben des Quellcodes auf die Syntaxregeln (Syntax = Form der sprachlichen Ausdrücke) und speichern Sie die Datei mit der Endung .scl ab, wenn Sie in der Sprache SCL programmiert haben. Die Endung .awl benutzen Sie, wenn Sie in der Sprache AWL (Anweisungsliste) programmiert haben. Sie werden erst beim Übersetzen der Quelle im TIA-Portal auf Syntaxfehler aufmerksam gemacht.

14.2 Externe Quelle importieren und übersetzen

Diese externen Quelldateien, also eine Textdatei mit der Endung .scl oder auch .awl im Dateinamen und nicht .txt, können Sie Ihrem STEP7-Projekt hinzufügen und daraus Bausteine generieren.

Fügen Sie im TIA-Portal in der Projektnavigation in den Ordner *Externe Quellen* eine neue Datei, die Quelldatei, hinzu. Bei markierter Quelldatei können Sie im Kontextmenü den Baustein generieren. Es wird im TIA-Portal ein ablauffähiger Baustein oder auch mehrere Bausteine im Bausteinordner erzeugt.

14.3 Vorhandene SCL-Bausteine in eine Quelldatei umwandeln

Sie haben auch die Möglichkeit, bestehende Bausteine als externe Quelldateien zu speichern.

Markieren Sie den Baustein im Programmbausteinordner im TIA-Portal und wählen Sie im Kontextmenü *Als Text kopieren*. Sie können dann den Text in einem ASCII-Editor einfügen und bearbeiten. Eine andere Möglichkeit ist, den Baustein zu markieren und im Kontextmenü *Quelle aus Bausteinen generieren* wählen. Diesen Text können Sie dann nach Anpassung der Syntax auch in eine andere Entwicklungsumgebung, z.B. CODESYS, einfügen.

Aufgabe 14.1: PT1-Glied, Verzögerungsglied

Ein im TIA-Portal erstellter Baustein soll als Quelldatei gespeichert werden, um diese in einem ASCII-Editor, z.B. im Windows-Editor oder Notepad++, weiter bearbeiten zu können. Um Programme schreiben zu können, benötigen Sie nicht das TIA-Portal. Nach der Änderung generieren Sie im TIA-Portal einen Baustein, den Sie aufrufen und in PLCSIM bzw. in eine CPU laden und testen können. Den Baustein PT1 können Sie z.B. benutzen, um schwankende Messsignale zu glätten.

Vorgehensweise

InfoClick

1. Dearchivieren Sie die Archivdatei 14.1 oder 14.1-1200 «14_PT1» im TIA-Portal. Sie finden diese auf der **InfoClick**-Webseite.
2. Markieren Sie den Baustein PT1 und wählen Sie im Kontextmenü *Quelle aus Bausteinen generieren.*
3. Öffnen Sie die Quelle in einem ASCII-Editor. Um die Datei in dem Editor öffnen zu können, benennen Sie die Dateiendung von .scl auf txt um. Ändern Sie die Datentypen für die Zeitkonstante T sowie für die Abtastzeit CYCLE von REAL auf TIME, damit Sie den Parametern Zeitwerte übergeben können. Beachten Sie die Hinweise in Kapitel 10 zur Datentypenumwandlung.

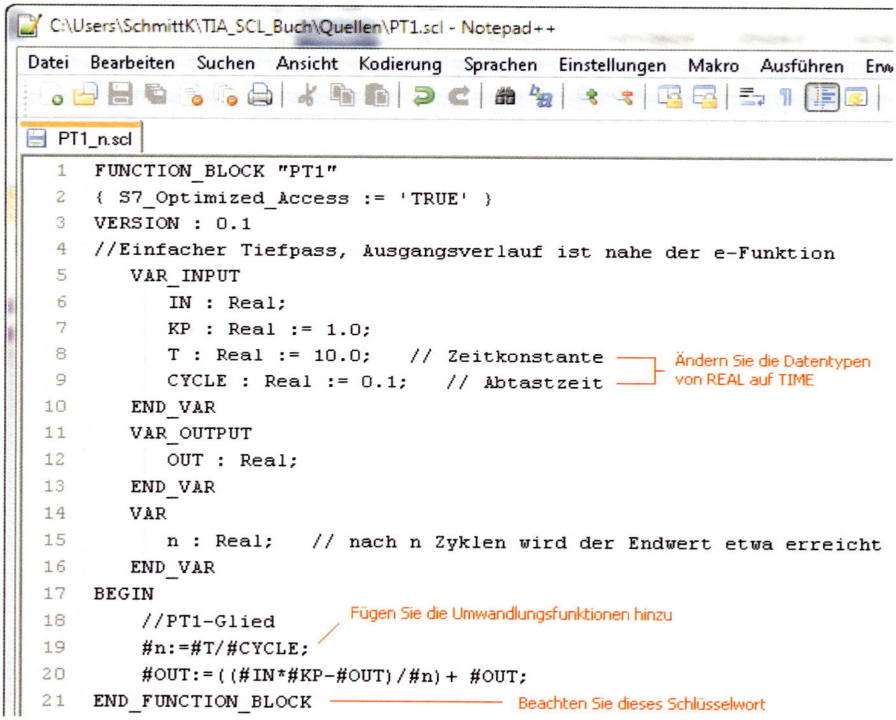


```
FUNCTION_BLOCK "PT1"
{ S7_Optimized_Access := 'TRUE' }
VERSION : 0.1
//Einfacher Tiefpass, Ausgangsverlauf ist nahe der e-Funktion
   VAR_INPUT
      IN : Real;
      KP : Real := 1.0;
      T : Real := 10.0;    // Zeitkonstante
      CYCLE : Real := 0.1;    // Abtastzeit
   END_VAR
   VAR_OUTPUT
      OUT : Real;
   END_VAR
   VAR
      n : Real;    // nach n Zyklen wird der Endwert etwa erreicht
   END_VAR
BEGIN
    //PT1-Glied
    #n:=#T/#CYCLE;
    #OUT:=((#IN*#KP-#OUT)/#n)+ #OUT;
END_FUNCTION_BLOCK
```

4. Speichern Sie die geänderte Quelldatei mit der Namensendung .scl ab. Fügen Sie im TIA-Portal im Ordner *Externe Quellen* die Datei als neue Quelle hinzu, um diese zu testen.
5. Markieren Sie die Quelldatei und wählen Sie im Kontextmenü *Bausteine aus Quelle generieren.*
6. Deklarieren Sie die PLC-Variablen, siehe unten. Rufen Sie den Baustein zum Testen im Cyclic interrupt[OB30] mit einem Zeittakt von z.B. 100 ms auf.

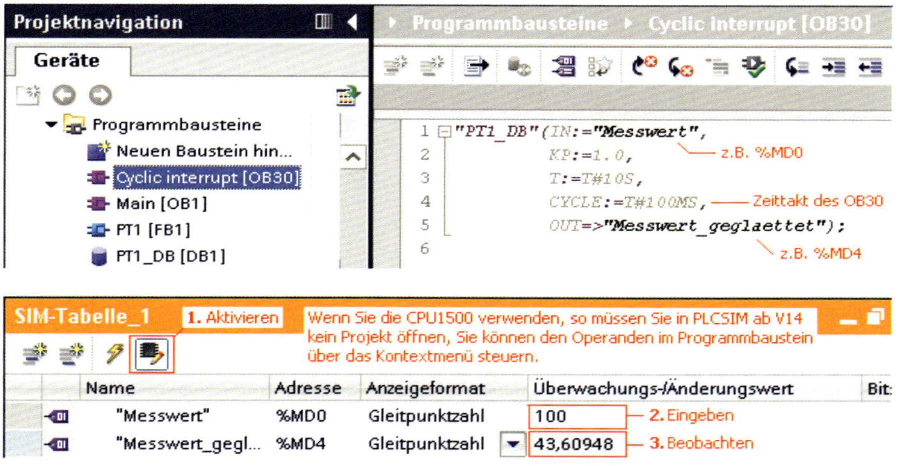

7. Speichern Sie die getestete Quelldatei mit der Namensendung .scl ab.

14.4 Trace

Wenn Sie das TIA-Portal V12 SP1 oder höher installiert haben, so können Sie das zeitliche Verhalten mit dem Trace-Objekt und PLCSIM untersuchen. Mit der Trace-Funktion können Sie Variablenwerte in der CPU 15xx, CPU 12xx bzw. PLCSIM aufzeichnen und auswerten.

Trace-Konfiguration

Doppelklicken Sie in der TIA-Projektnavigation *Geräte* das Objekt «Trace», fügen Sie eine hinzu und konfigurieren Sie die Trace (Aufzeichnungsspur) so, dass die Werte von z.B. %MD0 und %MD4 über die Zeit aufgezeichnet werden, wie das folgende Bild zeigt.

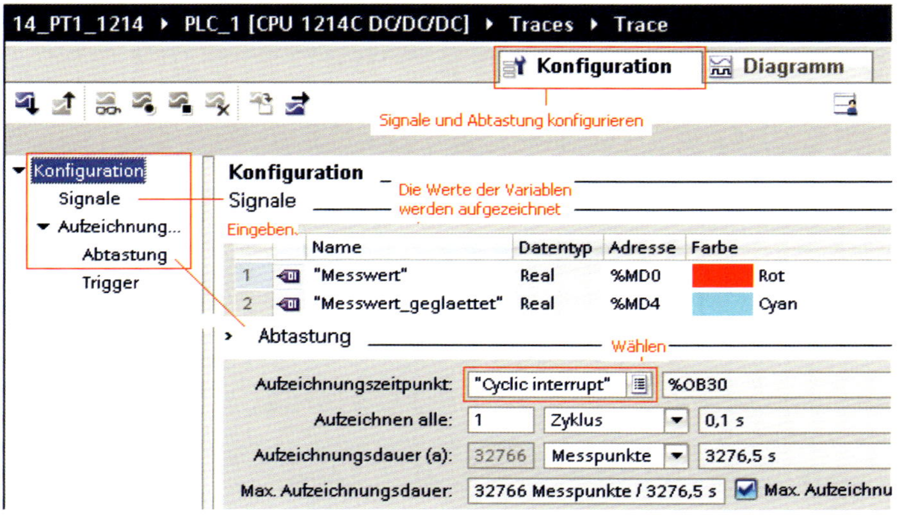

Starten Sie PLCSIM und öffnen Sie in der Projektansicht ein PLCSIM-Projekt oder erstellen Sie ein neues PLCSIM-Projekt. Laden Sie vom TIA-Portal Ihr Projekt in PLCSIM (Menü *Online Laden in Gerät*). Wenn Sie vor dem Laden in der Gerätekonfiguration das Prozessabbild beim Testen abschalten, siehe Kapitel 2, so müssen Sie in PLCSIM kein Projekt öffnen; Sie können im Programmbaustein über das Kontextmenü den Operanden «Messwert» steuern, nachdem Sie über Menü *Online – Beobachten* gewählt haben.

Trace übertragen, Aufzeichnung aktivieren und auswerten

Öffnen Sie im TIA-Portal das Trace-Objekt, wählen Sie im Menü *Online verbinden* und übertragen Sie die Trace-Konfiguration.

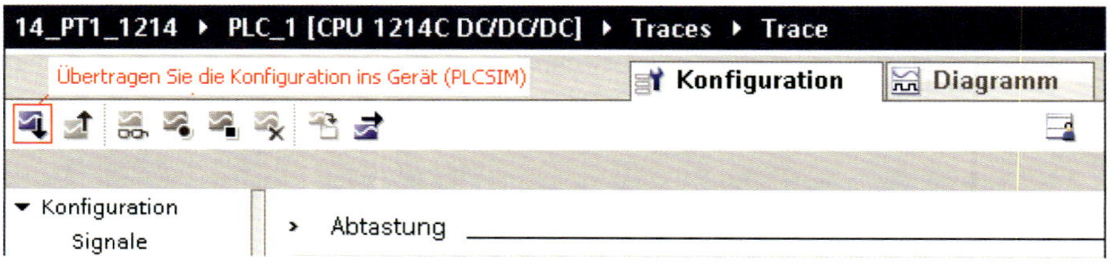

Wählen Sie im Trace-Fenster die Trace aus und aktivieren Sie die Aufzeichnung. Starten Sie in PLCSIM eventuell die CPU. Wenn Sie mit der SIM-Tabelle arbeiten, dann aktivieren Sie in der SIM-Tabelle von PLCSIM die Option «Merker und Ausgänge überschreibbar» und geben Sie in der Spalte *Überwachungs-/Änderungswert* z.B. den Wert 0 bzw. 100 ein (siehe Vorgehensweise). Geben Sie im Trace-Fenster die Min- und Max-Werte der Y-Skala ein. Werten Sie die Ergebnisse aus, wie das folgende Bild zeigt.

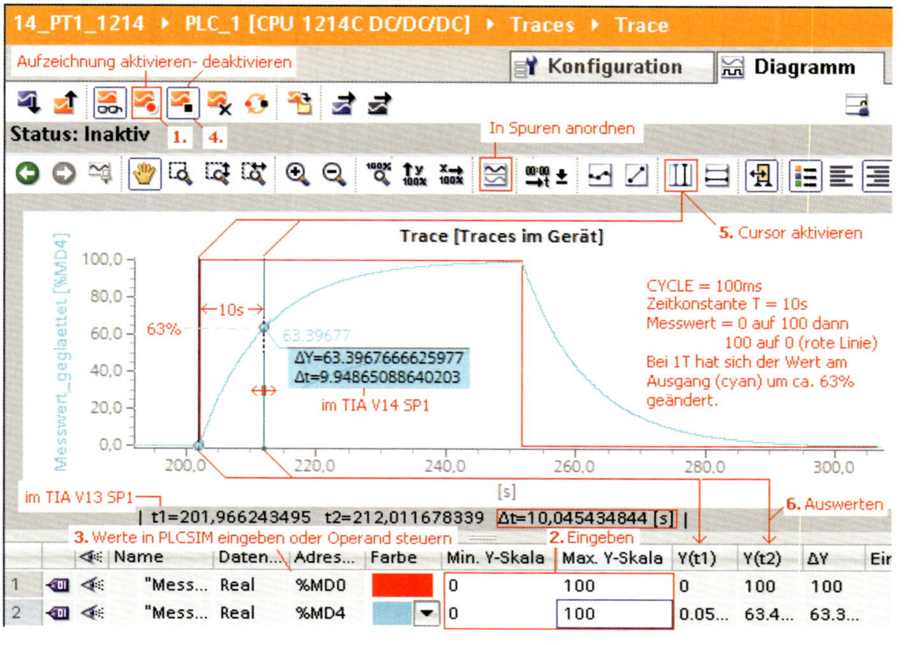

Diesen Baustein werden Sie in der folgenden Übung und im nächsten Kapitel verwenden, um Regelstrecken zu simulieren.

Aufgabe 14.2: Sinus-Generator

Die Funktion des Sinus-Generators soll erweitert werden, so dass die Periodendauer *T* über einen Eingangsparameter einstellbar ist. Dieser Baustein muss, wie der vorhergehende auch, zyklisch z.B. alle 100 ms aufgerufen werden. Dem Baustein wird auch dieser Wert, die Abtastzeit CYCLE, übergeben. Über den Parameter OFFSET kann der Sinusverlauf in den positiven oder negativen Bereich verschoben und über den Parameter K die Amplitude der Schwingung verändert werden. Generieren Sie aus dem Baustein SIN_GEN wieder eine Quelldatei und speichern Sie diese.

SIN_GEN.txt - Editor

Datei Bearbeiten Format Ansicht

```
FUNCTION_BLOCK "SIN_GEN"
   VAR_OUTPUT
      OUT : Real;
   END_VAR
   VAR
      x : Real;
   END_VAR
   VAR_TEMP
      dx : Real;
   END_VAR
 #dx:=0.01;
 IF #x < 6.28 THEN
  #x:=#x + #dx;
  ELSE #x:=0.0;
 END_IF;
 #OUT:=SIN(#x);
END_FUNCTION_BLOCK
```

$T = 2\pi \frac{CYCLE}{dx}$; umgestellt $dx = 2\pi \frac{CYCLE}{T}$;

Vorüberlegungen

Der **SIN-Funktion** wird der Wert im Bogenmaß übergeben. Der Wert der temporären Variablen dx, der zyklische Zuwachs des Bogenmaßes, wird abhängig von der Periodendauer *T* und von CYCLE berechnet. Das Ergebnis der SIN-Funktion wird mit K multipliziert, und durch Addition des OFFSET-Wertes wird die Kennlinie verschoben, wie Sie im folgenden Bild sehen können.

Vorgehensweise

1. Fügen Sie im TIA-Portal die externe Quelle «SIN_GEN.scl» hinzu. Markieren Sie die Quelldatei im Ordner *Externe Quellen* und generieren Sie über das Kontextmenü einen Baustein.

InfoClick www

Sie finden diese Quelle auf der **InfoClick**-Webseite.

2. Öffnen Sie den Baustein und erweitern Sie das Programm.
3. **Testen Sie** Ihren Baustein mit PLCSIM, benutzen Sie zur Auswertung eine Trace, wie das folgende Bild zeigt. Ändern Sie auch die Parameterwerte und beobachten Sie das Ergebnis. Den Zeittakt des OB30 können Sie über dessen Eigenschaften verändern.
4. Generieren Sie wieder eine Quelle, markieren Sie dazu den Baustein und wählen Sie im Kontextmenü *Quelle aus Baustein generieren*. Speichern Sie die Quelldatei.

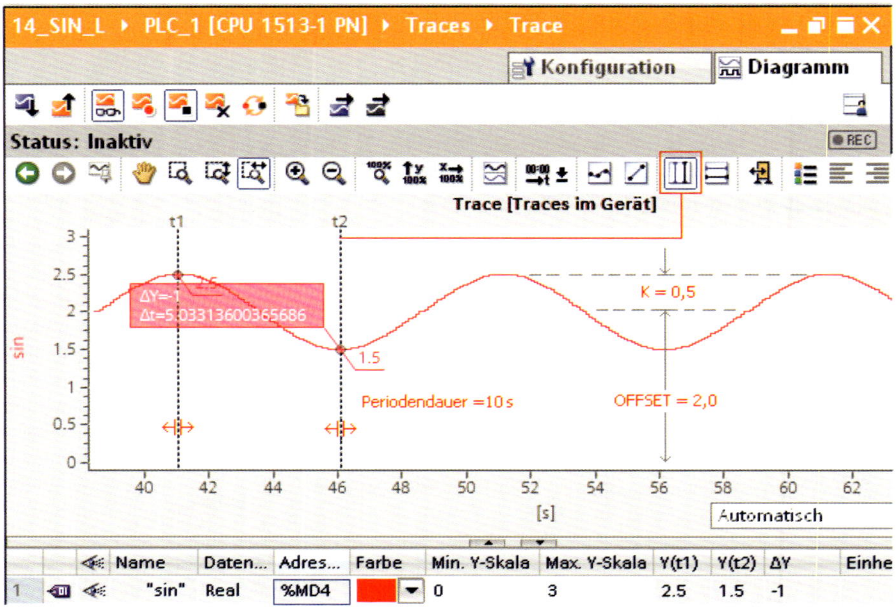

Diesen Baustein können Sie benutzen, um das D-Glied aus dem nächsten Kapitel zu testen.

Merksatz

In Quelldateien endet der Bausteincode immer mit END_FUNKTION_BLOCK, wenn es ein FB ist, bzw. END_FUNKTION, wenn es eine FC ist.
Nur Quelldateien, die in SCL geschrieben sind, können in Entwicklungsumgebungen anderer Hersteller, z.B. CODESYS, benutzt werden.

Übung 14.1: Filter, Tiefpass

Um Schwankungen bzw. Störungen in analoge Signale zu verringern, haben Sie in Kapitel 12 die gleitende Mittelwertbildung kennen gelernt. Sie können aber auch mit dem PT1-Baustein Schwankungen verringern. Simulieren Sie das gestörte Messsignal mit dem SIN_GEN-Baustein aus der vorhergehenden Aufgabe.

WWW

InfoClick

Fügen Sie im TIA-Portal die Quelldatei Ü14.1-_Quelle «SIN_GEN_PT1.scl» hinzu – diese finden Sie auf der InfoClick-Webseite –, generieren Sie Bausteine und «verschalten» Sie diese. Wie sie sehen können, sind in dieser Quelldatei zwei Bausteine programmiert.

Sie hätten auch Ihre Lösungen aus den vorhergehenden Aufgaben benutzen können.

Übergeben Sie z.B. die Parameterwerte, die Sie dem folgenden Bild entnehmen können.

Schalten Sie die PLCSIM-CPU erst nachdem Sie die Trace gestartet haben, auf RUN.

▸ PLC_1 [CPU 1513-1 PN] ▸ Programmbausteine ▸ Cyclic interrupt [OB30]

```
//Simulation Messwertschwankungen
"SIN_GEN_DB"(K:=0.1, OFFSET:=0.5, T:=T#1S, CYCLE:=T#10MS, OUT=>"Messwert");
//Glättung durch Verzögerung                 Zeittakt des OB30      z.B. %MD0
"PT1_DB"(IN:="Messwert", T:=T#1S, CYCLE:=T#10MS,
         OUT=>"Messwert_geglaettet"); - %MD4
```

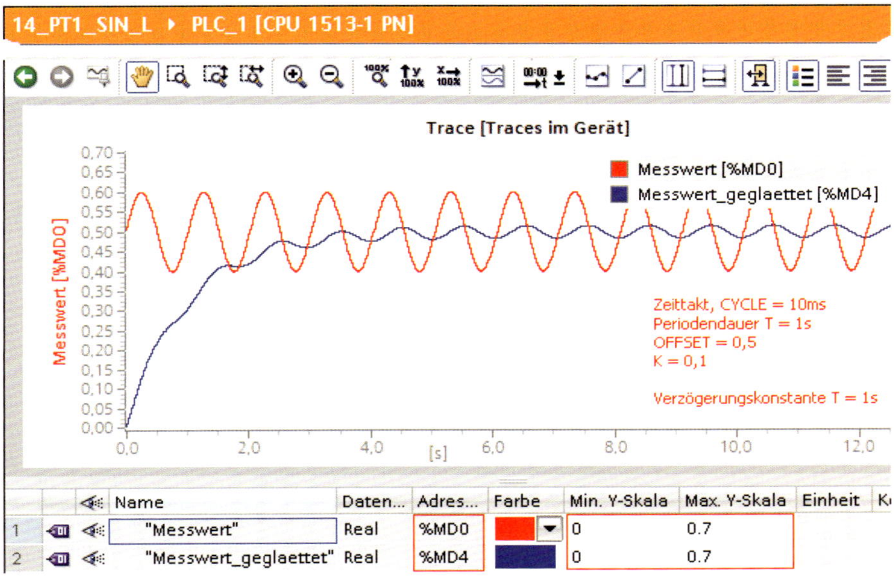

Sie können erkennen, dass das «schwankende» Messsignal (rot) geglättet wird (blau). Es dauert aber auch etwa 5 Zyklen bei dieser Konfiguration, bis das geglättete Messsignal etwa dem Mittelwert des Messsignals entspricht. Der vorgegebene Zeittakt des Cyclic interrupt[OB30] wurde auf 10 ms über dessen Eigenschaften geändert.

Merksatz

In Quelldateien können mehrere Bausteine programmiert werden. Der notwendige Speicherplatz ist gering im Vergleich zur Projektdatei.

Stichpunkte

Nach der Bearbeitung des Kapitels sollten die folgenden Stichpunkte für Sie verständlich sein:

- ❑ Quelle
- ❑ Trace
- ❑ Abtastzeit
- ❑ SIN()
- ❑ END_FUNKTION_BLOCK
- ❑ Glättung

15 Digitale Regelungen

Sie lernen einige Glieder aus der Regelungstechnik kennen und programmieren diese. Sie kombinieren diese Glieder zu Reglern, sie simulieren das Verhalten von Regelstrecken und untersuchen das Verhalten von Regelkreisen, um die Erkenntnisse auf echte Regelaufgaben übertragen zu können.

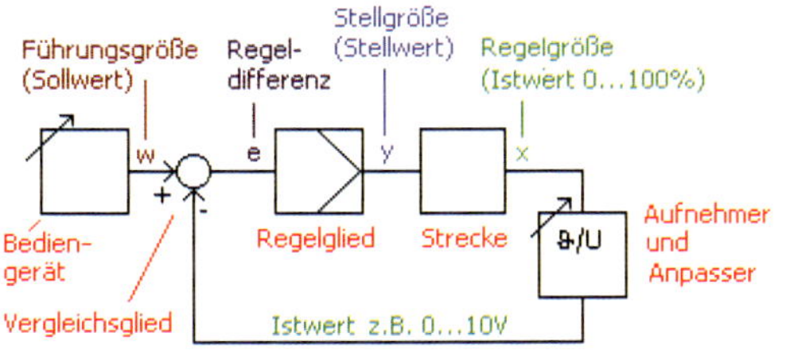

Eine Regelung ist ein Vorgang, bei dem fortlaufend der Wert der zu regelnden Größe (Istwert) gemessen und mit dem Wert einer vorgegebenen Größe (Sollwert) verglichen wird. Bei einer Abweichung wird über die Stellgröße (Stellwert) ein Angleichen vorgenommen. Dieses Angleichen sollte möglichst schnell und schwingungsarm erfolgen.

Der Regelvorgang kann mit stetig bzw. unstetig wirkenden Regeleinrichtungen erfolgen. Bei stetig wirkenden Einrichtungen kann die Stellgröße jeden Wert im Stellbereich annehmen, bei unstetig wirkenden Einrichtungen, wie beim Zweipunktregler, wird nur ein- oder ausgeschaltet.

Damit der Istwert mit einer AI-Baugruppe digitalisiert werden kann, muss dieser mit einem genormten Sensor erfasst werden, z.B. ein PT100, oder mit einem Sensor, der den Istwert in ein analoges Einheitssignal wandelt, z.B. 0...10 V. Umgekehrt wird das digitale Stellsignal des Reglers mit einer AQ-Baugruppe in ein analoges Einheitssignal für das Stellgerät gewandelt.

Wenn Sie einen IO-Link-fähigen Sensor und Aktor verwenden, die über einen IO-Link-Master mit der CPU kommunizieren, sind keine AI- bzw. AQ-Baugruppen notwendig.

15.1 Abtastregelung

In diesem Abschnitt sind die Regler Softwareregler. Da die Bearbeitung der Anweisungen des Reglerbausteins im Prozessor der CPU seriell erfolgt, können Eingangswerte (Istwert, Sollwert) nur zu diskreten Zeitpunkten erfasst und der Ausgangswert (Stellwert) nur zu den definierten Zeitpunkten ausgegeben werden. Dieses Verhalten ist das Charakteristikum eines Abtastreglers.

Die Ein- und Ausgangswerte werden in immer gleichen Zeitabständen, der **Abtastzeit** (CYCLE), erfasst. Diese Zeitsteuerung übernimmt ein Weckalarm-OB, z.B. der Cyclic interrupt[OB30] oder der CYC_INT5[OB35] bei der CPU 3xx, diese Programme werden standardmäßig alle 100 ms vom PLC-Betriebssystem aufgerufen.

Die **Abtastzeit** muss kürzer als 10% der Gesamtstreckenzeitkonstante sein. Ist dies der Fall, verhält sich die Abtastregelung wie eine stetige wirkende Regeleinrichtung oder wie konventionelle kontinuierliche Regelung. Die Abtastzeit muss aber so groß sein, dass die CPU die Reglerbausteine und das sonstige Programm abarbeiten kann. Die kürzestmögliche Abtastzeit ist von der CPU-Leistung abhängig.

15.2 Regelkreisglieder

Vergleichsglied

Soll die Regelgröße mit Hilfe eines Reglers auf den Sollwert «w» gehalten werden, muss der Istwert «x» mit dem Sollwert verglichen werden. Weicht «x» von «w» ab, so gibt der Regler einen Stellwert «y» aus. Der Regler ermittelt aus der **Regeldifferenz** «e» den Wert für die Stellgröße.

Die Regeldifferenz wird mit einer Subtraktion ermittelt.

$$e = w - x$$

Ein Regler kann mit Hilfe von Regelkreisgliedern die Regeldifferenz «e» nach unterschiedlichen mathematischen Funktionen auswerten. Er wird mit Hilfe von Reglerparametern an die Regelstrecke angepasst.

P-Glied

Ein Proportional-Glied, kurz P-Glied, verstärkt das Eingangssignal und gibt das verstärkte Signal am Ausgang aus. Der Ausgangswert ist um den Faktor K_P (Proportionalbeiwert) größer als der Eingangswert. Sie können das P-Glied in einem Reglerbaustein verwenden.

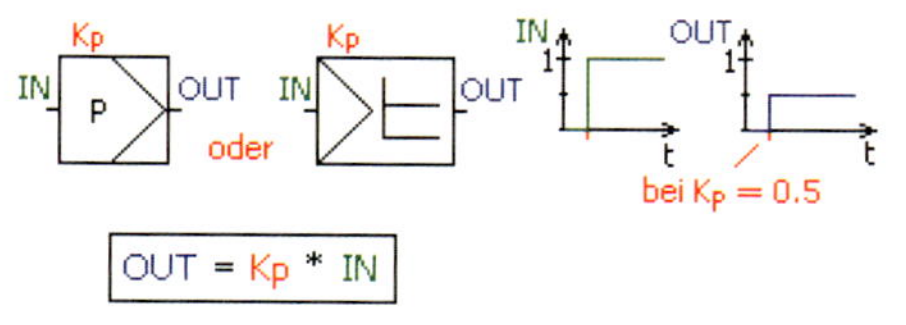

I-Glied

Das Integral-Glied, kurz I-Glied, integriert das Eingangssignal über die Zeit. Liegt ein Eingangswert an, so steigt das Ausgangssignal mit der Zeit; hat das Eingangssignal den Wert 0, so ändert sich der Wert am Ausgang nicht. Ist der Eingangswert negativ, so sinkt das Ausgangssignal mit der Zeit. Die Änderungsgeschwindigkeit des Ausgangswertes ist vom Wert des Eingangssignals und von der Integrationszeitkonstante T_I abhängig. Je größer das Eingangssignal und je kleiner die Zeitkonstante ist, desto größer ist die Änderungsgeschwindigkeit.

Da mit der CPU nicht direkt integriert werden kann, wird zum alten Ausgangswert nach einem kleinen Zeitabschnitt Δt der Zuwachs hinzu addiert. Dies erreichen Sie, wenn Sie den Baustein im Cyclic interrupt[OB30] bzw. bei der CPU 3xx im CYC_INT5[OB35] aufrufen. Je kleiner Δt ist, desto genauer ist das Ergebnis.

Mit dem I-Glied können Sie z.B. das Verhalten eines niedrigen Behälters bei einer Füllstandregelung simulieren. Sie können aber auch das I-Glied in einem Reglerbaustein verwenden, um bleibende Regelabweichungen auszuregeln.

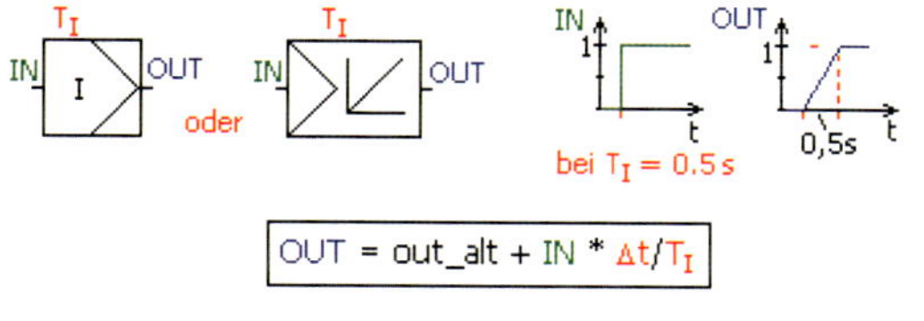

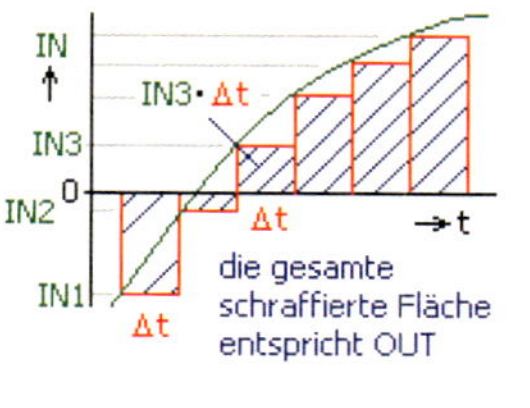

D-Glied
Ein Differentialglied, kurz D-Glied, soll bei Änderungen des Eingangswertes einen Ausgangswert liefern. Je größer die Änderung ΔIN oder die Differenzierzeit T_D ist, desto größer ist der Ausgangswert.

Ändert sich die Regelgröße und somit die Regeldifferenz schnell, z.B. Kaltwasserzulauf im Behälter oder Belastungsänderung eines Antriebs, so ist es sinnvoll, kurzzeitig die Stellgröße zu erhöhen bzw. zu verringern.

Die Differenzierzeit T_D oder der Differentialbeiwert K_D wird als Parameter angegeben.

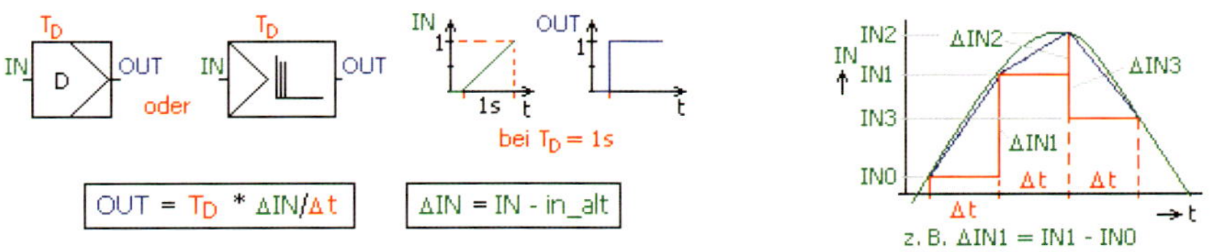

Da mit der CPU nicht direkt differenziert werden kann, wird nach einem kleinen Zeitabschnitt Δt die Steigung berechnet ($\Delta IN/\Delta t$), mit T_D multipliziert und als Stellwert ausgegeben. Nach dem gleichen Zeitabschnitt wird erneut gerechnet und der Stellwert ausgegeben usw.

Je kleiner Δt ist, desto genauer ist das Ergebnis.

T1-Glied, Verzögerungsglied
Der Wert am Eingang wird erst nach einer Verzögerung am Ausgang erreicht.

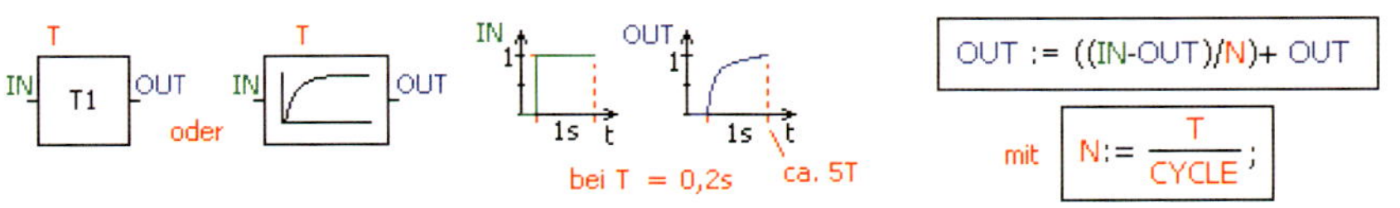

Die Anweisung `OUT:=((IN-OUT)/N)+ OUT;` beschreibt den mathematischen Zusammenhang, wobei dieser etwa der e-Funktion entspricht. `N` steht für die Anzahl der Taskzyklen, die notwendig sind, bis der Ausgangsparameter `OUT` den Wert am IN-Parameter erreicht hat. Je größer `N` ist, desto kleiner ist der Zuwachs von `OUT`. Die Verzögerung ist von T und von der Taskzykluszeit CYCLE (z.B. 100 ms), mit der die Instanz des FBs aufgerufen wird, abhängig.

Diesen Baustein haben Sie schon im vorhergehenden Kapitel kennen gelernt.

T2- und I-T1-Glied
Oft sind T1-Glieder mit anderen Grundgliedern kombiniert, z.B. I-T1 – eine Kombination aus einem T1- und einem I-Glied. Ein T2-Glied ist eine Hintereinanderschaltung von zwei T1-Gliedern, wie das folgende Bild zeigt. Um reale Strecken zu simulieren, werden das T1- bzw. das T2-Glied kombiniert mit einem P-Glied oder I-Glied. Bei einer Temperaturregelstrecke, also eine **Strecke mit Ausgleich**, können Sie ein P-T2-Glied, bei einer Füllstandsregelung eines niedrigen Behälters, also eine **Strecke ohne Ausgleich**, ein I-T1-Glied verwenden. Über die Parameter dieser Kombiglieder passen Sie das Verhalten an das der realen Strecke an.

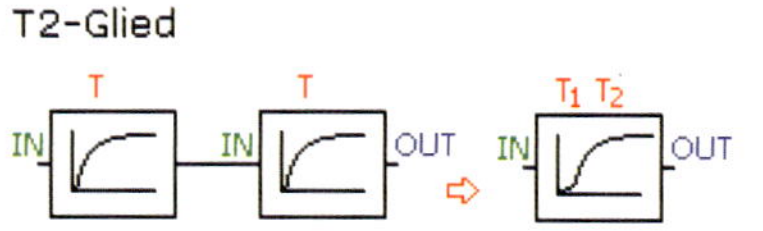

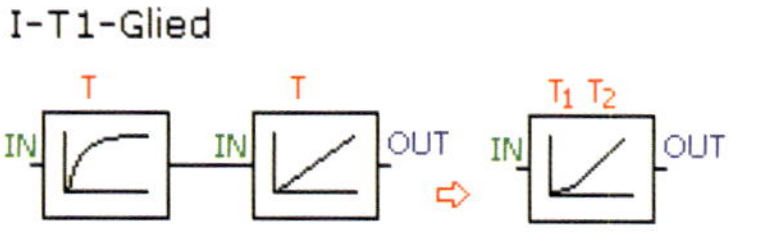

Aufgabe 15.1: Streckensimulationen einer Füllstandsregelstrecke

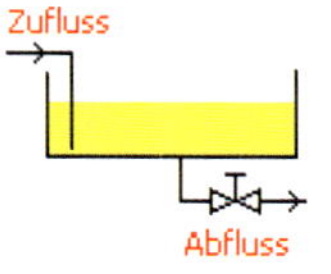

Eine Füllstandsregelstrecke verhält sich wie ein I-T1-Glied.

Programmieren Sie einen I-Glied-Baustein und kombinieren Sie diesen mit dem Verzögerungsglied T1-Glied-Baustein aus dem vorhergehenden Kapitel zu einem I-T1-Glied-Baustein.

▸ PLC_1 [CPU 1513-1 PN] ▸ Programmbausteine ▸ I_GLIED_pos [FB41]

```
//I-Glied normiert 0.0...1.0
// Typenumwandlung und Umrechnung von ms in s
#rTi:= DINT_TO_REAL(TIME_TO_DINT(#TI))/  ?    ;
#rCycle:=DINT_TO_REAL(TIME_TO_DINT(#CYCLE))/1000.0;
//Integrieren
  #OUT:= (    ?     + #IN*#rCycle/#rTi);
  #rOut_alt:=#OUT;//alten Wert speichern
//Begenzung
  IF #OUT > 1.0 THEN
    #OUT:=1.0;
    #rOut_alt:=1.0;
  END_IF;
  IF #OUT < 0.0 THEN
usw.
```

OUT = out_alt + IN * $\Delta t / T_I$

#rCYCLE

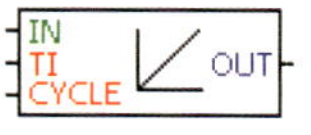

Normieren Sie die Größen auf 0,0…1,0 (1 entspricht 100% Füllstand). Beachten Sie die Begrenzungen im obigen Bild, da der Füllstand nicht kleiner als 0 (leer) und nicht größer als 1 (voll) sein kann.

Sie können den Code aktivieren oder deaktivieren, wie das folgende Bild zeigt, um die einzelnen Bausteine zu testen.

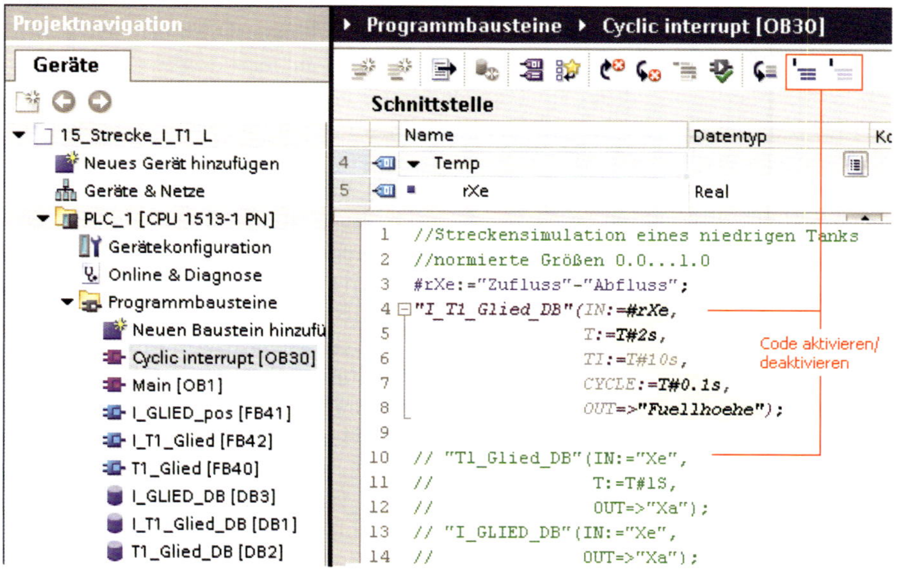

PLC_1 [CPU 1513-1 PN] ▸ Programmbausteine ▸ I_T1_Glied [FB42]

```
//I-T1-Glied normiert 0.0...1.0
#T1_Glied1(IN:=#IN, T:=#T, CYCLE:=#CYCLE);//Verzögerung
#I_Glied1(IN:=#T1_Glied1.OUT);
//Begrenzung
IF #I_Glied1.OUT < 0.0 THEN #OUT:=0.0;
ELSE #OUT:=#I_Glied1.OUT;
END_IF;
```

"Verschaltung" und Begrenzung

Um die Bausteine testen zu können, deklarieren Sie PLC-Variable, um deren Werte in PLCSIM oder im Baustein «Cyclic interrupt» zu verändern bzw. zu beobachten. Konfigurieren Sie eine Trace, um den zeitlichen Verlauf der Werte beurteilen zu können.

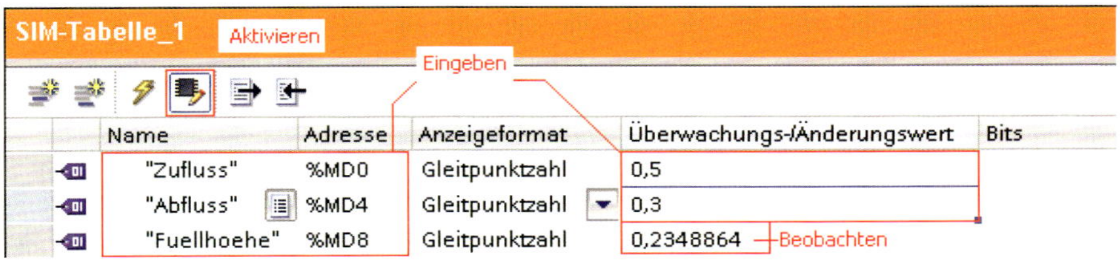

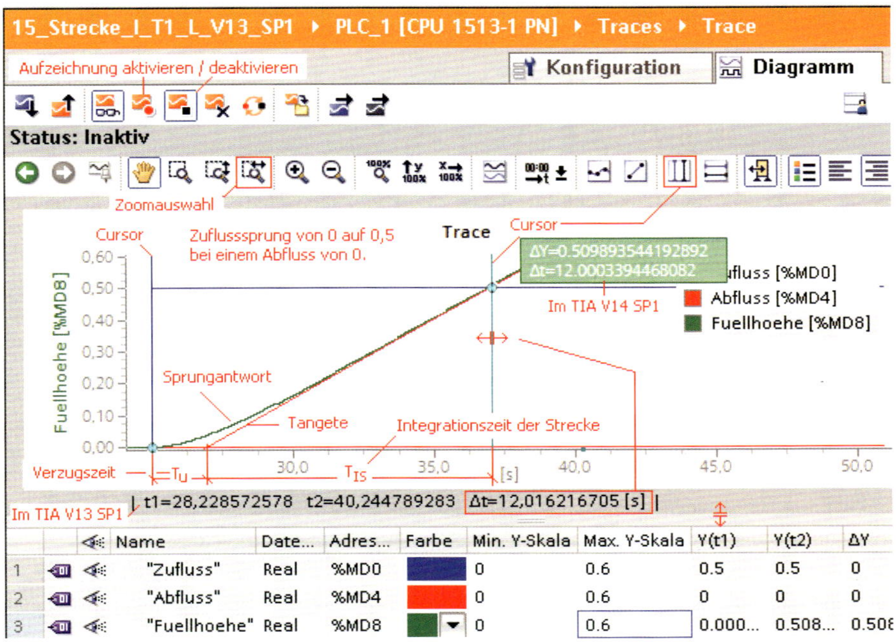

Sie können erkennen, dass die Füllhöhe verzögert und dann kontinuierlich steigt. Dieses Verhalten wird als **Strecke ohne Ausgleich** bezeichnet. Das Verhalten der Strecke kann mit den **Streckenparametern** T_u für die Verzugszeit und T_{IS} der Strecken-Integrationszeit beschrieben werden. Das Verhalten der Simulation können Sie ändern, indem Sie beim Aufruf der Instanz des I-T1-Bausteins die Parameterwerte T für die Verzögerung und TI für die Anstiegsgeschwindigkeit ändern.

Merksatz

Mit einem I-T1-Glied kann eine Strecke ohne Ausgleich simuliert werden.

Aufgabe 15.2: Streckensimulation einer Temperaturregelstrecke

Eine Temperaturregelstrecke verhält sich wie ein P-T2-Glied. Programmieren Sie einen P-T2-Glied-Baustein. Benutzen Sie zwei Verzögerungsglieder aus dem vorhergehenden Kapitel. «Schalten» Sie die PT1-Glieder hintereinander zu einem P-T2-Glied-Baustein. Normieren Sie die Größen auf 0,0...1,0.

WWW

InfoClick

Sie können auch die Quelldatei «PT1_L.scl» von der **InfoClick**-Webseite benutzen.

▸ PLC_1 [CPU 1513-1 PN] ▸ Programmbausteine ▸ PT2 [FB44]

```
//PT2-Glied, Rufen Sie diesen Baustein im Cyclic interrupt auf
#PT1_1(IN:=#IN, KP:=#KP, T:=#T1, CYCLE:=#CYCLE);
#PT1_2(IN:=#PT1_1.OUT,
       T:=#T2,
       CYCLE:=#CYCLE,
       OUT=>#OUT);
//Begrenzung
IF #OUT > 1.0 THEN #OUT:= 1.0; END_IF;
IF #OUT < 0.0 THEN #OUT:= 0.0; END_IF;
```

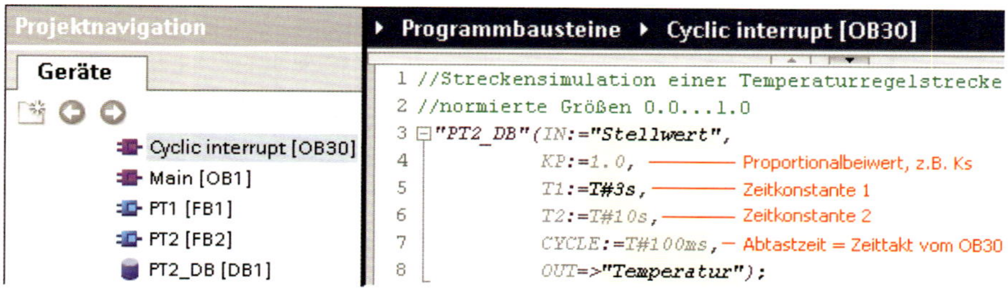

Um den Baustein testen zu können, deklarieren Sie PLC-Variable, um deren Werte in PLCSIM oder im Baustein «Cyclic interrupt» zu verändern bzw. zu beobachten. Konfigurieren Sie eine Trace, um den zeitlichen Verlauf der Werte beurteilen zu können.

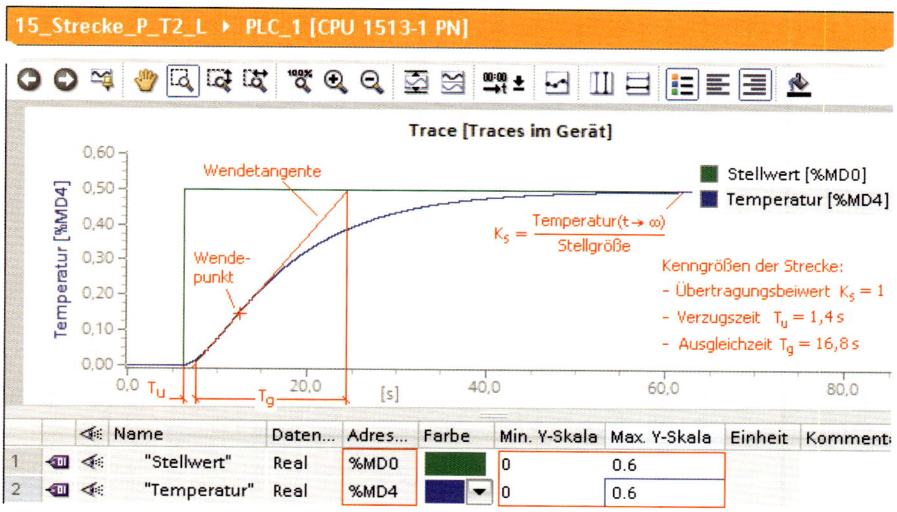

Sie können erkennen, dass die Temperatur verzögert ansteigt, aber dann im Gegensatz zur I-T1-Strecke einem Endwert zustrebt. Dieses Verhalten zeigen **Strecken mit Ausgleich**. Mit den **Streckenparameter**n Verzugszeit T_u, Ausgleichszeit T_g und dem Übertragungsbeiwert K_S kann das Verhalten näher beschrieben werden. Das Verhalten der Simulation können Sie ändern, indem Sie beim Aufruf der Instanz des PT2-Bausteins die Parameterwerte T1 und T2 ändern. Sie können auch mit Hilfe der Streckenparameter die Reglerparameter näherungsweise berechnen (Optimierung nach TAKAHASHI).

Aufgabe 15.3: Temperaturregelung mit einem P-, PI- und PID-Regler

Temperaturregelung mit einem P-Regler

Programmieren Sie einen P_REGLER-Baustein und benutzen Sie diesen, um das Regelverhalten bei einer sprunghaften Sollwertänderung bei einer PT2-Strecke mit unterschiedlichen Proportionalbeiwerten zu untersuchen. Die PT2-Strecke aus der vorhergehenden Aufgabe simuliert die Temperaturregelstrecke.

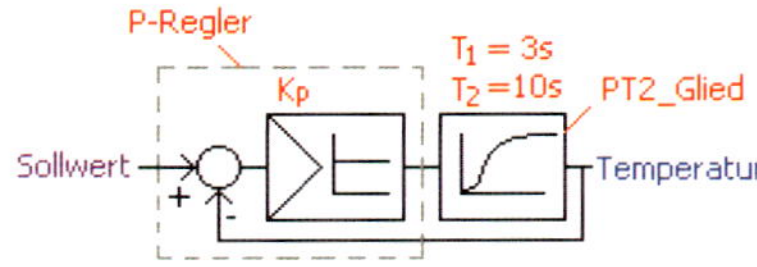

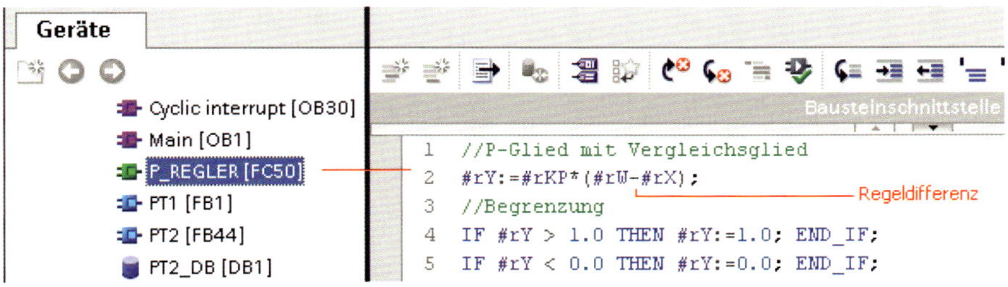

▸ PLC_1 [CPU 1513-1 PN] ▸ Programmbausteine ▸ Cyclic interrupt [OB30]

```
//Temperaturregelung mit einem P-Regler, normierte Größen 0.0...1.0
//Streckensimulation einer Temperaturregelstrecke
"PT2_DB"(IN:="Stellwert", KP:=1.0,
         T1:=T#3s, T2:=T#10s,
         CYCLE:=T#100ms, OUT=>"Temperatur");
//P-Regler
"P_REGLER"(rW:="Sollwert", rX:="Temperatur", rKP:=10.0, rY=>"Stellwert");
```

Mit diesen Parametern können Sie das Verhalten der Streckensimulation verändern.

Mit diesem Parameter passen Sie den Regler an die Strecke an.

Funktion mit Ausgangsparameter

Mit dem **Reglerparameter** K_P passen Sie den Regler an die Strecke an.

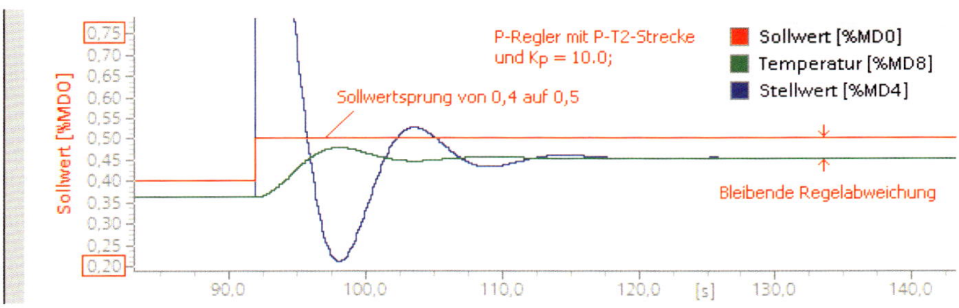

Sie erkennen, dass bei einem P-Regler eine bleibende Regelabweichung entsteht. Der Sollwert wird nicht erreicht.

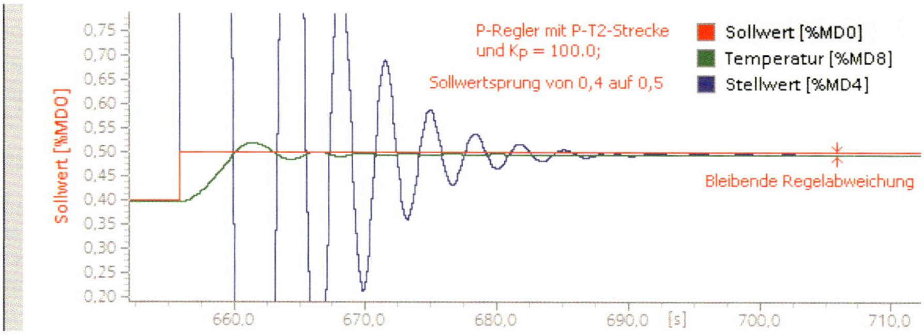

Wenn Sie den Proportionalbeiwert K_P des Reglers vergrößern, so neigt der Regelkreis zum Schwingen, die bleibende Regelabweichung ist jedoch kleiner.

Temperaturregelung mit einem PI-Regler

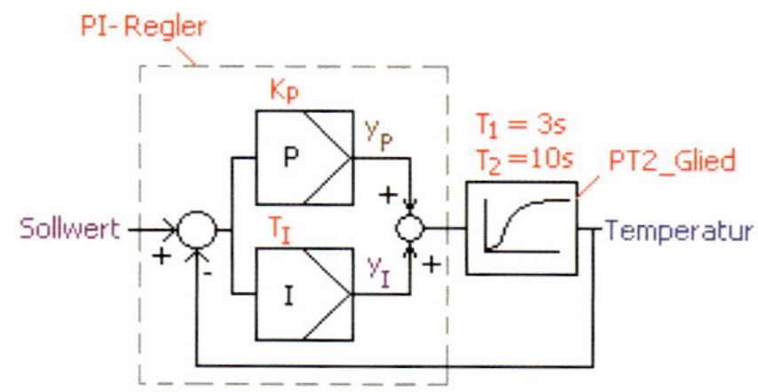

Um die bleibende Regelabweichung auszuregeln, wird ein PI-Regler eingesetzt.

Erweitern Sie den P-Regler-Baustein mit einem I-Glied.

Anmerkung: Bei praktischen Reglern ist das «Eingangssignal» des I-Glieds oft das «Ausgangssignal» des P-Glieds.

Beachten Sie: Da das I-Glied auf den Wert von rYialt aus dem vorhergehenden Zyklus zugreifen muss, müssen Sie für den PI-Regler einen FB programmieren.

Programmieren Sie den PI-Regler als eigenständigen Baustein, benutzen Sie also nicht die Instanz vom I-Glied und die P-Regler-Funktion, sondern geben Sie den Programmcode in den PI_REGLER[FB51] ein.

Rufen Sie die Streckensimulation und die Instanz des PI-Reglers im Cyclic interrupt alle 100 ms auf.

▸ PLC_1 [CPU 1513-1 PN] ▸ Programmbausteine ▸ Cyclic interrupt [OB30]

```
//Temperaturregelung mit einem PI-Regler, normierte Größen 0.0...1.0
//Streckensimulation einer Temperaturregelstrecke
"PT2_DB"(IN:="Stellwert",KP:=1.0,
         T1:=T#3s,T2:=T#10s,
         CYCLE:=T#100ms,OUT=>"Temperatur");
//PI-Regler
"PI_REGLER_DB"(rW:="Sollwert",
               rX:="Temperatur",
               rKP:=2.0,
               TI:=T#5s,
               CYCLE:=T#100ms,
               rY=>"Stellwert");
```

Instanz

Merksatz

Der I-Anteil im Reglerbaustein bewirkt ein Ansteigen bzw. ein Verringern des Stellsignals, solange eine Regeldifferenz vorhanden ist.

▸ PLC_1 [CPU 1513-1 PN] ▸ Programmbausteine ▸ PI_REGLER [FB51]

```
//PI-Regler normiert 0...1.0
//P-Glied mit Vergleichsglied
  #rYp:=#rKP*(#rW-#rX);
//I-Glied
 // Typenumwandlung und Umrechnung von ms in s
 #rTi:= DINT_TO_REAL(TIME_TO_DINT(#TI))/1000.0;
 #rCycle:=DINT_TO_REAL(TIME_TO_DINT(#CYCLE))/1000.0;//dt
 //Integrieren
 #rYi:= (#rYialt + (#rW-#rX)*#rCycle/#rTi);
 #rYialt:=#rYi;//alten Wert speichern
 //PI-Glied
 #rY:=#rYp + #rYi;//mathematischer Regler
 //Begenzung
 IF #rY > 1.0 THEN #rY:=1.0; END_IF;
 IF #rY < 0.0 THEN #rY:=0.0; END_IF;
 IF #rYp > 1.0 THEN #rYp:=1.0; END_IF;
 IF #rYp < 0.0 THEN #rYp:=0.0; END_IF;
 IF #rYi > 1.0 THEN #rYi:=1.0; #rYialt:=1.0; END_IF;
 IF #rYi < -1.0 THEN #rYi:=-1.0; #rYialt:=-1.0; END_IF;
```

Benutzen Sie zum Testen des Regelvorgangs PLCSIM und eine Trace bei verschiedenen K_P- und T_I-Werten.

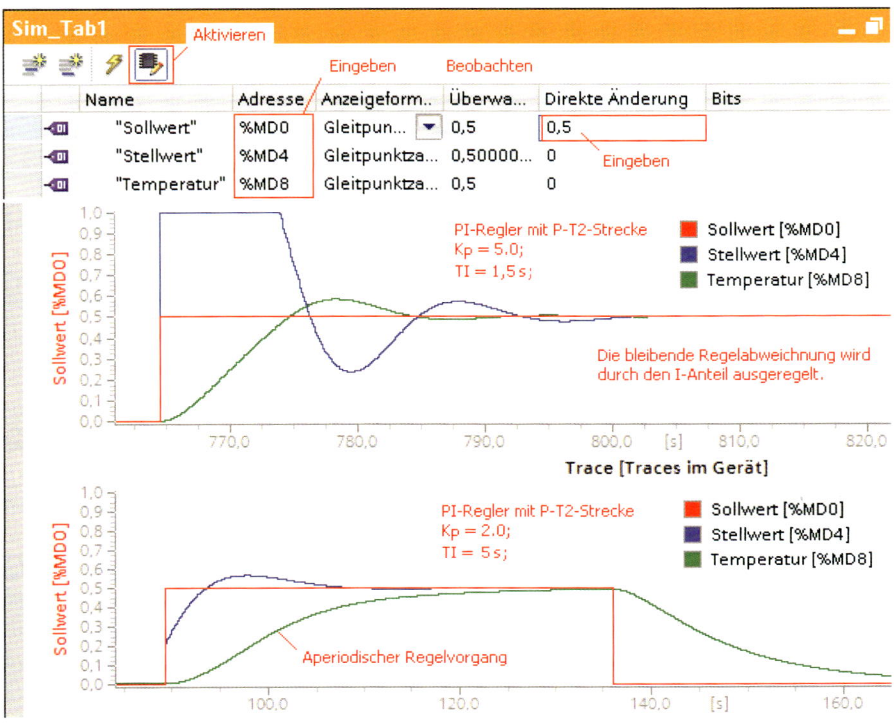

Temperaturregelung mit einem PID-Regler

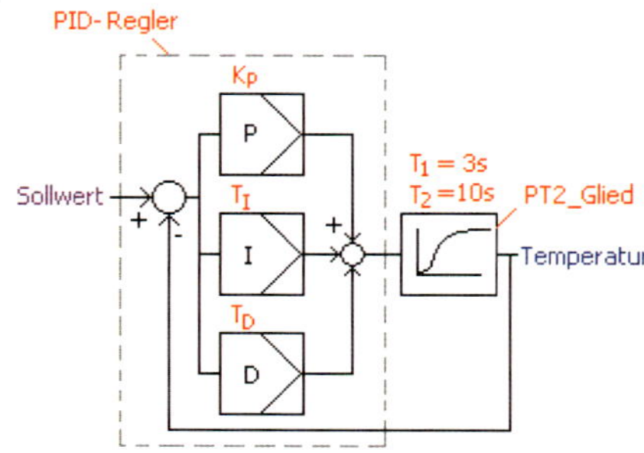

Erweitern Sie den PI-Regler zu einem PID-Regler-Baustein. Durch den zusätzlichen D-Anteil reagiert der Regler schneller bei Änderung des Sollwertes oder bei einer Störung, wie z.B. Kaltwasserzulauf im Tank.

Vorgehensweise: Fügen Sie die Quelldatei D_GLIED.scl in Ihrem Projekt ein und übersetzen Sie den Baustein.

Testen Sie zunächst das D-Glied. Benutzen Sie als Eingangssignal den Ausgang des SIN_GEN aus Kapitel 14.

▸ PLC_1 [CPU 1513-1 PN] ▸ Programmbausteine ▸ Cyclic interrupt [OB30]

```
"SIN_GEN_DB"(K:=1.0,
             OFFSET:=0.0,
             T:=T#10S,
             CYCLE:=T#100MS,
             OUT=>"Sollwert");
"D_GLIED_DB"(IN:="Sollwert",
             TD:=T#1s,
             CYCLE:=T#100ms,
             OUT=>"Stellwert");
```

Test des D-Glieds mit einer Sinus-Funktion als Eingangssignal. Das Ergebnis ist eine Cosinus-Funktion.

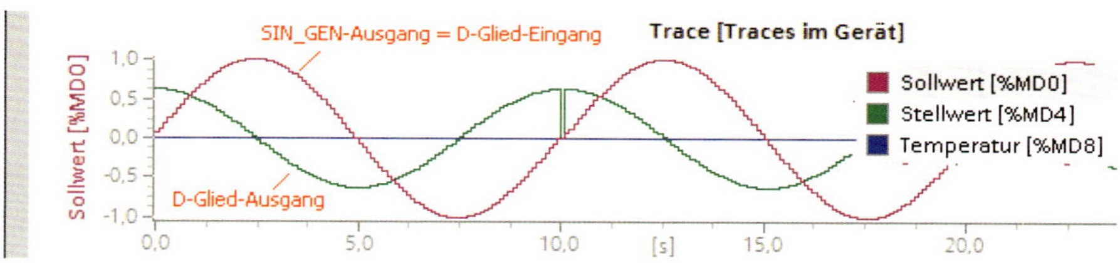

Sind die Änderungen des Eingangswertes bei einem D-Glied groß, so ist der Ausgangswert groß (bei $t = 0$); ist die Änderung klein, so ist der Ausgangswert klein (bei $t = 2{,}5$ s).

Kopieren Sie den Code des D-Glieds in den umbenannten PID_REGLER und überarbeiten Sie diesen.

▸ PLC_1 [CPU 1513-1 PN] ▸ Programmbausteine ▸ PID_REGLER [FB52]

```
//PID-Regler normiert 0...1.0

//D-Glied
 #rDelta_t:=DINT_TO_REAL(TIME_TO_DINT(#CYCLE));//in ms
 #rDelta_td:=DINT_TO_REAL(TIME_TO_DINT(#TD));
 #rYd:= #rDelta_td*(#rW-#rX-#rIn_alt)/#rDelta_t;
 #rIn_alt:=#rW-#rX;//alten Wert speichern
//PID-Glied
 #rY:=#rYp + #rYi + #rYd;//mathematischer Regler
//Begenzung
 usw.
```

Erweiterung

Rufen Sie den PID-Regler im Alarm-OB auf.

▸ PLC_1 [CPU 1513-1 PN] ▸ Programmbausteine ▸ Cyclic interrupt [OB30]

```
//Streckensimulation einer Temperaturregelstrecke
"PT2_DB"(IN:="Stellwert",
         KP:=1.0,
         T1:=T#3s,
         T2:=T#10s,
         CYCLE:=T#100ms,
         OUT=>"Temperatur");
//Regler
"PID_REGLER_DB"(rW:="Sollwert",
                rX:="Temperatur",
                rKP:=10.0,
                TI:=T#1.8s,
                TD:=T#5s,
                CYCLE:=T#100ms,
                rY=>"Stellwert");
```

Laden Sie das Programm in PLCSIM und ändern Sie den Sollwert. Beobachten Sie die Werte.

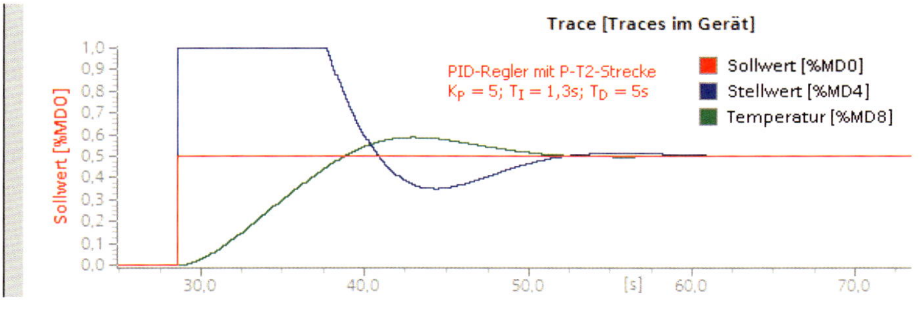

Das vorhergehende Bild zeigt einen Sollwertsprung von 50%. Der D-Anteil im Reglerbaustein macht sich bei diesem Sprung nicht bemerkbar, da die Stellgröße schon durch den P-Anteil begrenzt wirkt.

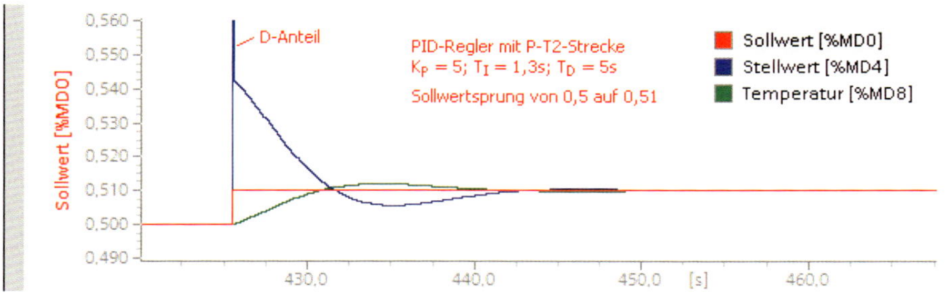

Sie können im vorhergehenden Bild den D-Anteil erkennen, da der P-Anteil bei dem kleinen Sollwertsprung nicht begrenzt wird.

Merksatz

Der D-Anteil bewirkt ein Stellsignal bei einer Änderung der Regeldifferenz.

Erhöhung der Abtastzeit

Bei einer Abtastregelung darf die Abtastzeit nicht kürzer als 10% der Gesamtstreckenzeitkonstante sein. Bei der Simulation der Temperaturregelstrecke beträgt diese etwa 20 s (Aufgabe 15.2; $T_u + T_g = 18{,}2$ s). Erhöhen Sie den Zeittakt vom Cyclic interrupt[OB30] auf 1 s. Übergeben Sie auch den Parametern CYCLE diesen Wert und **testen Sie** die Funktion.

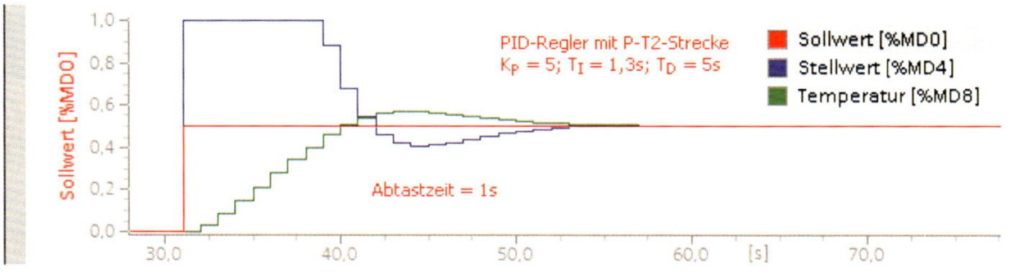

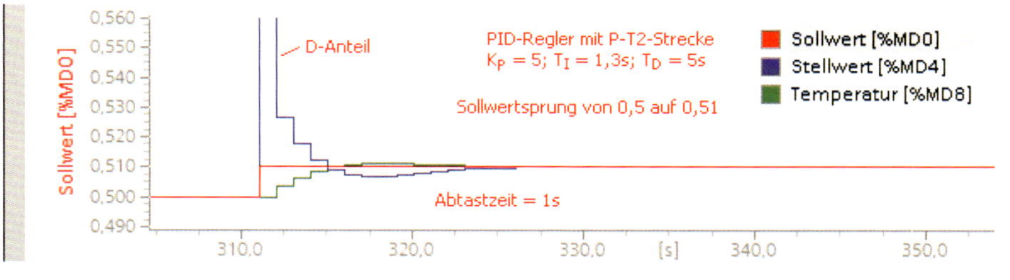

Sie erkennen im vorhergehenden Bild, dass die Abtastregelung noch wie eine kontinuierliche Regelung arbeitet. Wenn die Abtastzeit jedoch zu groß ist, hier 3 s (ca. 16% von der Gesamtstreckenzeitkonstante), ist keine Regelung mehr möglich, wie das folgende Bild zeigt.

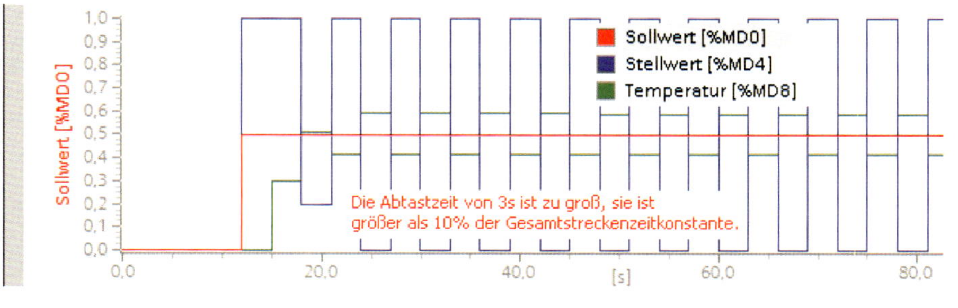

Merksatz

Die Abtastzeit darf nicht größer als 10% der Gesamtstreckenzeitkonstante sein.

Anmerkung: Bei realen Temperaturregelstrecken sind die Streckenparameter empirisch bestimmbar. Die Verzugszeit T_u und die Ausgleichszeit T_g liegen eher im Minutenbereich. Mit Hilfe eines Näherungsverfahrens, z.B. nach CHIEN, HORONES und RESWICK oder nach TAKAHASHI, können Sie dann die Reglerparameter berechnen.

Aufgabe 15.4: Temperaturregelung mit einem PID-Siemens-Regler

Ersetzen Sie den PID-Regler aus dem vorhergehenden Projekt durch einen Siemens-PID-Regler-Baustein. Dieser optimiert sich selbst, er passt sich also der Strecke an.

Vorgehensweise

Entfernen Sie aus dem Programmbausteinordner des vorhergehenden Projekts den PID-Baustein sowie dessen Instanz und ziehen Sie aus dem Anweisungen-Fenster unter *Technologie PID-Control* den PID-Compact als Regler in den Alarm-OB.

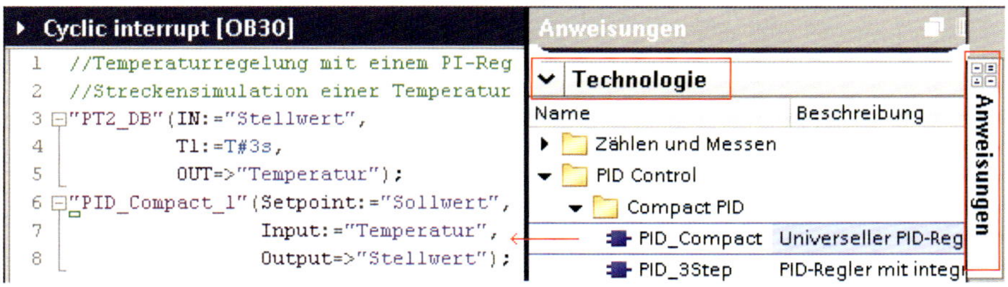

Im Projektnavigations-Fenster im Ordner **Technologieobjekte** finden Sie die Instanz des Siemens-Reglers. Doppelklicken Sie die Konfiguration, um die Parameterwerte anzupassen.

1. Wählen Sie unter Reglungsart *Allgemein* und den Mode *Erstoptimierung*.
2. Wählen Sie unter Ein-/Ausgang *Input* und *Output*.
3. Unter Istwerteinstellungen geben Sie 1 als obersten Wert ein, da die Simulation der Strecke auf 1.0 begrenzt ist.
4. Unter *Erweiterte Einstellungen* stellen Sie den Ausgangswert auf 1.0.

Übersetzen Sie die Bausteine. Öffnen Sie PLCSIM.

Doppelklicken Sie unter Technologieobjekt der Instanz *Inbetriebnahme*. Das Optimierungsfenster öffnet sich.

1. Starten Sie die Messung und die Erstinbetriebnahme und geben Sie in PLCSIM z.B. 0,5 als Sollwert ein.
2. Starten Sie nach einigen Sekunden die Nachoptimierung. Unter *Status Optimierung* können Sie den Fortschritt der Optimierung erkennen. Nach einigen Sekunden ist der Regler optimiert. Unter *Erweiterte Einstellungen PID-Parameter* können Sie die Werte einsehen. Starten Sie den PID-Regler, wenn nötig, unter Online-Zustand.
3. Ändern Sie in PLCSIM den Sollwert wieder auf 0, um erneut einen Sollwertsprung auf z.B. 0,5 durchzuführen, um die Regelgüte zu beurteilen.

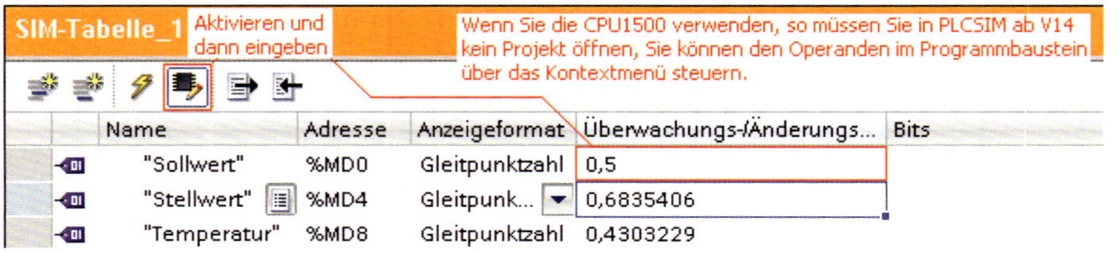

Der Sollwertsprung erfolgt von 0 auf 0,5 nach der Erstoptimierung und nach der Nachoptimierung.

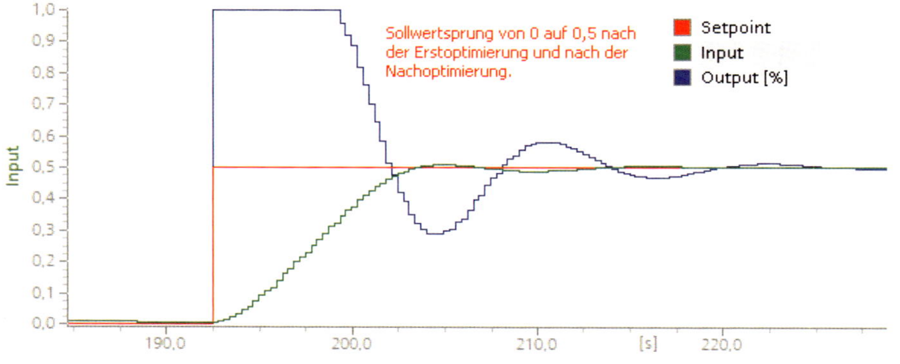

Die Reglerparameter finden das Technologieobjekt nach der Erstinbetriebnahme und Nachoptimierung von selbst.

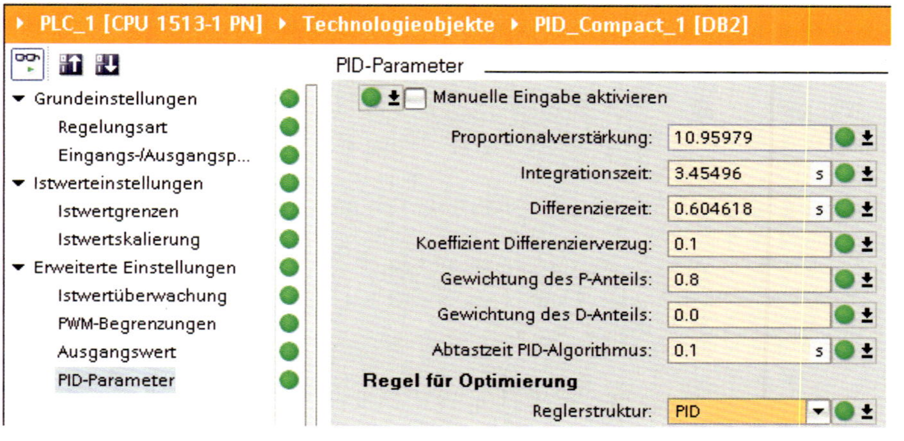

Wenn Sie die Speicherauslastung mit der des vorhergehenden Projekts vergleichen, ist diese in der Aufgabe 15.4 größer als die in der Aufgabe 15.3.

Aufgabe 15.5: Füllstandsregelung mit einem PI-Regler, Peripheriewerte

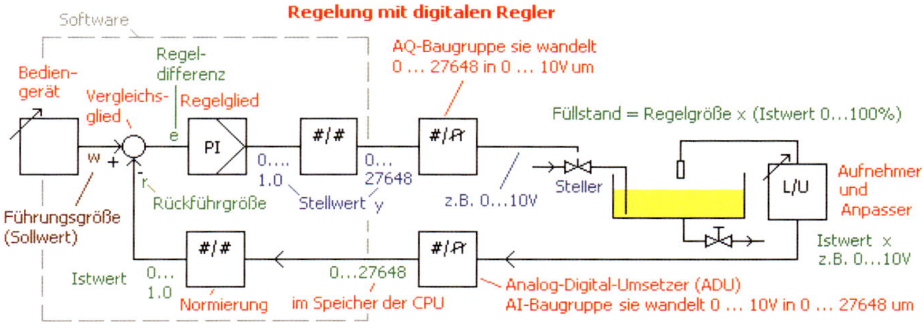

Der Füllstand wird mit einem Sensor gemessen, der bei 100 cm Füllstand 10 V liefert. Über die AI-Baugruppe wird der analoge Wert digitalisiert, wobei 0...10 V eine Zahl von 0...27648 im Speicher der Baugruppe ergeben. Diese Zahl wird normiert zu 0.0...1.0 und dem Vergleichsglied zugeführt. Verglichen mit dem Sollwert,wird die Regeldifferenz gebildet. Diese ist die Eingangsgröße des PI-Regelglieds. Der Stellwert des Reglers wird skaliert von 0...1.0 nach 0...27648 und in den Speicher der AQ-Baugruppe geschrieben. Die AQ-Baugruppe wandelt diesen Wert in eine Spannung von 0...10 V für den Steller um. Der Zufluss für den Behälter wird geregelt.

InfoClick www

Benutzen Sie zur Simulation eines niedrigen Tanks die Quelldatei «Strecke_I_T1_PER.scl» von der **InfoClick**-Webseite A15.5_Quelle. Das Programm aus Aufgabe 15.1 wurde so erweitert, dass der Eingangsparameter IN (Stellwert) vom Datentyp Int ist und Werte von 0...27648 erwartet. Der Ausgangsparameter OUT ist ebenfalls vom Datentyp Int und liefert die Füllhöhe als Zahl von 0...27648.

▸ PLC_1 [CPU 1513-1 PN] ▸ Programmbausteine ▸ I_T1_Glied_PER [FB3]

```
//I-T1-Glied 0...27648
//Der Stell- und Istwertbereich 0...27648
//Skalieren, umrechnen von 0...27648->0.0...1.0
#rIn:=INT_TO_REAL(#IN)/27648.0;
//Verzögerung 0...1.0
#T1_Glied1(IN:=#rIn, T:=#T, CYCLE:=#CYCLE);
//I-Glied 0...1.0
#I_Glied1(IN:=#T1_Glied1.OUT,TI:=T#10S,CYCLE:=T#100MS);
//Skalieren, umrechnen von 0.0...1.0->0...27648
#OUT:=REAL_TO_INT(#I_Glied1.OUT*27648.0);
IF #OUT < 0.0 THEN #OUT:=0; END_IF;
```

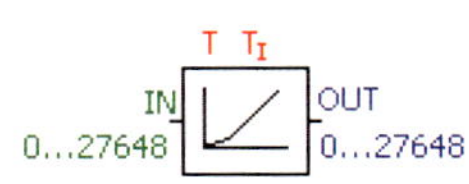

Fügen Sie als Regler den PI-Regler-Baustein oder die Quelldatei «PI_Regler.scl» Ihrem Programm hinzu. Schreiben Sie Ihr Programm in ein Unterprogramm, eine Funktion ohne Parameter, und rufen Sie dieses im Cyclic interrupt[OB30] auf.

▸ PLC_1 [CPU 1513-1 PN] ▸ Programmbausteine ▸ Cyclic interrupt [OB30]

```
//Unterprogrammaufruf
"UP_FUELLSTAND"();
```

Das Unterprogramm wir alle 100ms aufgerufen

Vom Zufluss, dem Stellwert, wird der Abfluss subtrahiert und umgerechnet zu 0…27648 als Eingangsparameterwert IN für die Streckensimulation. Der Wert des Ausgangsparameters OUT 0…27648 wird in die temporäre Variable iFuellstand geschrieben und umgerechnet auf 0…1.0 als Istwert ("Fuellstand") für den Regler und für die Trace.

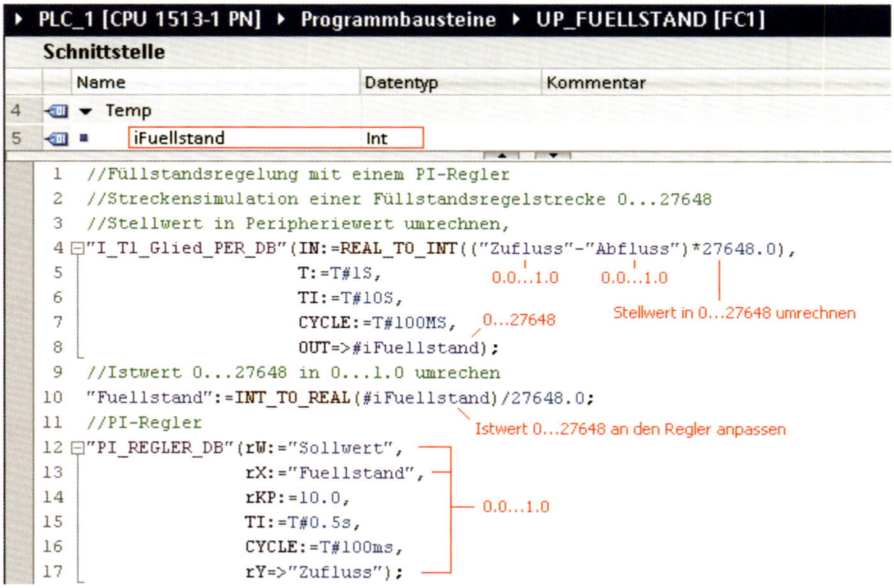

Deklarieren Sie die PLC-Variablen, um in PLCSIM den Sollwert und den Wert der Abflussmenge (0…1.0) verändern zu können. Passen Sie die Reglerparameter der Strecke an und beurteilen Sie die Regelgüte.

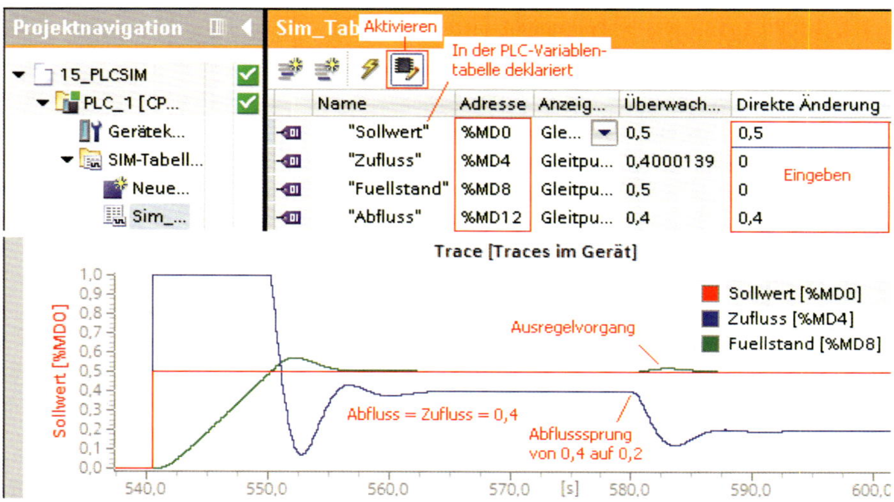

15.3 Zweipunktregelung

Der Regelvorgang der Zweipunktregeleinrichtung wirkt unstetig, die Stellgröße wird nur ein- oder ausgeschaltet.

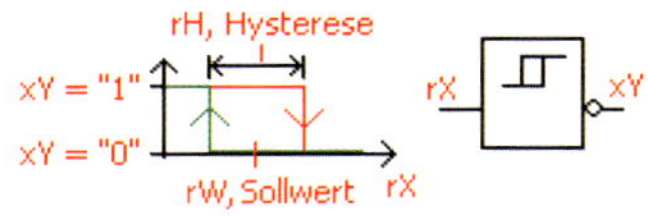

Aufgabe 15.6: Temperaturregelung mit einem Zweipunktregler

Die Temperatur soll mit Hilfe einer Elektroheizung, die über ein Halbleiterschütz angesteuert wird, konstant gehalten werden. Die gewünschte Temperatur, der Sollwert, ist eingebbar.

Programmieren Sie mit Hilfe der IF…ELSIF-Anweisung einen Zweipunktregler mit folgender Funktionsweise:

Sinkt rX (im Beispiel die Temperatur) unter den Schaltpunkt rW-rH/2, so wird xY = TRUE (logisch 1), im Beispiel wird das Heizungsschütz eingeschaltet. Steigt rX über rW+rH/2, so wird xY = FALSE (logisch 0), im Beispiel wird das Heizungsschütz wieder ausgeschaltet. Die Differenz zwischen Ein- und Ausschaltpunkt wird als **Hysterese** bezeichnet.

▸ PLC_1 [CPU 1513-1 PN] ▸ Programmbausteine ▸ Z_REGLER [FB55]

```
//Zweipunktregler
IF #rX > #rW+#rH/2 THEN
  #xY:=FALSE;
ELSIF #rX < #rW-#rH/2 THEN
  #xY:=TRUE;
END_IF;
```

Benutzen Sie als Streckensimulation der Temperaturregelung das P-T2-Glied im OB30. Deklarieren Sie dazu eine lokale temporäre Variable rStellwert. Ihr Wert wird 1.0, wenn die Variable Q1_Heizung TRUE ist, und 0.0, wenn Q1_Heizung den Wert FALSE hat. So können Sie den «Schaltausgang» des Zweipunktreglers an die Simulation der Temperaturregelstrecke anpassen. Übergeben Sie die Parameterwerte.

▸ PLC_1 [CPU 1513-1 PN] ▸ Programmbausteine ▸ Cyclic interrupt [OB30]

4	▾ Temp		
5	rStellwert	Real	Stellwert 0.0 oder 1.0

```
//Temperaturregelung mit einem Zweipunkt-Regler
//Streckensimulation einer Temperaturregelstrecke, normierte Größen 0...1
#rStellwert:=DINT_TO_REAL(BOOL_TO_DINT("Q1_Heizung"));
"PT2_DB"(IN:=#rStellwert,
         KP:=1.0,
         T1:=T#3s,
         T2:=T#10s,
         CYCLE:=T#100ms,
         OUT=>"Temperatur");
//Zweipunkt-Regler
"Z_REGLER_DB"(rW:="Sollwert",
              rH:="Hysterese",
              rX:="Temperatur",
              xY=>"Q1_Heizung");
```

Ist ihr Wert TRUE, dann ist der Wert von #rStellwert = 1.0

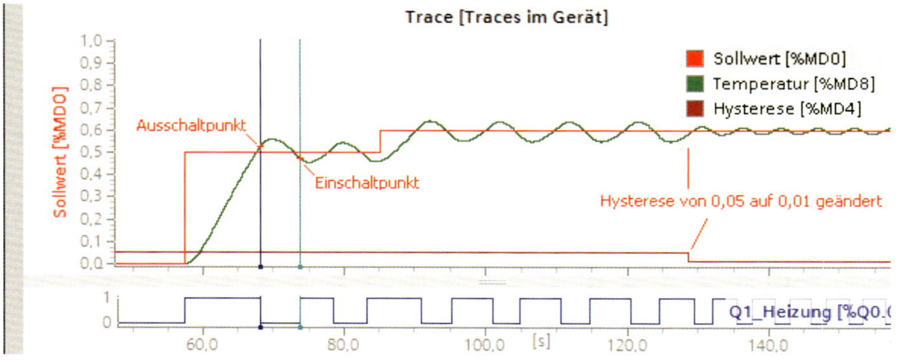

Sie erkennen, dass die Regelgröße schwingt. Bei kleinerer Hysterese ist die Schwingamplitude kleiner, die Schalthäufigkeit aber höher.

Merksatz

Um die Schwingamplitude der Regelgröße klein zu halten, ist eine kleine Hysterese notwendig.

Übung 15.1: Füllstandsregelung mit einem Zweipunktregler

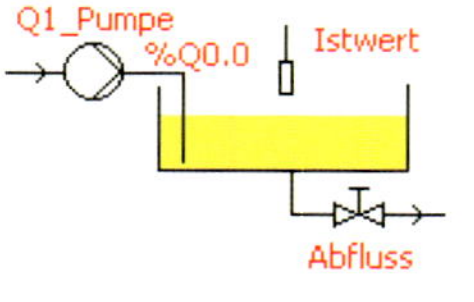

Der Füllstand, der Istwert, soll mit Hilfe einer Pumpe konstant gehalten werden, unabhängig von der Ablaufmenge. Die gewünschte Füllhöhe, der Sollwert ist eingebbar. Die Pumpe ist über ein Schütz ein- und ausschaltbar.

Benutzen Sie als Streckensimulation der Füllstandsregelung eines niedrigen Tanks das I-T1-Glied. Schaltet die Pumpe über das Schütz ein, so sei der Zuflusswert 1.0 (100%).

Um das Programm mit PLCSIM testen zu können, deklarieren Sie die PLC-Variablen. Für die Variable «Sollwert» können Sie in PLCSIM z.B. den Wert 0,5, für die Variable «Abfluss» z.B. 0,3 eingeben und den Wert der Variablen «Fuellstand» beobachten. Sie werden erkennen, dass der Füllstand um den Sollwert schwankt.

Stichpunkte

Nach der Bearbeitung des Kapitels sollten die folgenden Stichpunkte für Sie verständlich sein:

- ❑ Abtastregelung
- ❑ Abtastzeit
- ❑ P-, I-, D-, T1-, T2-, I-T1-Glied
- ❑ P-, PI-, PID-Regler
- ❑ Strecken- und Reglerparameter
- ❑ Strecken mit und ohne Ausgleich
- ❑ Technologieobjekt
- ❑ Zweipunktregler
- ❑ Hysterese

Selbsttest

Wählen Sie die richtigen Ergänzungen bzw. Aussagen aus.

1.
```
#rYi:=(#rYialt+(#rW-#rX)*#rCycle/#rTi);
#rYialt:=#rYi;
```
Bei negativer Regeldifferenz
- ☐ wird der Wert von rYialt größer.
- ☐ bleibt der Wert von rYialt gleich.
- ☐ wird der Wert von rYi größer.
- ☐ verringert sich der Wert von #rYi.

2.
```
#rCycle:=DINT_TO_REAL(TIME_TO_DINT(#CYCLE))/1000.0;
```
Der Parameter CYCLE ist vom Datentyp
☐ DInt. ☐ Real. ☐ Time. ☐ ohne Datentyp.

3. Die Abtastzeit des Reglerbausteins
- ☐ darf nicht kleiner als 10% der Gesamtstreckenzeitkonstante sein.
- ☐ darf nicht größer als 10% der Gesamtstreckenzeitkonstante sein.
- ☐ muss immer 100 ms sein.
- ☐ entspricht immer der Zykluszeit des Main-Programms.

4. Eine Variable vom Datentyp Real benötigt einen Speicherplatz mit
☐ 8 Bit. ☐ 16 Bit. ☐ 32 Bit. ☐ 64 Bit.

5. Das Bild zeigt das Symbol eines
☐ P-Glieds. ☐ I-Glieds.
☐ D-Glieds. ☐ T1-Glieds.

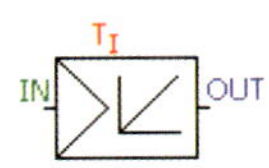

6. Das Bild zeigt das Programm eines digitalen
- ☐ P-Glieds.
- ☐ I-Glieds.
- ☐ D-Glieds.
- ☐ T1-Glieds.

```
// ?    normiert 0.0...1.0
// Typenumwandlung und Umrechnung von ms in s
#rTi:= DINT_TO_REAL(TIME_TO_DINT(#TI))/1000.0;
#rCycle:=DINT_TO_REAL(TIME_TO_DINT(#CYCLE))/1000.0;
// ?
  #OUT:= (#rOut_alt + #IN*#rCycle/#rTi);
  #rOut_alt:=#OUT;//alten Wert speichern
//Begenzung
  IF #OUT > 1.0 THEN
    #OUT:=1.0;
    #rOut_alt:=1.0;
  END_IF;
  IF #OUT < 0.0 THEN
    #OUT:=0.0;
    #rOut_alt:=0.0;
  END_IF;
```

InfoClick www

Sie finden diesen Selbsttest auch auf der Webseite www.vogel-fachbuch.de unter **InfoClick**.

16 Kommunikation, Netzwerke

Sie lernen die Kommunikationsmöglichkeiten kennen.

16.1 PROFINET

PROFINET kann die Kommunikationsstandards, die aus der Bürowelt bekannt sind, wie Internet-Dienste, Netzwerkmanagement, drahtlose Kommunikation mit Wireless LAN ..., also die IT-Standards, nutzen. PROFINET ist ein offener Industrial Ethernet-Standard für die Automatisierung. Es können PROFINET-Geräte von unterschiedlichen Herstellern miteinander vernetzt werden. Über GSD-Dateien können wie beim PROFIBUS Fremdgeräte im TIA-Portal eingebunden werden. PROFINET benutzt für nicht zeitkritische Vorgänge zur Kommunikation die im Ethernet üblichen Protokolle. PROFINET verwendet für die Echtzeit-Kommunikation, den schnellen zyklischen Datenaustausch, das Protokoll Real-Time (RT) und für den sehr schnellen Austausch, z.B. bei Motion Control, das taktsynchrone Protokoll Isochronous Real-Time (IRT).

Über die CPU-Schnittstelle, hier die PROFINET-Schnittstelle, können Sie Daten mit anderen Geräten austauschen. Ihr Programm können Sie über diese Schnittstelle in die CPU laden und im Online-Betrieb zur Laufzeit Variablenwerte beobachten und Hardwarefehler diagnostizieren.

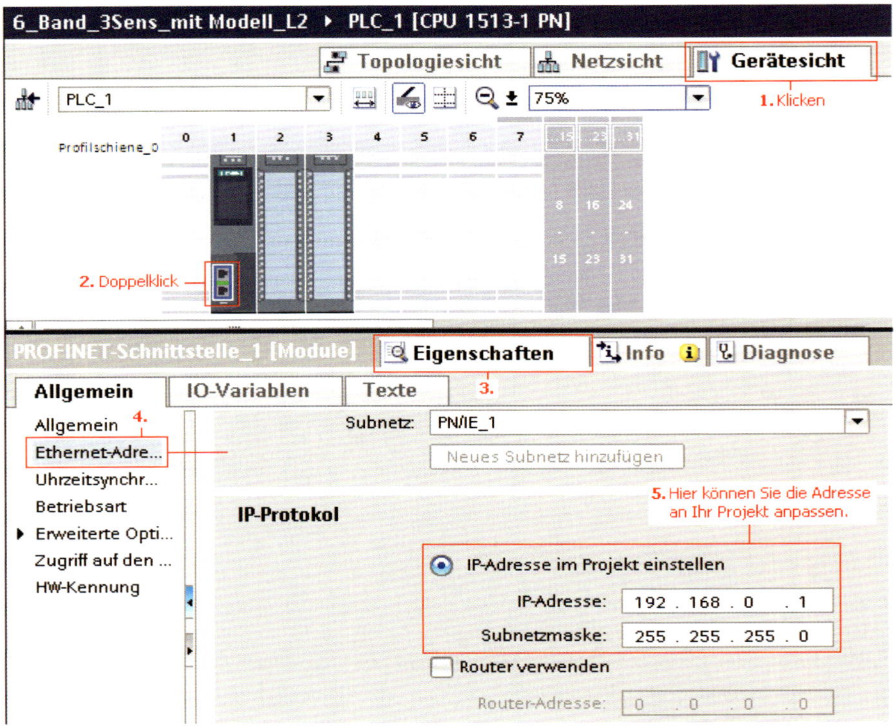

Die Vernetzung (mechanische Verbindung) und die logische Verbindung (Definition des Übertragungsprotokolls) zum Programmiergerät müssen Sie nicht projektieren, diese werden automatisch angelegt. Die Netzwerkadressen beider Geräte müssen jedoch aufeinander abgestimmt sein. Falls Sie eine CPU 15xx verwenden, so können Sie die IP-Adresse auch über das Display eingeben bzw. ändern.

Die Kommunikation zu anderen Geräten, wie HMI, dezentrale Peripherie, eine weitere CPU usw., muss jedoch projektiert werden.

16.2 Projekt in die CPU laden

Vorgehensweise
Ihr Programmiergerät muss im gleichen Sub-Netz liegen wie die PLC. Passen Sie die IP-Adresse und Subnetzmaske an.

Falls Sie ein Projekt mit einer Anlagensimulation, z.B. Aufgabe 6.1, in die PLC laden wollen, so entfernen Sie den Aufruf der Instanz MODELL...[FB10] im Main-Programm sowie das HMI vor dem Laden.

1. Verbinden Sie die CPU mit Ihrem Programmiergerät über die Ethernet-Schnittstelle.
2. Markieren Sie im TIA-Portal in der Projektnavigation den Programmbausteinordner und wählen Sie im Menü *Online Erweitertes Laden in Geräte* ... Stellen Sie im Dialogfenster *Erweitertes Laden* die PG/PC-Schnittstelle auf PN/IE ein und wählen Sie eventuell als Verbindung mit Subnetz PN/IE_1 oder den Steckplatz. Klicken Sie auf die Schaltflächen *Suche starten* und dann *Laden*.
3. Falls nach kurzer Zeit keine Verbindung zur PLC angezeigt wird, aktivieren Sie *Alle kompatiblen Teilnehmer anzeigen*; eventuell wird eine temporäre IP-Adresse Ihrem Programmiergerät zugewiesen, um das Projekt in die CPU zu übertragen.
4. Stellen Sie an der PLC CPU 300 bzw. 1500 den Schalter auf RUN.

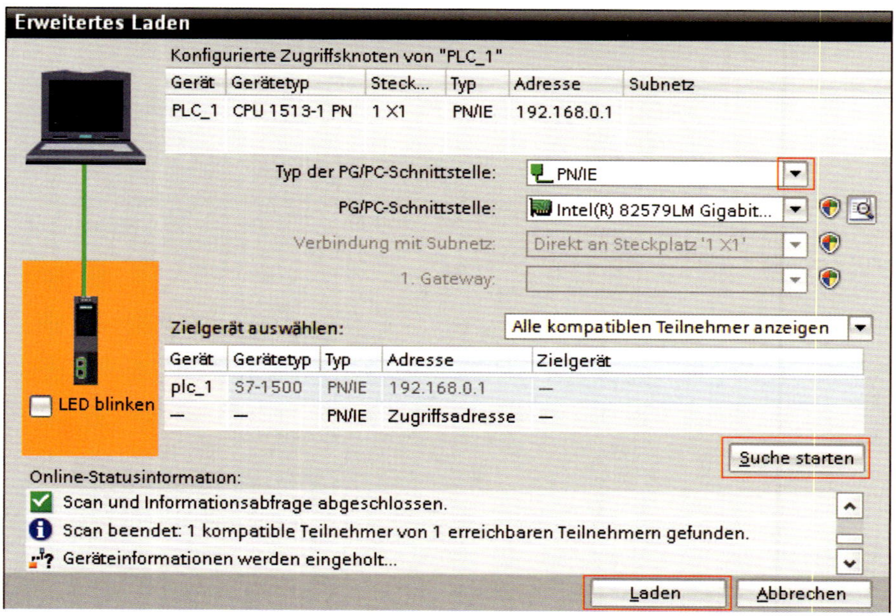

Sie können Peripherieeingänge und Peripherieausgänge forcen, also mit einem festen Wert versehen. Benutzen Sie dazu eine Force-Tabelle. In der PLC-Variablentabelle oder auch in der Beobachtungstabelle können Sie die Ergebnisse beobachten. Vergessen Sie nicht, das Forcen zu beenden!

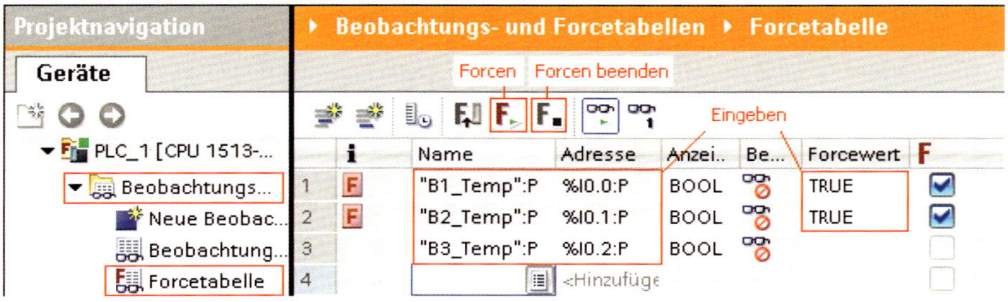

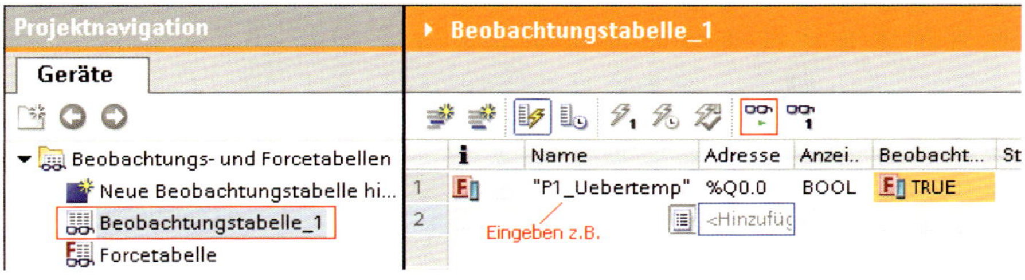

16.3 Vernetzung und die Verbindung zu einem HMI

Das folgende Bild zeigt die Vernetzung und die Verbindung zu einem HMI (Bedien- und Beobachtungsgerät) mit dem Verbindungstyp *HMI-Verbindung*. Die Verbindung wird automatisch bei der Projektierung des HMIs angelegt.

Die IP-Adressen liegen im gleichen Sub-Netz.

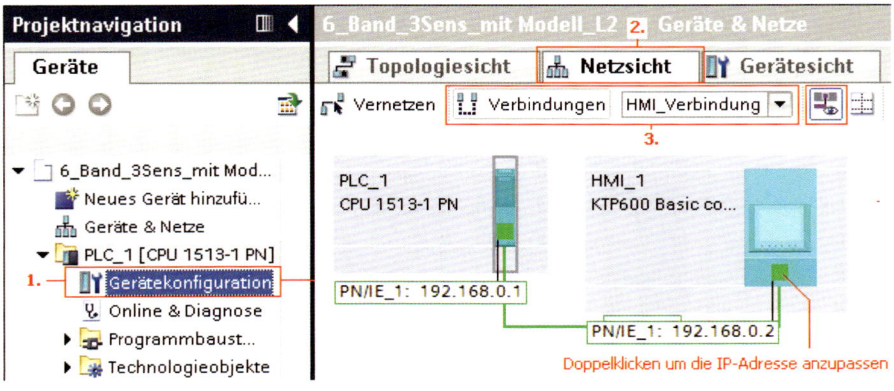

16.4 Dezentrale Peripherie

Definition

Ein- und Ausgangsbaugruppen sowie IO-Link-Master, die über ein Bussystem mit der PLC-Station verbunden sind, werden als dezentrale Peripherie bezeichnet.

Bei den CPUs 3xx, 12xx und 15xx werden die Systeme PROFINET und PROFIBUS verwendet. Der Zugriff auf die Daten der dezentralen Peripherie erfolgt so wie bei der zentralen PLC-Station.

Bei der Projektierung ziehen Sie aus dem Hardwarekatalog die PLC-Station sowie die dezentrale Peripherie, z.B. die ET200S mit dem Interfacemodul, das Powermodul und die Ein- und Ausgangsbaugruppen. Verbinden Sie die PROFINET-Schnittstellen beider Geräte durch Ziehen einer Linie zwischen den grünen Quadraten mit der Maus. Passen Sie eventuell die IP-Adresse Ihrem Netzwerk an.

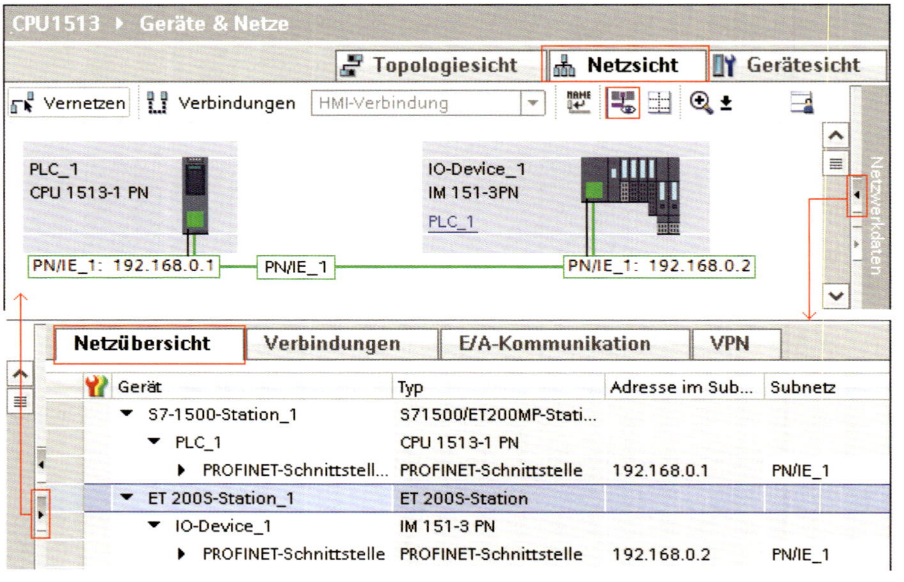

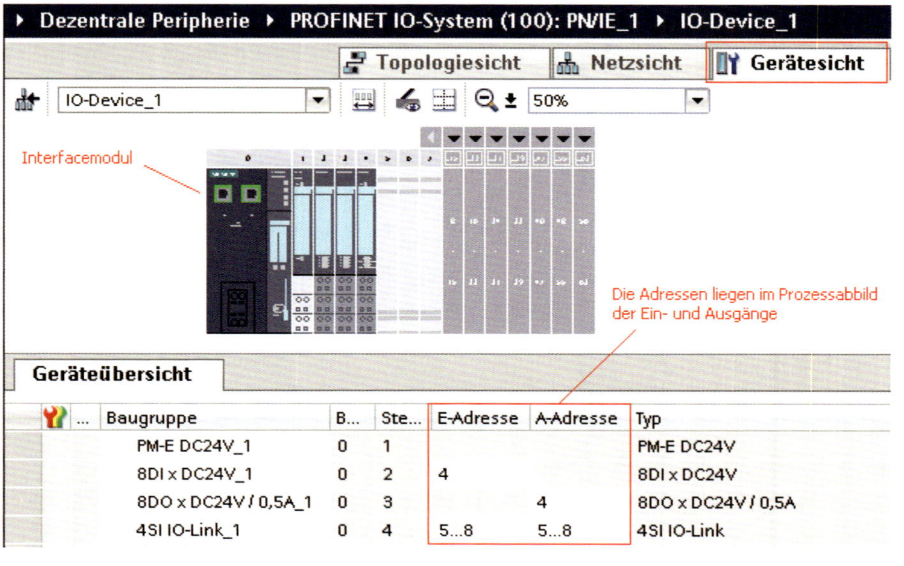

IO-Link ist eine **Punkt-zu-Punkt**-Verbindung nach IEC 61 131-9 in der untersten Feldebene zwischen Sensor bzw. Aktor und der Steuerung. Die Prozess-, Parameter-, Identifikations- und Diagnosedaten werden **digital** über eine 3-adrige ungeschirmte **Standardleitung**, also bitseriell, übertragen. Ein **IO-Link-Master**, der zwischen dem IO-Link-fähigen Sensor bzw. Aktor und der Steuerung eingebaut ist, steuert diese Kommunikation.

16.5 Intelligentes IO-Device

Ein I-Device enthält ein Anwenderprogramm, das die unterlagerten Baugruppen steuert. Die Daten werden mit Hilfe einer Nutzdatenschnittstelle, den Transferbereich, den Sie im I-Device projektieren, zwischen diesem IO-Controller und dem I-Device ausgetauscht.

Im Beispiel wurde eine CPU 1214C als Controller (beim PROFIBUS Master) und eine weitere CPU 1214C als I-Device (beim PROFIBUS Slave) konfiguriert.

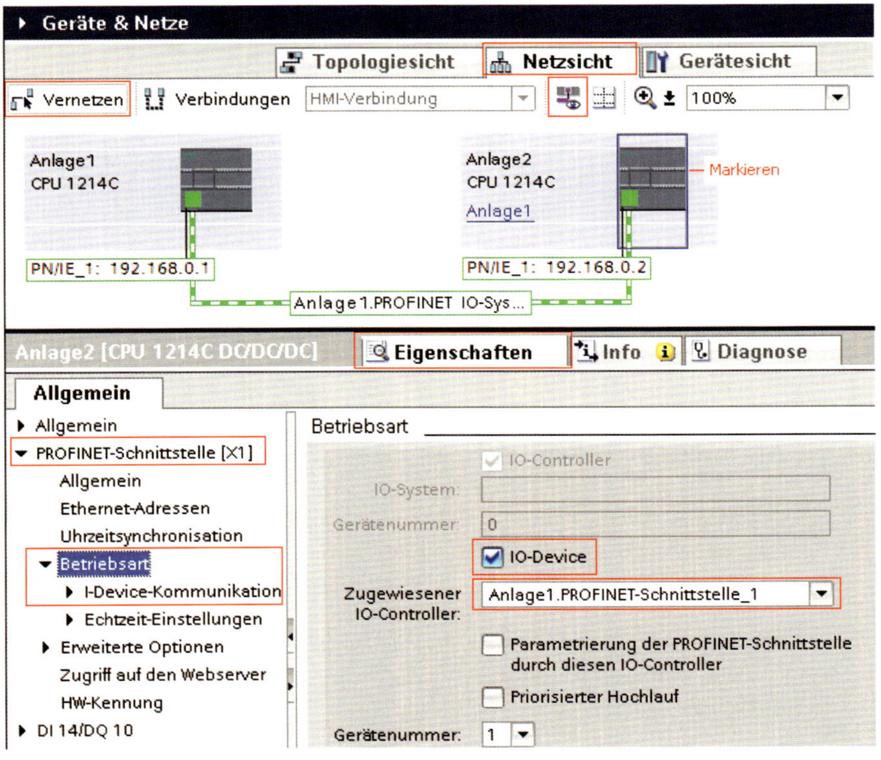

Bei Konfigurationen mit intelligentem IO-Device (I-Device) greift der IO-Controller auf den I/O-Operandenbereich der CPU des I-Device zu. Dieser Bereich wird Transferbereich genannt, er darf nicht für reale E/A-Baugruppen belegt werden. Diese Zuordnung erfolgt bei der Projektierung des I-Device.

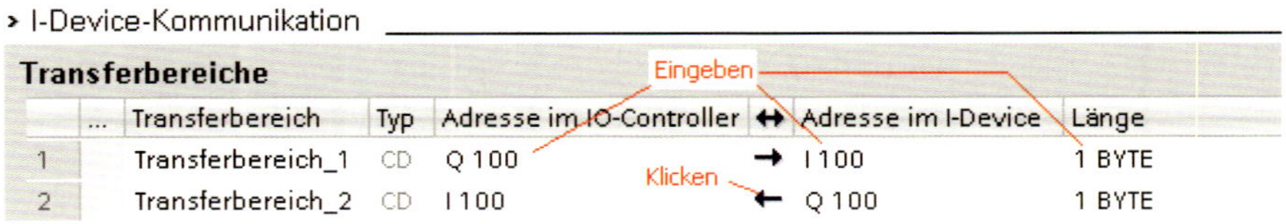

16.6 PROFIBUS

Verfügt die PLC-Station nicht über eine PROFIBUS-Schnittstelle, so benutzen Sie ein Kommunikationsmodul für PROFIBUS. Vergeben Sie eindeutige PROFIBUS-Adressen.

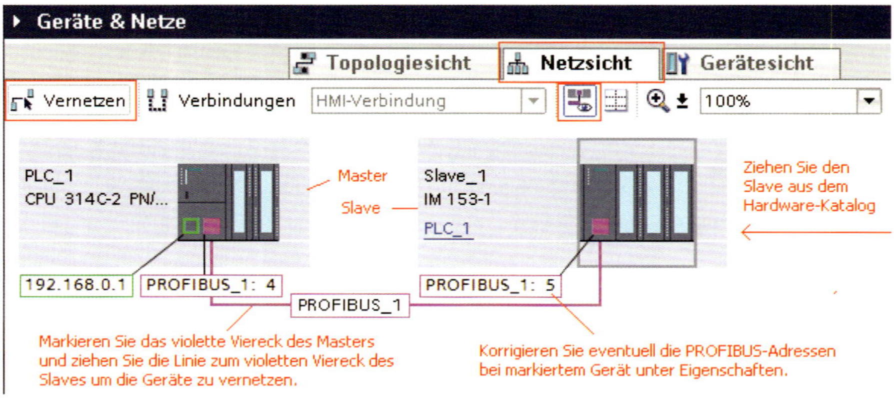

Die Konfiguration intelligenter Slaves, z.B. eine weitere CPU 314, entspricht der von PROFINET.

16.7 AS-Interface (AS-i)

AS-Interface (Aktuator-Sensor-Interface) ist ein herstellerunabhängiges, offenes und genormtes Vernetzungssystem für binäre Sensoren und Aktoren, aber auch für analoge Slaves im untersten Feldbereich (vor Ort an der Maschine). Es ist ein Feldbus (FAN – **F**ield **A**rea **N**etwork).

Für die Kommunikation mit Geräten, die eine AS-i-Schnittstelle besitzen, können Sie ein AS-i-Kommunikationsmodul, den AS-i-Master, in der Gerätekonfiguration zur CPU hinzufügen.

Mit einem Adressiergerät werden die Slaves adressiert. Die Adressen der Geräte müssen mit der Projektierung übereinstimmen.

16.7.1 AS-i mit den CPUs 1200 und 1500

Die Adresse des Speicherbereichs können Sie der Gerätekonfiguration entnehmen. Bei den CPUs 1200 und 1500 wird der Peripheriespeicher des Kommunikationsmoduls (CM) zyklisch in das Prozessabbild (Voreinstellung) kopiert.

Sie haben zwei Möglichkeiten der Projektierung: die AS-i Slaves in der Netzsicht zu projektieren oder die AS-i Slaves nicht in der Netzsicht zu projektieren.

AS-i Slaves in der Netzsicht projektieren

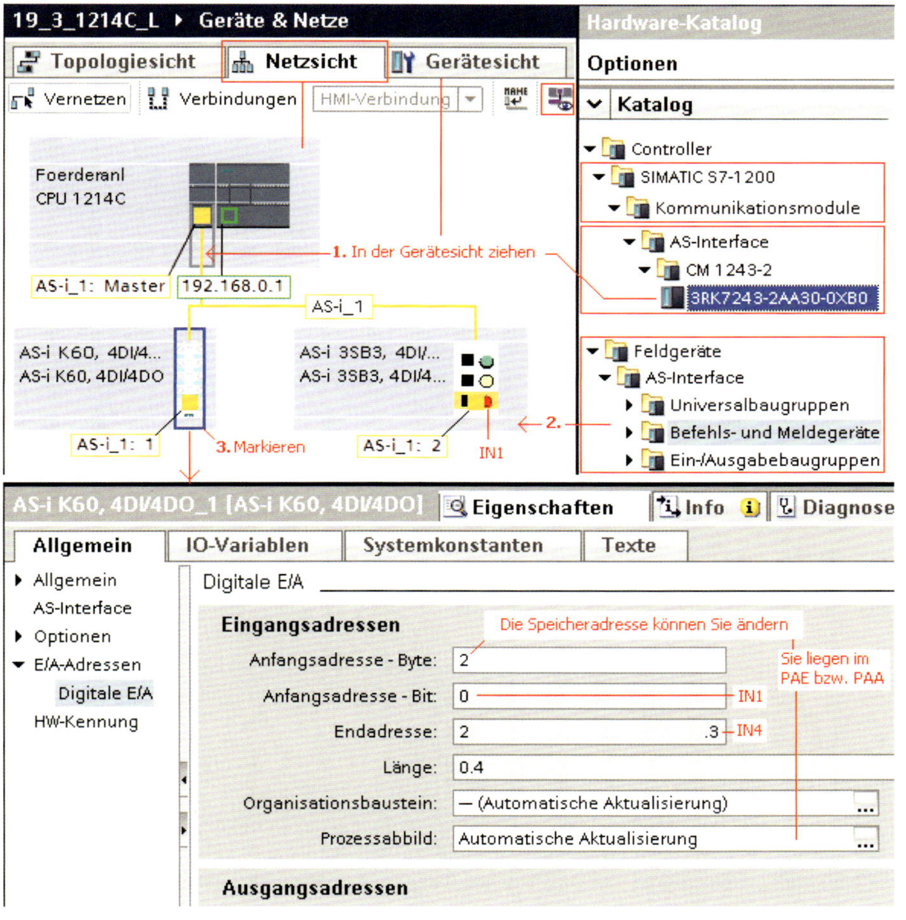

AS-i Slaves nicht in der Netzsicht projektieren

Auch wenn Sie in der Netzsicht keine AS-i Slaves projektiert haben, können Sie auf die AS-i-Digitalwerte im E/A-Speicherbereich der CPU zugreifen. Bei den CPUs 1200 und 1500 aktiviert STEP7 automatisch den Parameter «Systemvorgabe», was zur Reservierung eines 62 Byte langen E/A-Bereichs in der CPU führt. Innerhalb dieses E/A-Bereichs erfolgt der Zugriff auf die Digitaldaten Byte-orientiert, d.h., jedem AS-i Digital-Slave ist ein Byte zugeordnet. Es wird je ein Byte Ausgangsdaten und Eingangsdaten reserviert. Die Zuordnung der AS-i-Anschlüsse der AS-i-Digital-Slaves zu den Datenbits des zugeordneten Bytes wird im Inspektorfenster des AS-i Masters, hier des CM1243-2, angezeigt.

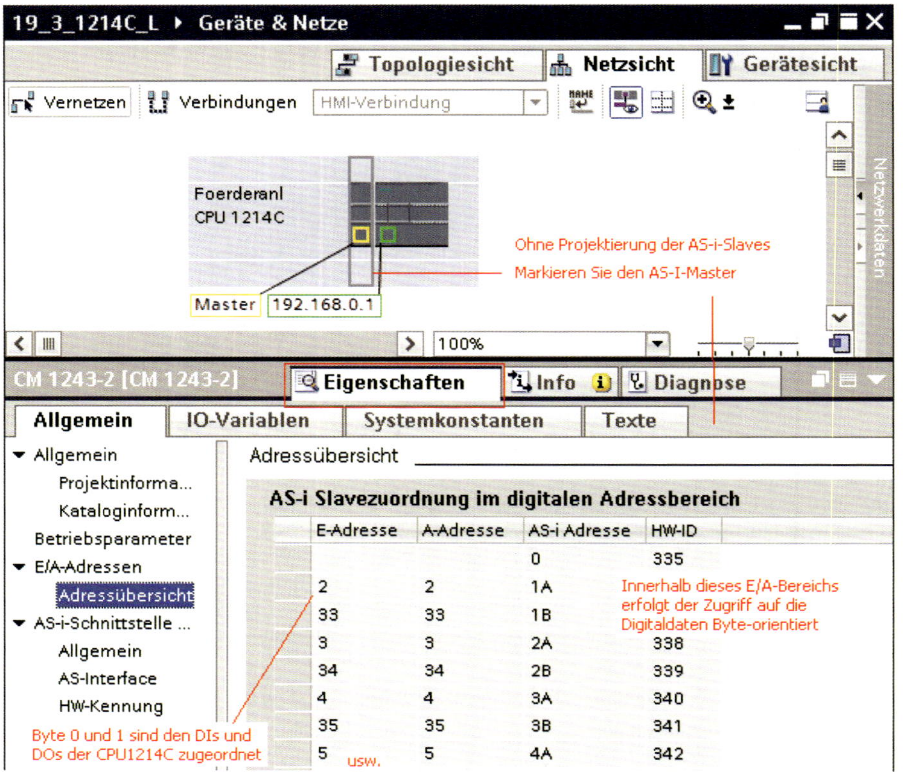

Zum Beispiel finden Sie den Wert des Eingangs IN1 des Slaves 2A unter %I3.1. Mit ASi-5 im Vergleich zur bisherigen ASi-3-Lösung wird

- die Anzahl der Teilnehmer von 62 auf 96 bei einer 4-fach höheren Datenbreite steigen.
- Gleichzeitig sinkt die Zykluszeit von 5 ms auf 1,2 ms bei 24 Teilnehmern und einer skalierbaren Datenbreite von 16 Bit bis 32 Byte.
- Zudem verdoppelt sich die Netzwerklänge auf 200 m pro Strang.
- Es stehen azyklische Dienste zur Verfügung sowie ein zusätzlicher Diagnosekanal parallel zu den Prozessdaten und damit eine kanalgenaue Diagnose.

16.7.2 AS-i mit den CPUs300

Das folgende Bild zeigt eine CPU314C-2PN/DP mit einem AS-Interface Master und zwei AS-i Slaves sowie ein HMI am PN/IE-Netz.

Den AS-i Master projektieren Sie in der Gerätesicht – Kommunikationsmodule – AS-Interface, die AS-i Slaves in der Netzsicht. Die Slaves finden Sie im Hardwarekatalog unter Feldgeräte – AS-Interface Slaves. Die Adressen der Slaves können Sie bei markiertem Slave unter Eigenschaften ändern – von 1…31.

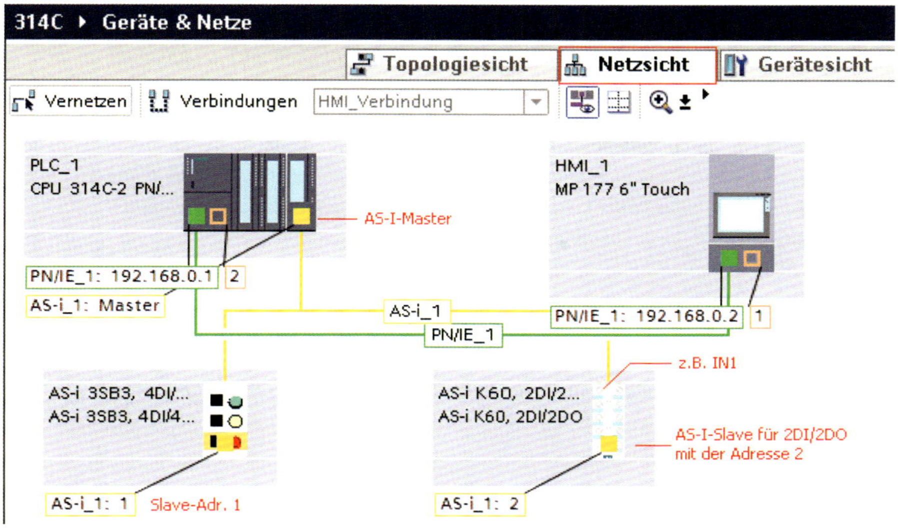

Der AS-i Master liest bzw. schreibt die Informationen der Slaves in seinen Peripheriespeicher, auf den Sie von der CPU zugreifen.

Geräteübersicht

...	Baugruppe	Baugru...	Steck...	E-Adresse	A-Adresse	Typ
	CP 343-2P_1	0	4	256...271	256...271	CP 343-2P

Die Zuordnung des Adressbereichs zu den Slave-Adressen ist ebenfalls festgelegt. Einem Slave sind vier Ein- und vier Ausgänge zugeordnet. Zum Beispiel finden Sie den Wert des Eingangs IN1 des Slaves 2 unter der Adresse PIB257.4, wie das folgende Bild zeigt.

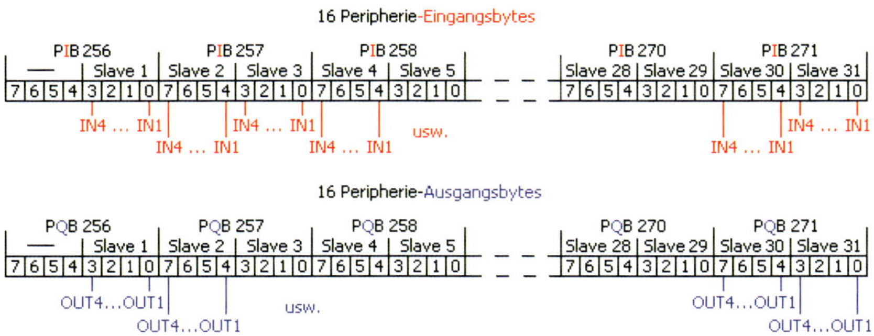

16.8 Open User Communication

Die Open User Communication ist ein Verfahren zur Übertragung von Daten zwischen zwei am Ethernet angeschlossenen Geräten. Dieses Verfahren wird verwendet, wenn die S7-Kommunikation nicht verwendet werden kann. Der Verbindungsaufbau wird mit den Kommunikationsfunktionsbausteinen TSEND_C, und TRCV_C programmiert.

16.9 Punkt-zu-Punkt-Kommunikation (PtP-Kommunikation)

Mit der PtP-Kommunikation können Daten über eine serielle Schnittstelle mit externen Geräten ausgetauscht werden. Es wird eine Kommunikations-Baugruppe (CM) benötigt.

Anhang

A.1 Lösungen der Aufgaben und Übungen

Sie finden Archivdateien für STEP7 im TIA-Portal auf der **InfoClick**-Webseite.

Arbeiten Sie mit einer höheren Version, so können Sie das Projekt benutzen und eventuell über Menü *Projekt* hochrüsten. Falls nach dem Hochrüsten des Projekts ein Fehler bei der HMI-Simulation auftritt, so wählen Sie bei markiertem HMI im Kontextmenü die passende Geräteversion.

Öffnen Sie in Ihrem Browser die Webseite www.vogel-fachbuch.de unter **InfoClick**; unter Angabe des persönlichen Zugangscodes, den Sie in Ihrem Buch finden, können Sie die Projekte herunterladen und im TIA-Portal dearchivieren.

Zu Kapitel 2

Aufgabe 2.2: Funktion 2 aus 3, Erweiterung

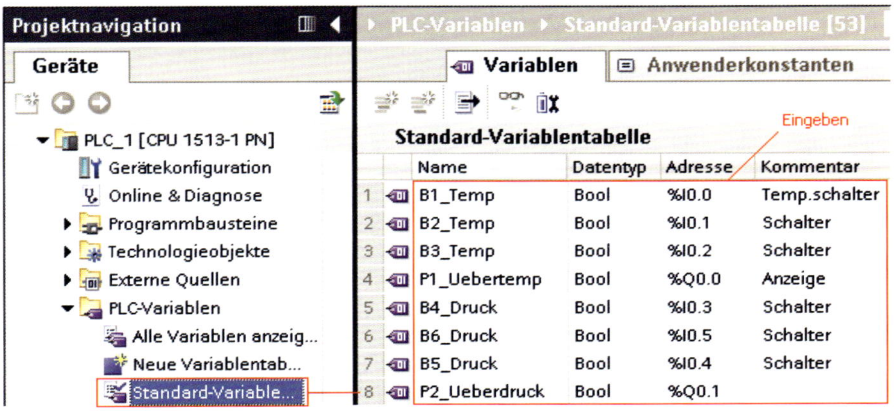

	Name	Datentyp	Adresse	Kommentar
1	B1_Temp	Bool	%I0.0	Temp.schalter
2	B2_Temp	Bool	%I0.1	Schalter
3	B3_Temp	Bool	%I0.2	Schalter
4	P1_Uebertemp	Bool	%Q0.0	Anzeige
5	B4_Druck	Bool	%I0.3	Schalter
6	B6_Druck	Bool	%I0.5	Schalter
7	B5_Druck	Bool	%I0.4	Schalter
8	P2_Ueberdruck	Bool	%Q0.1	

▸ Programmbausteine ▸ Main [OB1]

```
//Temperaturüberwachung 2 aus 3
"P1_Uebertemp":="B1_Temp" AND "B2_Temp"
              OR "B1_Temp" AND "B3_Temp"
              OR "B2_Temp" AND "B3_Temp";
//Drucküberwachung 2 aus 3
"P2_Ueberdruck":="B4_Druck" AND "B5_Druck"
              OR "B4_Druck" AND "B6_Druck"
              OR "B5_Druck" AND "B6_Druck";
```

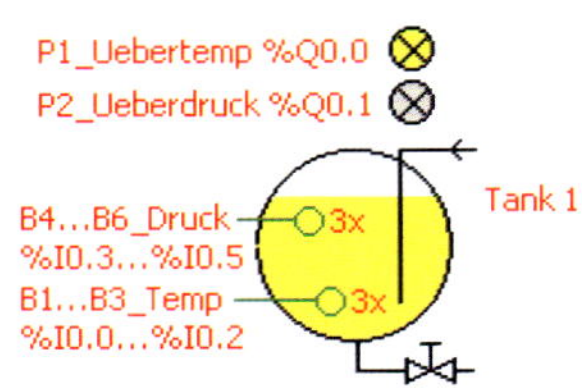

Zu Kapitel 3

Aufgabe 3.1: Überwachung mit Gliederung

Die PLC-Variablen sind die aus Kapitel 2.

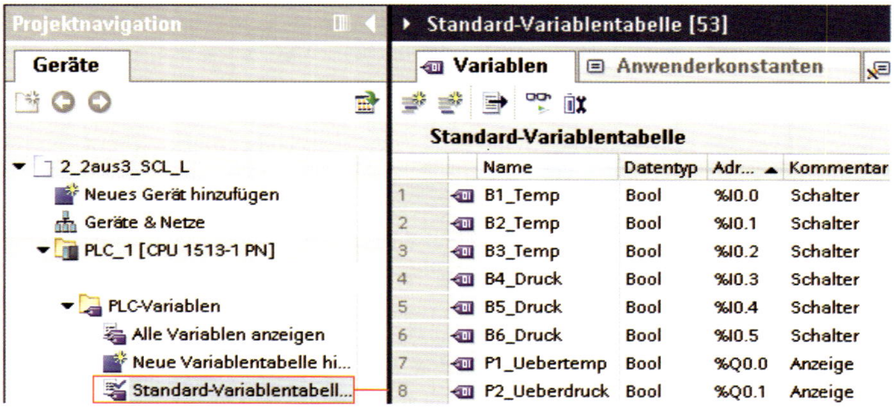

Der OB1 und der OB123 werden nacheinander zyklisch vom PLC-Betriebssystem bearbeitet.

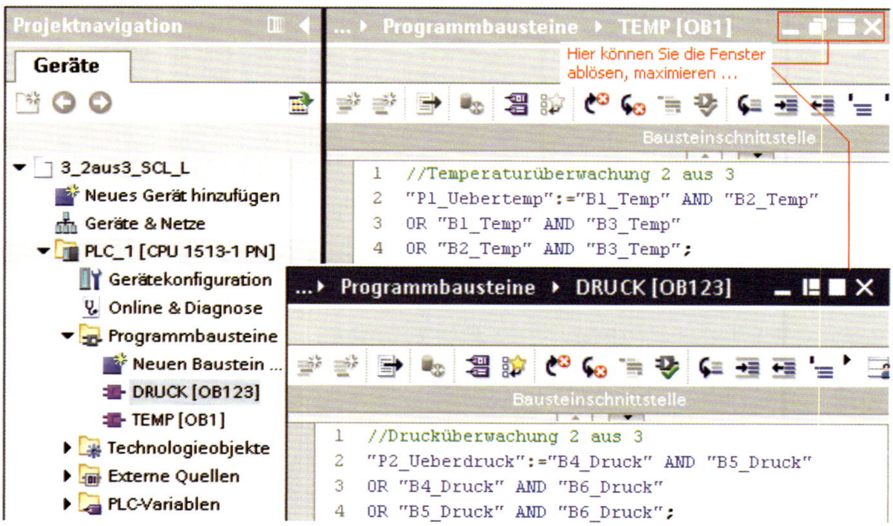

Bei der CPU 3xx steht nur der OB1 zur Verfügung. Um das Programm zu gliedern, benutzen Sie Unterprogramme, die im OB1 aufgerufen werden, siehe Kapitel 5.

Zu Kapitel 4

Aufgabe 4.1: Funktion 2 aus 3

Die PLC-Variablen sind die aus Kapitel 2.

FC mit Rückgabewert

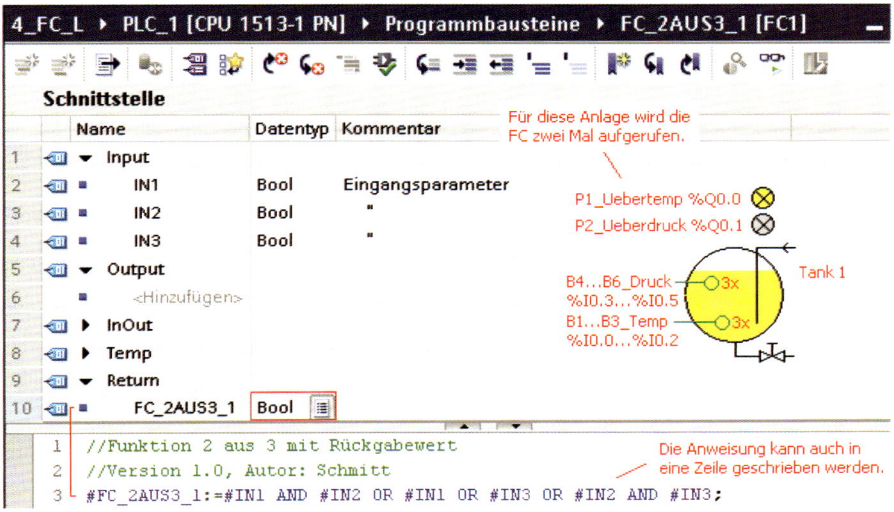

Aufruf in der Sprache FUP und im darauffolgenden Bild in der Sprache SCL

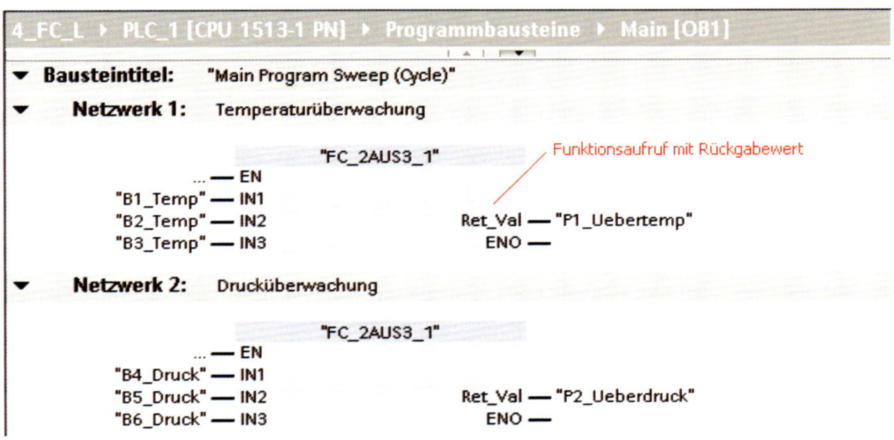

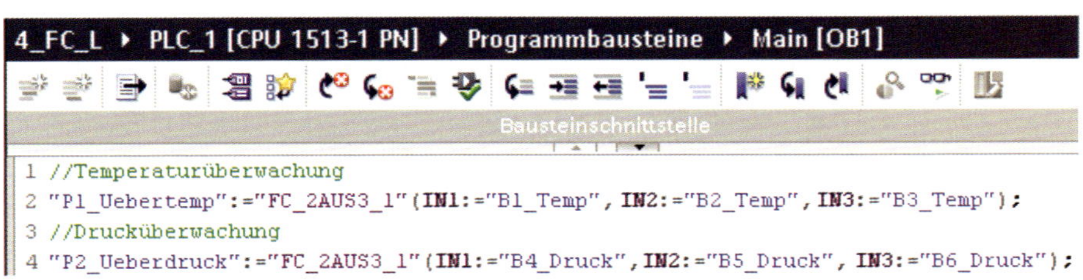

FC ohne Rückgabewert mit Ausgangsparameter

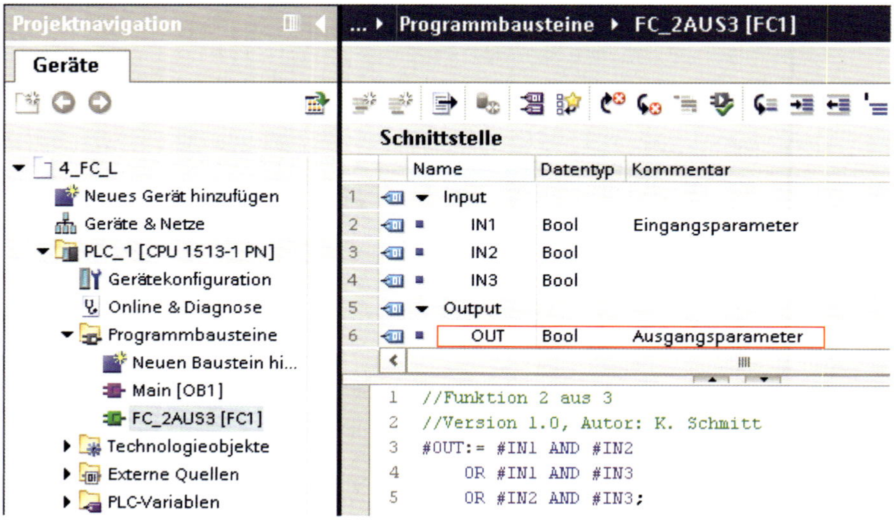

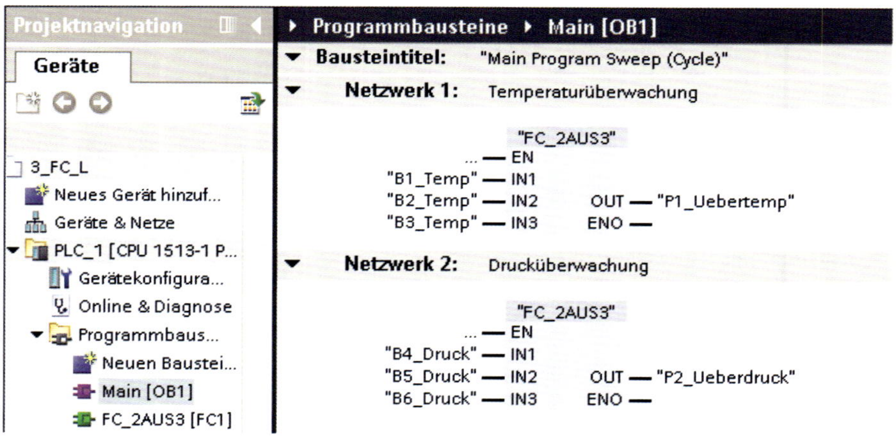

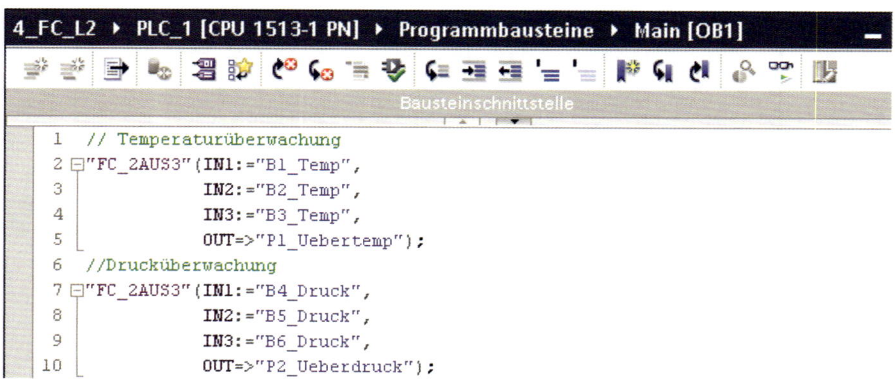

Übung 4.1: Funktion mit mehreren Ausgangsparametern
Siehe auch Übung 10.2

4_FC_Ueb_L ▸ PLC_1 [CPU 1513-1 PN] ▸ Programmbausteine ▸ UEBERWACH [FC1]

Schnittstelle

	Name	Datentyp	Kommentar
1	▾ Input		
2	IN1	Bool	
3	IN2	Bool	
4	IN3	Bool	
5	▾ Output		
6	OUT1	Bool	0 oder 1 von 3
7	OUT2	Bool	nur 2 aus 3
8	OUT3	Bool	alle 3

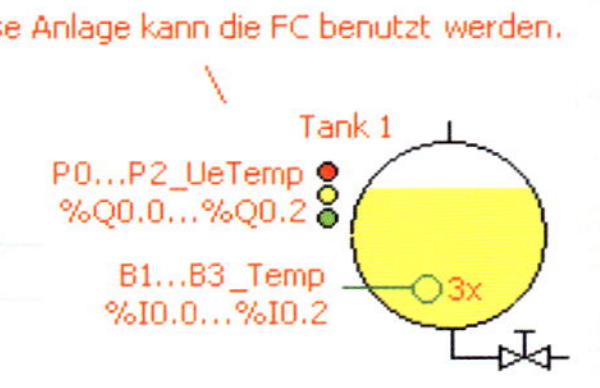


```
//0 oder 1 von 3
#OUT1:= NOT #IN1 AND NOT #IN2 AND NOT #IN3
    OR NOT #IN1 AND NOT #IN2 AND #IN3
    OR NOT #IN1 AND #IN2 AND NOT #IN3
    OR #IN1 AND NOT #IN2 AND NOT #IN3;
// nur 2 von 3
#OUT2:= NOT #IN1 AND #IN2 AND #IN3
    OR #IN1 AND NOT #IN2 AND #IN3
    OR #IN1 AND #IN2 AND NOT #IN3;
//alle 3
#OUT3:= #IN1 AND #IN2 AND #IN3;
```

IN3	IN2	IN1	OUT3	OUT2	OUT1
0	0	0			1
0	0	1			1
0	1	0			1
0	1	1		1	
1	0	0			1
1	0	1		1	
1	1	0		1	
1	1	1	1		

PLC-Variablenerweiterung

- ▸ Technologieobjekte
- ▸ Externe Quellen
- ▾ PLC-Variablen
  - Alle Variablen anzeigen
  - Neue Variablentabelle hi...
  - Standard-Variablentabell...

7	P0_Temp_ok_gruen	Bool	%Q0.0	Anzeige
8	P1_Temp_zu_hoch_gelb	Bool	%Q0.1	Anzeige
9	P2_Uebertemp_rot	Bool	%Q0.2	Anzeige
10	P3_Druck_ok_gruen	Bool	%Q0.3	Anzeige
11	P4_Druck_zu_hoch_gelb	Bool	%Q0.4	Anzeige
12	P5_Ueberdruck	Bool	%Q0.5	Anzeige

Funktionsaufruf mit mehreren Ausgangsparametern

4_FC_Ueb_L ▸ PLC_1 [CPU 1513-1 PN] ▸ Programmbausteine ▸ Main [OB1]

```
// Temperaturüberwachung
"UEBERWACH"(IN1:="B1_Temp",
            IN2:="B2_Temp",
            IN3:="B3_Temp",
            OUT1=>"P0_Temp_ok_gruen",
            OUT2=>"P1_Temp_zu_hoch_gelb",
            OUT3=>"P2_Uebertemp_rot");
//Drucküberwachung
"UEBERWACH"(IN1:="B4_Druck",
             IN2:="B5_Druck",
             IN3:="B6_Druck",
             OUT1=>"P3_Druck_ok_gruen",
             OUT2=>"P4_Druck_zu_hoch_gelb",
             OUT3=>"P5_Ueberdruck");
```

Erweitern Sie die PLC-Variablentabelle aus Kapitel 2.

Die FC wird ein zweites Mal aufgerufen.

Zu Kapitel 5

Aufgabe 5.1: Fördereinrichtung 1
Siehe Aufgabenstellung

Übung 5.1: Fördereinrichtung 2

Standard-Variablentabelle

	Name	Datentyp	Adres...	Rema...	Kommentar
1	B1_hinten	Bool	%I0.0		Sensor
2	B2_vorne	Bool	%I0.1		Sensor
3	S0_Stopp	Bool	%I1.0		Taster Öffner
4	S1_AnlEin	Bool	%I1.1		Taster
5	Q1_Band	Bool	%Q0.1		Schütz
6	P0_Besetzt	Bool	%Q1.0		Meldeleuchte
7	P1_Freigabe	Bool	%Q1.1		Meldeleuchte
8	SR_besetzt	Bool	%M0.0		Merker
9	SR_Freigabe	Bool	%M17.0		Merker

5_Band_Uebung_L ▸ PLC_1 [CPU 1513-1 PN] ▸ Programmbausteine ▸ UP_BAND [FC1]

```
//Unterprogramm Band
//Freigabe speichernd ein/aus
IF NOT "S0_Stopp" THEN
  "SR_Freigabe":=FALSE;
ELSIF "S1_AnlEin" THEN
  "SR_Freigabe":=TRUE;
END_IF;
//Band besetzt speichernd ein/aus
IF "B2_vorne" THEN
  "SR_besetzt":=FALSE;
ELSIF "B1_hinten" THEN
  "SR_besetzt":=TRUE; //remanent
END_IF;
//Band freigeben
"Q1_Band":="SR_besetzt" AND "SR_Freigabe";
//Anzeigen
"P0_Besetzt":="SR_besetzt"; "P1_Freigabe":="SR_Freigabe";
```

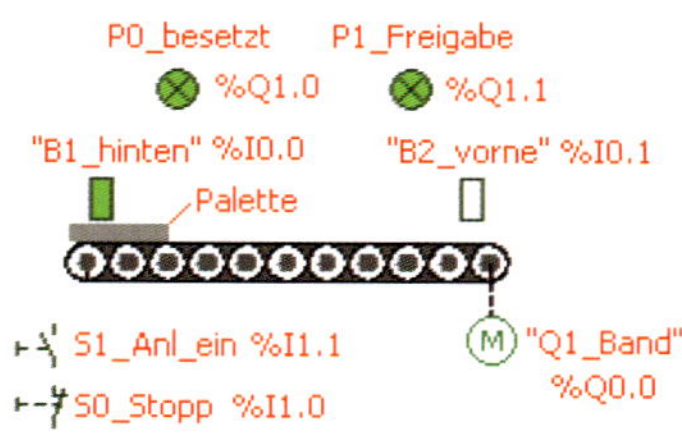

In eine Zeile können auch mehrere Anweisungen geschrieben werden.

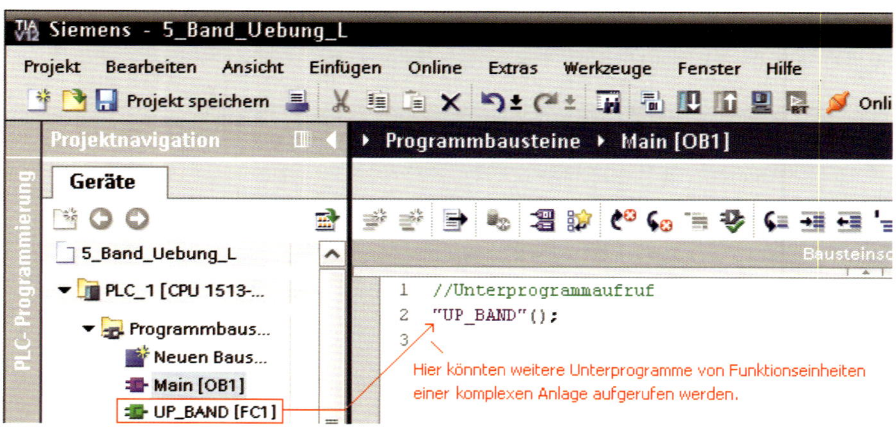

Übung 5.2: Erweiterung mit einer Tankanlage

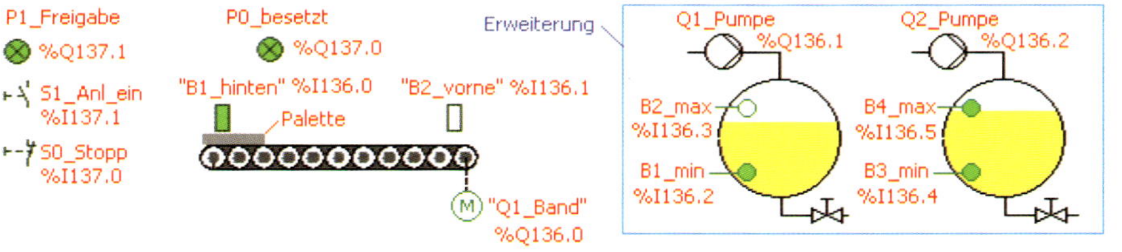

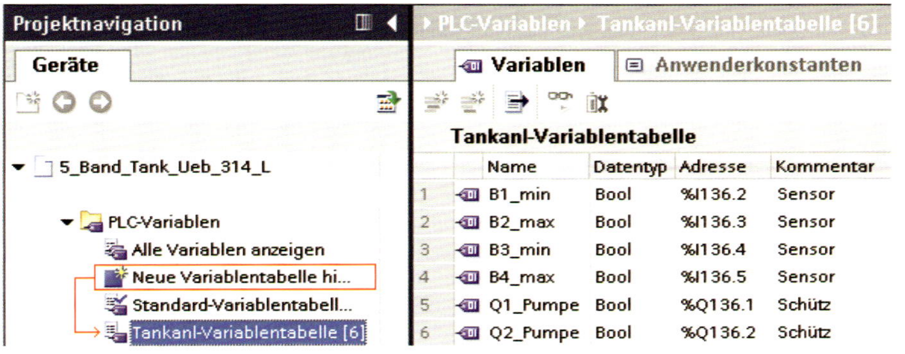

	Name	Datentyp	Adresse	Kommentar
1	B1_min	Bool	%I136.2	Sensor
2	B2_max	Bool	%I136.3	Sensor
3	B3_min	Bool	%I136.4	Sensor
4	B4_max	Bool	%I136.5	Sensor
5	Q1_Pumpe	Bool	%Q136.1	Schütz
6	Q2_Pumpe	Bool	%Q136.2	Schütz

Für die Erweiterung wurde eine neue Variablentabelle eingefügt.

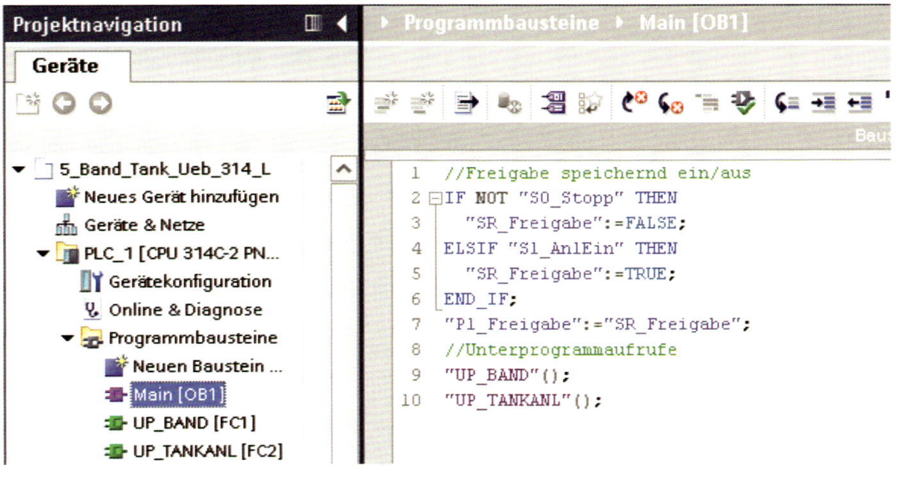


```
//Freigabe speichernd ein/aus
IF NOT "S0_Stopp" THEN
  "SR_Freigabe":=FALSE;
ELSIF "S1_AnlEin" THEN
  "SR_Freigabe":=TRUE;
END_IF;
"P1_Freigabe":="SR_Freigabe";
//Unterprogrammaufrufe
"UP_BAND"();
"UP_TANKANL"();
```

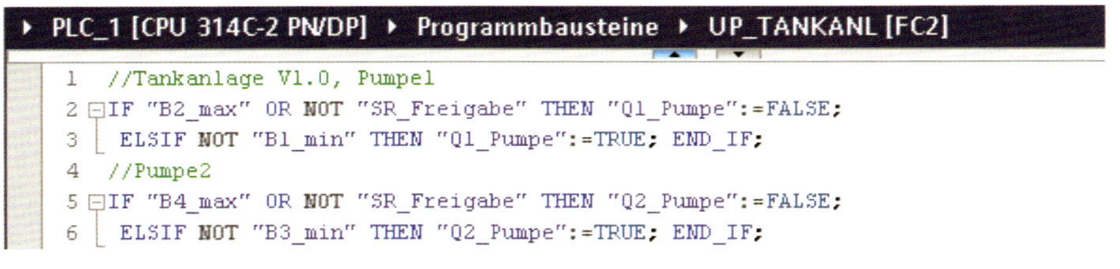


```
//Tankanlage V1.0, Pumpe1
IF "B2_max" OR NOT "SR_Freigabe" THEN "Q1_Pumpe":=FALSE;
 ELSIF NOT "B1_min" THEN "Q1_Pumpe":=TRUE; END_IF;
//Pumpe2
IF "B4_max" OR NOT "SR_Freigabe" THEN "Q2_Pumpe":=FALSE;
 ELSIF NOT "B3_min" THEN "Q2_Pumpe":=TRUE; END_IF;
```

Vergleichen Sie die Lösung mit der Übung 6.1.

Zu Kapitel 6

Aufgabe 6.1: Fördereinrichtung mit Instanzen eines FBs

▸ PLC_1 [CPU 1513-1 PN] ▸ Programmbausteine ▸ Main [OB1]

```
//Bandanlage, zwei Bänder mit Freigabe, Versione 1.0
//Virtuelle Anlage
"MODELL_BAND2_DB"(P1:="P1_Freigabe",
                  Q1:="Q1_Band",
                  Q2:="Q2_Band",
                  S0=>"S0_Stopp",
                  S1=>"S1_AnlEin",
                  B1=>"B1_hinten",
                  B2=>"B2_vorne",
                  B3=>"B3_hinten",
                  B4=>"B4_vorne");
//Freigabe
IF NOT "S0_Stopp" THEN
    "P1_Freigabe":=FALSE;
 ELSIF "S1_AnlEin" THEN
    "P1_Freigabe":=TRUE;
END_IF;
//Bänder
"BAND1_DB"(ON:="B1_hinten",
           OFF:="B3_hinten",
           ENABLE:="P1_Freigabe",
           OUT=>"Q1_Band");
"BAND2_DB"(ON:="B2_vorne",
           OFF:="B4_vorne",
           ENABLE:="P1_Freigabe",
           OUT=>"Q2_Band");
```

–Öffner (zu S0)

1. Instanz des SC[FB1] (BAND1_DB)

2. Instanz des SC[FB1] (BAND2_DB)

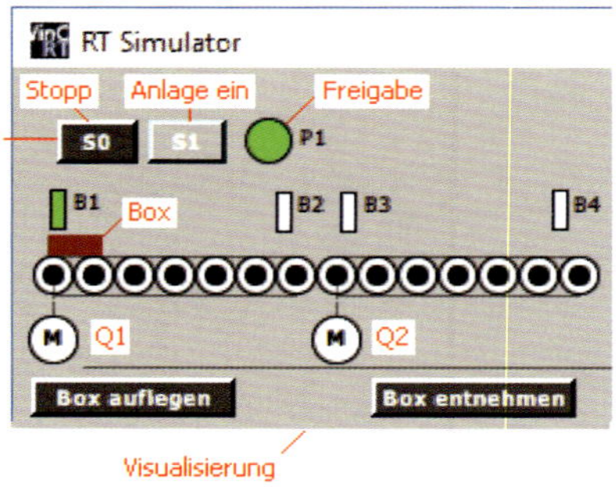

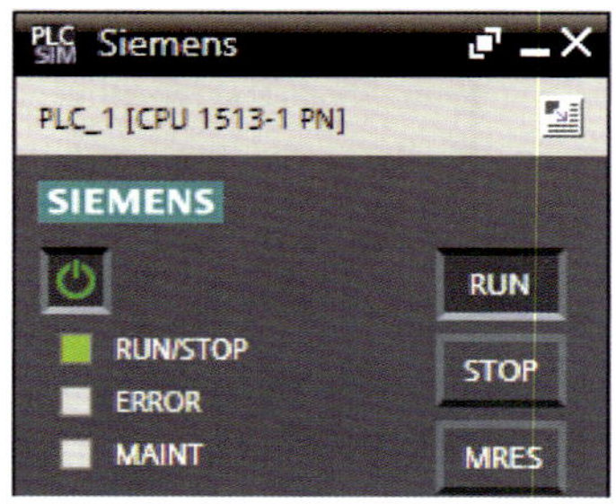

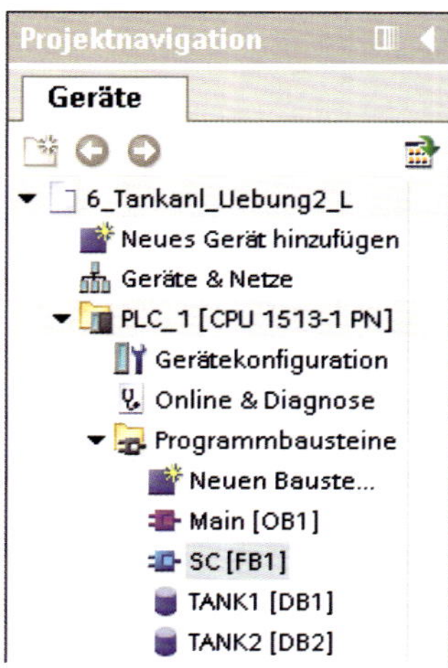

▸ Programmbausteine ▸ SC [FB1]

Bausteinschnittstelle

```
(**********************
 SC-Aktion, Versione 1.0
 **********************)
//Speichernd ein/aus
IF #OFF THEN
  #sr1:=FALSE;
ELSIF #ON THEN
  #sr1:=TRUE;
END_IF;
//Freigabe
#OUT:=#sr1 AND #ENABLE;
```

Vergleichen Sie die Lösung auch mit den Aufgaben 6.2, 8.2, 8.3, 9.2.

Übung 6.1: Tankanlage mit Instanzen eines FBs

Standard-Variablentabelle

	Name	Datentyp	Adre...	Kommentar
1	B1_min	Bool	%I0.0	Sensor
2	B2_max	Bool	%I0.1	Sensor
3	B3_min	Bool	%I0.2	Sensor
4	B4_max	Bool	%I0.3	Sensor
5	S1_Freigabe	Bool	%I1.0	Schalter
6	Q1_Pumpe	Bool	%Q0.1	Schütz
7	Q2_Pumpe	Bool	%Q0.2	Schütz

PLC_1 [CPU 1513-1 PN] ▸ Programmbausteine ▸ Main [OB1]

Bausteinschnittstelle

```
//Tankanlage V1.0
//Tank1
"TANK1"(ON:=NOT "B1_min",        1. Instanz
        OFF:="B2_max",           SC[FB1]
        ENABLE:="S1_Freigabe",
        OUT=>"Q1_Pumpe");
//Tank2
"TANK2"(ON:=NOT "B3_min",        2. Instanz
        OFF:="B4_max",           SC[FB1]
        ENABLE:="S1_Freigabe",
        OUT=>"Q2_Pumpe");
```

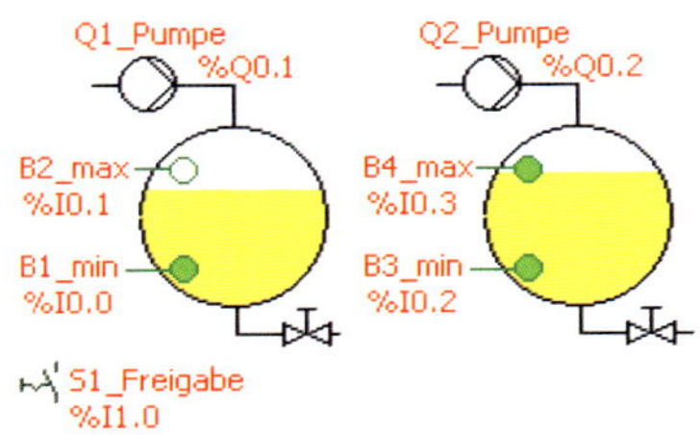

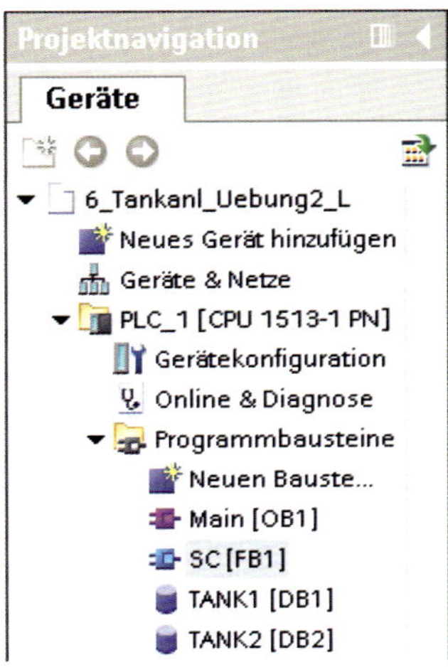

Programmbausteine ▸ SC [FB1]

Bausteinschnittstelle

```
(**********************
 SC-Aktion, Versione 1.0
 **********************)
//Speichernd ein/aus
IF #OFF THEN
  #srl:=FALSE;
ELSIF #ON THEN
  #srl:=TRUE;
END_IF;
//Freigabe
#OUT:=#srl AND #ENABLE;
```

Vergleichen Sie die Lösung mit der Übung 5.2. Eine Erweiterung finden Sie in der Aufgabe 7.1.

Aufgabe 6.2: Fördereinrichtung mit Flankenerkennung

Lösungsansatz 1:

▸ PLC_1 [CPU 1513-1 PN] ▸ Programmbausteine ▸ Main [OB1]

Main

	Name	Datentyp	Defaultwert	Überwach...	Kommentar
4	▾ Temp				
5	tempB2_pFla	Bool			positive Flanke
6	tempB2_nFla	Bool			negative Flanke

▾ Virtuelle Anlage

Im TIA-Portal ab Version 14 können Sie Ihren Programmcode über das Schlüsselwort REGION in Bereiche strukturieren. Dies verbessert die Übersichtlichkeit Ihres Programms.

```
(**************************************************
 Bandanlage 3 Sensoren, mit Freigabe, Versione 1.1
 **************************************************)
REGION Virtuelle Anlage
    "MODELL_BAND2_3S_DB"(P1 := "P1_Freigabe",
                         Q1 := "Q1_Band",
                         Q2 := "Q2_Band",
                         S0 => "S0_Stopp",
                         S1 => "S1_AnlEin",
                         B1 => "B1_hinten",
                         B2 => "B2_mitte",
                         B3 => "B3_vone");
END_REGION;
//Freigabe
IF NOT "S0_Stopp" THEN
    "P1_Freigabe":=FALSE;
ELSIF "S1_AnlEin" THEN
    "P1_Freigabe" := TRUE;
END_IF;
//Signalflanken erkennen
#tempB2_pFla:="B2_mitte" AND NOT "Merken_p_Flanke";
"Merken_p_Flanke":="B2_mitte";
#tempB2_nFla:=NOT "B2_mitte" AND "Merken_n_Flanke";
"Merken_n_Flanke":="B2_mitte";
//Bänder
"InstBAND1"(ON:="B1_hinten",
            OFF:=#tempB2_nFla,
            ENABLE:="P1_Freigabe",
            OUT=>"Q1_Band");
"InstBAND2"(ON:=#tempB2_pFla,
            OFF:="B3_vone",
            ENABLE:="P1_Freigabe",
            OUT=>"Q2_Band");
```

Für die Freigabe darf der SC[FB1] nicht verwendet werden, da der Speicher (#sr1) auf remanent gestellt ist.

PLC-Variable

1. Instanz des SC[FB1]

Lokale temporäre Variable

2. Instanz des SC[FB1]

Der SC[FB1] wurde der Bibliothek «Aktionen» entnommen. Die FB-Nummer kann auch eine andere sein.

Lösungsansatz 3:
Flankenerkennung mit Hilfe der Systemfunktionsbausteine

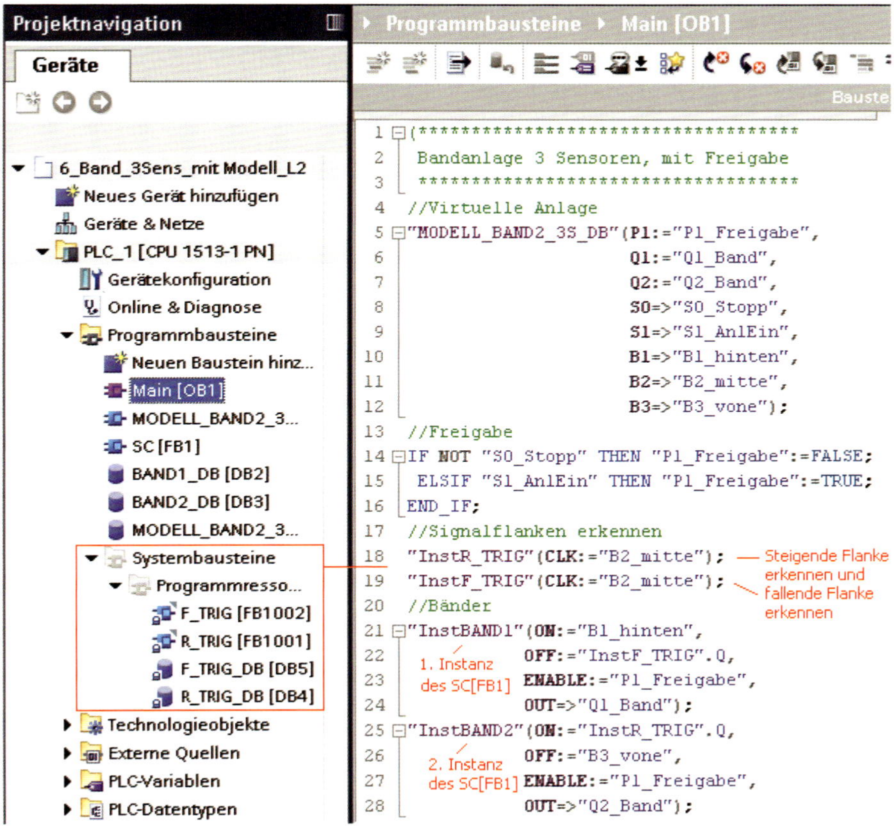

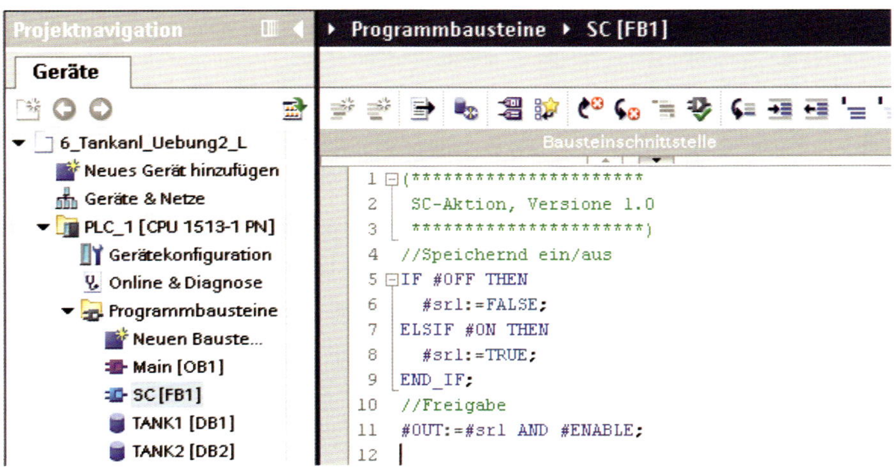

Übung 6.2: Fördereinrichtung mit Drehrichtungsumkehrsteuerung

▸ PLC_1 [CPU 1513-1 PN] ▸ Programmbausteine ▸ Main [OB1]

```
//Intelligenz der virtuelle Anlage
"MODELL_BAND1_DB"(Q1:="Q1_Band_rechts",
                  Q2:="Q2_Band_links",
                  S0=>"S0_Stopp",
                  S1=>"S1_Rechts",
                  S2=>"S2_Links",
                  F2=>"F2_Mot_Sch",
                  B1=>"B1_hinten",
                  B2=>"B2_vorne");
//Band
"SC_REV_DB"(OFF:=NOT "S0_Stopp" OR "B1_hinten" OR "B2_vorne" OR NOT "F2_Mot_Sch",
            RIGHT:="S1_Rechts",
            LEFT:="S2_Links",
            OUT_RIGHT=>"Q1_Band_rechts",
            OUT_LEFT=>"Q2_Band_links");
```

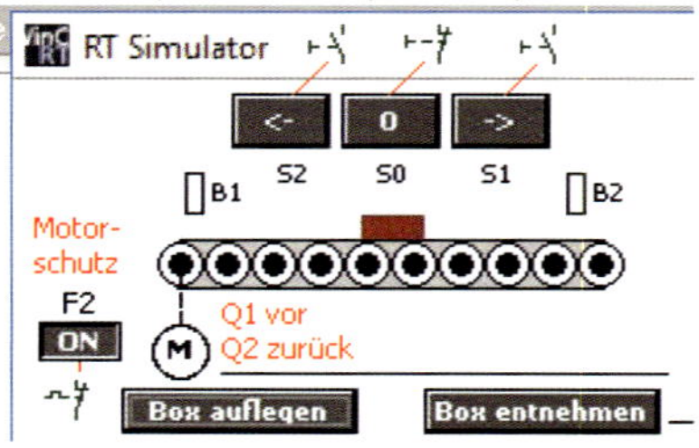

Der Wert des Ausdrucks, der dem Parameter OFF übergeben wird, ergibt logisch TRUE oder FALSE

▸ PLC_1 [CPU 1513-1 PN] ▸ Programmbausteine ▸ SC_REV [FB1]

Schnittstelle

	Name	Datentyp	Defaultwert	Remanenz	Kommentar
1	▾ Input				
2	OFF	Bool	false	Nicht remanent	
3	RIGHT	Bool	false	Nicht remanent	
4	LEFT	Bool	false	Nicht remanent	
5	ENABLE	Bool	true	Nicht remanent	Freigabe
6	▾ Output				
7	OUT_RIGHT	Bool	false	Nicht remanent	
8	OUT_LEFT	Bool	false	Nicht remanent	
10	▾ Static				
11	sr1	Bool	false	Remanent	Speicher

```
//Reversieren, Wenden mit Freigabe (#ENABLE), vorrangig LEFT,
//#ENABLE mit TRUE vorbelegt, direkt umschaltbar
IF #OFF OR NOT #ENABLE THEN
   #OUT_RIGHT:=FALSE; #OUT_LEFT:=FALSE;
 ELSIF #RIGHT AND NOT #LEFT THEN
   #OUT_RIGHT:=TRUE; #OUT_LEFT:=FALSE;
 ELSIF #LEFT THEN
   #OUT_LEFT:=TRUE; #OUT_RIGHT:=FALSE;
END_IF;
```

Standard-Variablentabelle

	Name	Datentyp	Adr...	Rema...	Kommentar
1	B1_hinten	Bool	%I0.0		Sensor
2	B2_vorne	Bool	%I0.1		Sensor
3	S0_Stopp	Bool	%I1.0		Taster Öffner
4	S1_Rechts	Bool	%I1.1		Taster
5	S2_Links	Bool	%I1.2		Taster
6	F2_Mot_Sch	Bool	%I1.3		Motorschutz Öffner
7	Q1_Band_rechts	Bool	%Q0.1		Schütz
8	Q2_Band_links	Bool	%Q0.2		Schütz

Aufgabe 6.3: Verteileinheit, Zustandsgraph

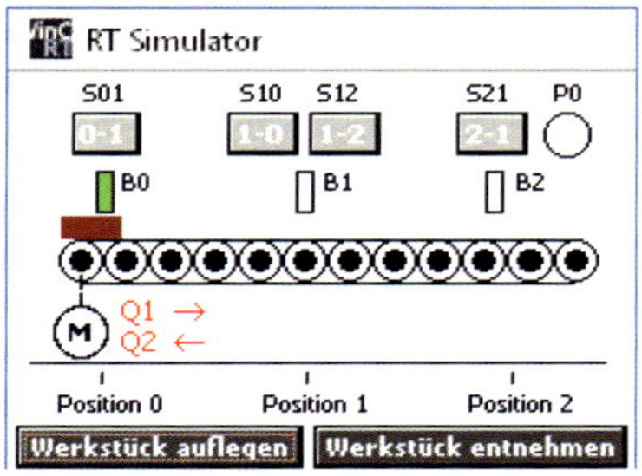

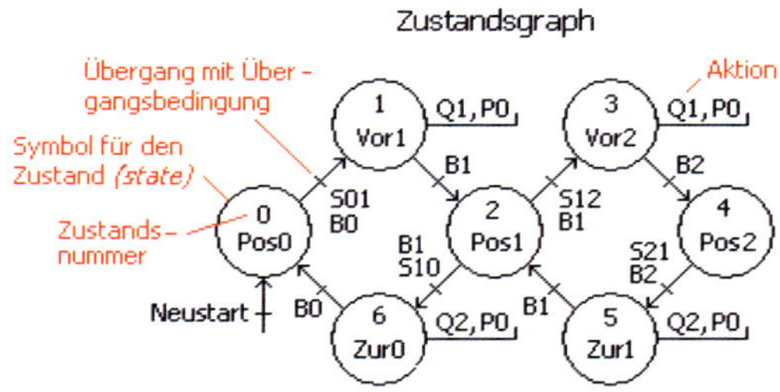

Standard-Variablentabelle

	Name	Datentyp	Adresse ▲	Rema...	Sicht...	Erreic...	Kommentar
1	B0_Pos	Bool	%I0.0	☐	☑	☑	Position
2	B1_Pos	Bool	%I0.1	☐	☑	☑	Position
3	B2_Pos	Bool	%I0.2	☐	☑	☑	Position
4	S01_0nach1	Bool	%I1.0	☐	☑	☑	Taster
5	S10_1nach0	Bool	%I1.1	☐	☑	☑	Taster
6	S12_1nach2	Bool	%I1.2	☐	☑	☑	Taster
7	S21_2nach1	Bool	%I1.3	☐	☑	☑	Taster
8	Q1_vor	Bool	%Q0.0	☐	☑	☑	Schütz Band vor
9	Q2_zurueck	Bool	%Q0.1	☐	☑	☑	Schütz Band zurück
10	P0_Achtung	Bool	%Q0.2	☐	☑	☑	Anzeige Band läuft
11	Betrieb	Bool	%M17.0	☐	☑	☑	Merker

▸ Programmbausteine ▸ Main [OB1]

```
//Verteilanlage
//Richtimpuls
#richtimpuls:= NOT "Betrieb";
IF NOT "Betrieb" THEN "Betrieb":= TRUE; END_IF;
//Verteileinheit 1
"VERTEILEN_1_DB"(INIT:=#richtimpuls,
                 POS0:="B0_Pos",
                 POS1:="B1_Pos",
                 POS2:="B2_Pos",
                 VON_0_1:="S01_0nach1",
                 VON_1_0:="S10_1nach0",
                 VON_1_2:="S12_1nach2",
                 VON_2_1:="S21_2nach1",
                 VOR=>"Q1_vor",
                 ZURUECK=>"Q2_zurueck");
//Anzeige
"P0_Achtung":="Q1_vor" OR "Q2_zurueck";
```

Das Programm des FBs wird mit Hilfe des Zustandsgraphen geschrieben.

▸ PLC_1 [CPU 1513-1 PN] ▸ Programmbausteine ▸ VERTEILEN [FB1]

Schnittstelle

	Name	Datentyp	Defaultwert	Remanenz	Erreichbar ...	Sichtbar i...	Eins
1	▾ Input				☐	☐	
2	INIT	Bool	false	Nicht remanent	☑	☑	
3	POS0	Bool	false	Nicht remanent	☑	☐	
4	POS1	Bool	false	Nicht remanent	☑	☐	
5	POS2	Bool	false	Nicht remanent	☑	☐	
6	VON_0_1	Bool	false	Nicht remanent	☑	☐	
7	VON_1_0	Bool	false	Nicht remanent	☑	☑	
8	VON_1_2	Bool	false	Nicht remanent	☑	☑	
9	VON_2_1	Bool	false	Nicht remanent	☑	☑	
10	▾ Output				☐	☐	
11	VOR	Bool	false				
12	ZURUECK	Bool	false				
13	▸ InOut						
14	▾ Static						
15	zusPos0	Bool	false				
16	zusPos1	Bool	false				
17	zusPos2	Bool	false				
18	zusVor1	Bool	false				
19	zusVor2	Bool	false				
20	zusZur0	Bool	false				
21	zusZur1	Bool	false				

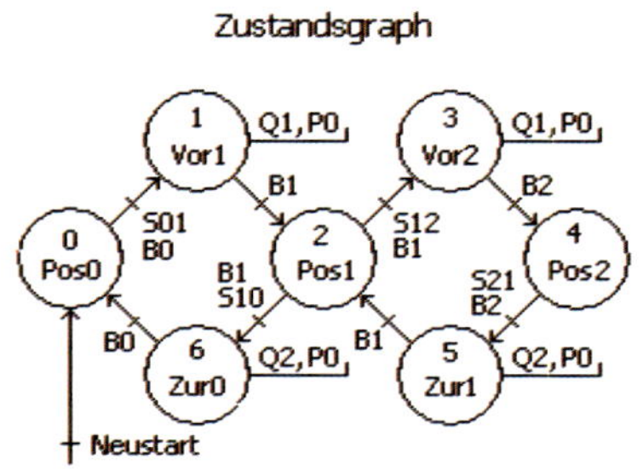


```
//Verteilen
//Zustände initialisieren
IF #INIT THEN #zusPos0:=TRUE; END_IF;
//Übergang Zustand Pos0 -> Zustand Vor1
IF #zusPos0 AND #VON_0_1 AND #POS0 THEN #zusVor1:=TRUE; #zusPos0:=FALSE; END_IF;
//Übergang Zustand Vor1 -> Zustand Pos1
IF #zusVor1 AND #POS1 THEN #zusPos1:=TRUE; #zusVor1:=FALSE; END_IF;
//Übergang Zustand Pos1 -> Zustand Vor2
IF #zusPos1 AND #VON_1_2 AND #POS1 THEN #zusVor2:=TRUE; #zusPos1:=FALSE; END_IF;
//Übergang Zustand Vor2 -> Zustand Pos2
IF #zusVor2 AND #POS2 THEN #zusPos2:=TRUE; #zusVor2:=FALSE; END_IF;
//Übergang Zustand Pos2 -> Zustand Zur1
IF #zusPos2 AND #VON_2_1 AND #POS2 THEN #zusZur1:=TRUE; #zusPos2:=FALSE; END_IF;
//Übergang Zustand Zur1 -> Zustand Pos1
IF #zusZur1 AND #POS1 THEN #zusPos1:=TRUE; #zusZur1:=FALSE; END_IF;
//Übergang Zustand Pos1 -> Zustand Zur0
IF #zusPos1 AND #VON_1_0 AND #POS1 THEN #zusZur0:=TRUE; #zusPos1:=FALSE; END_IF;
//Übergang Zustand Zur0 -> Zustand Pos0
IF #zusZur0 AND #POS0 THEN #zusPos0:=TRUE; #zusZur0:=FALSE; END_IF;
//Aktionen
#VOR:=#zusVor1 OR #zusVor2;
#ZURUECK:= #zusZur0 OR #zusZur1;
```

Übung 6.3: Erweiterung der Verteileinheit, Zustandsgraph

Führen Sie nach einer Änderung des Programms beim Testen einen Neustart durch, damit ein Richtimpuls erzeugt wird.

▸ Programmbausteine ▸ Main [OB1]

```
//Modell
"InstMODELL_VERTEIL"(Q1:="Q1_vor", ...);
//Richtimpuls
#richtimpuls:= NOT "Betrieb";
IF NOT "Betrieb" THEN "Betrieb":= TRUE; END_IF;
//Verteileinheit 1
"InstVERTEILEN1"(INIT:=#richtimpuls,
                 POS0:="B0_Pos",
                 POS1:="B1_Pos",
                 POS2:="B2_Pos",
                 VON_0_1:="S01_0nach1",
   Erweiterung   VON_0_2:="S02_0nach2",
                 VON_1_0:="S10_1nach0",
                 VON_1_2:="S12_1nach2",
                 VON_2_0:="S20_2nach0",
                 VON_2_1:="S21_2nach1",
                 VOR=>"Q1_vor",
                 ZURUECK=>"Q2_zurueck");
//Anzeige
```

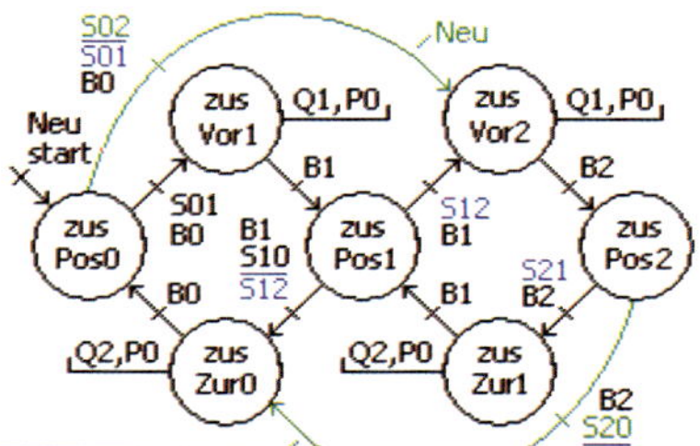

▸ Programmbausteine ▸ VERTEILEN_Erw [FB2]

```
//Verteilen
//Zustände initialisieren
IF #INIT THEN #zusPos0:=TRUE; END_IF;
//Übergang Zustand Pos0 -> Zustand Vor1
IF #zusPos0 AND #VON_0_1 AND #POS0 THEN #zusVor1:=TRUE; #zusPos0:=FALSE; END_IF;
//Übergang Zustand Vor1 -> Zustand Pos1
IF #zusVor1 AND #POS1 THEN #zusPos1:=TRUE; #zusVor1:=FALSE; END_IF;
//Übergang Zustand Pos1 -> Zustand Vor2
IF #zusPos1 AND #VON_1_2 AND #POS1 THEN #zusVor2:=TRUE; #zusPos1:=FALSE; END_IF;
//Übergang Zustand Vor2 -> Zustand Pos2
IF #zusVor2 AND #POS2 THEN #zusPos2:=TRUE; #zusVor2:=FALSE; END_IF;
//Übergang Zustand Pos2 -> Zustand Zur1
IF #zusPos2 AND #VON_2_1 AND #POS2 THEN #zusZur1:=TRUE; #zusPos2:=FALSE; END_IF;
//Übergang Zustand Zur1 -> Zustand Pos1
 IF #zusZur1 AND #POS1 THEN #zusPos1:=TRUE; #zusZur1:=FALSE; END_IF;
 //Übergang Zustand Pos1 -> Zustand Zur0 mit Verriegelung
 IF #zusPos1 AND #VON_1_0 AND NOT #VON_1_2 AND #POS1 THEN
   #zusZur0:=TRUE; #zusPos1:=FALSE; END_IF;
 //Übergang Zustand Zur0 -> Zustand Pos0
 IF #zusZur0 AND #POS0 THEN #zusPos0:=TRUE; #zusZur0:=FALSE; END_IF;
 //Übergang Zustand Pos0 -> Zustand Vor2 mit Verriegelung
 IF #zusPos0 AND #VON_0_2 AND NOT #VON_0_1 AND #POS0 THEN
   #zusVor2:=TRUE; #zusPos0:=FALSE; END_IF;
 //Übergang Zustand Pos2 -> Zustand Vor1 mit Verriegelung
 IF #zusPos2 AND #VON_2_0 AND NOT #VON_2_1 AND #POS2 THEN
   #zusZur0:=TRUE; #zusPos2:=FALSE; END_IF;
 //Aktionen
 #VOR:=#zusVor1 OR #zusVor2;
 #ZURUECK:= #zusZur0 OR #zusZur1;
```

Zu Kapitel 7

Aufgabe 7.1: Tankanlage mit Temperaturüberwachung

7_Tankanl_L ▸ PLC_1 [CPU 1513-1 PN] ▸ Programmbausteine ▸ Main [OB1]

```
//Tankanlage
//Modell
"MODEL_TANKANL_DB"(Q1:="Q1_T1_Pumpe",
                   Q2:="Q2_T2_Pumpe",
                   P0:="P0_Uebertemp",
                   S1=>"S1_Freigabe",
                   S2=>"S2_Quitt",
                   B1=>"B1_T1_min",
                   B2=>"B2_T1_max",
                   B3=>"B3_T2_min",
                   B4=>"B4_T2_max",
                   B5=>"B5_T1_Temp",
                   B6=>"B6_T1_Temp",
                   B7=>"B7_T1_Temp",
                   B8=>"B8_T2_Temp",
                   B9=>"B9_T2_Temp",
                   B10=>"B10_T2_Temp");
//Anlage
"TANK1_DB"(EMPTY:=NOT "B1_T1_min",
           FULL:="B2_T1_max",
           ENABLE:="S1_Freigabe",
           SENSOR1:="B5_T1_Temp",
           SENSOR2:="B6_T1_Temp",
           SENSOR3:="B7_T1_Temp",
           QUITT:="S2_Quitt",
           FILL=>"Q1_T1_Pumpe",
           FAULT=>#uebertemp_T1);
"TANK2_DB"(EMPTY:=NOT "B3_T2_min",
```

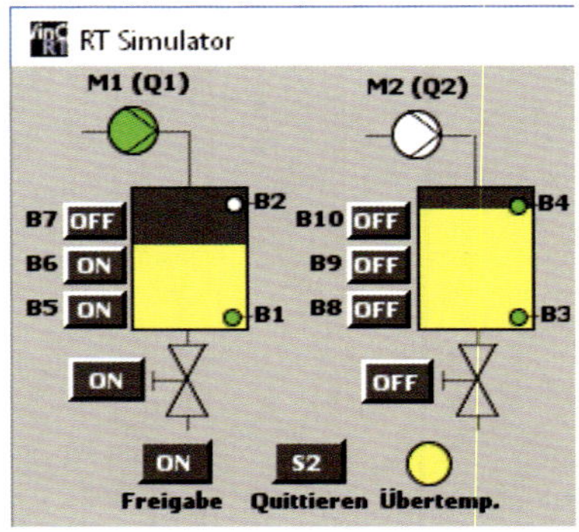

Lokal unter Temp deklariert

7_Tankanl_L ▸ PLC_1 [CPU 1513-1 PN] ▸ Programmbausteine ▸ Main [OB1]

```
//Tankanlage
//Modell
"MODEL_TANKANL_DB"(Q1:="Q1_T1_Pumpe", ...);
//Anlage
"TANK1_DB"(EMPTY:=NOT "B1_T1_min",
           FULL:="B2_T1_max",
           ENABLE:="S1_Freigabe",
           SENSOR1:="B5_T1_Temp",
           SENSOR2:="B6_T1_Temp",
           SENSOR3:="B7_T1_Temp",
           QUITT:="S2_Quitt",
           FILL=>"Q1_T1_Pumpe");
"TANK2_DB"(EMPTY:=NOT "B3_T2_min",
           FULL:="B4_T2_max",
           ENABLE:="S1_Freigabe",
           SENSOR1:="B8_T2_Temp",
           SENSOR2:="B9_T2_Temp",
           SENSOR3:="B10_T2_Temp",
           QUITT:="S2_Quitt",
           FILL=>"Q2_T2_Pumpe");
"P0_Uebertemp":="TANK1_DB".FAULT OR "TANK2_DB".FAULT;
```

Wie oben, jedoch ohne temporäre Variablen da auf die Instanz zugegriffen wird.

Der Rückgabewert der FC im FB wird in eine temporäre Variable geschrieben (Zeile 9).

PLC_1 [CPU 1513-1 PN] ▸ Programmbausteine ▸ TANK [FB1]

Schnittstelle

	Name	Datentyp	Defau...	Remanenz	Kommentar
1	▾ Input				
2	EMPTY	Bool	false	Nicht remanent	leer
3	FULL	Bool	false	Nicht remanent	voll
4	ENABLE	Bool	false	Nicht remanent	Freigabe
5	SENSOR1	Bool	false	Nicht remanent	
6	SENSOR2	Bool	false	Nicht remanent	
7	SENSOR3	Bool	false	Nicht remanent	
8	QUITT	Bool	false	Nicht remanent	Fehler quittieren
9	▾ Output				
10	FILL	Bool	false	Nicht remanent	füllen
11	FAULT	Bool	false	Remanent	Fehler
14	▾ Static				
15	sr1	Bool	false	Nicht remanent	Speicher
16	▾ Temp				
17	uebertemp	Bool			

```
1  //TANK, füllen ein/aus
2  IF #FULL THEN
3    #sr1:=FALSE;
4  ELSIF #EMPTY THEN
5    #sr1:=TRUE;
6  END_IF;
7  #FILL:=#sr1 AND #ENABLE;
8  //Fehlermeldung
9  #uebertemp:="FC_2AUS3_1"(IN1:=#SENSOR1, IN2:=#SENSOR2, IN3:=#SENSOR3);
10 IF #uebertemp THEN
11   #FAULT:=TRUE;
12 ELSIF #QUITT THEN
13   #FAULT:=FALSE;
14 END_IF;
```

Funktionsaufruf einer FC mit Rückgabewert

Oder ohne temporäre Variable; der Rückgabewert der FC im FB ist die IF-Bedingung (Zeile 9).

```
1  //TANK, füllen ein/aus
2  IF #FULL THEN
3    #sr1:=FALSE;
4  ELSIF #EMPTY THEN
5    #sr1:=TRUE;
6  END_IF;
7  #FILL:=#sr1 AND #ENABLE;
8  //Fehlermeldung
9  IF "FC_2AUS3_1"(IN1:=#SENSOR1, IN2:=#SENSOR2, IN3:=#SENSOR3) THEN
10   #FAULT:=TRUE;
11 ELSIF #QUITT THEN
12   #FAULT:=FALSE;
13 END_IF;
```

Ist der Rückgabewert der Funktion TRUE, so ist die IF-Bedingung erfüllt.

Diese Funktion wird im TANK[FB1] aufgerufen.

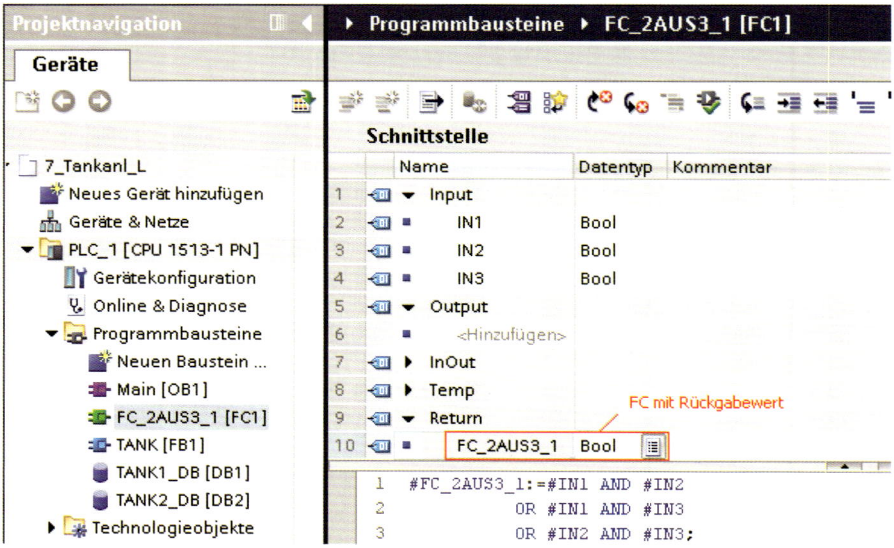

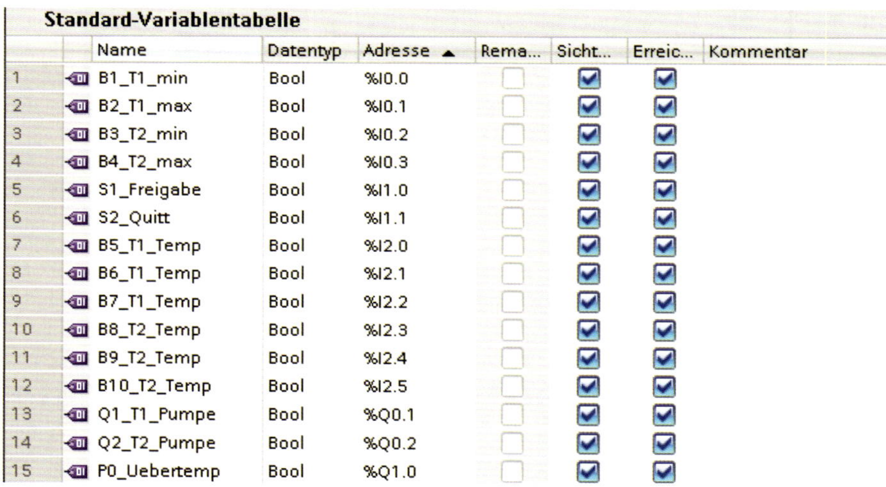

Standard-Variablentabelle

	Name	Datentyp	Adresse ▲	Rema...	Sicht...	Erreic...	Kommentar
1	B1_T1_min	Bool	%I0.0	☐	☑	☑	
2	B2_T1_max	Bool	%I0.1	☐	☑	☑	
3	B3_T2_min	Bool	%I0.2	☐	☑	☑	
4	B4_T2_max	Bool	%I0.3	☐	☑	☑	
5	S1_Freigabe	Bool	%I1.0	☐	☑	☑	
6	S2_Quitt	Bool	%I1.1	☐	☑	☑	
7	B5_T1_Temp	Bool	%I2.0	☐	☑	☑	
8	B6_T1_Temp	Bool	%I2.1	☐	☑	☑	
9	B7_T1_Temp	Bool	%I2.2	☐	☑	☑	
10	B8_T2_Temp	Bool	%I2.3	☐	☑	☑	
11	B9_T2_Temp	Bool	%I2.4	☐	☑	☑	
12	B10_T2_Temp	Bool	%I2.5	☐	☑	☑	
13	Q1_T1_Pumpe	Bool	%Q0.1	☐	☑	☑	
14	Q2_T2_Pumpe	Bool	%Q0.2	☐	☑	☑	
15	P0_Uebertemp	Bool	%Q1.0	☐	☑	☑	

Zu Kapitel 8

Aufgabe 8.1: Fördereinrichtung mit Laufzeitüberwachung

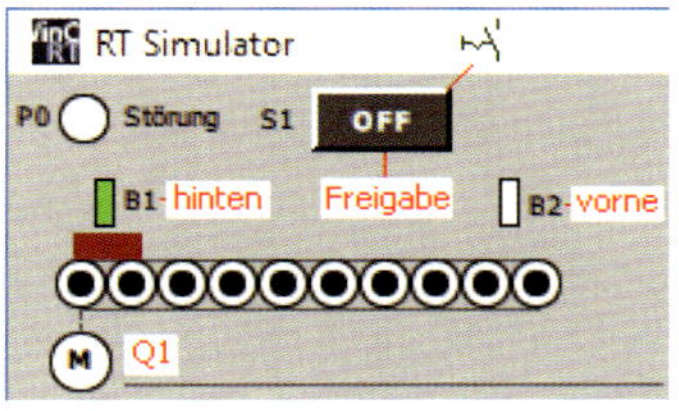

Standard-Variablentabelle

	Name	Datentyp	Adresse	Remanenz	Sichtbar in HMI	Erreic...	Kommentar
1	B1_hinten	Bool	%I0.0	☐	☑	☑	Sensor
2	B2_vorne	Bool	%I0.1	☐	☑	☑	Sensor
3	S1_Freigabe	Bool	%I1.1	☐	☑	☑	Schalter
4	Q1_Band	Bool	%Q0.0	☐	☑	☑	Schütz
5	P0_Stoerung	Bool	%Q1.0	☐	☑	☑	Anzeige
6	SR_Band	Bool	%M0.0	☑	☑	☑	Merker

Programmbausteine ▸ UP_BAND_T [FC1]

```
//Unterprogramm Band mit Laufzeitüberwachung
IF "B2_vorne" OR "TON1".Q THEN
  "SR_Band":=FALSE;
ELSIF "B1_hinten" THEN
  "SR_Band":= TRUE;
END_IF;
"Q1_Band":="S1_Freigabe" AND "SR_Band";
"TON1".TON(IN:="Q1_Band", PT:=T#10s);
IF "TON1".ET >= T#9.9s THEN
  "P0_Stoerung":=TRUE;
 ELSIF NOT "S1_Freigabe" THEN
  "P0_Stoerung":=FALSE;
END_IF;
```

Aufruf der Instanz TON1 des TON (Einschaltverzögerung)

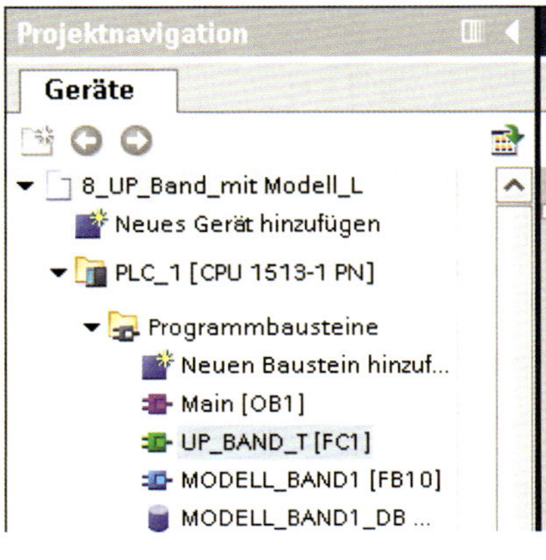

Programmbausteine ▸ Main [OB1]

Bausteinschnittstelle

```
//Anlagensimulation
"MODELL_BAND1_DB"(Q1:="Q1_Band",
                  P0:="P0_Stoerung",
                  S1=>"S1_Freigabe",
                  B1=>"B1_hinten",
                  B2=>"B2_vorne");
//Unterprogrammaufruf
//Band mit Laufzeitüberwachung
"UP_BAND_T"();
```

Aufgabe 8.2: Zwei Fördereinrichtungen mit Laufzeitüberwachung

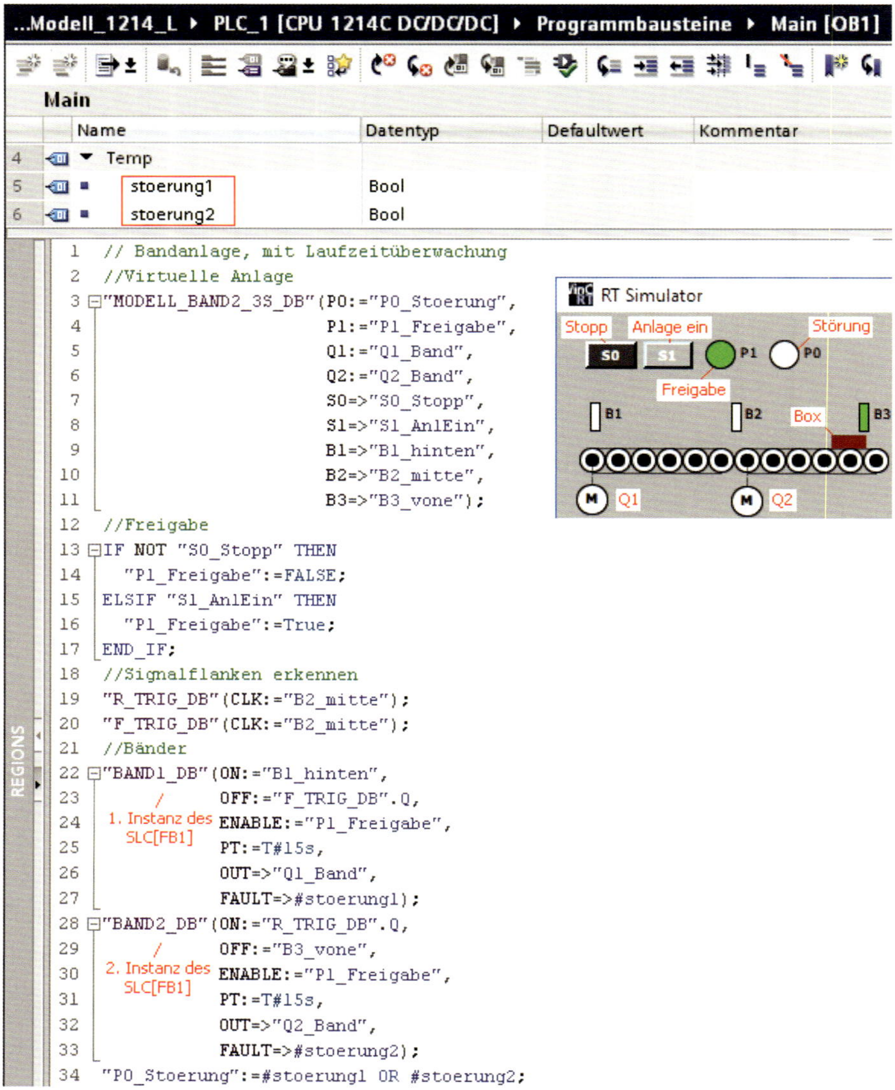

Passen Sie die Überwachungszeit an Ihrem System an.

▸ PLC_1 [CPU 1513-1 PN] ▸ Programmbausteine ▸ SLC [FB1]

Schnittstelle

	Name	Datentyp	Defaultwert	Remanenz	Kommentar
1	▾ Input				
2	ON	Bool	false	Nicht remanent	
3	OFF	Bool	false	Nicht remanent	
4	ENABLE	Bool		Nicht remanent	Freigabe
5	PT	Time	T#12s	Nicht remanent	Laufzeitüberwachung
6	▾ Output				
7	OUT	Bool	false	Nicht remanent	
8	FAULT	Bool	false	Remanent	Bandlaufzeitfehler
9	▾ InOut				
10	<Hinzufüg				
11	▾ Static				
12	sr1	Bool	false	Remanent	Speicher
13	▸ TON1	TON_TIME		Nicht remanent	

pre set time - Vorgabezeit

Beachten Sie den Datentyp Time

Lokale Instanz des TON (bei der CPU 300 nur TON)

```
//SLC-Aktion, Versione 1.0
//Speichernd, zeitlich begrenzt ein mit Bedingung
IF #OFF OR #TON1.Q THEN
  #sr1:=FALSE;
ELSIF #ON THEN
  #sr1:=TRUE;
END_IF;
#OUT:=#sr1 AND #ENABLE;
#TON1(IN:=#OUT, PT:=#PT);
IF #TON1.ET >= #PT-T#0.1s THEN
  #FAULT:=TRUE;
ELSIF NOT #ENABLE THEN
  #FAULT:=FALSE;
END_IF;
```

Aufruf der lokalen Instanz TON1 mit Übergabe der Eingangsparameterwerte.

Standard-Variablentabelle

	Name	Datentyp	Adresse ▲	Rema...	Sicht...	Erreic...	Kommentar
1	B1_hinten	Bool	%I0.0	☐	☑	☑	Sensor Band1
2	B2_mitte	Bool	%I0.1	☐	☑	☑	Sensor Band1
3	B3_vone	Bool	%I0.2	☐	☑	☑	Sensor Band2
4	S0_Stopp	Bool	%I1.0	☐	☑	☑	Taster Öffner
5	S1_AnlEin	Bool	%I1.1	☐	☑	☑	Taster
6	Q1_Band	Bool	%Q0.1	☐	☑	☑	Schütz
7	Q2_Band	Bool	%Q0.2	☐	☑	☑	Schütz
8	P0_Stoerung	Bool	%Q1.0	☐	☑	☑	
9	P1_Freigabe	Bool	%Q1.1	☐	☑	☑	Anzeige
10	Merken_p_Flanke	Bool	%M20.0	☐	☑	☑	
11	Merken_n_Flanke	Bool	%M20.1	☐	☑	☑	

Aufgabe 8.3: Zwei Fördereinrichtungen mit Laufzeitüberwachung, Taktgeber
Erweiterung der Aufgabe 8.2 mit einer blinkenden Störanzeige.

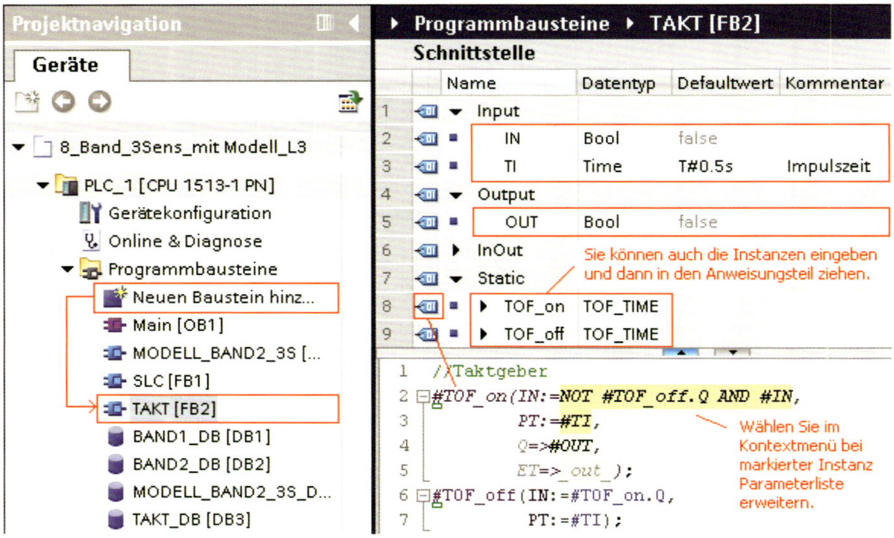

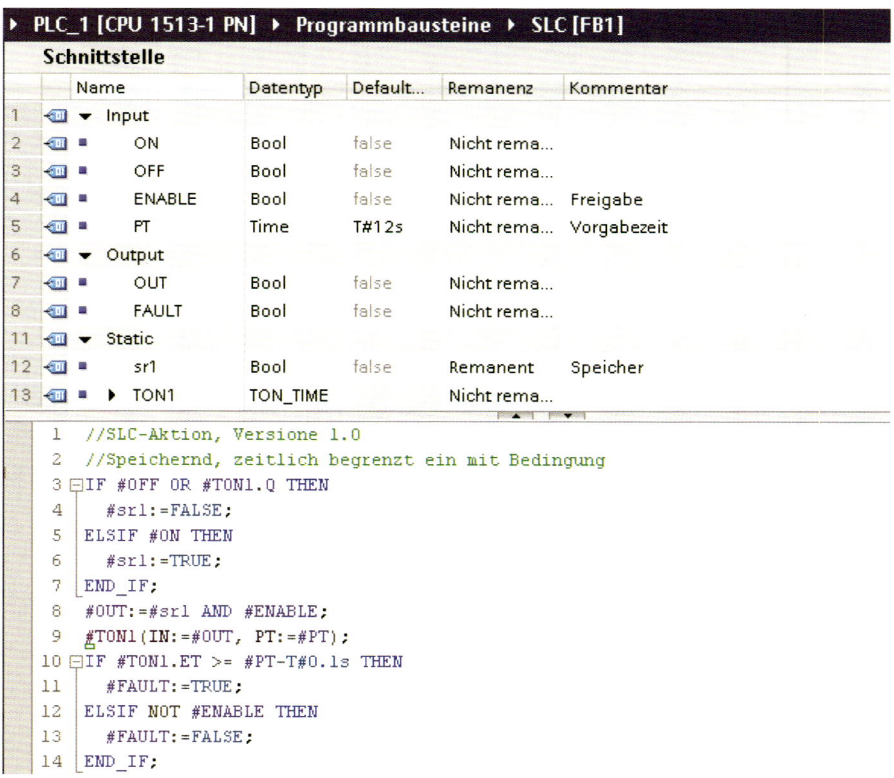

▸ PLC_1 [CPU 1513-1 PN] ▸ Programmbausteine ▸ Main [OB1]

Schnittstelle

	Name	Datentyp	Kommentar
4	▾ Temp		
5	stoerung1	Bool	
6	stoerung2	Bool	

```
//Bandanlage
//Virtuelle Anlage
"MODELL_BAND2_3S_DB"(P0:="P0_Stoerung", ...);
//Freigabe
IF NOT "S0_Stopp" THEN
  "P1_Freigabe":=FALSE;
ELSIF "S1_AnlEin" THEN
  "P1_Freigabe":=True;
END_IF;
//Signalflanken erkennen
"R_TRIG_DB"(CLK:="B2_mitte");
"F_TRIG_DB"(CLK:="B2_mitte");
//Bänder
"BAND1_DB"(ON:="B1_hinten",
           OFF:="F_TRIG_DB".Q,
           ENABLE:="P1_Freigabe",
           PT:=T#11s,
           OUT=>"Q1_Band",
           FAULT=>#stoerung1);
"BAND2_DB"(ON:="R_TRIG_DB".Q,
           OFF:="B3_vone",
           ENABLE:="P1_Freigabe",
           PT:=T#12s,
           OUT=>"Q2_Band",
           FAULT=>#stoerung2);
"TAKT_DB"(IN:=TRUE);
//Anzeige Laufzeit überschritten
"P0_Stoerung":=(#stoerung1 OR #stoerung2) AND "TAKT_DB".OUT;
```

1. Instanz des SLC[FB1] (BAND1_DB)

2. Instanz des SLC[FB1] (BAND2_DB)

"TAKT_DB"(IN:=TRUE); — nur in Lösung 1

Lösung 2: TAKT[FB2] entfällt, dafür wurde der Taktmerker konfiguriert "Clock_1.25Hz"

Lösung 1: Instanz des TAKT[FB2]

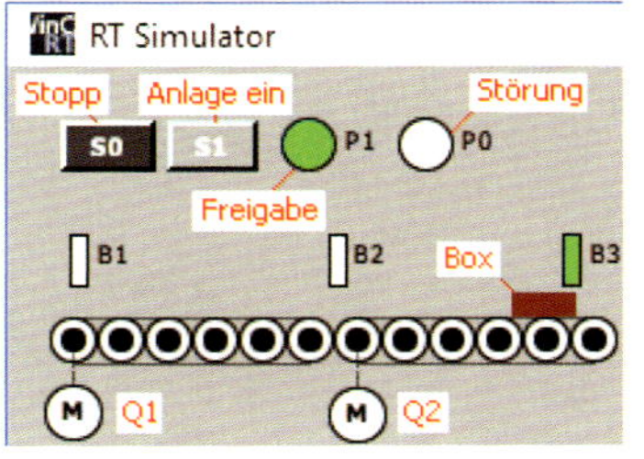

Übung 8.1: Funktionseinheit Bandanlage mit Ein- und Ausschaltverzögerung

Standard-Variablentabelle

	Name	Datentyp	Adresse	Remanenz	Sicht...	Erreic...	Kommentar
1	S0_Aus	Bool	%I1.0	☐	☑	☑	Taster Öffner
2	S1_Ein	Bool	%I1.1	☐	☑	☑	Taster
3	Q1_Band1	Bool	%Q0.0	☐	☑	☑	Schütz
4	Q2_Band2	Bool	%Q0.1	☐	☑	☑	Schütz
5	F1_Mot_sch	Bool	%I1.2	☐	☑	☑	Motorschutz Öffner
6	F2_Mot_sch	Bool	%I1.3	☐	☑	☑	Motorschutz Öffner

8_Bandanl_L ▸ PLC_1 [CPU 1513-1 PN] ▸ Programmbausteine ▸ BAND_ANL [FB2]

Schnittstelle

	Name	Datentyp	Defaultwert	Remanenz	Kommentar
1	▾ Input				
2	ON	Bool	false	Nicht rema...	
3	OFF	Bool	false	Nicht rema...	
4	LOCK	Bool	false	Nicht rema...	
5	PT1_off	Time	T#0ms	Nicht rema...	Nachlaufzeit Band 1
6	PT2_on	Time	T#0ms	Nicht rema...	Einschaltverzögerung Band 2
7	PT2_off	Time	T#0ms	Nicht rema...	Nachlaufzeit Band 2
8	▾ Output				
9	OUT1	Bool	false	Nicht rema...	
10	OUT2	Bool	false	Nicht rema...	
11	▸ InOut				
12	▾ Static				
13	▸ TOF1	TOF_TIME		Nicht rema...	Ausschaltverzögerung Band 1
14	▸ TON1	TON_TIME		Nicht rema...	Einschaltverzögerung Band 2
15	▸ TOF2	TOF_TIME		Nicht rema...	Ausschaltverzögerung Band 2
16	▸ SR1	"SR"			

```
//Funktionseinheit Bandanlage, Version 1.0
//Band1 speichernd ein, ausschaltverzögert
#SR1(S:=#ON, R1:=#OFF OR #LOCK);
#TOF1(IN:=#SR1.Q1, PT:=#PT1_off);
#OUT1:= #TOF1.Q AND NOT #LOCK;
//Band2 einschalt- und ausschaltverzögert
#TON1(IN:=#OUT1,
      PT:=#PT2_on);
#TOF2(IN:=#TON1.Q,
      PT:=#PT2_off);
#OUT2:= #TOF2.Q AND NOT #LOCK;
```

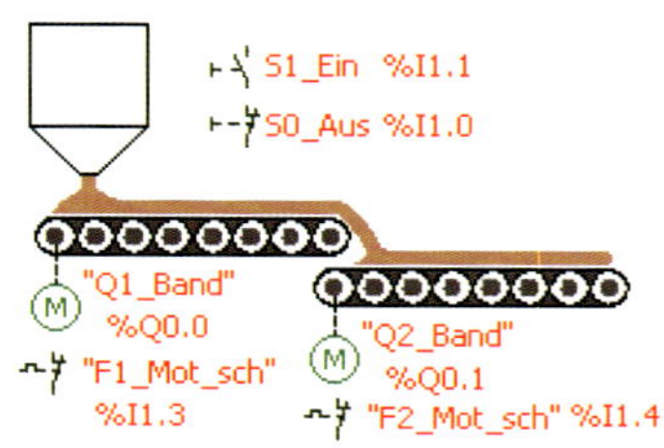

Eine Instanz des SR-Funktionsblock wurde im Baustein BAND_ANL lokal verwendet.

8_Bandanl_L ▸ PLC_1 [CPU 1513-1 PN] ▸ Programmbausteine ▸ SR [FB1]

Schnittstelle

	Name	Datentyp	Defaultwert	Remanenz	Kommentar
1	▾ Input				
2	S	Bool	false	Nicht rema...	setzen
3	R1	Bool	false	Nicht rema...	rücksetzen
4	▾ Output				
5	Q1	Bool	false	Nicht rema...	

```
//Rücksetzen vorrangig
IF #R1 THEN #Q1:=FALSE;
ELSIF #S THEN #Q1:=TRUE; END_IF;
```

8_Bandanl_L ▸ PLC_1 [CPU 1513-1 PN] ▸ Programmbausteine ▸ Main [OB1]

```
//Test der Funktionseinheit Bandanlage
//Modell
"InstMODELL_2BAND1"(Q1:="Q1_Band1",
                    Q2:="Q2_Band2",
                    F1=>"F1_Mot_sch",
                    F2=>"F2_Mot_sch",
                    S0=>"S0_Aus",
                    S1=>"S1_Ein");
//Anlage
"BAND_ANL_DB"(ON:="S1_Ein",
              OFF:=NOT "S0_Aus",
              LOCK:=NOT "F1_Mot_sch" OR NOT "F2_Mot_sch",
              PT1_off:=T#1.5s,
              PT2_on:=T#3s,
              PT2_off:=T#2s,
              OUT1=>"Q1_Band1",
              OUT2=>"Q2_Band2");
```

Aufruf der Instanz des BAND_ANL[FB2]

Übung 8.2: Fördereinrichtung mit Laufzeitüberwachung und Meldung

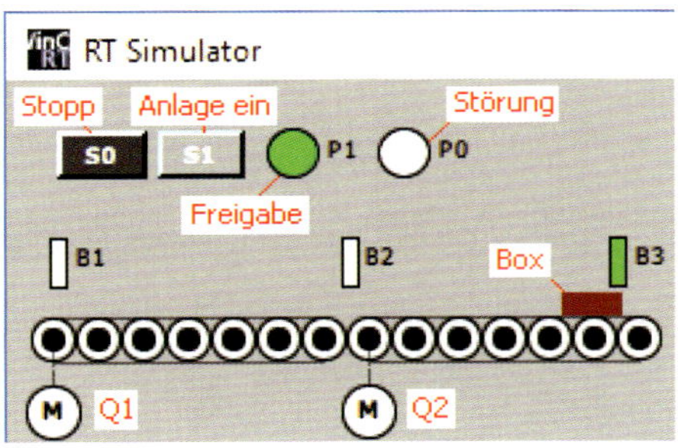

Standard-Variablentabelle

	Name	Datentyp	Adresse ▲	Rema...	Sicht...	Erreic...	Kommentar
1	B1_hinten	Bool	%I0.0	☐	☑	☑	Sensor Band1
2	B2_mitte	Bool	%I0.1	☐	☑	☑	Sensor Band
3	B3_vone	Bool	%I0.2	☐	☑	☑	Sensor Band2
4	S0_Stopp	Bool	%I1.0	☐	☑	☑	Taster Öffner
5	S1_AnlEin	Bool	%I1.1	☐	☑	☑	Taster
6	Q1_Band	Bool	%Q0.1	☐	☑	☑	Schütz
7	Q2_Band	Bool	%Q0.2	☐	☑	☑	Schütz
8	P0_Stoerung	Bool	%Q1.0	☐	☑	☑	Anzeige
9	P1_Freigabe	Bool	%Q1.1	☐	☑	☑	Anzeige

PLC_1 [CPU 1513-1 PN] ▸ Programmbausteine ▸ Main [OB1]

```
//Bandanlage mit Laufzeitüberwachung und Meldung
//Virtuelle Anlage
"MODELL_BAND2_3S_DB"(P0:="P0_Stoerung", ...);
//Freigabe
IF NOT "S0_Stopp" THEN
  "P1_Freigabe":=FALSE;
ELSIF "S1_AnlEin" THEN
  "P1_Freigabe":=True;
END_IF;
//Signalflanken erkennen
"R_TRIG_DB"(CLK:="B2_mitte");
"F_TRIG_DB"(CLK:="B2_mitte");
//Bänder
"BAND1_DB"(ON:="B1_hinten",
           OFF:="F_TRIG_DB".Q,
           ENABLE:="P1_Freigabe",
           PT:=T#11s,
           TI:=T#500ms,
           OUT=>"Q1_Band");
"BAND2_DB"(ON:="R_TRIG_DB".Q,
           OFF:="B3_vone",
           ENABLE:="P1_Freigabe",
           TI:=T#1s,
           OUT=>"Q2_Band");
//Anzeige Laufzeit überschritten
"P0_Stoerung":=("BAND1_DB".FAULT OR "BAND2_DB".FAULT);
```

Flankenauswertung
1. Instanz des BAND_T[FB1]
Max. Laufzeit
Blinkimpulsdauer Band 1
Band 2
2. Instanz des BAND_T[FB1]
Instanz vom BAND_T[FB1]
Fehler

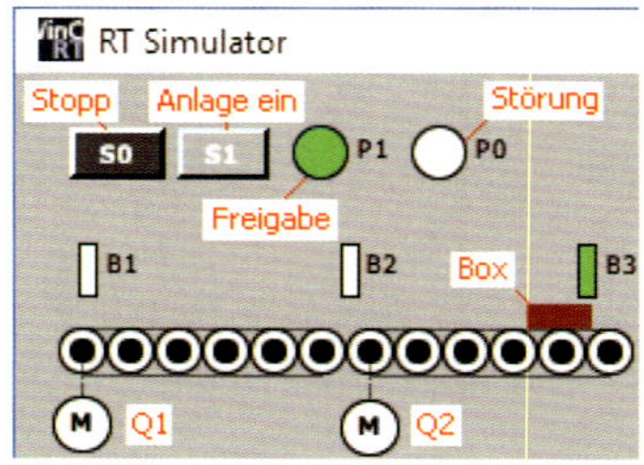

PLC_1 [CPU 1513-1 PN] ▸ Programmbausteine ▸ BAND_T [FB1]

Schnittstelle

	Name	Datentyp	Defaultwert	Remanenz	Kommentar
1	▾ Input				
2	ON	Bool	false	Nicht rema...	
3	OFF	Bool	false	Nicht rema...	
4	ENABLE	Bool	false	Nicht rema...	Freigabe
5	PT	Time	T#12s	Nicht rema...	Vorgabezeit
6	TI	Time	T#500ms	Nicht rema...	Blinkimpulsdauer
7	▾ Output				
8	OUT	Bool	false	Nicht rema...	
9	FAULT	Bool	false	Nicht rema...	
10	▾ InOut				
11	<Hinzufügen>				
12	▾ Static				
13	sr1	Bool	false	Remanent	Speicher
14	▸ TON1	TON_TIME		Nicht rema...	
15	▸ TAKT_1	"TAKT"			

BAND_T [FB1]

```
//Band mit Laufzeitüberwachung und Meldung
//Speichernd, zeitlich begrenzt ein mit Bedingung
IF #OFF OR #TON1.Q THEN
  #sr1:=FALSE;
ELSIF #ON THEN
  #sr1:=TRUE;
END_IF;
#OUT:=#sr1 AND #ENABLE;
#TON1(IN:=#OUT, PT:=#PT);
#TAKT_1(TI:=#TI);
IF #TON1.ET >= #PT-T#0.1s THEN
  #TAKT_1.IN:=TRUE;
ELSIF NOT #ENABLE THEN
  #TAKT_1.IN:=FALSE;
END_IF;
#FAULT:=#TAKT_1.OUT;
```

Lokale Instanz (Multiinstanz) vom TAKT[FB2]

Übung 8.3 Zustandsgraph, Stern-Dreieck-Anlauf

Standard-Variablentabelle

	Name	Datentyp	Adresse	Rema...	Sicht...	Erreic...	Kommentar
1	S0_AUS	Bool	%I1.0	☐	☑	☑	Taster Öffner
2	S1_Ein	Bool	%I1.1	☐	☑	☑	Taster
3	Q1_Stern	Bool	%Q0.0	☐	☑	☑	Schütz
4	Q2_Netz	Bool	%Q0.1	☐	☑	☑	Schütz
5	Q3_Dreieck	Bool	%Q0.2	☐	☑	☑	Schütz

8_YD_L ▸ PLC_1 [CPU 1513-1 PN] ▸ Programmbausteine ▸ MOT_YD [FB1]

Schnittstelle

Das Attribut -Optimierter Bausteinzugriff- ist deaktiviert.

	Name	Datentyp	Offset	Defaultwert	Kommentar
1	▾ Input				
2	INIT	Bool	0.0	false	initialisieren
3	ON	Bool	0.1	false	
4	OFF	Bool	0.2	false	
5	PT	Time	2.0	T#10s	Umschaltzeit
6	▾ Output				
7	OUT_Y	Bool	6.0	false	
8	OUT_N	Bool	6.1	false	
9	OUT_D	Bool	6.2	false	
10	▸ InOut				
11	▾ Static				
12	staOFF	Bool	8.0	false	Zustand
13	staY	Bool	8.1	false	Zustand
14	staD	Bool	8.2	false	Zustand
15	▸ TON1	TON_TIME	10.0		
16	▾ Temp				

MOT_YD [FB1]

```
//Stern-Dreieckanlauf
//Initialisieren
IF #INIT THEN #staOFF:=TRUE; END_IF;
//Übergang Aus auf Stern
IF #staOFF AND #ON AND NOT #OFF THEN
  #staY:=TRUE; #staOFF:=FALSE;
END_IF;
//Übergang Stern auf Aus
IF #staY AND #OFF THEN
  #staOFF:=TRUE; #staY:=FALSE;
END_IF;
//Übergang Stern auf Dreieck
IF #staY AND #TON1.Q THEN
  #staD:=TRUE; #staY:=FALSE;
END_IF;
//Übergang Dreieck auf Aus
IF #staD AND #OFF THEN
  #staOFF:=TRUE; #staD:=FALSE;
END_IF;
//Aktionen
#OUT_Y:=#staY; #OUT_N:=#staY OR #staD; #OUT_D:=#staD;
#TON1(IN:=#staY, PT:=#PT);
```

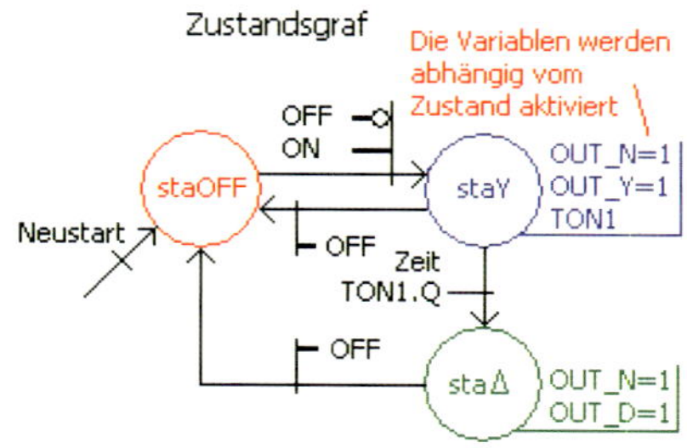

8_YD_L ▸ PLC_1 [CPU 1513-1 PN] ▸ Programmbausteine ▸ Main [OB1]

```
//Antrieb 1, Initialisierung im Startup OB100
REGION MODELL
    "InstMODELL_YD1"(Q1:="Q1_Stern",
                     Q2:="Q2_Netz",
                     Q3:="Q3_Dreieck",
                     S0=>"S0_AUS",
                     S1=>"S1_Ein",
                     F2=>"F2_MotSch");
END_REGION;
"MOT_YD_DB"(INIT:=FALSE,
            ON:="S1_Ein",
            OFF:=NOT "S0_AUS" OR NOT "F2_MotSch",
            PT:=t#3s,
            OUT_Y=>"Q1_Stern",
            OUT_N=>"Q2_Netz",
            OUT_D=>"Q3_Dreieck");
```

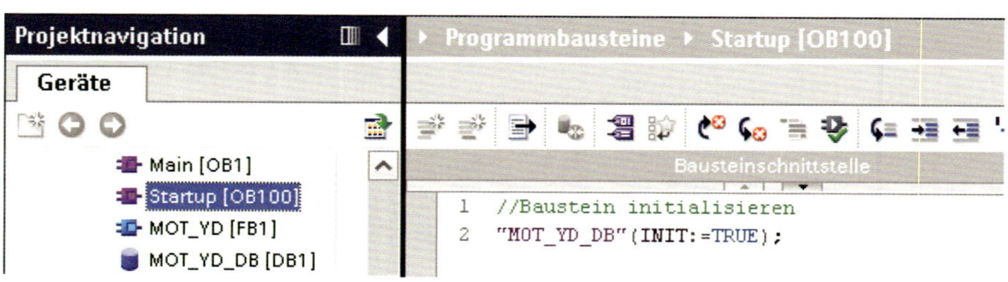

Zu Kapitel 9

Aufgabe 9.1: Vorwärtszähler

Siehe Aufgabenstellung

Übung 9.1: Vor-/Rückwärtszähler

Vor-/Rückwärtszählerbaustein mit Wertebereichbegrenzung auf 50.

Programmbausteine ▸ ZAEHLER_UD [FB2]

```
//steigende Flanke erkennen
 #CU_flanke:=#CU AND NOT #flankenmerkerCU;
 #flankenmerkerCU:=#CU;
 #CD_flanke:=#CD AND NOT #flankenmerkerCD;
 #flankenmerkerCD:=#CD;
//vorwärts zählen
IF #CU_flanke THEN
  #CV:=#CV+1;
END_IF;
IF #CD_flanke THEN
  #CV:=#CV-1;
END_IF;
#Q:= #CV >= #PV;
IF #CV > 50 THEN #CV:= 0; END_IF;
//zurücksetzen
IF #R THEN #CV:=0; END_IF;
```

CU_flanke wird in jedem Zyklus beschrieben -> temp. Variable

Ihr Wert ist der vom vorhergehenden Zyklus -> static. Variable

Zählwert erhöhen

Zählwert verringern

Ist der Vergleich TRUE, dann wird #Q TRUE

Wertebereich begrenzen

Zählwert zurücksetzen

Aufgabe 9.2: Fördereinrichtung für mehrere Paletten

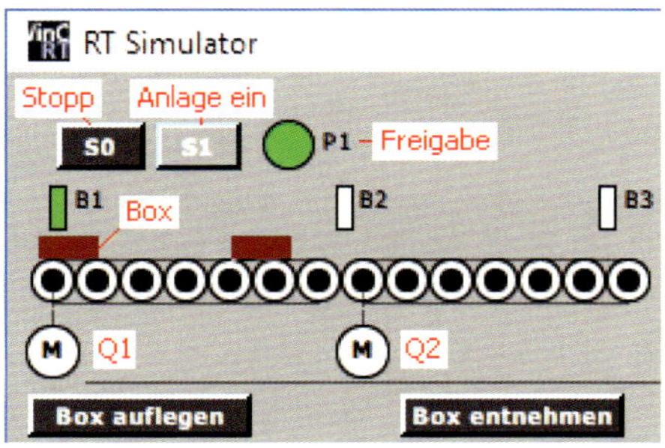

Standard-Variablentabelle

	Name	Datentyp	Adresse ▲	Remanenz	Sicht...	Erreic...	Kommentar
1	B1_hinten	Bool	%I0.0	☐	☑	☑	Sensor Band1
2	B2_mitte	Bool	%I0.1	☐	☑	☑	Sensor Band
3	B3_vone	Bool	%I0.2	☐	☑	☑	Sensor Band2
4	S0_Stopp	Bool	%I1.0	☐	☑	☑	Taster Öffner
5	S1_AnlEin	Bool	%I1.1	☐	☑	☑	Taster
6	Q1_Band	Bool	%Q0.0	☐	☑	☑	Schütz
7	Q2_Band	Bool	%Q0.1	☐	☑	☑	Schütz
8	P1_Freigabe	Bool	%Q1.1	☐	☑	☑	Anzeige
9	Anzahl_Band1	USInt	%MB0	☑	☑	☑	Paletten auf Band1
10	Anzahl_Band2	USInt	%MB1	☑	☑	☑	Paletten auf Band2

▸ PLC_1 [CPU 1513-1 PN] ▸ Programmbausteine ▸ BAND_Z [FB1]

Schnittstelle

	Name	Datentyp	Defaultwert	Remanenz	Kommentar
1	▾ Input				
2	ON	Bool	false	Nicht rema...	ein
3	OFF	Bool	false	Nicht rema...	aus
4	ENABLE	Bool	false	Nicht rema...	freigeben
5	▾ Output				
6	OUT	Bool	false	Nicht rema...	Antrieb
7	CV	USInt	0	Nicht rema...	Zählwert
8	▸ InOut				
9	▾ Static				
10	▸ ON_R_TRIG	R_TRIG			Flanke
11	▸ OFF_F_TRIG	F_TRIG			Flanke
12	▸ ZAEHLER_1	"ZAEHLER"			
13	sr1	Bool	false	Nicht rema...	merken

Aus Aufgabe 9.1. Sie können auch einen IEC-Zähler benutzen

```
//Fördern mit mehreren Paletten für ein Band
//Flanken erzeugen
#ON_R_TRIG(CLK:=#ON);//steigende Flanke
#OFF_F_TRIG(CLK:=#OFF);//fallende Flanke
//Zählen
#ZAEHLER_1(CU:=#ON_R_TRIG.Q,
           CD:=#OFF_F_TRIG.Q);
//OUT steueren
IF #ZAEHLER_1.CV>0 THEN
  #sr1:=TRUE;
ELSE #sr1:=FALSE;
END_IF;
#OUT:=#sr1 AND #ENABLE;
```

Es wurde der Zählerbaustein von der Aufgabe 9.1 benutzt.

▸ Programmbausteine ▸ SR [FB100]

```
//Rücksetzen vorrangig
IF #R1 THEN #Q1:=FALSE;
ELSIF #S THEN #Q1:=TRUE; END_IF;
```

Projektnavigation

Geräte

- ▾ 9_Band_3Sens_mit Modell_L
  - Neues Gerät hinzufügen
  - Geräte & Netze
  - ▾ PLC_1 [CPU 1513-1 PN]
    - Gerätekonfiguration
    - Online & Diagnose
    - ▾ Programmbausteine
      - Neuen Baustein hinzufügen
      - Main [OB1]

▸ Programmbausteine ▸ Main [OB1]

Aufruf aktualisieren

```
(*****************************************
 Bandanlage transportiert mehrere Paletten
 *****************************************
//Virtuelle Anlage
"MODELL_BAND2_3S_DB"(P1:="P1_Freigabe",
                     Q1:="Q1_Band",
                     Q2:="Q2_Band",
                     S0=>"S0_Stopp",
                     S1=>"S1_AnlEin",
                     B1=>"B1_hinten",
                     B2=>"B2_mitte",
                     B3=>"B3_vone");
```

Markieren, im Kontextmenü können Sie die Parameterliste erweitern.

- BAND_Z [FB1]
- MODELL_BAND2_3S [FB10]
- SR [FB100]
- ZAEHLER_UD [FB110]
- BAND_Z_DB1 [DB1]
- BAND_Z_DB2 [DB2]
- MODELL_BAND2_3S_DB [DB10]
- SR_Freigabe_DB [DB100]
- Systembausteine
  - Programmressourcen
    - F_TRIG [FB1002]
    - R_TRIG [FB1001]
- Technologieobjekte

```
//Freigabe
"SR_Freigabe_DB"(S:="S1_AnlEin",
                 R1:=NOT "S0_Stopp",
                 Q1=>"P1_Freigabe");
//Bänder
"BAND_Z_DB1"(ON:="B1_hinten",
             OFF:="B2_mitte",
             ENABLE:="P1_Freigabe",
             OUT=>"Q1_Band",
             CV=>"Anzahl_Band1");
"BAND_Z_DB2"(ON:="B2_mitte",
             OFF:="B3_vone",
             ENABLE:="P1_Freigabe",
             CV=>"Anzahl_Band2");
"Q2_Band":="BAND2_DB".OUT AND NOT "B3_vone";
```

Instanz vom SR[FB100]

1. Instanz vom BAND_Z [FB1]

2. Instanz vom BAND_Z [FB1]

Aufgabe 9.3: Verteileinheit, Zustandsgraphen mit CASE-Anweisung

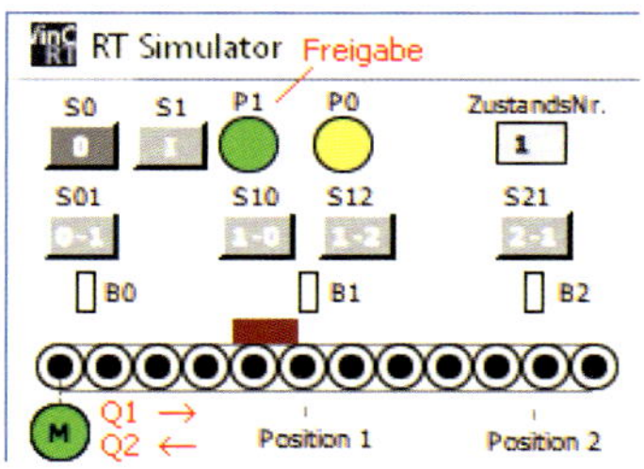

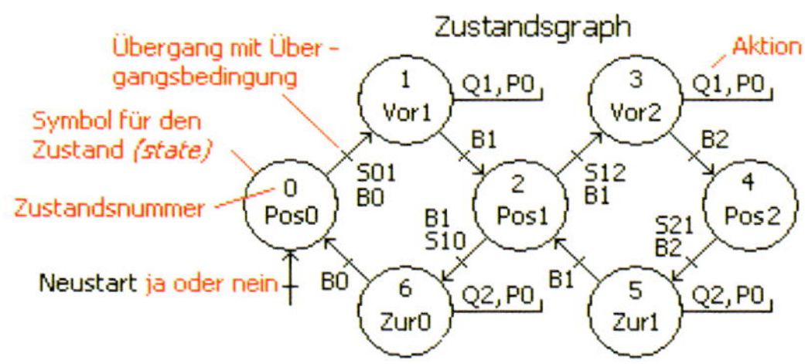

Standard-Variablentabelle

	Name	Datentyp	Adresse ▲	Rema...	Überwac...	Kommentar
1	B0_Pos	Bool	%I0.0			Position
2	B1_Pos	Bool	%I0.1			Position
3	B2_Pos	Bool	%I0.2			Position
4	S0_Stopp	Bool	%I0.3			Taster Öffner
5	S1_Ein	Bool	%I0.4			Taster
6	S01_0nach1	Bool	%I1.0			Taster
7	S10_1nach0	Bool	%I1.1			
8	S12_1nach2	Bool	%I1.2			
9	S21_2nach1	Bool	%I1.3			Taster
10	Q1_vor	Bool	%Q0.0			Band vor
11	Q2_zurueck	Bool	%Q0.1			Band zurück
12	P0_Achtung	Bool	%Q0.2			Band läuft
13	P1_Freigabe	Bool	%Q0.3			
14	ZustandsNr	USInt	%MB0			Zustandsnummer

9_Verteil_Z_GRAPH_L ▸ PLC_1 [CPU 1513-1 PN] ▸ Programmbausteine ▸ Main [OB1]

```
//Modell
"InstMODELL_VERTEIL"(P0:="P0_Achtung",
                     P1:="P1_Freigabe",
                     Q1:="Q1_vor",
                     Q2:="Q2_zurueck",
                     ZusNr:="ZustandsNr",
                     S0=>"S0_Stopp",
                     S1=>"S1_Ein",
                     S01=>"S01_0nach1",
                     S10=>"S10_1nach0",
                     S12=>"S12_1nach2",
                     S21=>"S21_2nach1",
                     B0=>"B0_Pos",
                     B1=>"B1_Pos",
                     B2=>"B2_Pos");
//Verteilanlage
//Freigabe
IF NOT "S0_Stopp" THEN
    "P1_Freigabe":=FALSE;
ELSIF "S1_Ein" THEN
    "P1_Freigabe":=TRUE;
END_IF;
//Verteileinheit 1
"InstVERTEILEN1"(FREIGABE:="P1_Freigabe",
                 POS0:="B0_Pos",
                 POS1:="B1_Pos",
                 POS2:="B2_Pos",
                 VON_0_1:="S01_0nach1",
                 VON_1_0:="S10_1nach0",
                 VON_1_2:="S12_1nach2",
                 VON_2_1:="S21_2nach1",
                 VOR=>"Q1_vor",
                 ZURUECK=>"Q2_zurueck",
                 ZUST_Nr:="ZustandsNr");
//Anzeige
"P0_Achtung":="Q1_vor" OR "Q2_zurueck";
```

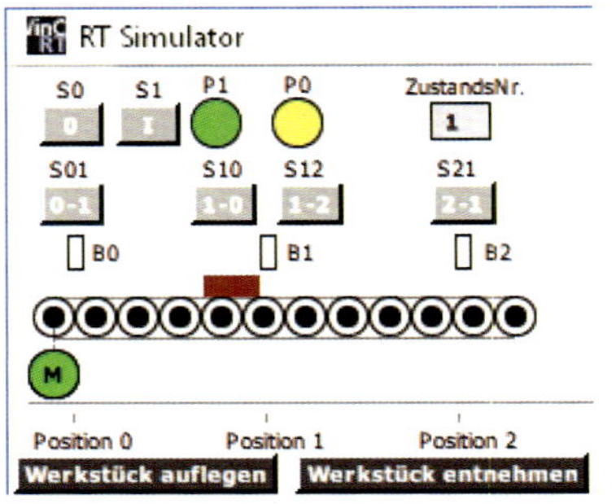

9_Verteil_Z_GRAPH ▸ PLC_1 [CPU 1513-1 PN] ▸ Programmbausteine ▸ VERTEILEN [FB1]

VERTEILEN

	Name	Datentyp	Defaultwert	Remanenz	Erreichbar ...	Schre...
1	▼ Input				☐	☐
2	FREIGABE	Bool	false	Nicht remanent	☑	☑
3	POS0	Bool	false	Nicht remanent	☑	☑
4	POS1	Bool	false	Nicht remanent	☑	☑
5	POS2	Bool	false	Nicht remanent	☑	☑
6	VON_0_1	Bool	false	Nicht remanent	☑	☑
7	VON_1_0	Bool	false	Nicht remanent	☑	☑
8	VON_1_2	Bool	false	Nicht remanent	☑	☑
9	VON_2_1	Bool	false	Nicht remanent	☑	☑
10	▼ Output				☐	☐
11	VOR	Bool	false	Nicht remanent	☑	☑
12	ZURUECK	Bool	false	Nicht remanent	☑	☑
13	▼ InOut				☐	☐
14	ZUST_Nr	USInt	0	Nicht remanent	☑	☑

```
//Verteilen
//Übergänge
CASE #ZUST_Nr OF
0: IF #VON_0_1 AND #POS0 THEN #ZUST_Nr:=1; END_IF;  //Zustand Pos0->Vor1
1: IF #POS1 THEN #ZUST_Nr:=2; END_IF;               //Zustand Vor1->Pos1
2: IF #VON_1_2 AND #POS1 THEN #ZUST_Nr:=3; END_IF;  //Zustand Pos1->Vor2
   IF #VON_1_0 AND #POS1 THEN #ZUST_Nr:=6; END_IF;  //Zustand Pos1->Zur0
3: IF #POS2 THEN #ZUST_Nr:=4; END_IF;               //Zustand Vor2->Pos2
4: IF #VON_2_1 AND #POS2 THEN #ZUST_Nr:=5; END_IF;  //Zustand Pos2->Zur1
5: IF #POS1 THEN #ZUST_Nr:=2; END_IF;               //Zustand Zur1->Pos1
6: IF #POS0 THEN #ZUST_Nr:=0; END_IF;               //Zustand Zur0->Pos0
END_CASE;
//Aktionen mit Freigabe
#VOR:=#FREIGABE AND (#ZUST_Nr=1 OR #ZUST_Nr=3);
#ZURUECK:= #FREIGABE AND (#ZUST_Nr=5 OR #ZUST_Nr=6);
```

Aufgabe 9.4: 2 aus 3 mit Datentypenumwandlung

Datentypenumwandlungsfunktion von Bool nach USInt

```
"P1_Uebertemp":= BOOL_TO_USINT("B1_Temp")
               + BOOL_TO_USINT("B2_Temp")
               + BOOL_TO_USINT("B3_Temp") = 2;
```

Vergleichsoperator,
das Ergebnis ist TRUE oder FALSE

Nur wenn **zwei** der Sensoren (B1…B3) angesprochen haben, erfolgt eine Anzeige (P1).

Zu Kapitel 10

Aufgabe 10.1: Mischanlage, Lösungsvariante 1

Siehe Aufgabenstellung

Aufgabe 10.2: Mischanlage, Lösungsvariante 2

Standard-Variablentabelle

	Name	Datentyp	Adresse	Rema...	Sicht...	Erreic...	Kommentar
1	Q1_Pumpe	Bool	%Q0.0	☐	☑	☑	Schütz Dosierpumpe 1
2	Q2_Pumpe	Bool	%Q0.1	☐	☑	☑	Schütz Dosierpumpe 2

Global-DB

10_Tank_L2 ▸ PLC_1 [CPU 1513-1 PN] ▸ Programmbausteine ▸ TANK_DB [DB1]

TANK_DB

	Name	Datentyp	Startwert	Remanenz	Kommentar
1	▼ Static			☐	
2	Start	Bool	false	☐	Taster Visu.
3	Pumpe1	Bool	false	☐	
4	Pumpe2	Bool	false	☐	
5	rK	Real	1.0	☐	Mischungsverhältnis Visu.

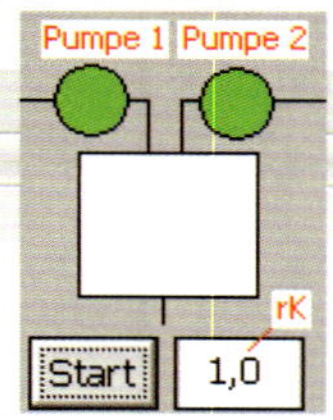

10_Tank_L2 ▸ PLC_1 [CPU 1513-1 PN] ▸ Programmbausteine ▸ MAIN [OB1]

Schnittstelle

	Name	Datentyp	Kommentar
4	▼ Temp		
5	rPumpzeit1	Real	
6	rPumpzeit2	Real	
7	diPumpzeit1	DInt	

usw.

```
//TANK füllen
//Öffnungszeit abhängig vom Mischungsverhältnis k berechnen
IF "TANK_DB".rK > 0.0 THEN
  #rPumpzeit1:= (15000/("TANK_DB".rK + 1))* "TANK_DB".rK;
  #rPumpzeit2 := 15000-#rPumpzeit1;
  #diPumpzeit1 :=REAL_TO_DINT(#rPumpzeit1);
  #tPumpzeit1 :=DINT_TO_TIME(#diPumpzeit1);
  #diPumpzeit2 :=REAL_TO_DINT(#rPumpzeit2);
  #tPumpzeit2 :=DINT_TO_TIME(#diPumpzeit2);
//Aufruf der Instanzen von TP
  "TP1".TP(IN:="TANK_DB".Start,
           PT:=#tPumpzeit1,
           Q=>"TANK_DB".Pumpe1);
  "TP2".TP(IN:="TANK_DB".Start,
           PT:=#tPumpzeit2,
           Q=>"TANK_DB".Pumpe2);
  //DB-Var.werte in PLC-Var.werte schreiben
  "Q1_Pumpe":="TANK_DB".Pumpe1;
  "Q2_Pumpe":= "TANK_DB".Pumpe2;
END_IF;
```

Variable im DB

Implizierte Datentypenumwandlung der Konstanten von Int nach Real.

Temporäre lokale Variable

Aufgabe 10.3 Mischanlage, bedingter Programmaufruf, Lösungsvariante 3

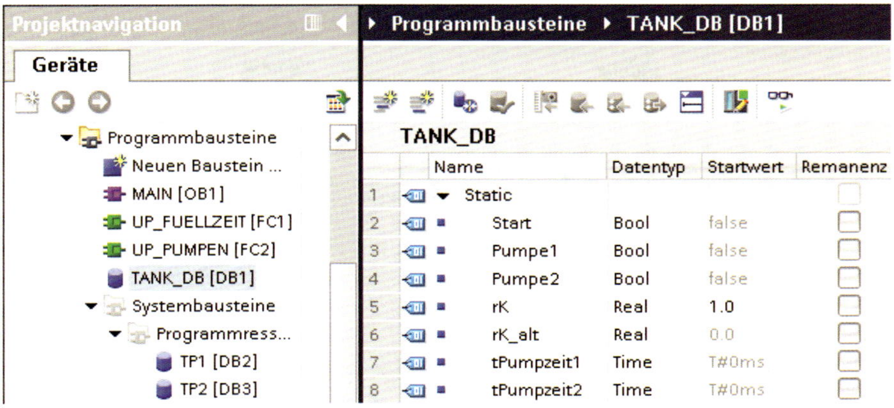

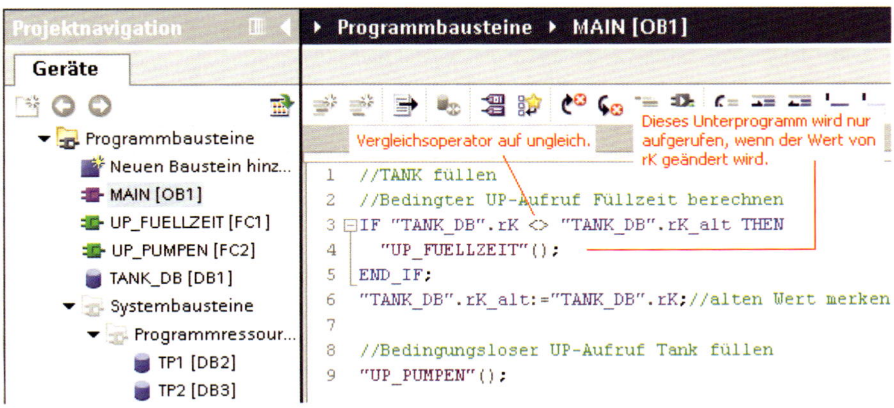

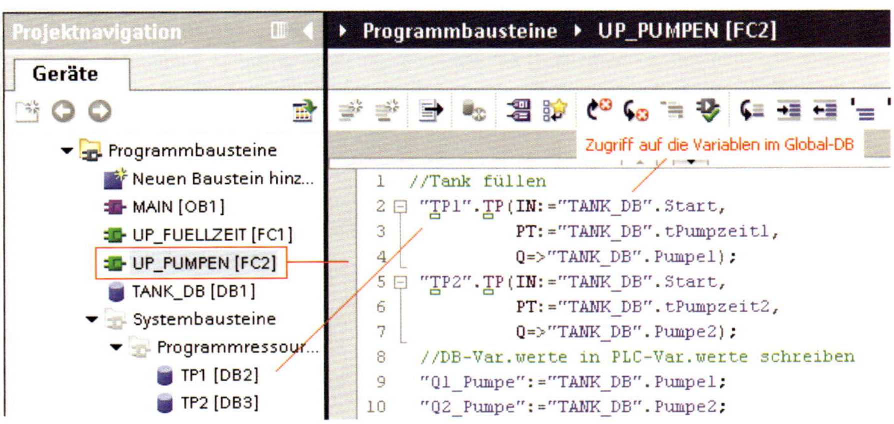

▸ PLC_1 [CPU 1513-1 PN] ▸ Programmbausteine ▸ UP_FUELLZEIT [FC1]

Schnittstelle

	Name	Datentyp	Kommentar
7	▾ Temp		
8	rPumpzeit1	Real	
9	rPumpzeit2	Real	
10	diPumpzeit1	DInt	
11	diPumpzeit2	DInt	

```
//Öffnungszeit abhängig vom Mischungsverhältnis rK berechnen
IF "TANK_DB".rK > 0.0 THEN
  #rPumpzeit1:= (15000.0 /("TANK_DB".rK + 1.0 ))* "TANK_DB".rK;
  #rPumpzeit2 := 15000.0 - #rPumpzeit1;
  #diPumpzeit1 :=REAL_TO_DINT(#rPumpzeit1);
  "TANK_DB".tPumpzeit1 :=DINT_TO_TIME(#diPumpzeit1);
  #diPumpzeit2 :=REAL_TO_DINT(#rPumpzeit2);
  "TANK_DB".tPumpzeit2 :=DINT_TO_TIME(#diPumpzeit2);
END_IF;
```

Übung 10.1: Mischanlage mit FB

Standard-Variablentabelle

	Name	Datentyp	Adresse	Rema...	Sicht...	Erreic...	Kommentar
1	Q1_Pumpe	Bool	%Q0.0	☐	☑	☑	Schütz Dosierpumpe 1
2	Q2_Pumpe	Bool	%Q0.1	☐	☑	☑	Schütz Dosierpumpe 2

Projektnavigation

Geräte

- Online & Diagnose
- ▾ Programmbausteine
  - Neuen Baustein...
  - MAIN [OB1]
  - MISCH [FB1]
  - MISCH_1_DB [DB2]
  - TANK_DB [DB1]

▸ Programmbausteine ▸ MAIN [OB1]

```
//TANK füllen
"MISCH_1_DB"(xSTART:="TANK_DB".Start,
             rK:="TANK_DB".rK,
             xOUT1=>"Q1_Pumpe",
             xOUT2=>"Q2_Pumpe");
//Werte in Visu-DB schreiben
"TANK_DB".Pumpe1:="Q1_Pumpe";
"TANK_DB".Pumpe2:="Q2_Pumpe";
```

Instanz des MISCH[FB1]

10_Misch_Ueb_L ▸ PLC_1 [CPU 1513-1 PN] ▸ Programmbausteine ▸ TANK_DB [DB1]

Über diesen DB werden die Daten zwischen CPU und HMI ausgetauscht.

TANK_DB

	Name	Datentyp	Startwert	Remanenz	Erreichb...	Sichtbar i...	Kommentar
1	▾ Static			☐	☐	☐	
2	Start	Bool	false	☐	☑	☑	Taster Visu.
3	Pumpe1	Bool	false	☐	☑	☑	Anzeige
4	Pumpe2	Bool	false	☐	☑	☑	Anzeige
5	rK	Real	0.0	☐	☑	☑	Mischungsverhältnis

10_Misch_Ueb_L ▸ PLC_1 [CPU 1513-1 PN] ▸ Programmbausteine ▸ MISCH [FB1]

Schnittstelle

	Name	Datentyp	Defaultwert	Remanenz	Kommentar
1	▼ Input				
2	xSTART	Bool	false	Nicht rema...	
3	rK	Real	0.0	Nicht rema...	Mischungsverhältnis
4	▼ Output				
5	xOUT1	Bool	false	Nicht rema...	
6	xOUT2	Bool	false	Nicht rema...	
7	▼ InOut				
8	<Hinzufügen>				
9	▼ Static				
10	rPumpzeit1	Real	0.0	Nicht rema...	
11	rPumpzeit2	Real	0.0	Nicht rema...	
12	diPumpzeit1	DInt	0	Nicht rema...	
13	diPumpzeit2	DInt	0	Nicht rema...	
14	tPumpzeit1	Time	T#0ms	Nicht rema...	
15	tPumpzeit2	Time	T#0ms	Nicht rema...	
16	rK_alt	Real	0.0	Nicht rema...	
17	▸ TP1	TP_TIME		Nicht rema...	
18	▸ TP2	TP_TIME		Nicht rema...	

```
//Öffnungszeit abhängig vom Mischungsverhältnis rK berechnen
IF #rK > 0.0 AND #rK <> #rK_alt THEN
  #rPumpzeit1:= (15000.0/(#rK + 1.0))* #rK;
  #rPumpzeit2:= 15000.0 - #rPumpzeit1;
  #diPumpzeit1:=REAL_TO_DINT(#rPumpzeit1);
  #tPumpzeit1:=DINT_TO_TIME(#diPumpzeit1);
  #diPumpzeit2:=REAL_TO_DINT(#rPumpzeit2);
  #tPumpzeit2:=DINT_TO_TIME(#diPumpzeit2);
END_IF;
#rK_alt:=#rK;//alten Wert merken
//Tank füllen
 #TP1(IN:=#xSTART,
          PT:=#tPumpzeit1,
          Q=>#xOUT1);
 #TP2(IN:=#xSTART,
          PT:=#tPumpzeit2,
          Q=>#xOUT2);
```

Die Pumpzeiten werden nur berechnet, wenn sich das Mischungsverhältnis rK ändert.

Aufgabe 10.4: Tankanlage, Umrechnungen von °C nach °F
Siehe Aufgabenstellung

Aufgabe 10.5: Tankanlage, Füllvolumen und 10.6: Tankanlage, Füllvolumen mit FC
Siehe Aufgabenstellung

Übung 10.2: FC 2 aus 3 mit Erweiterung, PLC-Datentyp

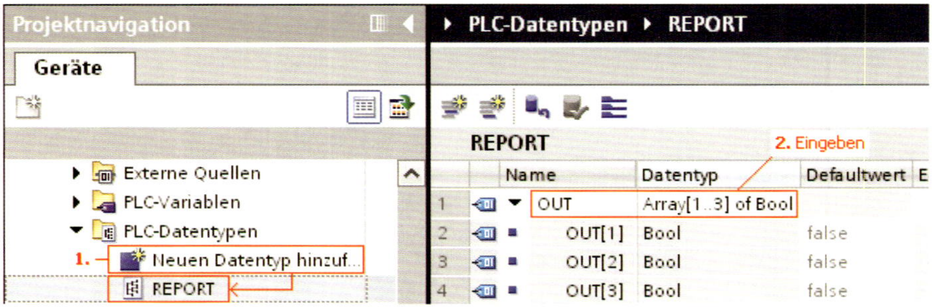

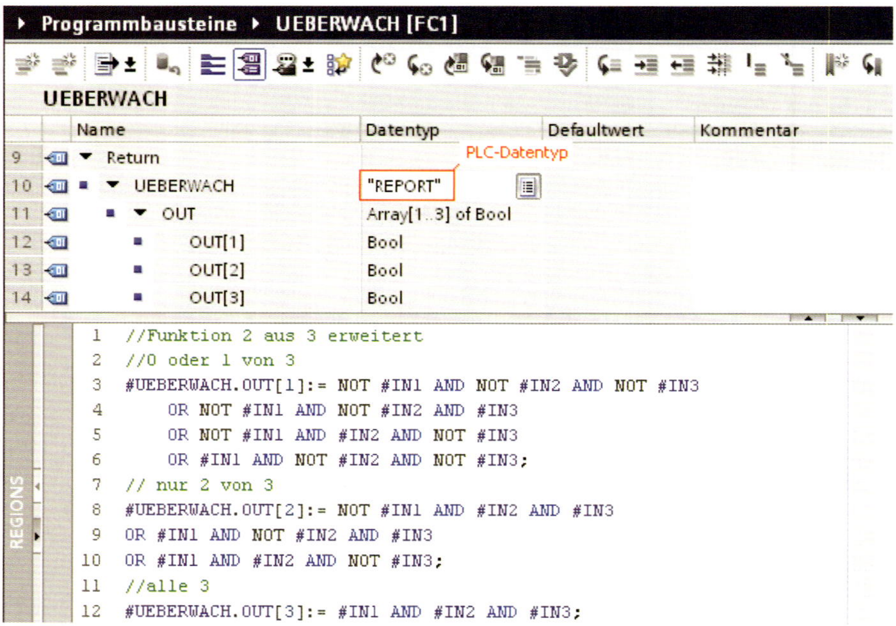

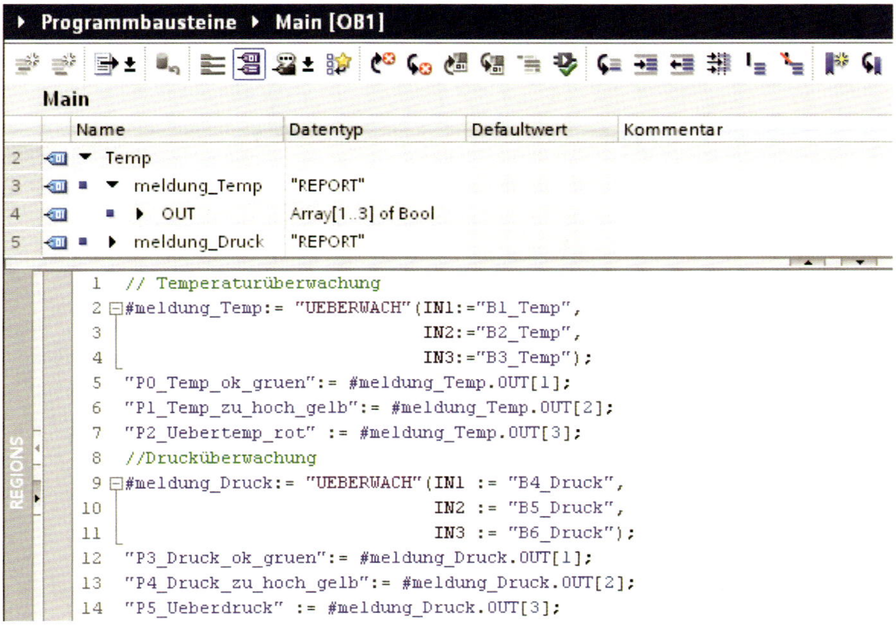

Aufgabe 10.7: Arbeitszeiterfassung und 10.8: Speicher füllen
Siehe Aufgabenstellung

Zu Kapitel 11

Aufgabe 11.1: Ablaufsteuerung, Waschanlage mit Automatikbetrieb

Weitere Lösungsvariante Aufgabe 11.3.

▸ Programmbausteine ▸ UP_WASCH_AUTO [FC1]

Bausteinschnittstelle

```
//Waschanlage Automatikbetrieb
 (* Schrittkette ******************)
//Richten
 #richtimp:= NOT "DB".Betrieb;
 "DB".Betrieb:=TRUE;
//Schritt 0
"SR0_DB"(S:="DB".Schritt[4]
          AND "B0_Pos0" OR #richtimp,
         R1:="DB".Schritt[1],
         Q1=>"DB".Schritt[0]);
//Schritt 1
"SR1_DB"(S:="DB".Schritt[0]
          AND "S1_Start" AND "B0_Pos0",
         R1:="DB".Schritt[2],
         Q1=>"DB".Schritt[1]);
//Schritt 2
"SR2_DB"(S:="DB".Schritt[1]
          AND "B1_Pos1",
         R1:="DB".Schritt[3],
         Q1=>"DB".Schritt[2]);
//Schritt 3
"SR3_DB"(S:="DB".Schritt[2]
          AND "B2_Pos2",
         R1:="DB".Schritt[4],
         Q1=>"DB".Schritt[3]);
//Schritt 4
"SR4_DB"(S:="DB".Schritt[3]
          AND "TON1".Q,
         R1:="DB".Schritt[0],
         Q1=>"DB".Schritt[4]);
//Zeitgeführte Weiterschaltbedingung
"TON1".TON(IN:="DB".Schritt[3],
           PT:=T#5s);
(* Aktionen ************************)
//Kontinuierlich wirkende Aktionen
 "P1_Bereit":="DB".Schritt[0];
 "M2_HauptW":="DB".Schritt[3];
 "Q2_Band_zur":="DB".Schritt[4];
//Speichernde Aktion
 "SR_Q1_DB"(S:="DB".Schritt[1], R1:="DB".Schritt[3],Q1=>"Q1_Band_vor");
//Bedingte Aktion
 "M1_VorWaesch":="DB".Schritt[2] AND "B1_Pos1";
//zeitlich begrenzte Aktion
 "TP1".TP(IN:="DB".Schritt[3], PT:=T#1.5s, Q=>"M3_Waschm");
```

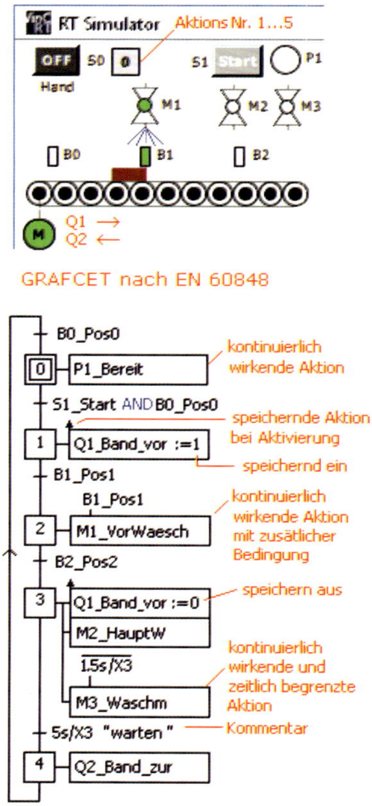

Standard-Variablentabelle

	Name	Datentyp	Adres...	Rema...	Kommentar
1	B0_Pos0	Bool	%I0.0		Sensor Position
2	B1_Pos1	Bool	%I0.1		Sensor Position
3	B2_Pos2	Bool	%I0.2		Sensor Position
4	S0_Hand	Bool	%I1.0		Schlüsselschalter Handbetrieb
5	S1_Start	Bool	%I1.1		Taster
6	Q1_Band_vor	Bool	%Q0.1		Schütz Rechtslauf
7	Q2_Band_zur	Bool	%Q0.2		Schütz Linkslauf
8	M1_VorWaesch	Bool	%Q0.3		Vorwäsche
9	M2_HauptW	Bool	%Q0.4		Hauptwäsche
10	M3_Waschm	Bool	%Q0.5		Waschmittel
11	P0_Handbetreib	Bool	%Q1.0		Anzeige
12	P1_Bereit	Bool	%Q1.1		Anzeige

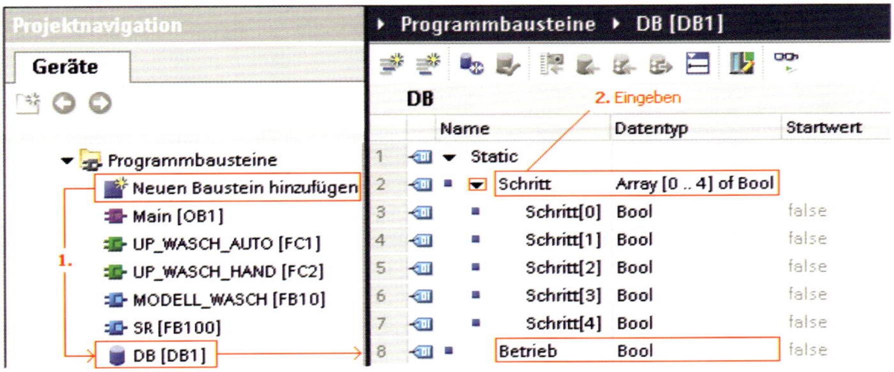

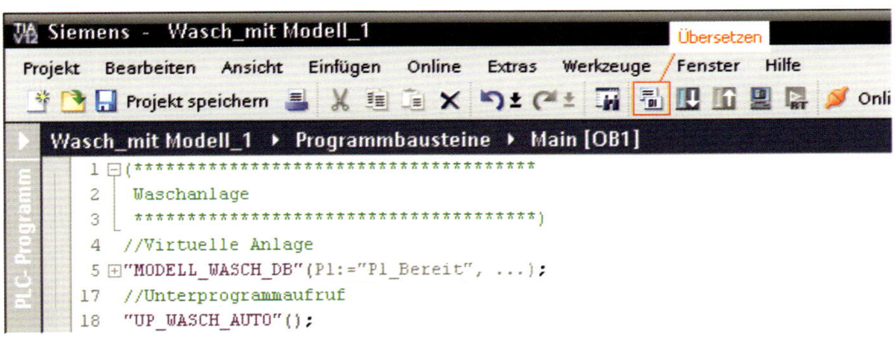

Aufgabe 11.2: Ablaufsteuerung, Waschanlage mit Automatik- und Handbetrieb

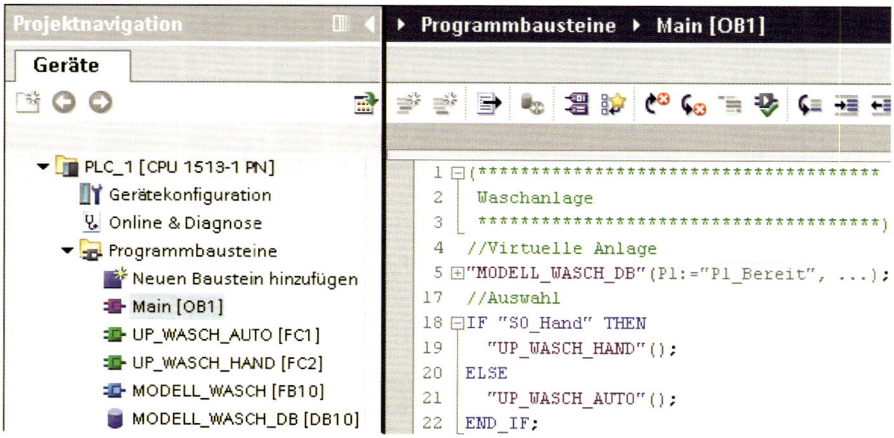

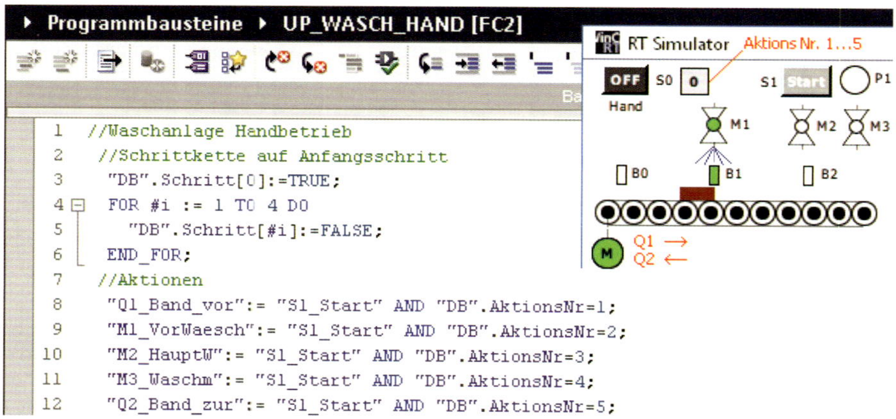

Am Unterprogramm *Automatikbetrieb* aus der vorhergehenden Aufgabe wurde nichts verändert.

Der DB wurde erweitert mit der Variablen AktionsNr, deren Wert im Handbetrieb in der Visualisierung eingegeben wird.

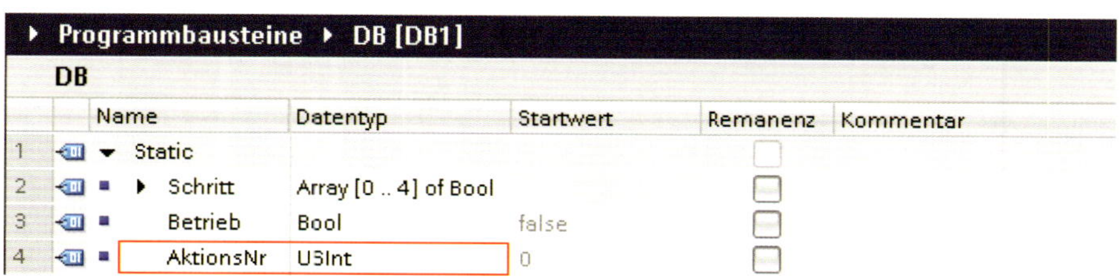

Programmbausteine ▸ DB [DB1]

DB

	Name	Datentyp	Startwert	Remanenz	Kommentar
1	Static			☐	
2	Schritt	Array [0 .. 4] of Bool		☐	
3	Betrieb	Bool	false	☐	
4	AktionsNr	USInt	0	☐	

Aufgabe 11.3: Ablaufsteuerung, Waschanlage mit CASE-Anweisung

▸ PLC_1 [CPU 1513-1 PN] ▸ Programmbausteine ▸ DB [DB1]

DB

	Name	Datentyp	Startwert	Remanenz	Kommentar
1	▾ Static				
2	SchrittNr	USInt	0	☐	im Auto-Betrieb
3	AktionsNr	USInt	1	☐	im Handbetrieb

▸ PLC_1 [CPU 1513-1 PN] ▸ Programmbausteine ▸ Main [OB1]

```
 //Waschanlage
 //Virtuelle Anlage
⊞"MODELL_WASCH_DB"(P1:="P1_Bereit", ...);
//Auswahl
⊟IF "S0_Hand" THEN
   "UP_WASCH_HAND"();
  ELSE "UP_WASCH_AUTO"();
 END_IF;
```

▸ Programmbausteine ▸ UP_WASCH_AUTO [FC1]

```
//Betriebsart Automatikbetrieb
CASE "DB".SchrittNr OF
  0:  "TON_warten".TON(IN:=FALSE, PT:=t#5s);//Timer initialisieren
      "TP1".TP(IN:=FALSE, PT:=T#1.5s);
      "Q2_Band_zur":=FALSE; "P1_Bereit":=TRUE;//Aktionen
      IF "S1_Start" AND "B0_Pos0" THEN //Weiterschaltbedingungen
        "DB".SchrittNr:="DB".SchrittNr+1; END_IF;
  1: "P1_Bereit":=FALSE; "Q1_Band_vor":=TRUE;
      IF "B1_Pos1" THEN
        "DB".SchrittNr:="DB".SchrittNr+1; END_IF;
  2: "M1_VorWaesch":="B1_Pos1";// bedingte Aktion
      IF "B2_Pos2" THEN
        "DB".SchrittNr:="DB".SchrittNr+1; END_IF;
  3: "Q1_Band_vor":=False;"M2_HauptW":=TRUE;
     "TON_warten".TON(IN:=TRUE, PT:=t#5s);
     "TP1".TP(IN:=TRUE, PT:=T#1.5s);
     "M3_Waschm":= "TP1".Q;//zeitlich begrenzte Aktion
     IF "TON_warten".Q THEN
       "DB".SchrittNr:="DB".SchrittNr+1; END_IF;
  4: "Q2_Band_zur":=TRUE; "M2_HauptW":=FALSE;
      IF "B0_Pos0" THEN
        "DB".SchrittNr:=0; END_IF;
END_CASE;
```

... ▸ Programmbausteine ▸ UP_WASCH_AUTO [FC1]

Bausteinschnittstelle

Oder Schrittkette und Aktion sind getrennt

```
//Betriebsart Automatikbetrieb
//Schrittkette
CASE "DB".SchrittNr OF
    0:  "TON_warten".TON(IN := FALSE, PT := t#5s); // Timer initialisieren
        "TP1".TP(IN := FALSE, PT := T#1.5s);
        IF "S1_Start" AND "B0_Pos0" THEN "DB".SchrittNr := 1; END_IF;
    1:  IF "B1_Pos1" THEN "DB".SchrittNr := 2; END_IF;
    2:  IF "B2_Pos2" THEN "DB".SchrittNr := 3; END_IF;
    3:  "TON_warten".TON(IN := TRUE, PT := t#5s);
        "TP1".TP(IN := TRUE, PT := T#1.5s);
        IF "TON_warten".Q THEN "DB".SchrittNr := 4; END_IF;
    4:  IF "B0_Pos0" THEN "DB".SchrittNr := 0; END_IF;
END_CASE;
//Aktionen
"P1_Bereit" := "DB".SchrittNr = 0;
"Q1_Band_vor" := "DB".SchrittNr = 1 OR "DB".SchrittNr =2;
"M1_VorWaesch" := "DB".SchrittNr = 2 AND "B1_Pos1"; // bedingte Aktion
"M2_HauptW" := "DB".SchrittNr = 3;
"M3_Waschm" := "DB".SchrittNr = 3 AND "TP1".Q; //zeitlich begrenzte Aktion
"Q2_Band_zur" := "DB".SchrittNr = 4;
```

▸ Programmbausteine ▸ UP_WASCH_HAND [FC2]

```
//Betriebsart Handbetrieb
"DB".SchrittNr:=0; //auf Anfangsschritt setzen
"Q1_Band_vor":="S1_Start" AND "DB".AktionsNr=1;
"M1_VorWaesch":="S1_Start" AND "DB".AktionsNr=2;
"M2_HauptW":="S1_Start" AND "DB".AktionsNr=3;
"M3_Waschm":="S1_Start" AND "DB".AktionsNr=4;
"Q2_Band_zur":="S1_Start" AND "DB".AktionsNr=5;
```

Übung 11.1: Ablaufsteuerung, Waschanlage als FB, Schrittüberwachung

▸ PLC_1 [CPU 1513-1 PN] ▸ Programmbausteine ▸ WASCH [FB1]

Schnittstelle

	Name	Datentyp	Defaultwert	Remanenz	Kommentar
1	▾ Input				
2	HAND	Bool	false	Nicht remanent	
3	AKTIONS_NR	USInt	0	Nicht remanent	
4	START	Bool	false	Nicht remanent	
5	POS0	Bool	false	Nicht remanent	
6	POS1	Bool	false	Nicht remanent	
7	POS2	Bool	false	Nicht remanent	
8	▾ Output				
9	BEREIT	Bool	false	Nicht remanent	
10	MOT_VOR	Bool	false	Nicht remanent	
11	MOT_ZUR	Bool	false	Nicht remanent	
12	VORWASCH	Bool	false	Nicht remanent	
13	HAUPTWASCH	Bool	false	Nicht remanent	
14	WASCHMITTEL	Bool	false	Nicht remanent	
15	FEHLER	Bool	false	Nicht remanent	
18	▾ Static				
19	SCHRITT_NR	USInt	0	Nicht remanent	
20	▸ TON_warten	TON_TIME		Nicht remanent	
21	▸ TP1	TP_TIME		Nicht remanent	
22	▸ TON_ueberw	TON_TIME		Nicht remanent	

```
//Waschstraße
IF #HAND THEN
 //Betriebsart Handbetrieb
 #SCHRITT_NR:=0; //auf Anfangsschritt setzen
 #MOT_VOR:=#START AND #AKTIONS_NR=1;
 #VORWASCH:=#START AND #AKTIONS_NR=2;
 #HAUPTWASCH:=#START AND #AKTIONS_NR=3;
 #WASCHMITTEL:=#START AND #AKTIONS_NR=4;
 #MOT_ZUR:=#START AND #AKTIONS_NR=5;
ELSE
 //Betriebsart Automatikbetrieb
 CASE #SCHRITT_NR OF
  0:  #TON_warten(IN:=FALSE, PT:=t#5s);//Timer initialisieren
      #TP1(IN:=FALSE, PT:=T#1.5s);
      #TON_ueberw(IN:=FALSE, PT:=T#10s);
      #FEHLER:=FALSE; #MOT_ZUR:=FALSE; #BEREIT:=TRUE;//Aktionen
      IF #START AND #POS0 THEN //Weiterschaltbedingungen
        #SCHRITT_NR:=#SCHRITT_NR+1; END_IF;
  1: #BEREIT:=FALSE; #MOT_VOR:=TRUE; #TON_ueberw(IN:=TRUE, PT:=T#10s);
      IF #POS1 THEN
        #SCHRITT_NR:=#SCHRITT_NR+1; END_IF;
      IF #TON_ueberw.Q THEN #SCHRITT_NR:=5; END_IF;
```

```
  2: #VORWASCH:=#POS1;// bedingte Aktion
      IF #POS2 THEN
        #SCHRITT_NR:=#SCHRITT_NR+1; END_IF;
      3: #MOT_VOR:=False;#HAUPTWASCH:=TRUE;
      #TON_warten(IN:=TRUE, PT:=t#5s);
      #TP1(IN:=TRUE, PT:=T#1.5s);
      #WASCHMITTEL:= #TP1.Q;//zeitlich begrenzte Aktion
      IF #TON_warten.Q THEN
        #SCHRITT_NR:=#SCHRITT_NR+1; END_IF;
  4: #MOT_ZUR:=TRUE; #HAUPTWASCH:=FALSE;
      IF #POS0 THEN
        #SCHRITT_NR:=0; END_IF;
  5: #FEHLER:=TRUE; #MOT_VOR:=FALSE;
  END_CASE;
END_IF;
```

...eb_FB_1214_L ▸ PLC_1 [CPU 1214C DC/DC/DC] ▸ Programmbausteine ▸ Main [OB1]

Bausteinschnittstelle

```
//Waschanlage **********************
//Virtuelle Anlage
"MODELL_WASCH_DB"(P0:="P0_Stoerung",
                  P1:="P1_Bereit",
                  Q1:="Q1_Band_vor",
                  Q2:="Q2_Band_zur",
                  M1:="M1_VorWaesch",
                  M2:="M2_HauptW",
                  M3:="M3_Waschm",
                  S0=>"S0_Hand",
                  S1=>"S1_Start",
                  B0=>"B0_Pos0",
                  B1=>"B1_Pos1",
                  B2=>"B2_Pos2",
                  ANr=>"ANL".AktionsNr);
//Waschstraße 1
"WASCH1_DB"(HAND:="S0_Hand",
            AKTIONS_NR:="ANL".AktionsNr,
            START:="S1_Start",
            POS0:="B0_Pos0",
            POS1:="B1_Pos1",
            POS2:="B2_Pos2",
            BEREIT=>"P1_Bereit",
            MOT_VOR=>"Q1_Band_vor",
            MOT_ZUR=>"Q2_Band_zur",
            VORWASCH=>"M1_VorWaesch",
            HAUPTWASCH=>"M2_HauptW",
            WASCHMITTEL=>"M3_Waschm",
            FEHLER=>"P0_Stoerung");
```

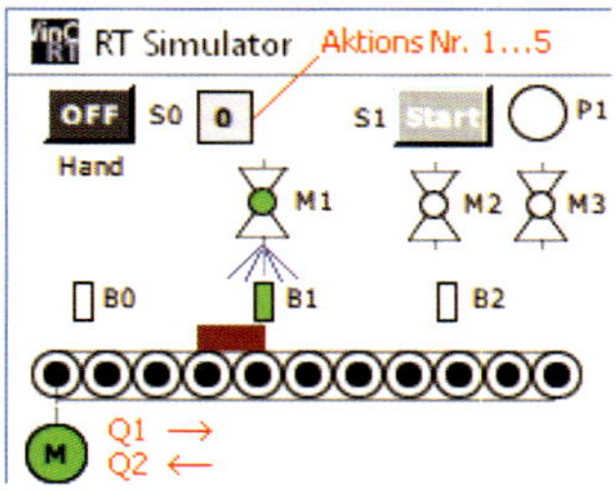

▸ PLC_1 [CPU 1513-1 PN] ▸ Programmbausteine ▸ ANL [DB2]

ANL

	Name	Datentyp	Startwert	Remanenz	Kommentar
1	▾ Static			☐	
2	▪ AktionsNr	USInt	0	☐	für Handbetrieb

Übung 11.2: Ablaufsteuerung, Waschanlage mit parallelen Schrittketten

▸ PLC_1 [CPU 1513-1 PN] ▸ Programmbausteine ▸ WASCH_PARAL [FB1]

Schnittstelle

	Name	Datentyp	Defaultwert	Remanenz	Kommentar
1	▾ Input				
2	HAND	Bool	false	Nicht rema...	
3	AKTIONS_NR	USInt	0	Nicht rema...	
4	START	Bool	false	Nicht rema...	
5	POS0	Bool	false	Nicht rema...	
6	POS1	Bool	false	Nicht rema...	
7	POS2	Bool	false	Nicht rema...	
8	▾ Output				
9	BEREIT	Bool	false	Nicht rema...	
10	MOT_VOR	Bool	false	Nicht rema...	
11	MOT_ZUR	Bool	false	Nicht rema...	
12	VORWASCH	Bool	false	Nicht rema...	
13	HAUPTWASCH	Bool	false	Nicht rema...	
14	WASCHMITTEL	Bool	false	Nicht rema...	
15	FEHLER	Bool	false	Nicht rema...	
18	▾ Static				
19	▸ SCHRITT	Array [0 .. 6] of Bool		Nicht rema...	
20	▸ TON_warten	TON_TIME		Nicht rema...	
21	▸ TP1	TP_TIME		Nicht rema...	
22	▸ TON_ueberw	TON_TIME		Nicht rema...	
23	▾ Temp				
24	i	SInt			

```
//Waschstraße
IF #HAND THEN
  //Betriebsart Handbetrieb
  #SCHRITT[0]:=TRUE; //auf Anfangsschritt setzen
  FOR #i:=1 TO 6 DO
    #SCHRITT[#i]:=FALSE;
  END_FOR;
  //Aktionen
  #MOT_VOR:=#START AND #AKTIONS_NR=1;
  #VORWASCH:=#START AND #AKTIONS_NR=2;
  #HAUPTWASCH:=#START AND #AKTIONS_NR=3;
  #WASCHMITTEL:=#START AND #AKTIONS_NR=4;
  #MOT_ZUR:=#START AND #AKTIONS_NR=5;
  #FEHLER:=#START AND #AKTIONS_NR=6;
ELSE
  //Betriebsart Automatikbetrieb
  IF #SCHRITT[0] THEN
        #TON_warten(IN:=FALSE, PT:=t#5s);//Timer initialisieren
        #TP1(IN:=FALSE, PT:=T#1.5s);
        #TON_ueberw(IN:=FALSE, PT:=T#10s);
        #FEHLER:=FALSE; #MOT_ZUR:=FALSE; #BEREIT:=TRUE;//Aktionen
        IF #START AND #POS0 THEN //Weiterschaltbedingungen
          #SCHRITT[1]:=TRUE; #SCHRITT[3]:=TRUE; #SCHRITT[0]:=FALSE; END_IF;
   ELSIF #SCHRITT[1] AND #SCHRITT[3] THEN
```

```
ELSIF #SCHRITT[1] AND #SCHRITT[3] THEN
    #BEREIT:=FALSE; #MOT_VOR:=TRUE; //Aktionen
    #TON_ueberw(IN:=TRUE, PT:=T#10s);
    IF #TON_ueberw.Q THEN
      #SCHRITT[6]:=TRUE; #SCHRITT[1]:=FALSE; #SCHRITT[3]:=FALSE;
    END_IF;
    IF #POS1 THEN //Weiterschaltbedingung
      #SCHRITT[2]:=TRUE; #SCHRITT[1]:=FALSE; END_IF;
ELSIF #SCHRITT[2] THEN
    #VORWASCH:=#POS1; //Aktionen
    IF #POS2 THEN //Weiterschaltbedingung
      #SCHRITT[4]:=TRUE; #SCHRITT[2]:=FALSE; #SCHRITT[3]:=FALSE; END_IF;
ELSIF #SCHRITT[4] THEN
    #MOT_VOR:=FALSE; #VORWASCH:=FALSE; #HAUPTWASCH:=TRUE;
    #TP1(IN:=TRUE, PT:=T#1.5s, Q=>#WASCHMITTEL);//zeitlich begrenzte Aktion
    #TON_warten(IN:=TRUE, PT:=T#5s);
    IF #TON_warten.Q THEN //Weiterschaltbedingung
      #SCHRITT[5]:=TRUE; #SCHRITT[4]:=FALSE; END_IF;
ELSIF #SCHRITT[5] THEN
    #HAUPTWASCH:=FALSE; #MOT_ZUR:=TRUE;//Aktionen
    IF #POS0 THEN //Weiterschaltbedingung
      #SCHRITT[0]:=TRUE; #SCHRITT[5]:=FALSE; END_IF;
ELSIF #SCHRITT[6] THEN
    #MOT_VOR:=FALSE; #FEHLER:=TRUE;
END_IF;
END_IF;
```

..._FB_1214_L ▸ PLC_1 [CPU 1214C DC/DC/DC] ▸ Programmbausteine ▸ Main [OB1]

```
//Waschanlage ***********************
//Virtuelle Anlage
"MODELL_WASCH_DB"(P0:="P0_Stoerung",
                  P1:="P1_Bereit",
                  Q1:="Q1_Band_vor",
                  Q2:="Q2_Band_zur",
                  M1:="M1_VorWaesch",
                  M2:="M2_HauptW",
                  M3:="M3_Waschm",
                  S0=>"S0_Hand",
                  S1=>"S1_Start",
                  B0=>"B0_Pos0",
                  B1=>"B1_Pos1",
                  B2=>"B2_Pos2",
                  ANr=>"ANL".AktionsNr);
//Waschstraße 1
"WASCH_PARAL_1_DB"(HAND:="S0_Hand",
                   AKTIONS_NR:="ANL".AktionsNr,
                   START:="S1_Start",
                   POS0:="B0_Pos0",
                   POS1:="B1_Pos1",
                   POS2:="B2_Pos2",
                   BEREIT=>"P1_Bereit",
                   MOT_VOR=>"Q1_Band_vor",
                   MOT_ZUR=>"Q2_Band_zur",
                   VORWASCH=>"M1_VorWaesch",
                   HAUPTWASCH=>"M2_HauptW",
                   WASCHMITTEL=>"M3_Waschm",
                   FEHLER=>"P0_Stoerung");
```

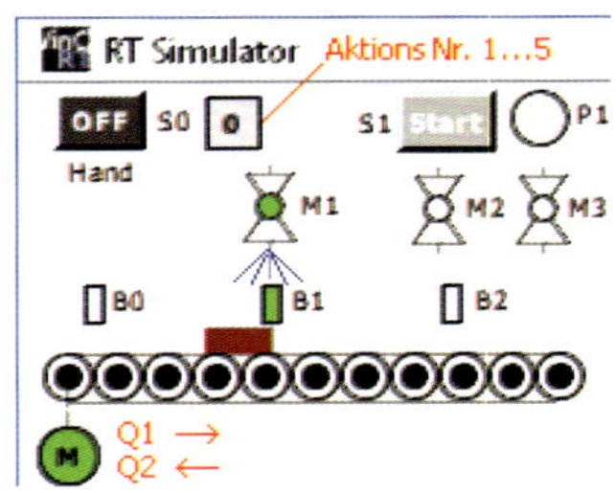

Der Global-DB entspricht dem aus der vorhergehenden Übung.

Aufgabe 11.4: Ablaufsteuerung, Ampel mit CASE-Anweisung

CV	Agruen	Agelb	Arot	Fgruen	Frot
0	1	0	0	0	1
1	1	0	0	0	1
2	0	1	0	0	1
3	0	0	1	0	1
4	0	0	1	1	0
5	0	0	1	0	1
6	0	1	1	0	1

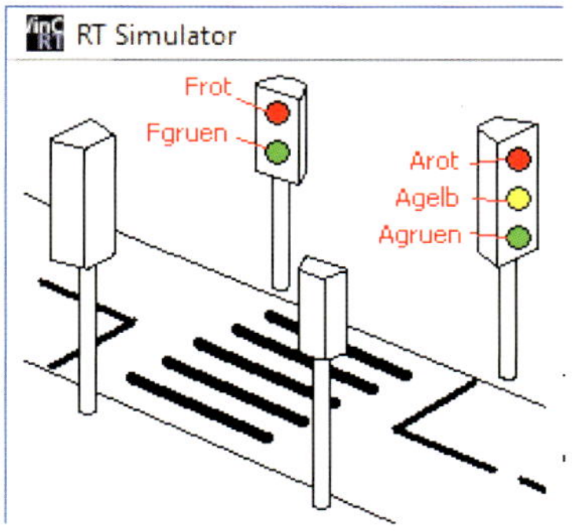

11_Ampel1_L ▸ PLC_1 [CPU 1513-1 PN] ▸ Programmbausteine ▸ AMPEL [FB1]

AMPEL

	Name	Datentyp	Defaultwert	Remanenz	Erreichbar ...	Sichtbar i...	Einstell
1	▼ Input				☐	☐	☐
2	<Hinzufügen				☐	☐	☐
3	▼ Output				☐	☐	☐
4	Frot	Bool	false	Nicht remanent	☑	☑	☐
5	Fgruen	Bool	false	Nicht remanent	☑	☑	☐
6	Arot	Bool	false	Nicht remanent	☑	☑	☐
7	Agelb	Bool	false	Nicht remanent	☑	☑	☐
8	Agruen	Bool	false	Nicht remanent	☑	☑	☐
9	▸ InOut				☐	☐	☐
10	▼ Static				☐	☐	☐
11	▸ instTON1	TON_TIME		Nicht remanent	☑	☑	☐
12	takt	Bool	false	Nicht remanent	☑	☑	☐
13	▸ instCTU1	CTU_INT		Remanent	☑	☑	☐

```
//Ampel
//Takt und IEC-Zähler
#instTON1(IN:=NOT #takt,
        PT:=T#2s);
#takt:=#instTON1.Q;
#instCTU1(CU:=#takt, R:=#instCTU1.CV>6, PV:=0);
//Ampel
CASE #instCTU1.CV OF
  0,1: #Agruen:=TRUE;  #Agelb:=FALSE; #Arot:=FALSE; #Fgruen:=FALSE; #Frot:=TRUE;
  2:   #Agruen:=FALSE;  #Agelb:=TRUE; #Arot:=FALSE; #Fgruen:=FALSE; #Frot:=TRUE;
  3,5: #Agruen:=FALSE; #Agelb:=FALSE; #Arot:=TRUE; #Fgruen:=FALSE; #Frot:=TRUE;
  4:   #Agruen:=FALSE; #Agelb:=FALSE; #Arot:=TRUE; #Fgruen:=TRUE;  #Frot:=FALSE;
  6:   #Agruen:=FALSE; #Agelb:=TRUE;  #Arot:=TRUE; #Fgruen:=FALSE; #Frot:=TRUE;
END_CASE;
```

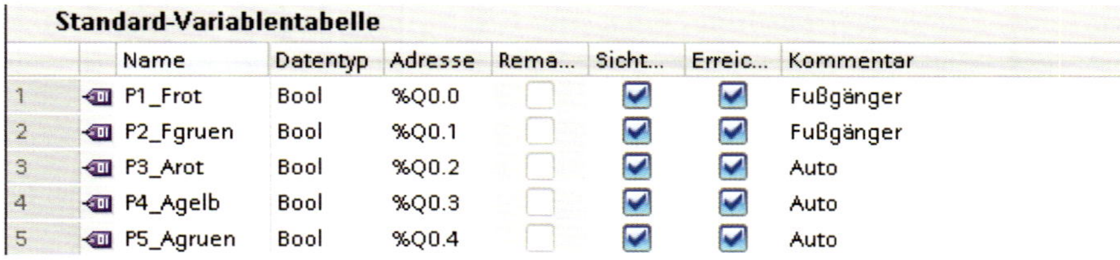

Standard-Variablentabelle

	Name	Datentyp	Adresse	Rema...	Sicht...	Erreic...	Kommentar
1	P1_Frot	Bool	%Q0.0	☐	☑	☑	Fußgänger
2	P2_Fgruen	Bool	%Q0.1	☐	☑	☑	Fußgänger
3	P3_Arot	Bool	%Q0.2	☐	☑	☑	Auto
4	P4_Agelb	Bool	%Q0.3	☐	☑	☑	Auto
5	P5_Agruen	Bool	%Q0.4	☐	☑	☑	Auto

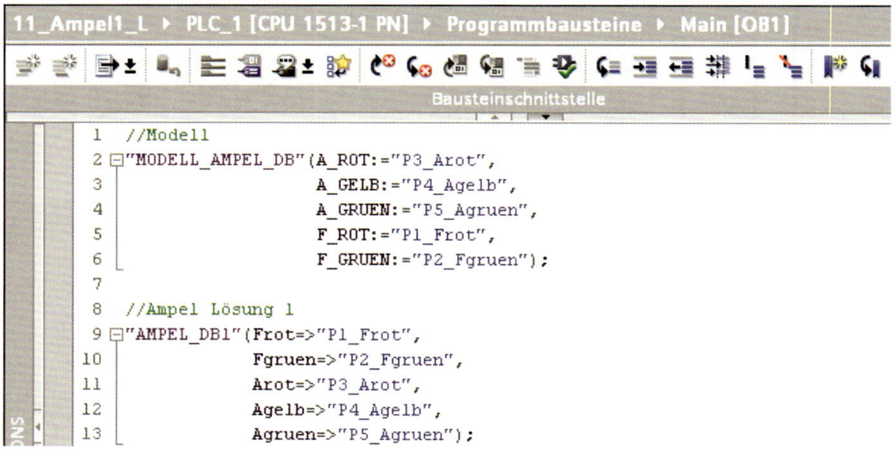


```
//Modell
"MODELL_AMPEL_DB"(A_ROT:="P3_Arot",
                  A_GELB:="P4_Agelb",
                  A_GRUEN:="P5_Agruen",
                  F_ROT:="P1_Frot",
                  F_GRUEN:="P2_Fgruen");

//Ampel Lösung 1
"AMPEL_DB1"(Frot=>"P1_Frot",
            Fgruen=>"P2_Fgruen",
            Arot=>"P3_Arot",
            Agelb=>"P4_Agelb",
            Agruen=>"P5_Agruen");
```

Eine weitere Lösungsvariante finden Sie unter Aufgabe 13.2.

Zu Kapitel 12

Aufgabe 12.1 Tankanlage, Füllvolumen

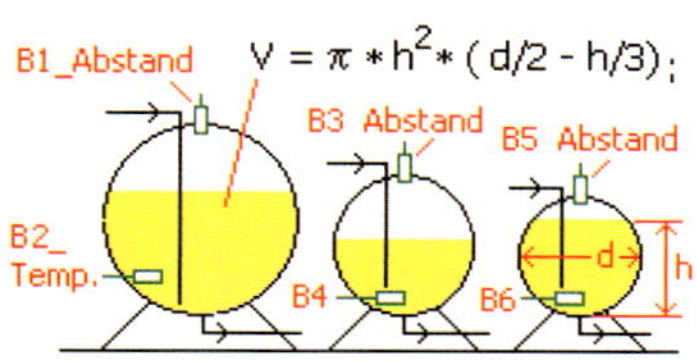

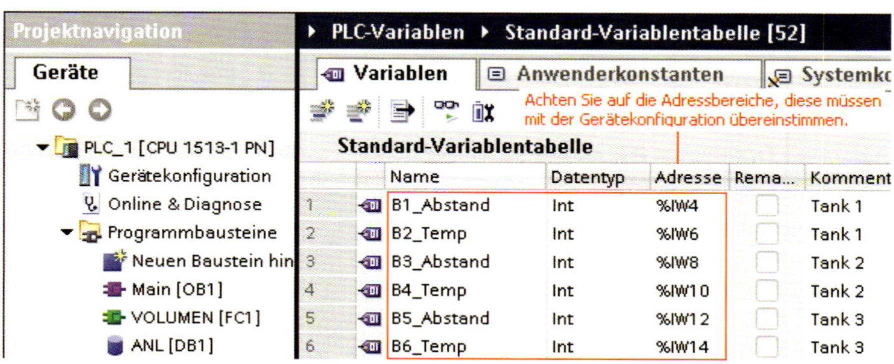

Standard-Variablentabelle

	Name	Datentyp	Adresse	Rema...	Komment
1	B1_Abstand	Int	%IW4	☐	Tank 1
2	B2_Temp	Int	%IW6	☐	Tank 1
3	B3_Abstand	Int	%IW8	☐	Tank 2
4	B4_Temp	Int	%IW10	☐	Tank 2
5	B5_Abstand	Int	%IW12	☐	Tank 3
6	B6_Temp	Int	%IW14	☐	Tank 3

12_TANK_L ▸ PLC_1 [CPU 1513-1 PN] ▸ Programmbausteine ▸ ANL [DB1]

ANL

	Name	Datentyp	Startwert	Beobachtungswert	Remanenz
1	▾ Static				
2	▾ TANK	Array [1 .. 3] of Struct		Beim Test mit PLCSIM beobachten	☐
3	▾ TANK[1]	Struct			☐
4	Durchmesser	Real	3.0	3.0	☐
5	Fuellhoehe	Real	0.0	1.546007	☐
6	Füllvolumen	Real	0.0	7.39368	☐
7	Temperatur	Real	0.0	123.4	☐
8	▾ TANK[2]	Struct			☐
9	Durchmesser	Real	2.0	2.0	☐
10	Fuellhöhe	Real	0.0	0.0	☐
11	Füllvolumen	Real	0.0	0.0	☐
12	Temperatur	Real	0.0	256.7	☐
13	▾ TANK[3]	Struct			☐
14	Durchmesser	Real	1.0	1.0	☐
15	Fuellhöhe	Real	0.0	0.7106482	☐
16	Füllvolumen	Real	0.0	0.4174535	☐
17	Temperatur	Real	0.0	345.6	☐

12_TANK_AQ_L ▸ PLC_1 [CPU 1513-1 PN] ▸ Programmbausteine ▸ VOLUMEN [FC1]

Schnittstelle

	Name	Datentyp	Kommentar
1	▾ Input		
2	ABSTAND_PER	Int	Peripheriewert 0...27648
3	DURCHMESSER	Real	
4	▾ Output		
5	FUELLVOLUMEN	Real	$V = \pi * h^2 * (d/2 - h/3);$
6	FUELLHOEHE	Real	
7	▾ InOut		
8	<Hinzufügen>		
9	▾ Temp		
10	rAbstand	Real	
11	▾ Return		
12	VOLUMEN	Void	

```
//Abstand skalieren 27648->Durchmesser
#rAbstand:=INT_TO_REAL(#ABSTAND_PER)/27648.0*#DURCHMESSER;
//Füllhöhe und Füllvolumen berechnen
#FUELLHOEHE:=#DURCHMESSER-#rAbstand;
#FUELLVOLUMEN:=3.14159*SQR(#FUELLHOEHE)*(#DURCHMESSER/2.0-#FUELLHOEHE/3.0);
```

▸ PLC_1 [CPU 1513-1 PN] ▸ Programmbausteine ▸ Main [OB1]

```
//Tankanlage mit drei Tanks, Füllvolumen und Temperatur berechnen
(*******************************************************************
  Simulieren Sie die Sensoren in der PLCSIM-Tabelle
  Geben Sie für
  - B1 Tank leer 27648 ein, ... für voll 0 ein
  - B2 den 10 fachen Wert der Temperatur ein
*******************************************************************)
//Sensorwerte in ARRAY schreiben
#iAbstand_Per[1]:="B1_Abstand";
#iAbstand_Per[2]:="B3_Abstand";
#iAbstand_Per[3]:="B5_Abstand";
#iTemp_Per[1]:="B2_Temp";
#iTemp_Per[2]:="B4_Temp";
#iTemp_Per[3]:="B6_Temp";
FOR #i:=1 TO 3 DO
"VOLUMEN"(ABSTAND_PER:=#iAbstand_Per[#i],
          DURCHMESSER:="ANL".TANK[#i].Durchmesser,
          FUELLVOLUMEN=>"ANL".TANK[#i].Füllvolumen,
          FUELLHOEHE=>"ANL".TANK[#i].Fuellhoehe);
"ANL".TANK[#i].Temperatur:=INT_TO_REAL(#iTemp_Per[#i])/10.0;
END_FOR;
```

Anmerkung: Um Peripheriewerte (0…27648) zu skalieren, das heißt den Wert in eine REAL-Zahl umzurechnen, z.B. in den Abstand 0.0…3.0, können Sie auch die **SCALE_x und NORM_X**-Funktion aus den einfachen Anweisungen *Umwandler Weitere* benutzen. Dies gilt für die CPU 15xx und CPU 12xx.

```
//Abstand aus Peripheriewert 0...27648 berechnen
#rAbstand:= SCALE_X(MIN:=0.0, VALUE:=NORM_X(MIN := 0, VALUE := "Abstand_PER",
            MAX := 27648), MAX:=3.0);
```

Aufgabe 12.2: Tankanlage

12_TANK_AQ_L ▸ PLC_1 [CPU 1513-1 PN] ▸ Programmbausteine ▸ Main [OB1]

Schnittstelle

	Name	Datentyp	Kommentar
4	▼ Temp		
5	i	Int	
6	▸ iAbstand_Per	Array [1 .. 3] of Int	
7	▸ iTemp_Per	Array [1 .. 3] of Int	
8	▸ iPumpe_Per	Array [1 .. 3] of Int	

```
//Tankanlage mit drei Tanks, Füllvolumen und Temperatur berechnen
(*****************************************************************
  Simulieren Sie die Sensoren in der PLCSIM-Tabelle
  Geben Sie für
  - B1 Tank leer 27648 ein, ... für voll 0 ein
  - B2 den 10 fachen Wert der Temperatur ein
*****************************************************************)
//Sensorwerte in ARRAY schreiben
#iAbstand_Per[1]:="B1_Abstand";
#iAbstand_Per[2]:="B3_Abstand";
#iAbstand_Per[3]:="B5_Abstand";
#iTemp_Per[1]:="B2_Temp";
#iTemp_Per[2]:="B4_Temp";
#iTemp_Per[3]:="B6_Temp";
FOR #i:=1 TO 3 DO
"VOLUMEN"(ABSTAND_PER:=#iAbstand_Per[#i],
          DURCHMESSER:="ANL".TANK[#i].Durchmesser,
          FUELLVOLUMEN=>"ANL".TANK[#i].Füllvolumen,
          FUELLHOEHE=>"ANL".TANK[#i].Fuellhöhe);
"ANL".TANK[#i].Temperatur:=INT_TO_REAL(#iTemp_Per[#i])/10.0;
"FUELLEN"(FUELLHOEHE:="ANL".TANK[#i].Fuellhöhe,
          DURCHMESSER:="ANL".TANK[#i].Durchmesser,
          OUT_PER=>#iPumpe_Per[#i]);
END_FOR;
//Analogausgänge beschreiben
"Pumpe1Sollwert":=#iPumpe_Per[1];
"Pumpe2Sollwert":=#iPumpe_Per[2];
"Pumpe3Sollwert":=#iPumpe_Per[3];
```

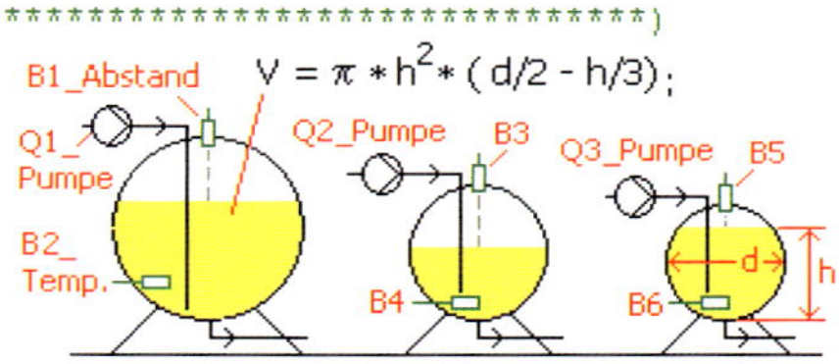

Lokale temporäre Variable (iAbstand_Per)

Lokale temporäre Variable (iPumpe_Per)

Standard-Variablentabelle

	Name	Datentyp	Adresse	Rema...	Kommentar
1	B1_Abstand	Int	%IW4		Tank 1
2	B2_Temp	Int	%IW6		Tank 1
3	B3_Abstand	Int	%IW8		Tank 2
4	B4_Temp	Int	%IW10		Tank 2
5	B5_Abstand	Int	%IW12		Tank 3
6	B6_Temp	Int	%IW14		Tank 3
7	Pumpe1Sollwert	Int	%QW4		Tank 1
8	Pumpe2Sollwert	Int	%QW6		Tank 2
9	Pumpe3Sollwert	Int	%QW8		Tank 3

Globaldatenbaustein

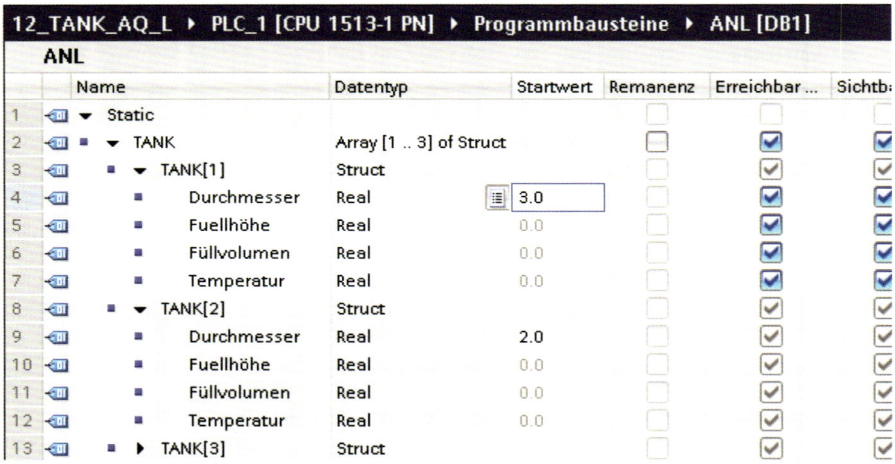

12_TANK_AQ_L ▸ PLC_1 [CPU 1513-1 PN] ▸ Programmbausteine ▸ ANL [DB1]

ANL

	Name	Datentyp	Startwert	Remanenz	Erreichbar ...	Sichtb
1	Static			☐	☐	☐
2	TANK	Array [1 .. 3] of Struct		☐	☑	☑
3	TANK[1]	Struct		☐	☑	☑
4	Durchmesser	Real	3.0	☐	☑	☑
5	Fuellhöhe	Real	0.0	☐	☑	☑
6	Füllvolumen	Real	0.0	☐	☑	☑
7	Temperatur	Real	0.0	☐	☑	☑
8	TANK[2]	Struct		☐	☑	☑
9	Durchmesser	Real	2.0	☐	☑	☑
10	Fuellhöhe	Real	0.0	☐	☑	☑
11	Füllvolumen	Real	0.0	☐	☑	☑
12	Temperatur	Real	0.0	☐	☑	☑
13	TANK[3]	Struct		☐	☑	☑

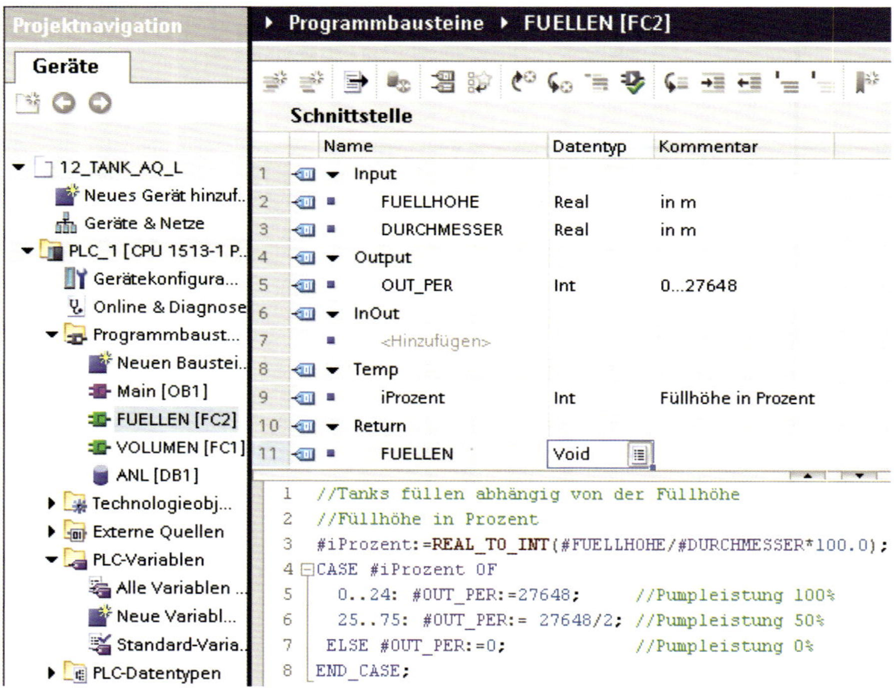

	Name	Datentyp	Kommentar
1	Input		
2	FUELLHOHE	Real	in m
3	DURCHMESSER	Real	in m
4	Output		
5	OUT_PER	Int	0...27648
6	InOut		
7	<Hinzufügen>		
8	Temp		
9	iProzent	Int	Füllhöhe in Prozent
10	Return		
11	FUELLEN	Void	

```
//Tanks füllen abhängig von der Füllhöhe
//Füllhöhe in Prozent
#iProzent:=REAL_TO_INT(#FUELLHOHE/#DURCHMESSER*100.0);
CASE #iProzent OF
  0..24: #OUT_PER:=27648;      //Pumpleistung 100%
  25..75: #OUT_PER:= 27648/2;  //Pumpleistung 50%
 ELSE #OUT_PER:=0;             //Pumpleistung 0%
END_CASE;
```

Die Funktion VOLUMEN[FC1] ist die aus der Aufgabe 12.1.

Aufgabe 12.3: Tankanlage, Cyclic interrupt
Wie die vorhergehende Aufgabe; der Programmcode wurde im Main[OB1] ausgeschnitten und in den Program cycle[OB30] kopiert, damit die Anweisungen erst alle 500 ms bearbeitet werden.

Aufgabe 12.4: Tankanlage, gleitende Mittelwertbildung
Der Baustein zur Volumenberechnung wurde nicht geändert.

PLC_1 [CPU 1513-1 PN] ▸ Programmbausteine ▸ Cyclic interrupt [OB30]

Schnittstelle

	Name	Datentyp	Kommentar
4	▾ Temp		
5	B1_geglaettet	Int	
6	B3_geglaettet	Int	
7	B5_geglaettet	Int	
8	▸ iAbstand_Per	Array [1 .. 3] of Int	
9	▸ iTemp_Per	Array [1 .. 3] of Int	
10	i	Int	

```
//Tankanlage
(*******************************************************
  Simulieren Sie die Sensoren in der PLCSIM-Tabelle
  Geben Sie für
  - B1 Tank leer 27648 ein, ... für voll 0 ein
  - B2 den 10 fachen Wert der Temperatur ein
*******************************************************)
//Abstandsmesswerte glätten
"GLAETTUNG_DB1"(iIN:="B1_Abstand",
                iOUT=>#B1_geglaettet);      Lokal deklariert
"GLAETTUNG_DB2"(iIN:="B3_Abstand",
                iOUT=>#B3_geglaettet);
"GLAETTUNG_DB3"(iIN:="B5_Abstand",
                iOUT=>#B5_geglaettet);
//geglättete Werte in ARRAY schreiben
#iAbstand_Per[1]:=#B1_geglaettet;
#iAbstand_Per[2]:=#B3_geglaettet;
#iAbstand_Per[3]:=#B3_geglaettet;
#iTemp_Per[1]:="B2_Temp";
#iTemp_Per[2]:="B4_Temp";
#iTemp_Per[3]:="B6_Temp";
FOR #i:=1 TO 3 DO
"VOLUMEN"(ABSTAND_PER:=#iAbstand_Per[#i],
          DURCHMESSER:="ANL".TANK[#i].Durchmesser,
          FUELLVOLUMEN=>"ANL".TANK[#i].Füllvolumen,
          FUELLHOEHE=>"ANL".TANK[#i].Fuellhöhe);
"ANL".TANK[#i].Temperatur:=INT_TO_REAL(#iTemp_Per[#i])/10.0;
END_FOR;
```

PLC_1 [CPU 1513-1 PN] ▸ Programmbausteine ▸ GLAETTUNG [FB100]

Schnittstelle

	Name	Datentyp	Defaultwert	Remanenz	Kommentar
1	▼ Input				
2	iIN	Int	0	Nicht rema...	
3	▼ Output				
4	iOUT	Int	0	Nicht rema...	
5	▼ InOut				
6	<Hinzufügen>				
7	▼ Static				
8	diSumme	DInt	0	Nicht rema...	
9	in0	Int	0	Nicht rema...	
10	in1	Int	0	Nicht rema...	
11	in2	Int	0	Nicht rema...	
12	in3	Int	0	Nicht rema...	

```
//Der Messwert wir über 4 Zyklen geglättet
//Werte verschieben
#in3:=#in2; #in2:=#in1;#in1:=#in0;
//neuen Wert einlesen
#in0:=#iIN;
//Summe bilden, Mittelwert berechnen
#diSumme:=INT_TO_DINT(#in3)+INT_TO_DINT(#in2)
         +INT_TO_DINT(#in1)+INT_TO_DINT(#in0);
#iOUT:=DINT_TO_INT(#diSumme/4);
```

Aufgabe 12.5: Tankanlage mit Temperaturregelung
Siehe Aufgabenstellung

Übung 12.1: Bandsteuerung
Siehe Aufgabenstellung

Zu Kapitel 13

Aufgabe 13.1: Temperaturüberwachung, 2 aus 3

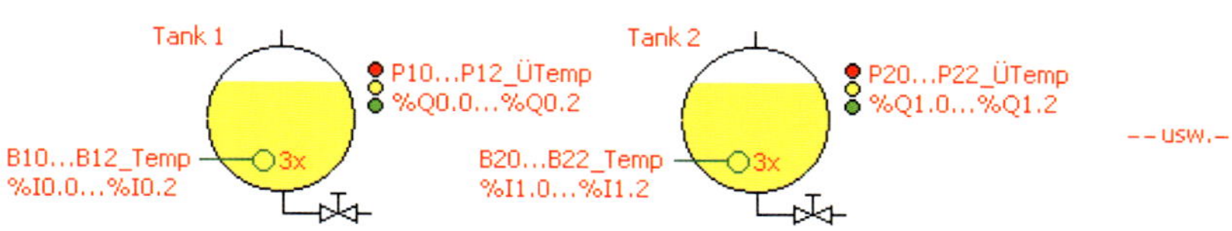

Lösungsvariante 1: Mit der CASE-Anweisung, Zugriff auf das ganze I- und Q-Byte

Standard-Variablentabelle

	Name	Datentyp	Adresse	Rema...	Kommentar
1	bSensoren_1	Byte	%IB0	☐	Tank 1, Temperaturschalter
2	bAktoren_1	Byte	%QB0	☐	Tank 1, Anzeigen
3	bSensoren_2	Byte	%IB1	☐	Tank 2, Temperaturschalter
4	bAktoren_2	Byte	%QB1	☐	Tank 2, Anzeigen

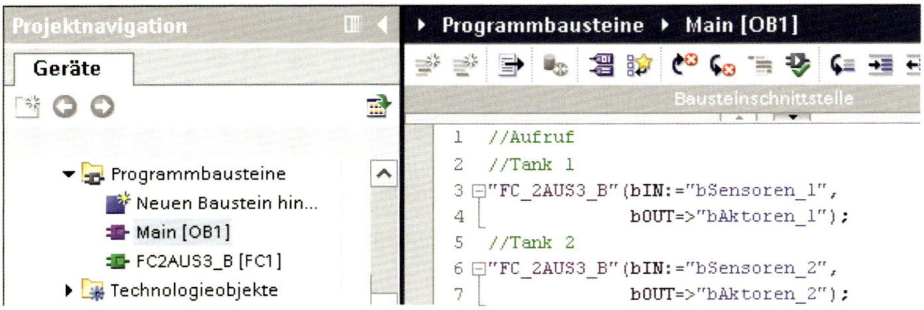

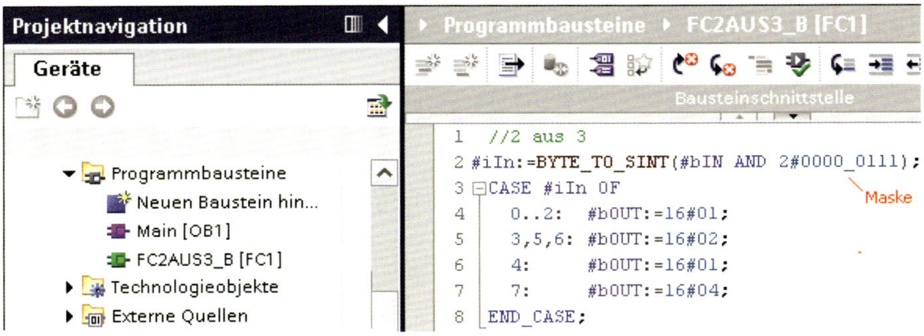

Lösungsvariante 2 der A13.1: Mit zusätzlicher Text-Meldung und dem Slice-Zugriff

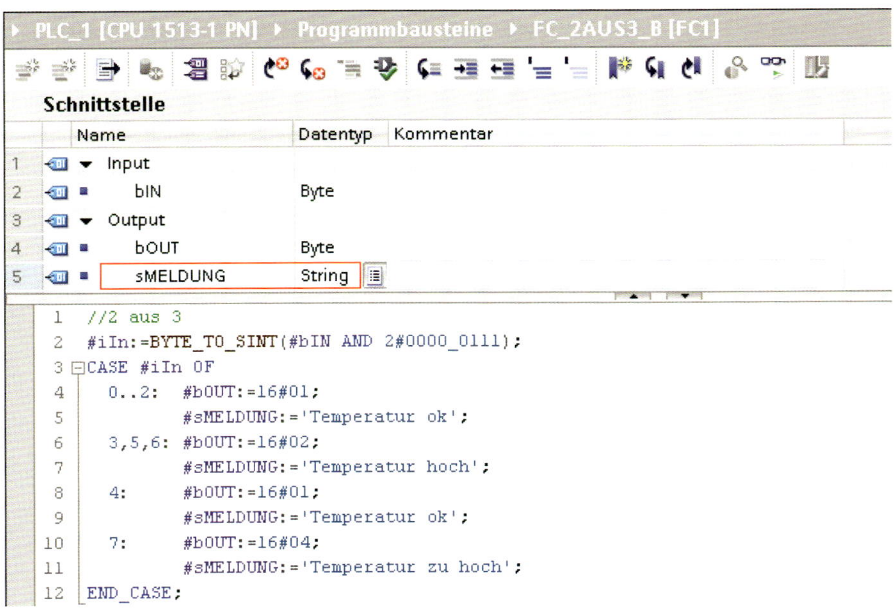

▸ PLC_1 [CPU 1513-1 PN] ▸ Programmbausteine ▸ Main [OB1]

Schnittstelle

	Name	Datentyp
4	▾ Temp	
5	i	SInt
6	▸ bSensoren	Array [1 .. 2] of Byte
7	▸ bTempTank	Array [1 .. 2] of Byte

```
//Tankanlage
//Eingänge- PLC-Variablen lesen
#bSensoren[1]:="bSensoren_1";        //Tank 1
#bSensoren[2]:="bSensoren_2";        //Tank 2
//Tanktemperaturen prüfen
FOR #i:=1 TO 2 DO
  "FC_2AUS3_B"(bIN:=#bSensoren[#i],
               bOUT=>#bTempTank[#i],
               sMELDUNG=>"ANL".MeldungTempTank[#i]);
END_FOR;
 //Ausgänge- PLC-Variablen beschreiben
"P10_TempTank1":=#bTempTank[1].%X0; //Tank 1
"P11_TempTank1":=#bTempTank[1].%X1;
"P12_TempTank1":=#bTempTank[1].%X2;
"P20_TempTank2":=#bTempTank[2].%X0; //Tank 2
"P21_TempTank2":=#bTempTank[2].%X1;
"P22_TempTank2":=#bTempTank[2].%X2;
```

▸ PLC_1 [CPU 1513-1 PN] ▸ Programmbausteine ▸ ANL [DB3]

ANL — Max. Anzahl der Zeichen

	Name	Datentyp	...	Beobachtungswert	Remanenz
1	▾ Static				☐
2	▾ MeldungTempTank	Array [1 .. 2] of String[18]			☑
3	MeldungTempTank[1]	String[18]	''	'Temperatur hoch'	☑
4	MeldungTempTank[2]	String[18]	''	'Temperatur zu hoch'	☑

Standard-Variablentabelle

	Name	Datentyp	Adresse	Rema...	Kommentar
1	bSensoren_1	Byte	%IB0	☐	Tank 1, Temperaturschalter
2	bSensoren_2	Byte	%IB1	☐	Tank 2, Temperaturschalter
3	P10_TempTank1	Bool	%Q0.0	☐	
4	P11_TempTank1	Bool	%Q0.1	☐	
5	P12_TempTank1	Bool	%Q0.2	☐	
6	P20_TempTank2	Bool	%Q1.0	☐	
7	P21_TempTank2	Bool	%Q1.1	☐	
8	P22_TempTank2	Bool	%Q1.2	☐	

Lösungsvariante 3 der A13.1: Mit einer Feldvariablen und deren Defaultwerte im FB

Die PLC-Variablentabelle aus Aufgabe 13.1 Lösungsvariante 2 hat sich nicht geändert.

PLC_1 [CPU 1513-1 PN] ▸ Programmbausteine ▸ FB_2AUS3_E [FB1]

Schnittstelle

	Name	Datentyp	Defaultwert	Remanenz	Erreichbar ...
1	▾ Input				☐
2	bIN	Byte	16#0	Nicht rema...	☑
3	▾ Output				☐
4	bOUT	Byte	16#0	Nicht rema...	☑
5	▾ InOut				☐
6	<Hinzufügen>				☐
7	▾ Static				☐
8	i	SInt	0	Nicht rema...	☑
9	▾ bWert	Array [0 .. 7] of Byte		Remanent	☑
10	bWert[0]	Byte	16#01	Remanent	☑
11	bWert[1]	Byte	16#01	Remanent	☑
12	bWert[2]	Byte	16#01	Remanent	☑
13	bWert[3]	Byte	16#02	Remanent	☑
14	bWert[4]	Byte	16#01	Remanent	☑
15	bWert[5]	Byte	16#02	Remanent	☑
16	bWert[6]	Byte	16#02	Remanent	☑
17	bWert[7]	Byte	16#04	Remanent	☑

```
//2 aus 3 erweitert
#i:=BYTE_TO_SINT(#bIN AND 2#0000_0111);
#bOUT:=#bWert[#i];
```

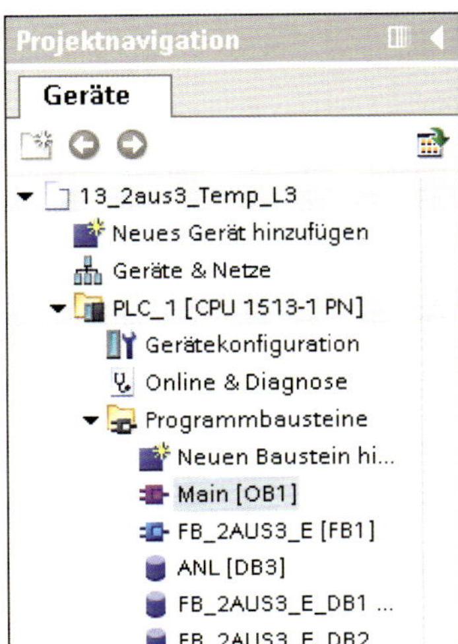

Programmbausteine ▸ Main [OB1]

```
//Tankanlage
//Tank 1
"FB_2AUS3_E_DB1"(bIN:="bSensoren_1",
                 bOUT=>#bTempTank[1]);
//Ausgänge beschreiben
"P10_TempTank1":=#bTempTank[1].%X0;
"P11_TempTank1":=#bTempTank[1].%X1;
"P12_TempTank1":=#bTempTank[1].%X2;
//Tank 2
"FB_2AUS3_E_DB2"(bIN:="bSensoren_2",
                 bOUT=>#bTempTank[2]);
//Ausgänge beschreiben
"P20_TempTank2":=#bTempTank[2].%X0;
"P21_TempTank2":=#bTempTank[2].%X1;
"P22_TempTank2":=#bTempTank[2].%X2;
```

Lösungsvariante 4 der A13.1: Mit einem DB als Datenspeicher

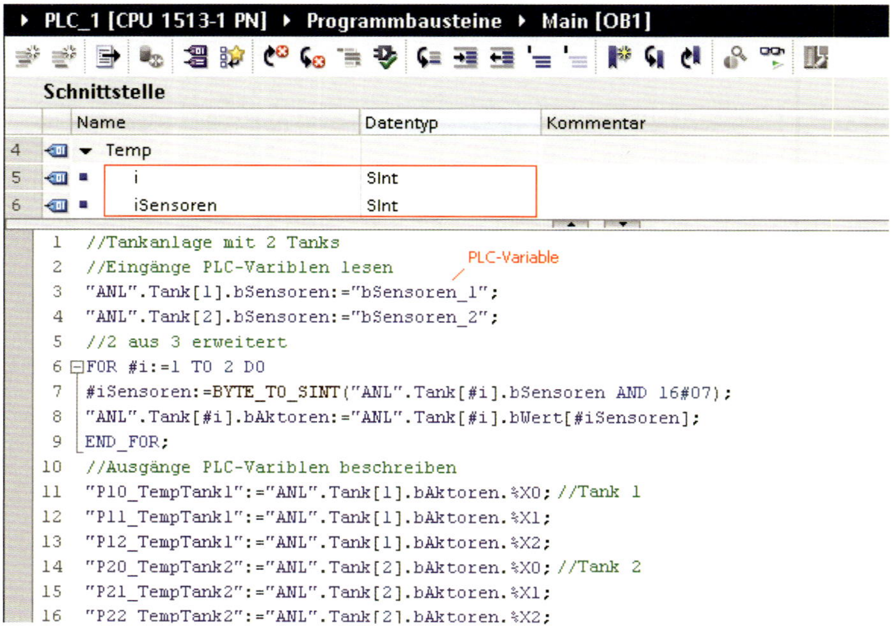


```
//Tankanlage mit 2 Tanks
//Eingänge PLC-Variblen lesen
"ANL".Tank[1].bSensoren:="bSensoren_1";
"ANL".Tank[2].bSensoren:="bSensoren_2";
//2 aus 3 erweitert
FOR #i:=1 TO 2 DO
#iSensoren:=BYTE_TO_SINT("ANL".Tank[#i].bSensoren AND 16#07);
"ANL".Tank[#i].bAktoren:="ANL".Tank[#i].bWert[#iSensoren];
END_FOR;
//Ausgänge PLC-Variblen beschreiben
"P10_TempTank1":="ANL".Tank[1].bAktoren.%X0; //Tank 1
"P11_TempTank1":="ANL".Tank[1].bAktoren.%X1;
"P12_TempTank1":="ANL".Tank[1].bAktoren.%X2;
"P20_TempTank2":="ANL".Tank[2].bAktoren.%X0; //Tank 2
"P21_TempTank2":="ANL".Tank[2].bAktoren.%X1;
"P22_TempTank2":="ANL".Tank[2].bAktoren.%X2;
```

Lösungsvariante 5 der A13.1:
Werden auch die Sensoren des zweiten Tanks dem %IB0 zugeordnet, so können Sie die SHR-Funktion benutzen, wie das folgende Bild zeigt.

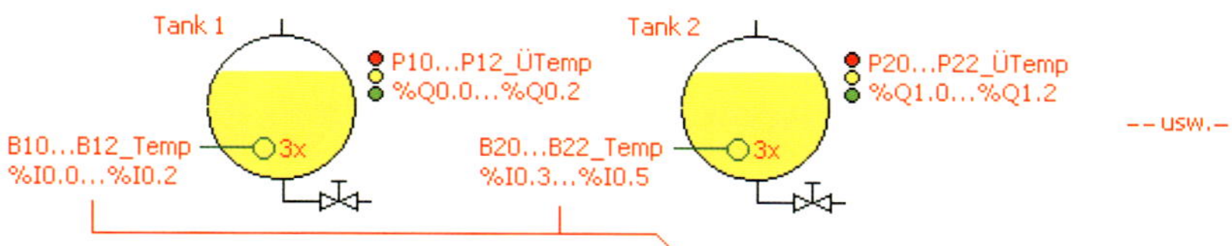


```
//Eingänge PLC-Variblen lesen
"ANL".Tank[1].bSensoren:="bSensoren_1";
"ANL".Tank[2].bSensoren:=SHR(IN:="bSensoren_1", N:=3);
```

Aufgabe 13.2: Ablaufsteuerung Ampel 2

CV	Agruen	Agelb	Arot	Fgruen	Frot
0	1	0	0	0	1
1	1	0	0	0	1
2	0	1	0	0	1
3	0	0	1	0	1
4	0	0	1	1	0
5	0	0	1	0	1
6	0	1	1	0	1

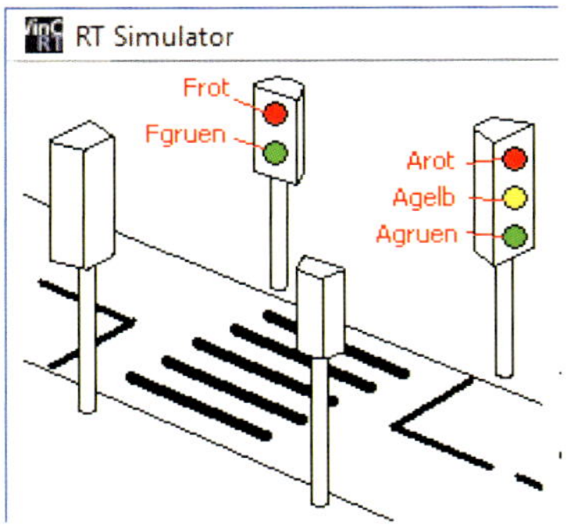

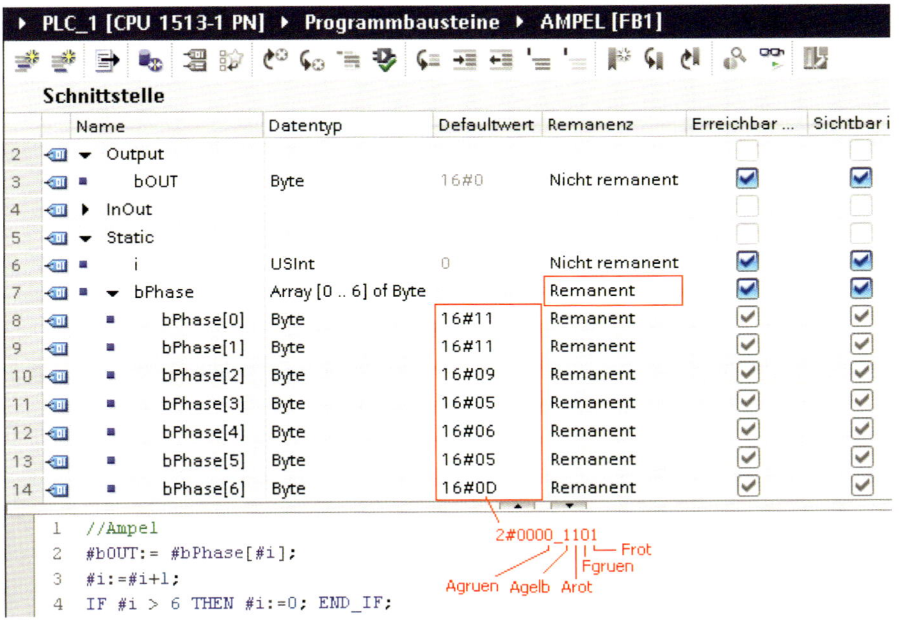

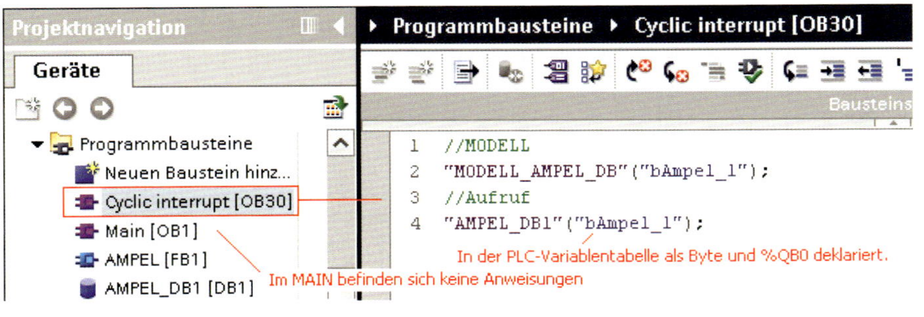

Eine weitere Lösungsvariante finden Sie unter Aufgabe 11.4.

Aufgabe 13.3: Ablaufsteuerung, Waschanlage mit Bytezugriff
Siehe Aufgabenstellung

Aufgabe 13.4: Regallager
Siehe Aufgabenstellung

Zu Kapitel 14

Aufgabe 14.1: PT1-Glied

▸ PLC_1 [CPU 1513-1 PN] ▸ Programmbausteine ▸ PT1 [FB60]

Schnittstelle

	Name	Datentyp	Defaultwert	Kommentar
1	▾ Input			
2	IN	Real	0.0	
3	KP	Real	1.0	
4	T	Time	T#10s	Zeitkonstante
5	CYCLE	Time	T#0.1s	Abtastzeit
6	▾ Output			
7	OUT	Real	0.0	
10	▾ Static			
11	n	Real	0.0	nach n Zyklen wird der Endwert etwa erreicht

```
//PT1-Glied
//Rufen Sie diesen Baustein im Cyclic interrupt auf
#n:=DINT_TO_REAL(TIME_TO_DINT(#T))/DINT_TO_REAL(TIME_TO_DINT(#CYCLE));
#OUT:=((#IN*#KP-#OUT)/#n)+ #OUT;
```

Aufgabe 14.2: Sinus-Generator

▸ PLC_1 [CPU 1513-1 PN] ▸ Programmbausteine ▸ SIN_GEN [FB1]

Schnittstelle

	Name	Datentyp	Defaultwert	Remanenz	Kommentar
1	▾ Input				
2	K	Real	0.0	Nicht rema...	Amplitude
3	OFFSET	Real	0.0	Nicht rema...	Verschiebung
4	T	Time	T#10S	Nicht rema...	Periodendauer
5	CYCLE	Time	T#100MS	Nicht rema...	Abtastzeit
6	▾ Output				
7	OUT	Real	0.0	Nicht rema...	
8	▸ InOut				
9	▾ Static				
10	x	Real	0.0	Nicht rema...	Bogenmaß
11	▾ Temp				
12	dx	Real			

```
//Sinusgenerator mit veränderbarer Periodendauer, Amplitude (K) und OFFSET
//Rufen Sie diesen Baustein in einen Cyclic interrupt auf
#dx:=DINT_TO_REAL(TIME_TO_DINT(#CYCLE))/DINT_TO_REAL(TIME_TO_DINT(#T))*6.283;
IF #x < 6.28 THEN
    #x:=#x+#dx;
  ELSE #x:=0.0;
END_IF;
#OUT:=SIN(#x)*#K + #OFFSET;
```

Übung 14.1: Filter, Tiefpass, Quelldatei mit zwei Bausteinen

```
FUNCTION_BLOCK "SIN_GEN"
TITLE = Sinus-Generator
AUTHOR : Schmitt
FAMILY : Reg
VERSION : 0.1
   VAR_INPUT
      K : Real;
      OFFSET : Real;
      T : Time := T#10S;
      CYCLE : Time := T#100MS;
   END_VAR
   VAR_OUTPUT
      OUT : Real;
   END_VAR
   VAR
      x : Real;
   END_VAR
   VAR_TEMP
      dx : Real;
   END_VAR
BEGIN
   //Sinusgenerator mit veränderbarer Periodendauer, Amplitude (K) und OFFSET
   //Rufen Sie diesen Baustein in einen Cyclic interrupt auf
   #dx:=DINT_TO_REAL(TIME_TO_DINT(#CYCLE))/DINT_TO_REAL(TIME_TO_DINT(#T))*6.283;
   IF #x < 6.28 THEN
      #x:=#x+#dx;
    ELSE #x:=0.0;
   END_IF;
   #OUT:=SIN(#x)*#K + #OFFSET;
END_FUNCTION_BLOCK

FUNCTION_BLOCK "PT1"
VERSION : 0.1
//Einfacher Tiefpass, Ausgangsverlauf ist nahe der e-Funktion
   VAR_INPUT
      IN : Real;
      KP : Real := 1.0;
      T : Time := T#10S;   // Zeitkonstante
      CYCLE : Time := T#100MS;   // Abtastzeit
   END_VAR
   VAR_OUTPUT
      OUT : Real;
   END_VAR
   VAR
      n : Real;   // nach n Zyklen wird der Endwert etwa erreicht
   END_VAR
BEGIN
    //PT1-Glied
    //Rufen Sie diesen Baustein im Cyclic interrupt auf
    #n:=DINT_TO_REAL(TIME_TO_DINT(#T))/DINT_TO_REAL(TIME_TO_DINT(#CYCLE));
    #OUT:=((#IN*#KP-#OUT)/#n)+ #OUT;
END_FUNCTION_BLOCK
```

Zu Kapitel 15

Aufgabe 15.1: Streckensimulationen einer Füllstandsregelstrecke

Projektnavigation

Geräte

- 15_Strecke_I_T1_L
  - Programmbausteine
    - Neuen Baustein hinz...
    - Cyclic interrupt [OB30]
    - Main [OB1]
    - I_GLIED_pos [FB41]
    - I_T1_Glied [FB42]
    - T1_Glied [FB40]
    - I_GLIED_DB [DB3]
    - I_T1_Glied_DB [DB1]
    - T1_Glied_DB [DB2]

▸ Programmbausteine ▸ Cyclic interrupt [OB30]

Schnittstelle

	Name	Datentyp
4	▾ Temp	
5	rXe	Real

```
//Streckensimulation eines niedrigen Tanks
//normierte Größen 0.0...1.0
#rXe:="Zufluss"-"Abfluss";
"I_T1_Glied_DB"(IN:=#rXe,
                T:=T#2s,
                TI:=T#10s,
                CYCLE:=T#0.1s,
                OUT=>"Fuellhoehe");
```

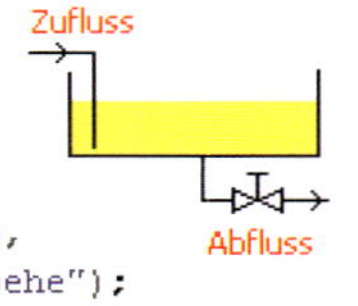

I-Glied mit Begrenzung des Ausgangswertes von 0.0...1.0

▸ PLC_1 [CPU 1513-1 PN] ▸ Programmbausteine ▸ I_GLIED_pos [FB41]

Schnittstelle

	Name	Datentyp	Offset	Defaultwert	Kommentar
1	▾ Input				
2	IN	Real	0.0	0.0	
3	TI	Time	4.0	T#10s	Integrationskonstante
4	CYCLE	Time	8.0	T#100ms	Abtastzeit
5	▾ Output				
6	OUT	Real	12.0	0.0	z.B.y
7	▸ InOut				
8	▾ Static				
9	rTi	Real	16.0	0.0	
10	rCycle	Real	20.0	0.0	
11	rOut_alt	Real	24.0	0.0	

```
//I-Glied normiert 0.0...1.0
// Typenumwandlung und Umrechnung von ms in s
#rTi:= DINT_TO_REAL(TIME_TO_DINT(#TI))/1000.0;
#rCycle:=DINT_TO_REAL(TIME_TO_DINT(#CYCLE))/1000.0;
//Integrieren
  #OUT:= (#rOut_alt + #IN*#rCycle/#rTi);
  #rOut_alt:=#OUT;//alten Wert speichern
//Begenzung
  IF #OUT > 1.0 THEN
    #OUT:=1.0;
    #rOut_alt:=1.0;
  END_IF;
  IF #OUT < 0.0 THEN
    #OUT:=0.0;
    #rOut_alt:=0.0;
  END_IF;
```

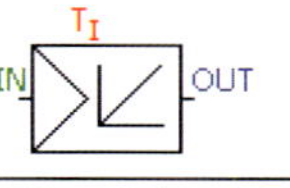

$OUT = out\_alt + IN * \Delta t / T_I$

Es wurde der Baustein des T1-Glieds aus dem vorhergehenden Kapitel verwendet.

PLC_1 [CPU 1513-1 PN] ▸ Programmbausteine ▸ I_T1_Glied [FB42]

Schnittstelle

	Name	Datentyp	Defaultwert	Kommentar
1	▾ Input			
2	IN	Real	0.0	
3	T	Time	T#1s	Verzögerung
4	TI	Time	T#10s	Integrationszeit
5	CYCLE	Time	T#100ms	Abtastzeit
6	▾ Output			
7	OUT	Real	0.0	
10	▾ Static			
11	▸ T1_Glied1	"T1_Glied"		
12	▸ I_Glied1	"I_GLIED_pos"		

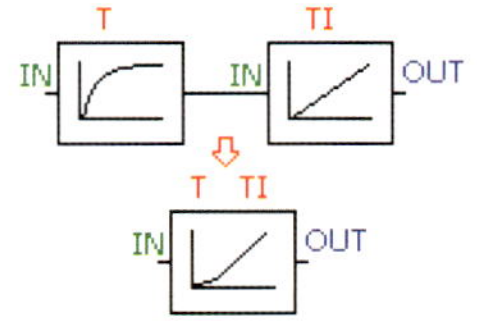


```
//I-T1-Glied normiert 0.0...1.0
#T1_Glied1(IN:=#IN, T:=#T, CYCLE:=#CYCLE);//Verzögerung
#I_Glied1(IN:=#T1_Glied1.OUT);
IF #I_Glied1.OUT < 0.0 THEN #OUT:=0.0;
ELSE #OUT:=#I_Glied1.OUT;
END_IF;
```

Standard-Variablentabelle

	Name	Datentyp	Adresse	Remanenz	Sichtbar in HMI	Erreichbar aus HMI	Kor
1	Zufluss	Real	%MD0	☐	☑	☑	
2	Abfluss	Real	%MD4	☐	☑	☑	
3	Fuellhoehe	Real	%MD8	☐	☑	☑	

Aufgabe 15.2: Streckensimulation einer Temperaturregelstrecke
Siehe Aufgabenstellung

Aufgabe 15.3: Temperaturregelung mit einem P-, PI- und PID-Regler
Mit P-Regler und PI-Regler: siehe Aufgabenstellung
Mit PID-Regler, D-Glied.

PLC_1 [CPU 1513-1 PN] ▸ Programmbausteine ▸ D_GLIED [FB45]

Schnittstelle

	Name	Datentyp	Offset	Defaultwert	Kommentar
1	▾ Input				
2	IN	Real	0.0	0.0	z.B.Regeldifferenz e
3	TD	Time	4.0	T#0ms	Differenzierzeit
4	CYCLE	Time	8.0	T#100ms	Abtastzeit
5	▾ Output				
6	OUT	Real	12.0	0.0	z.B.de/dt
8	▾ Static				
9	rIn_alt	Real	16.0	0.0	
10	▾ Temp				
11	rDelta_t	Real	0.0		
12	rDelta_td	Real	4.0		

```
// Differenzierglied
#rDelta_t:=DINT_TO_REAL(TIME_TO_DINT(#CYCLE));//in ms
#rDelta_td:=DINT_TO_REAL(TIME_TO_DINT(#TD));
#OUT:= #rDelta_td*(#IN-#rIn_alt)/#rDelta_t;
#rIn_alt:=#IN;//alten Wert speichern
```

$OUT = T_D * (IN - in\_alt)/\Delta t$

PLC_1 [CPU 1513-1 PN] ▸ Programmbausteine ▸ PID_REGLER [FB52]

Schnittstelle

	Name	Datentyp	Defaultwert	Remanenz	Kommentar
1	▾ Input				
2	rW	Real	0.0	Nicht rema...	Sollwert
3	rX	Real	0.0	Nicht rema...	Istwert
4	rKP	Real	0.0	Nicht rema...	Proportionalbeiwert
5	TI	Time	T#0ms	Nicht rema...	Integrationszeitkonstante
6	TD	Time	T#0ms	Nicht rema...	Differenzierzeit
7	CYCLE	Time	T#0ms	Nicht rema...	Abtastzeit
8	▾ Output				
9	rY	Real	0.0	Nicht rema...	Stellwert
11	▾ Static				
12	rYi	Real	0.0	Nicht rema...	
13	rYialt	Real	0.0	Nicht rema...	
14	rYd	Real	0.0	Nicht rema...	
15	rIn_alt	Real	0.0	Nicht rema...	
16	▾ Temp				
17	rYp	Real			
18	rTi	Real			
19	rCycle	Real			
20	rDelta_t	Real			
21	rDelta_td	Real			

```
//PID-Regler normiert 0...1.0
//P-Glied mit Vergleichsglied
 #rYp:=#rKP*(#rW-#rX);
//I-Glied
 // Typenumwandlung und Umrechnung von ms in s
 #rTi:= DINT_TO_REAL(TIME_TO_DINT(#TI))/1000.0;
 #rCycle:=DINT_TO_REAL(TIME_TO_DINT(#CYCLE))/1000.0;//dt
 //Integrieren
 #rYi:= (#rYialt + (#rW-#rX)*#rCycle/#rTi);
 #rYialt:=#rYi;//alten Wert speichern
//D-Glied
 #rDelta_t:=DINT_TO_REAL(TIME_TO_DINT(#CYCLE));//in ms
 #rDelta_td:=DINT_TO_REAL(TIME_TO_DINT(#TD));
 #rYd:= #rDelta_td*(#rW-#rX-#rIn_alt)/#rDelta_t;
 #rIn_alt:=#rW-#rX;//alten Wert speichern
//PID-Glied
  #rY:=#rYp + #rYi + #rYd;//mathematischer Regler
//Begenzung
  IF #rY > 1.0 THEN #rY:=1.0; END_IF;
  IF #rY < 0.0 THEN #rY:=0.0; END_IF;
  IF #rYp > 1.0 THEN #rYp:=1.0; END_IF;
  IF #rYp < 0.0 THEN #rYp:=0.0; END_IF;
  IF #rYi > 1.0 THEN #rYi:=1.0; #rYialt:=1.0; END_IF;
  IF #rYi < -1.0 THEN #rYi:=-1.0; #rYialt:=-1.0; END_IF;
```

Sie hätten auch die FC des P-Glieds, die Instanzen der FBs des I-Glieds und des D-Glieds aufrufen können.

Aufgabe 15.4: Temperaturregelung mit einem PID-Siemens-Regler
Siehe Aufgabenstellung

Aufgabe 15.5: Füllstandsregelung mit einem PI-Regler, Peripheriewerte
Siehe Aufgabenstellung

Aufgabe 15.6: Temperaturregelung mit einem Zweipunktregler
Siehe Aufgabenstellung

Übung 15.1: Füllstandsregelung mit einem Zweipunktregler

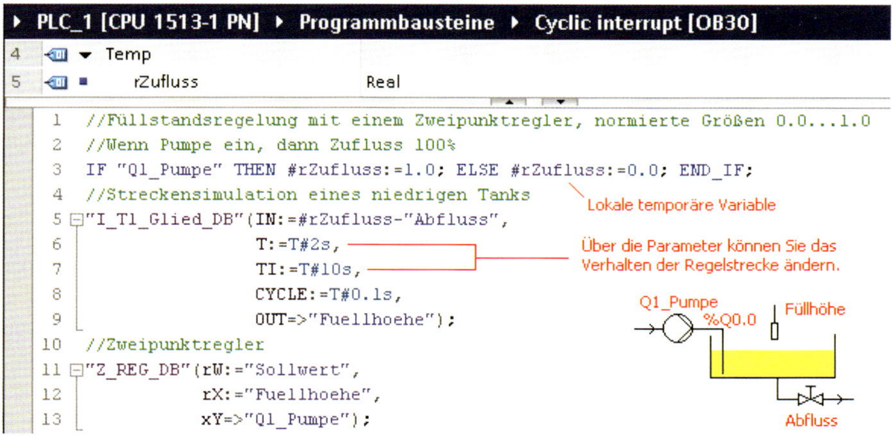

PLC_1 [CPU 1513-1 PN] ▸ Programmbausteine ▸ Cyclic interrupt [OB30]

	Name	Datentyp
4	Temp	
5	rZufluss	Real

```
//Füllstandsregelung mit einem Zweipunktregler, normierte Größen 0.0...1.0
//Wenn Pumpe ein, dann Zufluss 100%
IF "Q1_Pumpe" THEN #rZufluss:=1.0; ELSE #rZufluss:=0.0; END_IF;
//Streckensimulation eines niedrigen Tanks
"I_T1_Glied_DB"(IN:=#rZufluss-"Abfluss",
                T:=T#2s,
                TI:=T#10s,
                CYCLE:=T#0.1s,
                OUT=>"Fuellhoehe");
//Zweipunktregler
"Z_REG_DB"(rW:="Sollwert",
           rX:="Fuellhoehe",
           xY=>"Q1_Pumpe");
```


Mit einem Zweipunktregler schwingt die Regelgröße auch bei einer I-T1-Strecke.

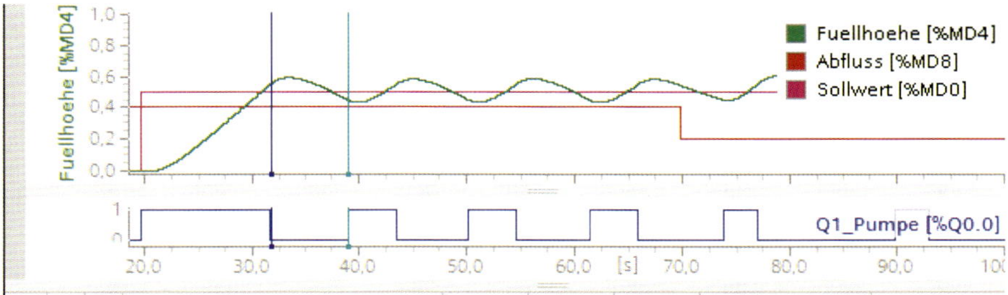

	Name	Daten...	Adres...	Farbe	Min. Y-Skala	Max. Y-Skala
1	"Fuellhoehe"	Real	%MD4		0	1
2	"Abfluss"	Real	%MD8		0	1
3	"Q1_Pumpe"	Bool	%Q0.0		0	1
4	"Sollwert"	Real	%MD0		0	1

PLC-Variablen ▸ Standard-Variablentabelle [50]

Variablen | Anwenderkonstanten | Systemkonstanten

Standard-Variablentabelle

	Name	Datentyp	Adresse	Rema...	Beobachtungsw...	Kommentar
1	Sollwert	Real	%MD0		0.5	0...1
2	Fuellhoehe	Real	%MD4		0.4421959	
3	Abfluss	Real	%MD8		0.3	0...1
4	Q1_Pumpe	Bool	%Q0.0		TRUE	Schütz

A.2 Überblick der SCL-Anweisungen

Zuweisungen

```
"SR1":=TRUE;
"Q1_Band1":="SR1";
```

Anweisungsende

Der PLC-Variablen „SR1“ wird der Wert TRUE zugewiesen. „Q1_Band1“ wird der Wert von „SR1“ zugewiesen.

Vergleichsoperationen

```
"xVar3" := #iVar1 > #iVar2;
```

Ist die Aussage wahr, dass der Wert der lokalen Variablen iVar1 größer als der der Variablen iVar2 ist, dann wird der globalen Variable xVar3 vom Datentyp Bool der Wert TRUE zugewiesen. Beachten Sie den Präfixvorschlag unter Datentypen im Glossar.

Logische Verknüpfungen

```
//Funktion 2 aus 3 mit Rückgabewert
#FC_2AUS3_1:=#IN1 AND #IN2 OR #IN1 OR #IN3 OR #IN2 AND #IN3;
```

Kommentar
Operator
Anweisungsende

Die lokalen Variablen IN1…IN3 werden logisch verknüpft und der Wert des Verknüpfungsergebnis dem Rückgabewert (Funktionsname) zugewiesen.

Es gilt AND vor OR. Zeilenumbrüche, Leerzeichen und Tabs werden vom Compiler ignoriert.

Arithmetische Operationen

```
#rTempF:=#rTempC * 1.8 + 32.0;
```

Der Wert der lokalen Variablen rTempC wird mit 1,8 multipliziert und dann 32,0 hinzugezählt. Das Ergebnis dieser Operationen wird der lokalen Variablen rTempF zugewiesen. Das Präfix r, siehe Glossar, kennzeichnet, dass die Variablen vom Datentyp Real sind.

Kontrollanweisungen

Sie steuern Programmverzweigungen und Programmschleifen.

```
IF "S0_Hand" THEN
    "UP_WASCH_HAND"();
  ELSE
    "UP_WASCH_AUTO"();
END_IF;
```

Wenn der Wert der Variablen S0_Hand TRUE ist, dann wird das Unterprogramm UP_WASCH_HAND aufgerufen, sonst das Unterprogramm UP_WASCH_AUTO.

```
IF #OFF THEN
   #sr1:=FALSE;
  ELSIF #ON THEN
   #sr1:=TRUE;
END_IF;
```

Ist die erste Bedingung erfüllt, d.h. #OFF ist TRUE, dann wird der Variablen #sr1 der Wert FALSE zugewiesen. Ist die erste Bedingung nicht erfüllt, aber die zweite, d.h. #ON ist TRUE, dann wird #sr1 der Wert TRUE zugewiesen. Ist keine Bedingung erfüllt, dann behält #sr1 ihren Wert.

```
CASE #I OF
   0: #OUT:= 2#10001;
   1: #OUT:= 2#10001;
   2: #OUT:= 2#01001;
   3: #OUT:= 2#00101;
ELSE #OUT:= 2#0;
END_CASE;
```

oder

```
CASE #I OF
   0, 1: #OUT:= 2#10001;
   2:    #OUT:= 2#01001;
   3:    #OUT:= 2#00101;
ELSE #OUT:= 2#0;
END_CASE;
```

Abhängig vom Wert der lokalen Variablen #I wird verzweigt und der Variablen #OUT ein Bitmuster zugewiesen.

```
FOR #i:=1 TO 3 DO
   "ANL".TankTemp_F[#i]:="ANL".TankTemp_C[#i] * 1.8 + 32.0;
END_FOR;
```

In jedem Zyklus wird die FOR-Schleife dreimal durchlaufen, beginnend mit #i=1 bis einschließlich #i=3.

Bausteinaufrufe mit Parameterübergabe

Funktionsaufruf mit Rückgabewert

```
"P1_Uebertemp":="FC_2AUS3_1"(IN1:="B1_Temp", IN2:="B2_Temp", IN3:="B3_Temp");
```

Funktionsaufruf ohne Rückgabewert mit Ausgangsparameter

```
"FC_2AUS3"(IN1:="B1_Temp",
           IN2:="B2_Temp",
           IN3:="B3_Temp",
           OUT=>"P1_Uebertemp");
```

Bei einem FC-Aufruf müssen alle Eingangsparameter übergeben werden.

Einzelinstanzaufruf

```
"IEC_Timer_1".TON(IN:="SR1",
                  PT:=T#3S,
                  Q=>"Q1_Band1");
```

Instanz-DB des Bausteins

Ist „SR1“ TRUE, so wird nach 3 Sekunden „Q1_Band1“ TRUE. Wird „SR1“ FALSE, so wird auch „Q1_Band1“ FALSE.

Bei einem Instanzaufruf eines FBs müssen nicht alle Parameter übergeben werden.

Multiinstanzaufruf bzw. lokale Instanz

13	▸ TON1	TON_TIME	Nicht remanent

```
#TON1(IN:=#OUT, PT:=#PT);      ——— Aufruf der lokalen Instanz TON1 mit Übergabe der Eingangsparameterwerte.
IF #TON1.ET >= #PT-T#0.1s      ——— Zugriff auf die lokale Instanz
```

Datentypenumwandlungsfunktion

```
"TANK_DB".diPumpzeit1 :=REAL_TO_DINT("TANK_DB".rPumpzeit1);
"TANK_DB".tPumpzeit1 :=DINT_TO_TIME("TANK_DB".diPumpzeit1);
```

Die Variable rPumpzeit1 vom Datentyp Real im Global-DB TANK_DB wird in die Variable diPumpzeit1 vom Datentyp DInt umgewandelt. Diese wird wiederum umgewandelt in den Datentyp Time, um diesen Wert einer Instanz des IEC-Timers übergeben zu können.

Slice

```
"P10_TempTank1":=#bTempTank[1].%X0;
```

Der Wert des Bit 0 der Variablen #bTempTank[1] wird der PLC-Variablen P10_TempTank1 zugewiesen.

Zusammengesetzte Datentypen

Array

DB

2	▸ Schritt	Array [0 .. 4] of Bool

```
"DB".Schritt[0]:=TRUE;
FOR #i := 1 TO 4 DO
  "DB".Schritt[#i]:=FALSE;
END_FOR;
```

Der Variablen Schritt[0] im Global-DB mit dem Namen DB wird der Wert TRUE zugewiesen. Die Variablen Schritt[1] … Schritt[4] werden mit FALSE beschrieben.

Struct

Schnittstelle

Eingeben

	Name	Datentyp	Kommentar
5	▾ InOut		
6	▾ TANK	Struct	
7	Temp_C	Real	
8	Temp_F	Real	
9	Fuellhoehe	Real	
10	Durchmesser	USInt	
11	Fuellvolumen	Real	

```
#TANK.Temp_F:=#TANK.Temp_C * 1.8 + 32.0;
```

Der Wert der Komponente Temp_C des InOut-Parameters TANK wird gelesen, das Rechenergebnis des Ausdrucks wird in die Komponente Temp_F geschrieben.

A.3 Startseite InfoClick

Sie finden diese Seite unter www.vogel-fachbuch.de, den Zugangscode finden Sie vorne im Buch.

Herzlich willkommen bei InfoClick

S7 SPS-Programmierung mit SCL im TIA-Portal

ein Workshop

Schmitt

▸ Archivdateien für TIA V12 und V13 ▸ Notwendige Software ▸ Hilfe: Archivdateien ▸ Schlagwortregister

Kapitel		Archivdateien ab STEP7 V15.1	Archivdateien ab STEP7 V14	Hilfen, Infos, Selbsttests
1.	Einführung	-	-	-
2.	Verknüpfungen ohne Speicherverhalten	Vorlage: A2.1 Lösung: A2.1, A2.1 1200	Vorlage: A2.1 Lösung: A2.1, A2.1 1200	Selbsttest
3.	Programm-organisations-einheiten, Gliederung	Vorlage: A3.1, A3.1 1200 Lösung: A3.1, A3.1 1200	Vorlage: A3.1, A3.1 1200 Lösung: A3.1, A3.1 1200	
4.	Bibliotheksfähige, parametrierbare Funktionen (FCs) erstellen	Vorlage: A4.1 A4.1 1200 Lösungen: A4.1, A4.1 1200 Ü4.1, Ü4.1 1200	Vorlage: A4.1 A4.1 1200 Lösungen: A4.1, A4.1 1200 Ü4.1, Ü4.1 1200	Gerätkonfiguration, 1214C Funktionstabelle KV-Diagramm Bibliothek: Logik V13 SP1 Logik V14 SP1 Logik V15 1 Selbsttest
5.	Verknüpfungs-steuerungen mit Speicher-verhalten	Lösungen: A5.1, A5.1 1200 Ü5.1, Ü5.1 1200 Ü5.2, Ü5.2 1200	Lösungen: A5.1, A5.1 1200 Ü5.1, Ü5.1 1200 Ü5.2, Ü5.2 1200	Selbsttest
6.	Parametrierbare Funktions-bausteine (FBs) erstellen	Vorlagen: A6.1, A6.1 1200 A6.2, A6.2 1200 A6.3, A6.3 1200 Ü6.1, Ü6.1 1200 Ü6.2, Ü6.2 1200 Ü6.3 Lösungen: A6.1, A6.1 1200 A6.2, A6.2 1200 A6.3, A6.3 1200 A6.3L2, A6.3 1200L2 Ü6.1, Ü6.1 1200 Ü6.2, Ü6.2 1200 Ü6.3L1, Ü6.3L2	Vorlagen: A6.1, A6.1 1200 A6.2, A6.2 1200 A6.3, A6.3 1200 Ü6.1, Ü6.1 1200 Ü6.2, Ü6.2 1200 Ü6.3 Lösungen: A6.1, A6.1 1200 A6.2, A6.2 1200 A6.3, A6.3 1200 Ü6.1, Ü6.1 1200 Ü6.2, Ü6.2 1200 Ü6.3L1, Ü6.3L2	Bibliothek: Aktionen V13 SP1 Aktionen V14 Aktionen V15.1 Selbsttest
7.	Eine Funktion im Funktions-baustein aufrufen	Vorlage: A7.1, A7.1 1200 Lösung: A7.1L1, A7.1 1200 A7.1L2, A7.1 1200	Vorlage: A7.1, A7.1 1200 Lösung: A7.1, A7.1 1200	

8.	Zeiten, Datentyp Time, Instanzen und Multiinstanzen	Vorlagen: 8 Datentyp Time A8.1, A8.1 1200 A8.2, A8.2 1200 A8.3, A8.3 1200 Ü8.1, Ü8.1 1200 Ü8.3, Ü8.3 1200 Lösungen: A8.1, A8.1 1200 A8.2, A8.2 1200 A8.3, A8.3 1200 A8.3L2 A8.3 1200L2 Ü8.1, Ü8.1 1200 Ü8.2, Ü8.2 1200 Ü8.3, Ü8.3 1200	Vorlagen: 8 Datentyp Time A8.1, A8.1 1200 A8.2, A8.2 1200 A8.3, A8.3 1200 Ü8.1, Ü8.1 1200 Ü8.3, Ü8.3 1200 Lösungen: A8.1, A8.1 1200 A8.2, A8.2 1200 A8.3, A8.3 1200 Ü8.1, Ü8.1 1200 Ü8.2, Ü8.2 1200 Ü8.3, Ü8.3 1200	Selbsttest
9.	Zählen, Datentyp Integer, Datentypen- umwandlung	Vorlagen: A9.1, A9.1 1200 A9.2, A9.2 1200 A9.3, A9.3 1200 A9.4 1200 Lösungen: A9.2, A9.2 1200 A9.3, A9.3 1200 A9.4 1200 Ü9.1, Ü9.1 1200	Vorlagen: A9.1, A9.1 1200 A9.2, A9.2 1200 A9.3, A9.3 1200 Lösungen: A9.2, A9.2 1200 A9.3, A9.3 1200 A9.4, A9.4 1200 Ü9.1, Ü9.1 1200	Typkonstanten Selbsttest
10.	Rechnen, REAL, Visualisierung, DBs, ARRAY, PLC-Datentypen, STRUCT und Schleifen	Vorlagen: A10.1, A10.1 1200 Ü10.2 1200 A10.8, A10.8 1200 Lösungen: A10.2, A10.2 1200 A10.3, A10.3 1200 A10.4L2, A10.4 1200L2 A10.5, A10.5 1200 A10.6L1, A10.6 1200L1 A10.6L2, A10.6 1200L2 A10.6L3, A10.6 1200L3 Ü10.2 1200 A10.7, A10.7 1200 Ü10.1, Ü10.1 1200	Vorlagen: A10.1, A10.1 1200 Ü10.2 1200 A10.8, A10.8 1200 Lösungen: A10.2, A10.2 1200 A10.3, A10.3 1200 A10.4L2, A10.4 1200L2 A10.5, A10.5 1200 A10.6L1, A10.6 1200L1 A10.6L2, A10.6 1200L2 A10.6L3, A10.6 1200L3 Ü10.2 1200 A10.7, A10.7 1200 Ü10.1, Ü10.1 1200	Typkonstanten Selbsttest
11.	Ablauf steuerungen, GRAFCET, CASE	Vorlagen: A11.1, A11.1 1200 A11.4, A11.4 1200 Ü11.1, Ü11.1 1200 Lösungen: A11.1, A11.1 1200 A11.2, A11.2 1200 A11.3, A11.3 1200 A11.4, A11.4 1200 Ü11.1, Ü11.1 1200 Ü11.2, Ü11.2 1200	Vorlagen: A11.1, A11.1 1200 A11.4, A11.4 1200 Ü11.1, Ü11.1 1200 Lösungen: A11.1, A11.1 1200 A11.2, A11.2 1200 A11.3, A11.3 1200 A11.4, A11.4 1200 Ü11.1, Ü11.1 1200 Ü11.2, Ü11.2 1200	Selbsttest
12.	Analogwert- verarbeitung	Vorlagen: A12.1, A12.1 1200 A12.4, A12.4 1200 A12.5L1, A12.5L2 Lösungen: A12.1, A12.1 1200 A12.2, A12.2 1200 A12.3, A12.3 1200 A12.4, A12.4 1200 A12.5L1, A12.5L2 Ü12.1L1, Ü12.1 1200L1 Ü12.1L2, Ü12.1 1200L2	Vorlagen: A12.1, A12.1 1200 A12.4, A12.4 1200 A12.5L1, A12.5L2 Lösungen: A12.1, A12.1 1200 A12.2, A12.2 1200 A12.3, A12.3 1200 A12.4, A12.4 1200 A12.5L1, A12.5L2 Ü12.1L1, Ü12.1 1200L1 Ü12.1L2, Ü12.1 1200L2	Gerätkonfiguration, 1214C, AI/AQ Selbsttest

13.	Byte- und Word-Verarbeitung, Strings	Vorlagen: A13.2, A13.2_1200 A13.3, A13.3_1200 A13.4, A13.4_1200 Lösungen: A13.1L1, A13.1_1200L1 A13.1L2, A13.1_1200L2 A13.1L3, A13.1_1200L3 A13.1L4, A13.1_1200L4 A13.1L5, A13.2, A13.2_1200 A13.3, A13.3_1200	Vorlagen: A13.2, A13.2_1200 A13.3, A13.3_1200 A13.4, A13.4_1200 Lösungen: A13.1L1, A13.1_1200L1 A13.1L2, A13.1_1200L2 A13.1L3, A13.1_1200L3 A13.1L4, A13.1_1200L4 A13.1L5, A13.2, A13.2_1200 A13.3, A13.3_1200	Selbsttest
14	Quellen, Trace	Vorlagen: A14.1, A14.1_1200 A14.2_Quelle, Ü14.1_Quelle Lösungen: A14.1, A14.1_1200 A14.1_Quelle, A14.2, A14.2-1200 Ü14.1, Ü14.1_1200	Vorlagen: A14.1, A14.1_1200 A14.2_Quelle, Ü14.1_Quelle Lösungen: A14.1, A14.1_1200 A14.1_Quelle, A14.2, A14.2-1200 Ü14.1, Ü14.1_1200	Selbsttest
15.	Digitale Regelungen	A15.5_Quelle Lösungen: A15.1, A15.1_1200 A15.2, A15.2_1200 A15.3 P-Reg, A15.3 P-Reg_1200 A15.3 PI-Reg A15.3 PI-Reg_1200 A15.3 PID-Reg, A15.3 PID-Reg_1200 A15.4 Siemens-Reg, A15.5, A15.5_1200 A15.6, A15.6_1200 Ü15.1, Ü15.1_1200	A15.5_Quelle Lösungen: A15.1, A15.1_1200 A15.2, A15.2_1200 A15.3 P-Reg, A15.3 P-Reg_1200 A15.3 PI-Reg A15.3 PI-Reg_1200 A15.3 PID-Reg, A15.3 PID-Reg_1200 A15.4 Siemens-Reg, A15.5, A15.5_1200 A15.6, A15.6_1200 Ü15.1, Ü15.1_1200	Selbsttest
16.	Kommunikation, Netzwerke	-	-	Selbsttest
	Alle Archive	Step7_Archiv_V15	Step7_Archiv_V14	

A.4 Beschreibungskopf

Sie sollten jeden Baustein in einem Beschreibungskopf im Programmcode beschreiben. Die Beschreibung könnte folgende Punkte enthalten:

- Firma, © Copyright,
- getestete PLCs mit Firmware-Version (z.B. S7-1511 V1.6),
- TIA-Portal-Version bei Erstellung,
- Einschränkungen bei der Benutzung (z.B. bestimmte OB-Typen),
- Voraussetzungen (z.B. zusätzliche Hardware),
- Beschreibung der Funktionalität,
- Version des Bausteins mit Autor und Datum,
- vorgenommene Änderungen.

Anmerkung: In diesem Buch wurde aus Platzgründen darauf verzichtet.

Glossar

Anweisungen

Eine Anweisung kann sich über mehrere Zeilen erstrecken, sie wird immer mit einem Semikolon (Strichpunkt) abgeschlossen. Groß- und Kleinschreibung wird nicht unterschieden.

SCL kennt folgende Arten:

- *Wertzuweisung*
  Sie dient dazu, einer Variablen einen konstanten Wert, das Ergebnis eines Ausdrucks oder den Wert einer anderen Variablen zuzuweisen.
  Beispiel:
  `„P1“:= „TON1“.ET >= T#10s;` der Datentyp der Wertzuweisung wird durch den Datentyp der links stehenden Variablen definiert, hier Bool.
- *Anweisungen zur Programmsteuerung*
  Verzweigungen wie IF...THEN (ab Kapitel 5), CASE-Anweisung (ab Kapitel 9) und Schleifen wie FOR-, WHILE-, REPEAT-Anweisung (ab Kapitel 10).
- *Bausteinaufrufe*
  Sie dienen dazu, Unterprogramme (Funktionen ohne Parameter; ab Kapitel 5), Funktionen (ab Kapitel 4) oder Funktionsbausteine (ab Kapitel 6) zu bearbeiten und deren Ergebnisse weiterzuverarbeiten.

Ausdrücke

Ausdrücke werden zur Laufzeit berechnet und liefern einen Wert zurück. Sie werden abhängig von der Priorität der Operatoren und der Klammerung von links nach rechts berechnet. ➔ Siehe auch unter *Operatoren*.

- Logische Ausdrücke, z.B. NOT „B2_vorne“ AND („B1_hinten“ OR „SR_Band“)
- Vergleichsausdrücke, z.B. „TON1“.ET >= T#10s, das Ergebnis ist vom Datentyp Bool
- Arithmetische Ausdrücke, z.B. #DURCHMESSER - #rAbstand
- Mathematische Ausdrücke, z.B. sin(x), 3.14 * SQRT(FUELLHOEHE)

Compiler

Der Compiler ist Software und übersetzt das Anwenderprogramm in die Maschinensprache der Steuerung.

Datentypen

- *Elementare Datentypen*
  Der Datentyp muss bei der Deklaration (offizielle Erklärung) der Variable festgelegt werden, damit der Compiler erkennen kann, wie viel Speicherplatz für die Variable reserviert werden muss.
  Dabei ist darauf zu achten, welchen Wertebereich die Variable hat.
  Außerdem werden die zulässigen Operatoren (+, – ... AND, OR ...) festgelegt. Der Compiler meldet einen Fehler, wenn z.B. die Variable vom Datentyp INT mit AND verknüpft werden soll.
  Variablennamen, auch **Bezeichner** genannt, sollten mit einem Präfix beginnen, der abhängig vom Datentyp der Variable ist. Dadurch ist im Programmcode erkennbar, von welchem Datentyp die Variable ist.

Schlüsselwort	Bedeutung	Bit	Wertebereich	Präfix
BOOL	boolean	1	TRUE, FALSE oder 1,0	x, z.B. xS1
SINT, USINT	short integer, unsigned	8	–128..127, 0...255	si, usi
INT	integer, ganze Zahl	16	–32768....32767	i, z. B. iZahl
DINT	double integer	32	–2147483648...2147483647	di
LINT	long integer	64	–9,2 Trio ... 9,2 Trio	li
REAL	real, reelle Zahl	32	$\pm$ 1.18 $*10^{-38}$ bis 3.40 $*10^{38}$	r
LREAL	long real, reelle Zahl	64	$\pm$ 2.2... $*10^{-308}$ bis 1.79... $*10^{308}$	lr
TIME	Zeitdauer	32	z.B. T#10h_25m_34ms	tim bzw. t
DATE	Datum	16	z.B. D#2002-03-15	date bzw. d
TIME_OF_DAY	Uhrzeit	32	z.B. TOD17:45	tod
STRING	Zeichenfolge		z.B. ‚abC 123‘	s
BYTE		8	z.B. 2#1011_0011	b
WORD	word	16	z.B. 16#1AFF	w
DWORD	double word	32		dw

- *Zusammengesetzte Datentypen*
  ARRAY – Definiert ein Feld aus Elementen eines Datentyps (ab Kapitel 10).
  STRUCT – Definiert eine Gruppe von kombinierten Datentypen (ab Kapitel 10).
  In der Norm sind noch Aufzählungs- und Bereichstypen vorgesehen.
- *PLC-Datentypen*
  Sie definieren einen neuen Datentyp. Er kann sich aus einer Gruppe von Variablen zusammensetzen, die aus elementaren und zusammengesetzten Datentypen bestehen. Dieser Datentyp kann projektweit verwendet werden (Kapitel 10).

Deklaration von Variablen

Werden die Variablen in der PLC-Variablentabelle deklariert, so sind diese mit einer Adresse aus dem PAE-, PAA- oder Merkerspeicherbereich verbunden (ab Kapitel 2). Variable, die nicht auf diese Speicherbereiche zugreifen müssen, können Sie in einem Global-Datenbaustein deklarieren (ab Kapitel 10). Sowohl auf die PLC-Variablen als auch auf Variablen, die in einem Global-DB deklariert sind, können alle Bausteine zugreifen. Es sind **Globalvariable**.

Variable, die lokal im OB, FC oder FB deklariert werden, sind **Lokalvariable**; diese sind nur dem Baustein bekannt, in dem sie deklariert sind (ab Kapitel 4).

Funktionen

Funktionen (FCs) liefern bei gleichen Eingangswerten immer das gleiche Ergebnis. Dieser Wert wird *Rückgabewert* genannt. Funktionen verlieren all ihre Daten der Variablen nach ihrer Bearbeitung; es sind temporäre Daten – im Gegensatz zum Funktionsbaustein.

Codeteile, die häufiger auch in anderen Bausteinen benutzt werden könnten und nicht auf Variablenwerte aus dem vorhergehenden Zyklus zugreifen müssen, werden als bibliotheksfähige (abgeleitete) Funktion erstellt. **Funktionen** arbeiten wie Unterprogramme, sie liefern jedoch einen Wert zurück. Beim Aufruf werden Variablenwerte als Parameter (Argumente) der Funktion übergeben.

Funktionsbausteine

Funktionsbausteine (FBs) arbeiten wie Funktionen, sie können jedoch interne Werte speichern, da sie statische Variable besitzen. Alle Variablen, auch die der Schnittstelle (Input, Output), behalten nach Beendigung der Bearbeitung ihre Werte bis zum nächsten Aufruf bei. Eine Instanzbildung, also ein Instanz-Datenbaustein als entsprechenden Speicherbereich, ist daher zwingend.

Es können Standardfunktionsbausteine, z.B. TON, CTUD …, aber auch abgeleitete (selbsterstellte) Funktionsbausteine verwendet werden (ab Kapitel 6).

Instanz

Der Speicherbereich, der Instanz-Datenbaustein, der einem Funktionsblockaufruf zugeordnet ist, wird Instanz genannt.

Als Einzelinstanz wird ein Funktionsblockaufruf bezeichnet, bei dem der aufgerufene Baustein seine Daten in einem eigenen Instanz-Datenbaustein ablegt.

Als Multiinstanz wird ein Bausteinaufruf bezeichnet, bei dem der aufgerufene Baustein seine Daten im Instanz-Datenbaustein des aufrufenden Funktionsbausteins speichert.

Kommentare

Ein Zeilenkommentar wird mit // eingeleitet.

Ein Kommentarabschnitt wird mit (* eingeleitet und mit *) abgeschlossen, er kann sich über mehrere Zeilen erstrecken.

Operatoren

Prioritäten der Operatoren:

	Operator	**Darstellung**	**Priorität**
Arithmetische Operatoren	Addition Division Modulo Multiplikation Subtraktion	+ / MOD * –	5 4 4 4 5
Klammerung	(Ausdruck)	()	1
Logische Operatoren	Und Negation Oder Exklusiv-Oder	AND NOT OR XOR	8 3 10 9
Vergleichs-operatoren	Gleichheit Größer Größer gleich Kleiner Kleiner gleich Ungleich	= > >= < <= <>	7 6 6 6 6 7
Zuweisungs-operator	Zuweisung	:=	11

Je kleiner die Prioritätszahl, desto höher ist die Priorität. Die Klammerung hat die höchste Priorität. *Beispiele*: Division vor Addition, Und vor Oder.

Merker

Merker sind Speicherbereiche in der CPU, die Adresse wird mit %Mxx in der PLC-Variablentabelle eingegeben.

Präfix

➔ Siehe unter *Datentypen*

Prozessabbild
In der CPU wird der Speicherbereich, in den die Daten der Eingangsbaugruppen am Anfang jedes Zyklus kopiert werden, **P**rozess**a**bbild der **E**ingänge (**PAE**) genannt. Der Speicherbereich, von dem die Werte am Ende eines Zyklus in die Ausgangsbaugruppe kopiert werden, wird Prozessabbild der Ausgänge (**PAA**) genannt.

Beispiele:

%Q7.5 Ausgangsbyte 7 Bit 5	Q steht für Ausgang,
%QB7 Ausgangsbyte 7	B steht für Byte (8 Bits)
%IW215 Eingangswort 215	I steht für Eingang, W für Wort (16 Bits)
%ID48 Doppelwort an der Speicherstelle 48	D steht für Doppelwort (32 Bits)

Ob eine Adresse gültig ist, hängt von der aktuellen Gerätekonfiguration ab. Die Zuordnung des Speicherplatzes der Baugruppen können Sie der Geräteübersicht entnehmen.

Variable, die auf das Prozessabbild zugreifen, werden in der PLC-Variablentabelle deklariert.

Speicherorganisation
am Beispiel des Prozessabbildes der Eingänge:

Variable
➔ Siehe unter *Deklaration*

Stichwortverzeichnis